崧燁文化

曹永忠、許智誠、蔡英德　著

ESP32工業
物聯網6門課

The Six Basic Courses to Industry Internet of Thing Programming Based on ESP32

自序

工業 4.0 系列的書是我出版至今十年多，出書量也破一百六十本大關，當初出版電子書是希望能夠在教育界開一門 Maker 自造者相關的課程，沒想到一寫就已過 4 年，繁簡體加起來的出版數也已也破百本的量，這些書都是我學習當一個 Maker 累積下來的成果。

這本書可以說是我的書另一個里程碑，很久以前，這個系列開始以駭客的觀點為主，希望 Maker 可以擁有駭客的觀點、技術、能力，駭入每一個產品設計思維，並且成功的重製、開發、超越原有的產品設計，這才是一位對社會有貢獻的『駭客』。

如許多學習程式設計的學子，為了最新的科技潮流，使用著最新的科技工具與軟體元件，當他們面對許多原有的軟體元件沒有支持的需求或軟體架構下沒有直接直持的開發工具，此時就產生了莫大的開發瓶頸，這些都是為了追求最新的科技技術而忘卻了學習原有基礎科技訓練所致。

筆著鑒於這樣的困境，思考著『如何駭入眾人現有知識寶庫轉換為我的知識』的思維，如果我們可以駭入產品結構與設計思維，那麼了解產品的機構運作原理與方法就不是一件難事了。更進一步我們可以將原有產品改造、升級、創新，並可以將學習到的技術運用其他技術或新技術領域，透過這樣學習思維與方法，可以更快速的掌握研發與製造的核心技術，相信這樣的學習方式，會比起在已建構好的開發模組或學習套件中學習某個新技術或原理，來的更踏實的多。

目前許多學子在學習程式設計之時，恐怕最不能了解的問題是，我為何要寫九九乘法表、為何要寫遞迴程式，為何要寫成函式型式…等等疑問，只因為在學校的學子，學習程式是為了可以了解『撰寫程式』的邏輯，並訓練且建立如何運用程式邏輯的能力，解譯現實中面對的問題。然而現實中的問題往往太過於複雜，授課的老師無法有多餘的時間與資源去解釋現實中複雜問題，期望能將現實中複雜問題淬鍊成邏輯上的思路，加以訓練學生其解題思路，但是眾多學子宥於現實問題的困惑，無法單純用純粹的解題思路來進行學習與訓練，反而以現實中的複雜來反駁老師教學太過學理，沒有實務上的應用為由，拒絕深入學習，這樣的情形，反而自己造成了學習上的障礙。

本系列的書籍，針對目前學習上的盲點，希望讀者當一位產品駭客，將現有產品的產品透過逆向工程的手法，進而了解核心控制系統之軟硬體，再透過簡單易學的 Arduino 單晶片與 C 語言，重新開發出原有產品，進而改進、加強、創新其原有產品固有思維與架構。如此一來，因為學子們進行『重新開發產品』過程之中，可以很有把握的了解自己正在進行什麼，對於學習過程之中，透過實務需求導引著開發過程，可以讓學子們讓實務產出與邏輯化思考產生關連，如此可以一掃過去陰霾，更踏實的進行學習。

這十年多以來的經驗分享，逐漸在這群學子身上看到發芽，開始成長，覺得 Maker 的教育方式，極有可能在未來成為教育的主流，相信我每日、每月、每年不斷的努力之下，未來 Maker 的教育、推廣、普及、成熟將指日可待。

最後，請大家可以加入 Maker 的 Open Knowledge 的行列。

曹永忠 於貓咪樂園

自序

隨著資通技術(ICT)的進步與普及，取得資料不僅方便快速，傳播資訊的管道也多樣化與便利。然而，在網路搜尋到的資料卻越來越巨量，如何將在眾多的資料之中篩選出正確的資訊，進而萃取出您要的知識？如何獲得同時具廣度與深度的知識？如何一次就獲得最正確的知識？相信這些都是大家共同思考的問題。

為了解決這些困惱大家的問題，永忠、智誠兄與敝人計畫製作一系列「Maker系列」書籍來傳遞兼具廣度與深度的軟體開發知識，希望讀者能利用這些書籍迅速掌握正確知識。首先規劃「以一個 Maker 的觀點，找尋所有可用資源並整合相關技術，透過創意與逆向工程的技法進行設計與開發」的系列書籍，運用現有的產品或零件，透過駭入產品的逆向工程的手法，拆解後並重製其控制核心，並使用 Arduino 相關技術進行產品設計與開發等過程，讓電子、機械、電機、控制、軟體、工程進行跨領域的整合。

近年來 Arduino 異軍突起，在許多大學，甚至高中職、國中，甚至許多出社會的工程達人，都以 Arduino 為單晶片控制裝置，整合許多感測器、馬達、動力機構、手機、平板...等，開發出許多具創意的互動產品與數位藝術。由於 Arduino 的簡單、易用、價格合理、資源眾多，許多大專院校及社團都推出相關課程與研習機會來學習與推廣。

以往介紹 ICT 技術的書籍大部份以理論開始、為了深化開發與專業技術，往往忘記這些產品產品開發背後所需要的背景、動機、需求、環境因素等，讓讀者在學習之間，不容易了解當初開發這些產品的原始創意與想法，基於這樣的原因，一般人學起來特別感到吃力與迷惘。

本書為了讀者能夠深入了解產品開發的背景，本系列整合 Maker 自造者的觀念與創意發想，深入產品技術核心，進而開發產品，只要讀者跟著本書一步一步研習與實作，在完成之際，回頭思考，就很容易了解開發產品的整體思維。透過這樣的思路，讀者就可以輕易地轉移學習經驗至其他相關的產品實作上。

所以本書是能夠自修的書，讀完後不僅能依據書本的實作說明準備材料來製作，盡情享受 DIY(Do It Yourself)的樂趣，還能了解其原理並推展至其他應用。有興趣的讀者可再利用書後的參考文獻繼續研讀相關資料。

本書的發行有新的創舉，就是以電子書型式發行輔以 POD 虛擬與實體同步發售，在國家圖書館(http://www.ncl.edu.tw/)、國立公共資訊圖書館 National Library of Public Information(http://www.nlpi.edu.tw/)、台灣雲端圖庫(http://www.ebookservice.tw/)等都可以免費借閱與閱讀，如要購買的讀者也可以到許多電子書網路商城、Google Books 與 Google Play 都可以購買之後下載與閱讀。希望讀者能珍惜機會閱讀及學習，繼續將知識與資訊傳播出去，讓有興趣的眾人都受益。希望這個拋磚引玉的舉動能讓更多人響應與跟進，一起共襄盛舉。

本書可能還有不盡完美之處，非常歡迎您的指教與建議。近期還將推出其他 Arduino 相關應用與實作的書籍，敬請期待。

最後，請您立刻行動翻書閱讀。

蔡英德 於台中沙鹿靜宜大學主顧樓

自序

記得自己在大學資訊工程系修習電子電路實驗的時候,自己對於設計與製作電路板是一點興趣也沒有,然後又沒有天分,所以那是苦不堪言的一堂課,還好當年有我同組的好同學,努力的照顧我,命令我做這做那,我不會的他就自己做,如此讓我解決了資訊工程學系課程中,我最不擅長的課。

當時資訊工程學系對於設計電子電路課程,大多數都是專攻軟體的學生去修習時,系上的用意應該是要大家軟硬兼修,尤其是在台灣這個大部分是硬體為主的產業環境,但是對於一個軟體設計,但是缺乏硬體專業訓練,或是對於眾多機械機構與機電整合原理不太有概念的人,在理解現代的許多機電整合設計時,學習上都會有很多的困擾與障礙,因為專精於軟體設計的人,不一定能很容易就懂機電控制設計與機電整合。懂得機電控制的人,也不一定知道軟體該如何運作,不同的機電控制或是軟體開發常常都會有不同的解決方法。

除非您很有各方面的天賦,或是在學校巧遇名師教導,否則通常不太容易能在機電控制與機電整合這方面自我學習,進而成為專業人員。

而自從有了 Arduino 這個平台後,上述的困擾就大部分迎刃而解了,因為Arduino 這個平台讓你可以以不變應萬變,用一致性的平台,來做很多機電控制、機電整合學習,進而將軟體開發整合到機構設計之中,在這個機械、電子、電機、資訊、工程等整合領域,不失為一個很大的福音,尤其在創意掛帥的年代,能夠自己創新想法,從 Original Idea 到產品開發與整合能夠自己獨立完整設計出來,自己就能夠更容易完全了解與掌握核心技術與產業技術,整個開發過程必定可以提供思維上與實務上更多的收穫。

Arduino 平台引進台灣自今,雖然越來越多的書籍出版,但是從設計、開發、製作出一個完整產品並解析產品設計思維,這樣產品開發的書籍仍然鮮見,尤其是能夠從頭到尾,利用範例與理論解釋並重,完完整整的解說如何用 Arduino 設計出一個完整產品，介紹開發過程中，機電控制與軟體整合相關技術與範例，如此的書籍更是付之闕如。永忠、英德兄與敝人計畫撰寫 Maker 系列，就是基於這樣對市場需要的觀察，開發出這樣的書籍。

作者出版了許多的 Arduino 系列的書籍，深深覺的，基礎乃是最根本的實力，所以回到最基礎的地方，希望透過最基本的程式設計教學，來提供眾多的 Makers 在入門 Arduino 時，如何開始，如何攥寫自己的程式，進而介紹不同的週邊模組，主要的目的是希望學子可以學到如何使用這些週邊模組來設計程式，期望在未來產品開發時，可以更得心應手的使用這些週邊模組與感測器，更快將自己的想法實現，希望讀者可以了解與學習到作者寫書的初衷。

許智誠　於中壢雙連坡中央大學 管理學院

目錄

工業 4.0 系列

　　本書是『工業 4.0 系列』介紹常用的工業感測裝置與物聯網整合應用的書籍，書名為『ESP32 工業物聯網 6 門課』，主要是運用 Modbus 工業通訊與網路通訊，轉接到 RS485 與 Modbus RTU 的通訊協定，與工業上的感測裝置通訊與控制，進而透過整合的專書，是筆者針對工業上的應用為主軸，本書進階的特點是 MQTT Broker 伺服器的應用，透過分散式的技術，透過訂閱與發佈的機制，就可以透過本書開發的控制板，輕鬆透過通訊方式控制遠端的工業通訊裝置，基於這樣的機制，更可以簡單用常用的語言：如 python 進行開發產業上控制這些工業感測裝置，並可以透大電力控制能力的繼電器模組控制電力設備的應用，主要是給讀者在物聯網的基礎技術下，更可以簡單控制工業上的控制裝置，透過本書的範例與程式攥寫技巧，以漸進式的方法介紹使用方式、分散式的控制等等。

　　Arduino/ESP32 開發板最強大的不只是它的簡單易學的開發工具，最強大的是它網路功能與簡單易學的模組函式庫，幾乎 Maker 想到應用於物聯網開發的東西，可以透過眾多的周邊模組，都可以輕易的將想要完成的東西用堆積木的方式快速建立，而且價格比原廠 Arduino Yun 或 Arduino + Wifi Shield 更具優勢，最強大的是這些周邊模組對應的函式庫，瑞昱科技有專職的研發人員不斷的支持，讓 Maker 不需要具有深厚的電子、電機與電路能力，就可以輕易駕御這些模組。

　　所以本書要介紹台灣、中國、歐美等市面上最常見的智慧家庭產品，使用逆向工程的技巧，推敲出這些產品開發的可行性技巧，並以實作方式重作這些產品，讓讀者可以輕鬆學會這些產品開發的可行性技巧，進而提升各位 Maker 的實力，希望筆者可以推出更多的入門書籍給更多想要進入『Arduino 』、『ESP32』、『物聯網』、『工業 4.0』這個未來大趨勢，所有才有這個物聯網系列的產生。

1

CHAPTER

開發板介紹

  ESP32 開發板是一系列低成本，低功耗的單晶片微控制器，相較上一代晶片 ESP8266，ESP32 開發板 有更多的記憶體空間供使用者使用，且有更多的 I/O 口可供開發，整合了 Wi-Fi 和雙模藍牙。 ESP32 系列採用 Tensilica Xtensa LX6 微處理器，包括雙核心和單核變體，內建天線開關，RF 變換器，功率放大器，低雜訊接收放大器，濾波器和電源管理模組。

  樂鑫（Espressif）1於 2015 年 11 月宣佈 ESP32 系列物聯網晶片開始 Beta Test，預計 ESP32 晶片將在 2016 年實現量產。如下圖所示，ESP32 開發板整合了 801.11 b/g/n/i Wi-Fi 和低功耗藍牙 4.2（Buletooth / BLE 4.2），搭配雙核 32 位 Tensilica LX6 MCU，最高主頻可達 240MHz，計算能力高達 600DMIPS，可以直接傳送視頻資料，且具備低功耗等多種睡眠模式供不同的物聯網應用場景使用。

圖 1 ESP32 Devkit 開發板正反面一覽圖

---

¹ https://www.espressif.com/zh-hans/products/hardware/esp-wroom-32/overview

ESP32 特色：

- 雙核心 Tensilica 32 位元 LX6 微處理器

- 高達 240 MHz 時脈頻率

- 520 kB 內部 SRAM

- 28 個 GPIO

- 硬體加速加密（AES、SHA2、ECC、RSA-4096）

- 整合式 802.11 b/g/n Wi-Fi 收發器

- 整合式雙模藍牙（傳統和 BLE）

- 支援 10 個電極電容式觸控

- 4 MB 快閃記憶體

資料來源：https://www.botsheet.com/cht/shop/esp-wroom-32/

ESP32 規格：

- 尺寸：55*28*12mm(如下圖所示)

- 重量：9.6g

- 型號：ESP-WROOM-32

- 連接：Micro-USB

- 芯片：ESP-32

- 無線網絡：802.11 b/g/n/e/i

- 工作模式：支援 STA / AP / STA+AP

- 工作電壓：2.2 V 至 3.6 V

- 藍牙：藍牙 v4.2 BR/EDR 和低功耗藍牙（BLE、BT4.0、Bluetooth Smart）

- USB 芯片：CP2102

- GPIO：28 個

- 存儲容量：4Mbytes

- 記憶體：520kBytes

資料來源：https://www.botsheet.com/cht/shop/esp-wroom-32/

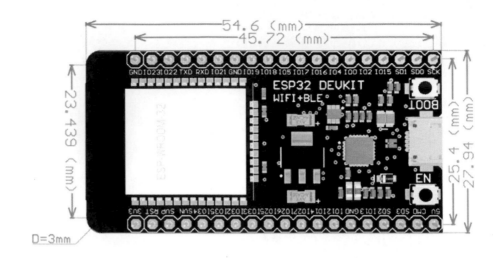

圖 2 ESP32 Devkit 開發板尺寸圖

ESP32 WROOM

ESP-WROOM-32 開發板具有 3.3V 穩壓器，可降低輸入電壓，為 ESP32 開發板供電。它還附帶一個 CP2102 晶片(如下圖所示)，允許 ESP32 開發板與電腦連接後，可以再程式編輯、編譯後，直接透過串列埠傳輸程式，進而燒錄到 ESP32 開發板，無須額外的下載器。

圖 3 ESP32 Devkit CP2102 Chip 圖

ESP32 的功能 [2]包括以下內容：

■ 處理器：

◆ CPU: Xtensa 雙核心 (或者單核心) 32 位元 LX6 微處理器, 工作時脈 160/240 MHz, 運算能力高達 600 DMIPS

■ 記憶體：

◆ 448 KB ROM (64KB+384KB)

◆ 520 KB SRAM

◆ 16 KB RTC SRAM,SRAM 分為兩種

● 第一部分 8 KB RTC SRAM 為慢速儲存器,可以在 Deep-sleep 模式下被次處理器存取

● 第二部分 8 KB RTC SRAM 為快速儲存器,可以在 Deep-sleep 模式下 RTC 啟動時用於資料儲存以及 被主 CPU 存取。

◆ 1 Kbit 的 eFuse，其中 256 bit 為系統專用（MAC 位址和晶片設定）；其餘 768 bit 保留給用戶應用，這些 應用包括 Flash 加密和晶片 ID。

◆ QSPI 支援多個快閃記憶體/SRAM

◆ 可使用 SPI 儲存器 對映到外部記憶體空間，部分儲存器可做為外部儲存器的 Cache

● 最大支援 16 MB 外部 SPI Flash

● 最大支援 8 MB 外部 SPI SRAM

■ 無線傳輸：

◆ Wi-Fi: 802.11 b/g/n

---

[2] https://www.espressif.com/zh-hans/products/hardware/esp32-devkitc/overview

◆ 藍芽: v4.2 BR/EDR/BLE

■ 外部介面：

◆ 34 個 GPIO

◆ 12-bit SAR ADC ，多達 18 個通道

◆ 2 個 8 位元 D/A 轉換器

◆ 10 個觸控感應器

◆ 4 個 SPI

◆ 2 個 I2S

◆ 2 個 I2C

◆ 3 個 UART

◆ 1 個 Host SD/eMMC/SDIO

◆ 1 個 Slave SDIO/SPI

◆ 帶有專用 DMA 的乙太網路介面,支援 IEEE 1588

◆ CAN 2.0

◆ 紅外線傳輸

◆ 電機 PWM

◆ LED PWM, 多達 16 個通道

◆ 霍爾感應器

■ 定址空間

◆ 對稱定址對映

◆ 資料匯流排與指令匯流排分別可定址到 4GB(32bit)

◆ 1296 KB 晶片記憶體取定址

◆ 19704 KB 外部存取定址

◆ 512 KB 外部位址空間

◆ 部分儲存器可以被資料匯流排存取也可以被指令匯流排存取

■ 安全機制

◆ 安全啟動

◆ Flash ROM 加密

◆ 1024 bit OTP, 使用者可用高達 768 bit

◆ 硬體加密加速器

- AES

- Hash (SHA-2)

- RSA

- ECC

- 亂數產生器 (RNG)

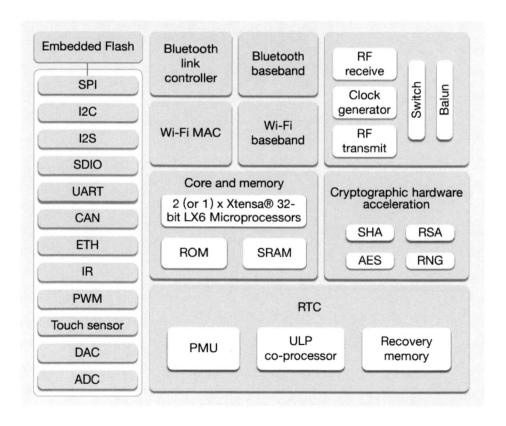

圖 4 ESP32 Function BlockDiagram

NodeMCU-32S Lua WiFi 物聯網開發板

NodeMCU-32S Lua WiFi 物聯網開發板是 WiFi+ 藍牙 4.2+ BLE /雙核 CPU 的開發板(如下圖所示)，低成本的 WiFi+藍牙模組是一個開放源始碼的物聯網平台。

圖 5 NodeMCU-32S Lua WiFi 物聯網開發板

NodeMCU-32S Lua WiFi 物聯網開發板也支持使用 Lua 腳本語言編程，NodeMCU-32S Lua WiFi 物聯網開發板之開發平台基於 eLua 開源項目，例如 lua-cjson, spiffs.。NodeMCU-32S Lua WiFi 物聯網開發板是上海 Espressif 研發的 WiFi+藍牙芯片，旨在為嵌入式系統開發的產品提供網際網絡的功能。

NodeMCU-32S Lua WiFi 物聯網開發板模組核心處理器 ESP32 晶片提供了一套完整的 802.11 b/g/n/e/i 無線網路（WLAN）和藍牙 4.2 解決方案，具有最小物理尺寸。

NodeMCU-32S Lua WiFi 物聯網開發板專為低功耗和行動消費電子設備、可穿戴和物聯網設備而設計，NodeMCU-32S Lua WiFi 物聯網開發板整合了 WLAN 和藍牙的所有功能，NodeMCU-32S Lua WiFi 物聯網開發板同時提供了一個開放原始碼的平台，支持使用者自定義功能，用於不同的應用場景。

NodeMCU-32S Lua WiFi 物聯網開發板 完全符合 WiFi 802.11b/g/n/e/i 和藍牙 4.2 的標準，整合了 WiFi/藍牙/BLE 無線射頻和低功耗技術，並且支持開放性的 RealTime 作業系統 RTOS。

NodeMCU-32S Lua WiFi 物聯網開發板具有 3.3V 穩壓器，可降低輸入電壓，為 NodeMCU-32S Lua WiFi 物聯網開發板供電。它還附帶一個 CP2102 晶片(如下圖所示)，允許 ESP32 開發板與電腦連接後，可以再程式編輯、編譯後，直接透過串列埠傳輸程式，進而燒錄到 ESP32 開發板，無須額外的下載器。

圖 6 ESP32 Devkit CP2102 Chip 圖

NodeMCU-32S Lua WiFi 物聯網開發板的功能包括以下內容：

● 商品特色：

◆ WiFi+藍牙 4.2+BLE

◆ 雙核 CPU

◆ 能夠像 Arduino 一樣操作硬件 IO

◆ 用 Nodejs 類似語法寫網絡應用

● 商品規格：

◆ 尺寸：49*25*14mm

◆ 重量：10g

◆ 品牌：Ai-Thinker

◆ 芯片：ESP-32

◆ Wifi：802.11 b/g/n/e/i

◆ Bluetooth：BR/EDR+BLE

◆ CPU：Xtensa 32-bit LX6 雙核芯

◆ RAM：520KBytes

◆ 電源輸入：2.3V~3.6V

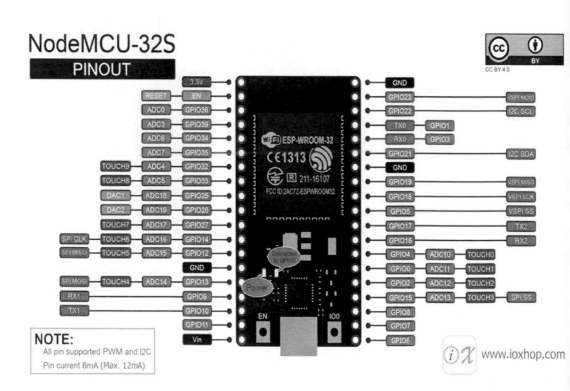

圖 7 ESP32S ESP32S 腳位圖

安裝 ESP 開發板的 CP210X 晶片 USB 驅動程式

如下圖所示，將 ESP32 開發板透過 USB 連接線接上電腦。

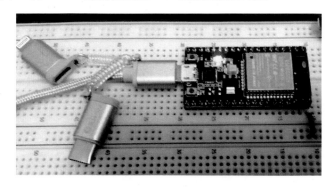

圖 8 USB 連接線連上開發板與電腦

如下圖所示，請到 SILICON LABS 的網頁，網址：

https://www.silabs.com/products/development-tools/software/usb-to-uart-bridge-vcp-drivers，去下載 CP210X 的驅動程式，下載以後將其解壓縮並且安裝，因為開發板上連接 USB Port 還有 ESP32 模組全靠這顆晶片當作傳輸媒介。

圖 9 SILICON LABS 的網頁

如下圖所示，讀者請依照您個人作業系統版本，下載對應 CP210X 的驅動程式，筆者是 Windows 10 64 位元作業系統，所以下載 Windows 10 的版本。

圖 10 下載合適驅動程式版本

如下圖所示，選擇下載檔案儲存目錄儲存下載對應 CP210X 的驅動程式。

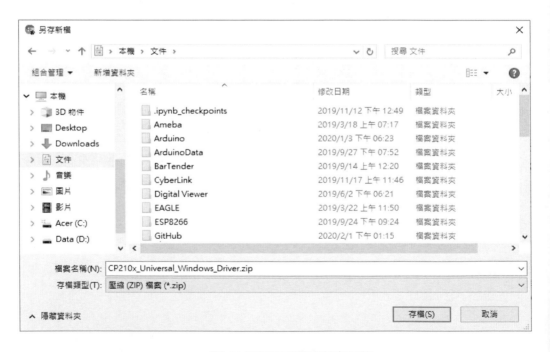

圖 11 選擇下載檔案儲存目錄

如下圖所示，先點選所下載之 CP210X 的驅動程式，解開壓縮檔後，再點選下

圖右邊紅框之『CP210xVCPInstaller_x64.exe』，進行安裝 CP2102 的驅動程式(尤溎

哲, 2019)。

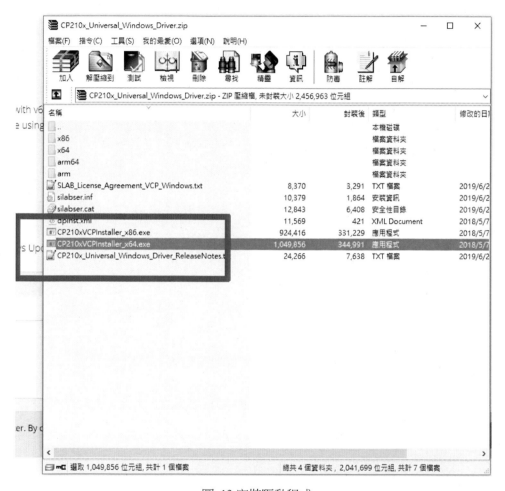

圖 12 安裝驅動程式

如下圖所示，開始安裝驅動程式。

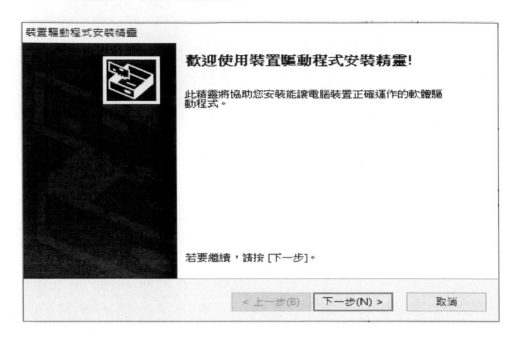

圖 13 開始安裝驅動程式

如下圖所示，完成安裝驅動程式。

圖 14 完成安裝驅動程式

如下圖所示，請讀者打開控制台內的打開裝置管理員。

圖 15 打開裝置管理員

如下圖所示，打開連接埠選項。

圖 16 打開連接埠選項

如下圖所示，我們可以看到已安裝驅動程式，筆者是 Silicon Labs CP210x USB to UART Bridge (Com36)，讀者請依照您個人裝置，其：Silicon Labs CP210x USB to UART Bridge (ComXX)，其 XX 會根據讀者個人裝置有所不同。

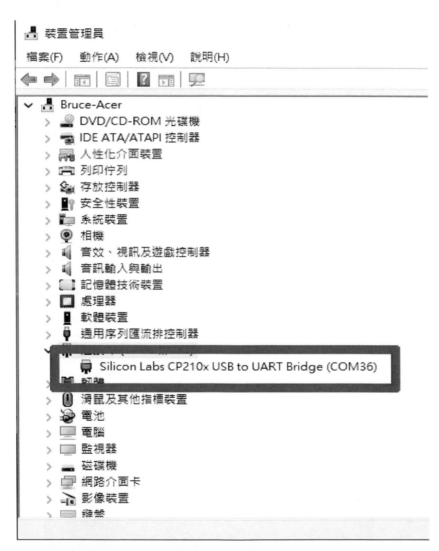

圖 17 已安裝驅動程式

如上圖所示，我們已完成安裝 ESP 開發板的 CP210X 晶片 USB 驅動程式。

章節小結

　　本章主要介紹之 ESP 32 開發板介紹，至於開發環境安裝與設定 ³(曹永忠, 2016b, 2020d, 2020e, 2020f)，請讀者參閱『ESP32 程式設計(基礎篇):ESP32 IOT Programming (Basic Concept & Tricks)』一書(曹永忠, 2020a, 2020c)，透過本章節的解說，相信讀者會對 ESP 32 開發板認識，有更深入的了解與體認。

---

³ 開發系統安裝教學

曹永忠，【物聯網系統開發】Arduino 開發的第一步：學會 IDE 安裝，跨出 Maker 第一步，

http://www.techbang.com/posts/76153-first-step-in-development-arduino-development-ide-installation，2020 年 2 月 26 日。

曹永忠，NODEMCU-32S 安裝 ARDUINO 整合開發環境，
http://www.techbang.com/posts/76747-nodemcu-32s-installation-arduino-integrated-development-environment，2020 年 3 月 11 日。

曹永忠，WEMOS D1 WIFI 物聯網開發板驅動程式安裝與設定，
https://www.techbang.com/posts/77602-wemos-d1-wifi-iot-board-driver，2020 年 4 月 9 日。
曹永忠，安裝 NODEMCU-32S LUA Wi-Fi 物聯網開發板驅動程式，
http://www.techbang.com/posts/76463-nodemcu-32s-lua-wifi-networked-board-driver，2020 年 3 月 9 日。

曹永忠，安裝 ARDUINO 線上函式庫，
http://www.techbang.com/posts/76819-arduino-letter-library-installation-installing-online-letter-library，2020 年 3 月 12 日。

2
CHAPTER

第一門課 溫溼度感測器模組

由於工業上應用，其環境的嚴苛程度，相較於辦公室等環境往往都較為苛刻且不穩定，且例外的事件發生頻率更高。所以專為單晶片設計感測模組往往在這樣環境下，出錯的機率往往更高，加上工業環境對於感測器的正確率與穩定要求，有著更高的要求與期望，加上其環境大小比起辦公室等環境，更加寬廣，所以感測器裝置配置之與控制器之間的距離，往往不是辦公室等環境等可以比擬，所以專為單晶片設計感測模組往往不易勝任這樣的要求，所以本章節介紹工業級溫溼度模組：XY-MD02 溫溼度感測模組來解說其如何運作、通訊、使用等。

XY-MD02 溫溼度感測模組

由於工業上應用，其環境的嚴苛程度，相較於辦公室等環境往往都較為苛刻且不穩定，且例外的事件發生頻率更高。所以專為單晶片設計感測模組往往在這樣環境下，出錯的機率往往更高，加上工業環境對於感測器的正確率與穩定要求，有著更高的要求與期望，加上其環境大小比起辦公室等環境，更加寬廣，所以感測器裝置配置之與控制器之間的距離，往往不是辦公室等環境等可以比擬，所以專為單晶片設計感測模組往往不易勝任這樣的要求。

所以工業上應用情境下，對於所有感測器都要求工業水準以上的規格(供規)，加上配合工業上應用實際場域，大部分都採用 RS-485 工業規格的通訊標準，鑑於如此的要求，本文一開始也是透過溫溼度感測模組進行全文的講解，所以本文採用深圳优信电子科技有限公司[4]開發、生產、販賣之 XY-MD02 溫溼度感測器，產品網址為：https://www.yourcee.com/productinfo/919241.html，讀者可以在台灣網站：

---

[4] 深圳市優信電子科技有限公司創立於 2009 年。專注于為全球設計工程師及客戶提供產品從原型開發到生產的各個階段的元器件和電子模組類服務，公司網址：https://www.yourcee.com/

廣華電子商城 / 敦華電子材料有限公司:

https://shop.cpu.com.tw/product/57813/info/，大陸淘寶網-优信电子：

https://detail.tmall.com/item_o.htm?id=619353030705&spm=a1z0d.6639537/tb.199719

6601.4.3d38588606ZXoa，等網路或實體商城購買到該品項。

　　工業級 XY-MD02 溫溼度感測器，其產品外觀如下圖所示，接下來介紹其產品

規格：

- 直流供電：DC5～30V

- 輸出信號：RS485 信號

- 通訊協議：Modbus-RTU 協議和自定義普通協議

- 通信地址：1～247 可設 / 預設 1

- 波特率：可設置，預設 9600、數據位元：8、停止位元：2、N 無校驗

- 溫度精度：±0.5℃ (25℃)

- 濕度精度：±3%RH

- 溫度測量：-40～60℃

- 濕度測量：0～80%RH

- 溫度分辨率：0.1℃

- 濕度分辨率：0.1RH

- 設備功耗：≦0.2W

- RS485 通訊距離可達 1000M

- 可直接安裝 標準 35mm 軌道式鋁軌

(a). XY-MD02 溫溼度感測器正面圖

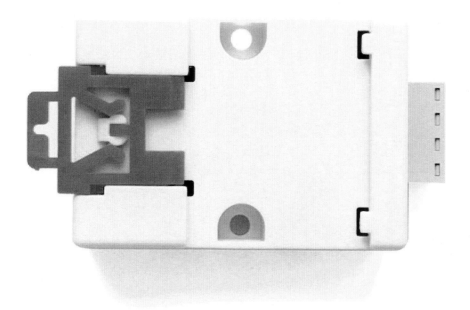

(B). XY-MD02 溫溼度感測器背面圖

(c). XY-MD02 溫溼度感測器正側面

Wire Pins

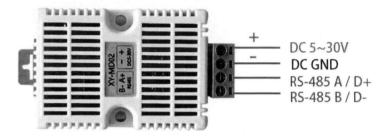

+ DC 5~30V
- DC GND
RS-485 A / D+
RS-485 B / D-

RS-485 Max Communication Length is 1000 Meters

(d). XY-MD02 溫溼度感測器接點圖

65mm

46mm

28.5mm

重量：41g

(e). XY-MD02 溫溼度感測器尺寸圖

圖 18 XY-MD02 溫溼度感測器模組

然而筆者使用筆電的 USB 通訊埠連接，因為 XY-MD02 溫溼度感測器採用 RS-485 通訊電氣連接，請請參考下圖所示之 XY-MD02 溫溼度感測器連接電腦圖，由於一般電腦只能透過 USB 通訊埠連接，而與 RS-485 通訊電氣是不一樣的電氣准位是不同的，所以我們必須要透過如下下圖所示之 USB 轉 RS-485 通訊轉換模組，將之插入一般電腦的 USB 通訊埠連接，再透過兩條電線來進行 RS 485 通訊，進而與 XY-MD02 溫溼度感測器連接。

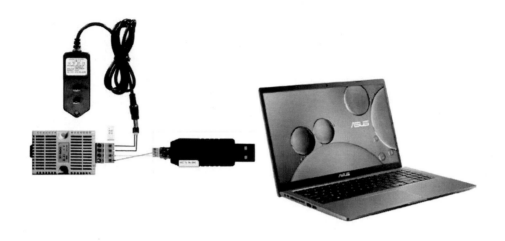

圖 19 XY-MD02 溫溼度感測器連接電腦圖

圖 20 USB 轉 RS-485 通訊轉換模組

下圖所示知為連接方式，可以看到下圖(a)之 USB 轉 RS-485 通訊轉換模組，可以看到 USB 轉 RS-485 通訊轉換模組端子座有兩個接點，用螺絲起子轉開後，可以看到有 A/D+端，用電線將之連接到下圖(b)之 XY-MD02 溫溼度感測器，有中間圖示對照到右方端子座，可以看到右方約第三個為 A+接點，將這兩個端點用電線連接。

　　可以看到下圖(a)之 USB 轉 RS-485 通訊轉換模組，可以看到 USB 轉 RS-485 通訊轉換模組端子座有兩個接點，用螺絲起子轉開後，可以看到有 B/D-端，用電線將之連接到下圖(b)之 XY-MD02 溫溼度感測器，有中間圖示對照到右方端子座，可以看到右方約第三個為 B-接點，將這兩個端點用電線連接。

　　連接好了之後，可以如下圖©所示之通訊連接圖。

　　由於 XY-MD02 溫溼度感測器需要額外 12V 的直流電源，所以需要一個外加電源之 110V/220V AC 電源轉 12 V DC 直流電源變壓器，將其 12 V (正極)電源端，連接到下圖(b)之 XY-MD02 溫溼度感測器之+ 的端點(第一個端點)，接下來把 12 V (負極)電源端，連接到下圖(b)之 XY-MD02 溫溼度感測器之- 的端點(第二個端點)，完成後如下圖(d)之完整電氣連接圖。

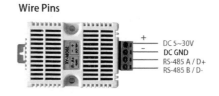

Wire Pins

+ DC 5~30V
- DC GND
RS-485 A / D+
RS-485 B / D-

RS-485 Max Communication Length is 1000 Meters

(a). USB 轉 RS-485 通訊轉換模組連接端點　　　(b). XY-MD02 溫溼度感測器連接端點

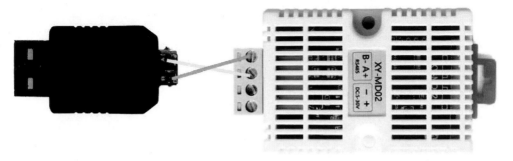

(c). 通訊埠連接圖

(d). 完整電氣連接圖

圖 21 XY-MD02 溫溼度感測器連接端點通訊與電力連接

開啟軟體

    如下圖所示，我們將如上圖(d)所示之 USB 轉 RS-485 通訊轉換模組插入到電腦的 USB 插槽，如需要安裝驅動程式，請讀者先行安裝驅動程式，接下來查看裝置管理員，看看 USB 轉 RS-485 通訊轉換模組接到哪一個通訊埠，本文是 COM 11。

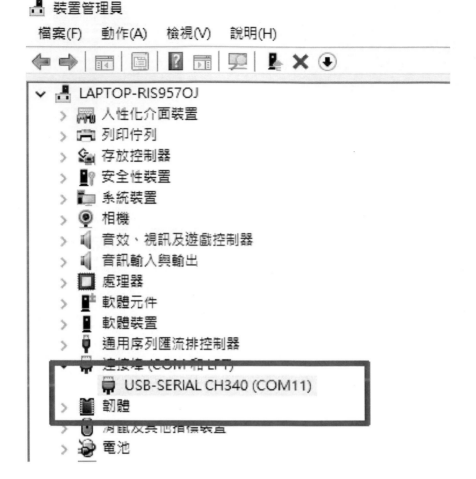

圖 22 USB2TTL 插在電腦上之裝置管理員

一般讀者會使用 SSCOM32 通訊軟體，下載網址：

https://www.pc6.com/softview/SoftView_77355.html(如下圖所示)，筆者使用串口調

試助手，下載網址：

https://apps.microsoft.com/store/detail/%E4%B8%B2%E5%8F%A3%E8%AA%BF%E

8%A9%A6%E5%8A%A9%E6%89%8B/9NBLGGH43HDM?hl=zh-tw&gl=tw(如下下

圖所示)，如下下圖所示，我們可以到微軟官網下載後，開啟串口調試助手軟體後，

可以見到下下圖所示之主畫面。

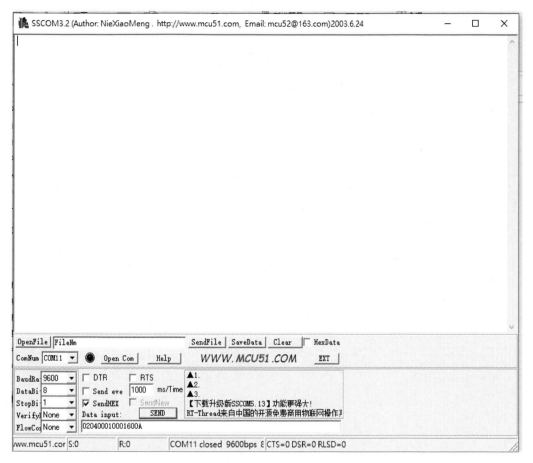

圖 23 SSCOM32 通訊軟體主畫面

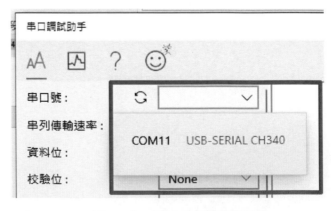

圖 24 串口調試助手主畫面

如下圖所示，我們將串口調試助手選擇通訊埠為 COM11。

圖 25 串口調試助手選擇通訊埠

如下圖所示，我們設定正確的通訊埠相關資訊，通訊埠參數：通訊埠傳輸速率 9600；數據位元 8；不校驗；1 位停止位；控制板位址：1。

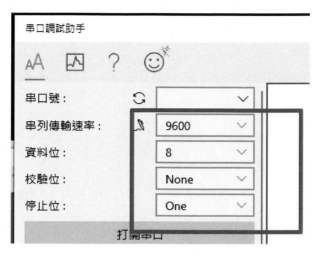

圖 26 設定正確的通訊埠相關資訊

如下圖紅框所示，我們開啟連接通訊埠。

圖 27 開啟連接埠

如下圖紅框所示，為串口調試助手開啟後的主畫面。

圖 28 串口調試助手開啟後的主畫面

如下圖紅框所示，請將串口調試助手設定十六進位傳送。

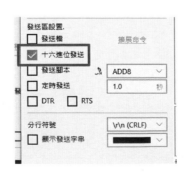

圖 29 串口調試助手設定十六進位傳送

XY-MD02 溫溼度感測器通訊命令解析

下列介紹 XY-MD02 溫溼度感測器產品所用功能碼，如下表所示:

XY-MD02 溫溼度感測器功能碼

- 0x03:讀保持暫存器

- 0x04:讀輸入暫存器

- 0x06:寫單個保持暫存器

- 0x10:寫多個保持暫存器

表 1　XY-MD02 溫溼度感測器產品所用功能碼

寄存器類型	寄存器位址	資料內容	位元組數
輸入寄存器	0x0001	溫度值	2
	0x0002	濕度值	2
保持寄存器	0x0101	設備位址 （1~247）	2
	0x0102	串列傳輸速率 0:9600 1:14400 2:19200	2
	0x0103	溫度修正值(/10) -10.0~10.0	2
	0x0104	濕度修正值(/10) -10.0~10.0	2

讀寫請求資料發送資料方法

如下表所示，當個人電腦連上 USB 轉 RS-485 通訊轉換模組之後，再透過 RS-485 電氣訊號連接後，連到 XY-MD02 溫溼度感測器之後，如果要求 XY-MD02 溫溼度感測器回饋所需要的資料，就必須依照下表所示之格式，進行對應的資料格式之 Byte 資料傳送。

表 2 請求 XY-MD02 溫溼度感測器發送資料格式表

從機地址	功能碼	暫存器位址 高位元組	暫存器位址 低位元組	暫存器數量 高位元組	暫存器數量 低位元組	CRC 高位元組	CRC 低位元組

感測模組回應請求後回饋資料發送資料方法

如下表所示，當個人電腦連上 USB 轉 RS-485 通訊轉換模組之後，再透過 RS-485 電氣訊號連接後，連到 XY-MD02 溫溼度感測器之後，發送 XY-MD02 溫溼度感測器告知所需要的資料並請求回饋感測資料等，XY-MD02 溫溼度感測器就必須依照下表所示之格式，再返回感測資料時，依下表所示之資料格式以 Byte 資料回應對應的請求。

表 3 XY-MD02 溫溼度感測器回應資料格式表

從機 地址	回應 功能碼	位元組數	暫存器 1 資料 高位元組	暫存器 1 資料 低位元組	暫存器 N 資料 高位元組	暫存器 N 資料 低位元組	CRC 高位元組	CRC 低位元組

請求發送溫度資料

根據官方規格書，請求發送溫度資料的命令格式如下表所示，此命令為六個位元組(Bytes)+ CRC16 二個位元組(Bytes)，內容為『010400010001600A』，如下圖所示，筆者再串口助手中，輸入『010400010001600A』，按下傳送鈕『 ▷ 』進行傳送。

表 4 請求 XY-MD02 溫溼度感測器發送溫度命令表

從機 地址	功能 碼	暫存器 位址 高位元組	暫存器 位址 低位元組	暫存器 數量 高位元組	暫存器 數量 低位元組	CRC 高位元組	CRC 低位元組
0x01	0x04	0x00	0x01	0x00	0x01	0x60	0x0a

圖 30 發送請求發送溫度資料的命令之畫面

根據官方規格書，XY-MD02 溫溼度感測器在接受到請求發送溫度資料的命令之後，會回應格式如下表所示，此命令為五個位元組(Bytes)+CRC16 二個位元組(Bytes)，如下圖所示，內容為『01040200F7F8B6』。

表 5　XY-MD02 溫溼度感測器回應溫度命令表

從機地址	回應功能碼	位元組數	溫度高位元組	溫度低位元組	CRC高位元組	CRC低位元組
0x01	0x04	0x02	0x00	0xF7	0xF8	0xB8

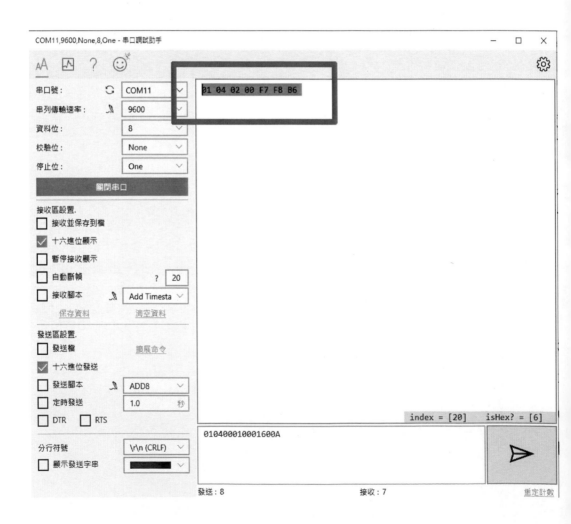

圖 31 回傳發送請求發送溫度資料的命令之畫面

　　計算溫度的方法根據官方文件，其回傳溫度值=0x00F7，將此 16 進位內容轉換成十進位格式，其內容為 247，而我們有依據原來 XY-MD02 溫溼度感測器的小數位數設定為一位，所以得到的值要除以 10 的 1 次方，所以實際溫度值 = 247 / 10 = 24.7℃

　　注：溫度是有符號 16 進制數，溫度值=0xFF33,轉換成十進位 -205，實際溫度 = -20.5℃

請求發送濕度資料

　　根據官方規格書，請求發送濕度資料的命令格式如下表所示，此命令為六個位元組(Bytes)+ CRC16 二個位元組(Bytes)，內容為『010400020001900A』，如下圖所示，筆者再串口助手中，輸入『010400020001900A』，按下傳送鈕『 　　』進行傳送。

表 6　請求 XY-MD02 溫溼度感測器發送濕度命令表

從機地址	功能碼	暫存器 位址 高位元組	暫存器 位址 低位元組	暫存器 數量 高位元組	暫存器 數量 低位元組	CRC 高位元組	CRC 低位元組
0x01	0x04	0x00	0x02	0x00	0x01	0x90	0x0A

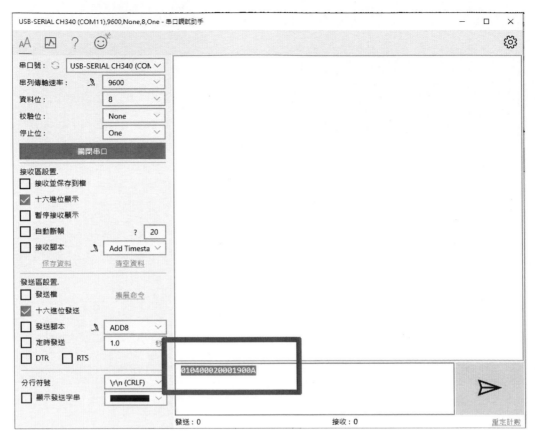

圖 32 發送請求發送濕度資料的命令之畫面

　　根據官方規格書，XY-MD02 溫溼度感測器在接受到請求發送濕度資料的命令
之後，會回應格式如下表所示，此命令為五個位元組(Bytes)+CRC16 二個位元組
(Bytes)，如下圖所示，內容為『0104020203F851』。

表 7　XY-MD02 溫溼度感測器回應濕度命令表

從機地址	回應 功能碼	位元組數	溼度 高位元組	溼度 低位元組	CRC 高位元組	CRC 低位元組
0x01	0x04	0x02	0x02	0x03	0xF8	0x51

圖 33 回傳發送請求發送濕度資料的命令之畫面

計算濕度的方法根據官方文件，其回傳濕度值=0x0202，將此 16 進位內容轉
換成十進位格式，其內容為 514，而我們有依據原來 XY-MD02 溫溼度感測器的小
數位數設定為一位，所以得到的值要除以 10 的 1 次方，所以實際濕度值 = 514 / 10
= 51.4 ％。

請求發送溫溼度資料

　　根據官方規格書，請求發送溫溼度資料的命令格式如下表所示，此命令為六個位元組(Bytes)+ CRC16 二個位元組(Bytes)，內容為『010400010002200B』，如下圖所示，筆者再串口助手中，輸入『010400010002200B』，按下傳送鈕『　▷　』進行傳送。

表 8　請求 XY-MD02 溫溼度感測器發送溫溼度命令表

從機 地址	功能碼	暫存器 位址 高位元組	暫存器 位址 低位元組	暫存器 數量 高位元組	暫存器 數量 低位元組	CRC 高位元組	CRC 低位元組
0x01	0x04	0x00	0x01	0x00	0x02	0x20	0x0B

圖 34 發送請求發送溫溼度資料的命令之畫面

根據官方規格書，XY-MD02 溫溼度感測器在接受到請求發送溫溼度資料的命令之後，會回應格式如下表所示，此命令為五個位元組(Bytes)+CRC16 二個位元組(Bytes)，如下圖所示，內容為『01040400F201F2DA62』。

表 9　XY-MD02 溫溼度感測器回應溫溼度命令表

從機地址	回應功能碼	位元組數	溫度高位元組	溫度低位元組	濕度高位元組	濕度低位元組	CRC高位元組	CRC低位元組
0x01	0x04	0x04	0x00	0xF2	0x01	0xF2	0xDA	0x62

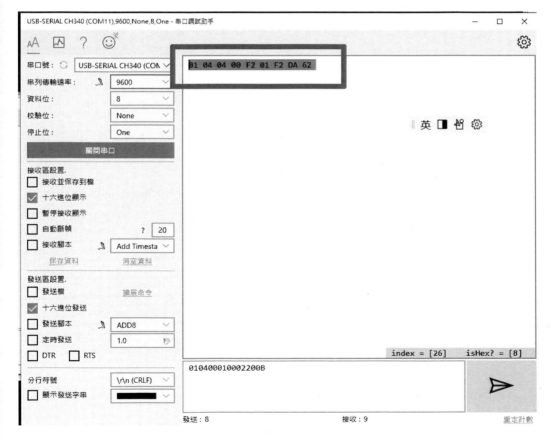

圖 35 回傳發送請求發送溫溼度資料的命令之畫面

計算溫度的方法根據官方文件，其回傳溫度值=0x00F2，將此 16 進位內容轉換成十進位格式，其內容為 242，而我們有依據原來 XY-MD02 溫溼度感測器的小數位數設定為一位，所以得到的值要除以 10 的 1 次方，所以實際溫度值 = 242 / 10 = 24.2℃

注：溫度是有符號 16 進制數，溫度值=0xFF33,轉換成十進位 -205，實際溫度 = -20.5℃

計算濕度的方法根據官方文件，其回傳濕度值=0x01F2，將此 16 進位內容轉換成十進位格式，其內容為 498，而我們有依據原來 XY-MD02 溫溼度感測器的小數位數設定為一位，所以得到的值要除以 10 的 1 次方，所以實際濕度值 = 498 / 10 = 49.8 %。

讀寫單一暫存器資料發送資料方法

如下表所示，當個人電腦連上 USB 轉 RS-485 通訊轉換模組之後，再透過 RS-485 電氣訊號連接後，連到 XY-MD02 溫溼度感測器之後，如果要求 XY-MD02 溫溼度感測器回饋其機器暫存器的資料，就必須依照下表所示之格式，進行對應的資料格式之 Byte 資料傳送。

表 10　請求 XY-MD02 溫溼度感測器發送暫存器格式表

從機地址	功能碼	暫存器位址高位元組	暫存器位址低位元組	暫存器數量高位元組	暫存器數量低位元組	CRC高位元組	CRC低位元組

感測模組回應請求暫存器後回饋資料發送資料方法

如下表所示，當個人電腦連上 USB 轉 RS-485 通訊轉換模組之後，再透過 RS-485 電氣訊號連接後，連到 XY-MD02 溫溼度感測器之後，發送 XY-MD02 溫溼度感測器告知所需要的暫存器資料並請求回饋暫存器資料等，XY-MD02 溫溼度感測器就必須依照下表所示之格式，再返回暫存器資料時，依下表所示之資料格式以 Byte 資料回應對應的請求。

表 11　XY-MD02 溫溼度感測器回應暫存器資料格式表

從機 地址	回應 功能碼	位元組 數	暫存器 1 資料 高位元組	暫存器 1 資料 低位元組	CRC 高位元組	CRC 低位元組

請求發送裝置位址資料

根據官方規格書，請求發送裝置位址資料的命令格式如下表所示，此命令為六個位元組(Bytes)+ CRC16 二個位元組(Bytes)，內容為『010301010001D436』，如下圖所示，筆者再串口助手中，輸入『010301010001D436』，按下傳送鈕『 ▷ 』進行傳送。

表 12　請求 XY-MD02 溫溼度感測器發送裝置位址命令表

從機 地址	功能碼	暫存器 位址 高位元組	暫存器 位址 低位元組	暫存器 數量 高位元組	暫存器 數量 低位元組	CRC 高位元組	CRC 低位元組
0x01	0x03	0x01	0x01	0x00	0x01	0xD4	0x36

圖 36 發送請求發送裝置位址資料的命令之畫面

　　根據官方規格書，XY-MD02 溫溼度感測器在接受到請求發送裝置位址資料的
命令之後，會回應格式如下表所示，此命令為五個位元組(Bytes)+CRC16 二個位元
組(Bytes)，如下圖所示，內容為『01030200017984』。

表 13　XY-MD02 溫溼度感測器回應裝置位址命令表

從機 地址	回應 功能碼	位元組數		位址 高位元組		位址 低位元組	CRC 高位元組	CRC 低位元組
0x01	0x03	0x02	0x00	0x01	0x79	0x84		

圖 37 回傳發送請求發送裝置位址資料的命令之畫面

　　計算暫存的方法根據官方文件，其回傳裝置位址值=0x0001，將此 16 進位內容轉換成十進位格式，其內容為 0x0001，因其 Modbus 位置只有一個 Byte，所以裝置位址只有 0x01。

請求修改裝置位址資料

　　根據官方規格書，請求修改裝置位址資料的命令格式如下表所示，此命令為六個位元組(Bytes)+ CRC16 二個位元組(Bytes)，內容為『010601010008D830』，如下圖所示，筆者再串口助手中，輸入『010601010008D830』，按下傳送鈕『 ➢ 』進行傳送。

表 14　請求 XY-MD02 溫溼度感測器修改裝置位址命令表

從機地址	功能碼	暫存器位址高位元組	暫存器位址低位元組	暫存器數量高位元組	暫存器數量低位元組	CRC高位元組	CRC低位元組
0x01	0x06	0x01	0x01	0x00	0x08	0xD8	0x30

圖 38 發送請求發送修改裝置位址的命令之畫面

根據官方規格書，XY-MD02 溫溼度感測器在接受到請求修改裝置位址資料的命令之後，會回應格式如下表所示，此命令為五個位元組(Bytes)+CRC16 二個位元組(Bytes)，如下圖所示，內容為『010601010008D830』。

表 15　XY-MD02 溫溼度感測器回應修改裝置位址命令表

從機地址	回應功能碼	暫存器位址高位元組	暫存器位址低位元組	暫存器數量高位元組	暫存器數量低位元組	CRC高位元組	CRC低位元組
0x01	0x06	0x01	0x01	0x00	0x08	0xD8	0x30

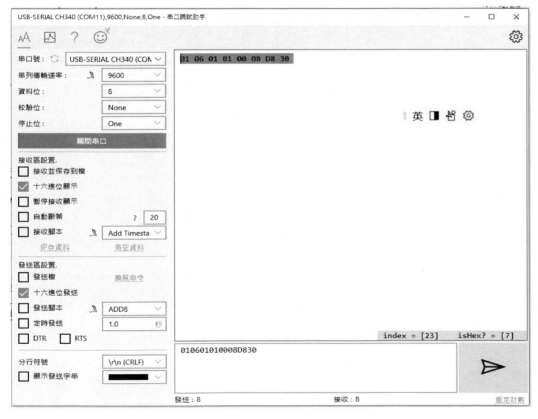

圖 39 回傳發送請求發送修改裝置位址資料的命令之畫面

回傳發送請求發送修改裝置位址資料的命令應該與發送相同。

請求發送傳輸速率資料

根據官方規格書，請求發送傳輸速率資料的命令格式如下表所示，此命令為六個位元組(Bytes)+ CRC16 二個位元組(Bytes)，內容為『0103010200012436』，如下圖所示，筆者再串口助手中，輸入『0103010200012436』，按下傳送鈕『 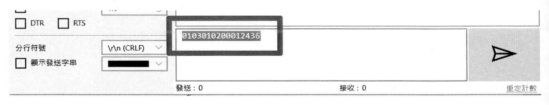 』進行傳送。

表 16　請求 XY-MD02 溫溼度感測器發送傳輸速率命令表

從機地址	功能碼	暫存器位址高位元組	暫存器位址低位元組	暫存器數量高位元組	暫存器數量低位元組	CRC高位元組	CRC低位元組
0x01	0x03	0x01	0x02	0x00	0x01	0x24	0x36

圖 40 發送請求發送傳輸速率資料的命令之畫面

根據官方規格書，XY-MD02 溫溼度感測器在接受到請求發送傳輸速率資料的命令之後，會回應格式如下表所示，此命令為五個位元組(Bytes)+CRC16 二個位元組(Bytes)，如下圖所示，內容為『0103022580A374』。

表 17　XY-MD02 溫溼度感測器回應傳輸速率命令表

從機地址	回應功能碼	位元組數	位址高位元組	位址低位元組	CRC高位元組	CRC低位元組
0x01	0x03	0x02	0x25	0x80	0xA3	0x74

圖 41 回傳發送請求發送傳輸速率資料的命令之畫面

　　計算暫存的方法根據官方文件，其回傳傳輸速率值=0x2580，將此 16 進位內容轉換成十進位格式，其內容為 9600，所以傳輸速率為 9600 bps。

請求修改傳輸速率資料

　　根據官方規格書，請求修改傳輸速率資料的命令格式如下表所示，此命令為六個位元組(Bytes)+ CRC16 二個位元組(Bytes)，內容為『010601024B001F06』，如下圖所示，筆者再串口助手中，輸入『010601024B001F06』，按下傳送鈕『➢』進行傳送。

表 18 請求 XY-MD02 溫溼度感測器修改傳輸速率命令表

從機地址	功能碼	暫存器位址高位元組	暫存器位址低位元組	暫存器數量高位元組	暫存器數量低位元組	CRC高位元組	CRC低位元組
0x01	0x06	0x01	0x02	0x24	0xB0	0x!F	0x06

圖 42 發送請求發送修改傳輸速率的命令之畫面

　　根據官方規格書，XY-MD02 溫溼度感測器在接受到請求修改傳輸速率資料的命令之後，會回應格式如下表所示，此命令為五個位元組(Bytes)+CRC16 二個位元組(Bytes)，如下圖所示，內容為『010601024B001F06』。

表 19 XY-MD02 溫溼度感測器回應修改傳輸速率命令表

從機 地址	回應 功能碼	暫存器 位址 高位元組	暫存器 位址 低位元組	暫存器 數量 高位元組	暫存器 數量 低位元組	CRC 高位元組	CRC 低位元組
0x01	0x06	0x01	0x02	0x4B	0x00	0x1F	0x06

圖 43 回傳發送請求發送修改傳輸速率資料的命令之畫面

回傳發送請求發送傳輸速率位址資料的命令應該與發送相同。

章節小結

    本章主要介紹之工業級 XY-MD02 溫溼度感測器，透過 USB2RS485 轉換模組，與工業級 XY-MD02 溫溼度感測器進行通訊，進而控制與讀取工業級 XY-MD02 溫溼度感測器內部感測資料，並可以透過其他命令設定工業級 XY-MD02 溫溼度感測器裝置，並且可以查詢與設置工業級 XY-MD02 溫溼度感測器裝置所有參數與軟硬體設定。透過本章節的解說，相信讀者會對連接、使用溫工業級 XY-MD02 溫溼度感測器裝置，透過這樣的講解，相信讀者也可以觸類旁通，設計其它感測器達到相同結果。

3

CHAPTER

第二門課 溫溼度感測器傳送雲端

　　本章節主要介紹，如何透過單晶片(MCU)來進行連接工業級溫溼度模組：XY-MD02 溫溼度感測模組，並建立 RESTFul API 連接到筆者設計的雲端平台，運用資料代理人(DB Agent)程式，就可以輕鬆地把 HTU21D 溫溼度感測器，送到雲端平台由，進而在工業上進階應用。

XY-MD02 溫溼度感測模組

　　由於工業上應用，其環境的嚴苛程度，相較於辦公室等環境往往都較為苛刻且不穩定，且例外的事件發生頻率更高。所以專為單晶片設計感測模組往往在這樣環境下，出錯的機率往往更高，加上工業環境對於感測器的正確率與穩定要求，有著更高的要求與期望，加上其環境大小比起辦公室等環境，更加寬廣，所以感測器裝置配置之與控制器之間的距離，往往不是辦公室等環境等可以比擬，所以專為單晶片設計感測模組往往不易勝任這樣的要求。

　　所以工業上應用情境下，對於所有感測器都要求工業水準以上的規格(供規)，加上配合工業上應用實際場域，大部分都採用 RS-485 工業規格的通訊標準，鑑於如此的要求，本文一開始也是透過溫溼度感測模組進行全文的講解，所以本文採用深圳优信电子科技有限公司 [5]開發、生產、販賣之 XY-MD02 溫溼度感測器，產品網址為：https://www.yourcee.com/productinfo/919241.html，讀者可以在台灣網站：廣華電子商城 / 敦華電子材料有限公司: https://shop.cpu.com.tw/product/57813/info/，大陸滔寶網-优信电子：

---

[5] 深圳市優信電子科技有限公司創立於 2009 年。專注于為全球設計工程師及客戶提供產品從原型開發到生產的各個階段的元器件和電子模組類服務，公司網址：https://www.yourcee.com/

https://detail.tmall.com/item_o.htm?id=619353030705&spm=a1z0d.6639537/tb.1997196601.4.3d38588606ZXoa，等網路或實體商城購買到該品項。

工業級 **XY-MD02** 溫溼度感測器，其產品外觀如下圖所示，接下來介紹其產品規格：

- 直流供電：DC5～30V

- 輸出信號：RS485 信號

- 通訊協議：Modbus-RTU 協議和自定義普通協議

- 通信地址：1～247 可設 / 預設 1

- 波特率：可設置，預設 9600、數據位元：8、停止位元：2、N 無校驗

- 溫度精度：±0.5℃ (25℃)

- 濕度精度：±3%RH

- 溫度測量：-40～60℃

- 濕度測量：0～80%RH

- 溫度分辨率：0.1℃

- 濕度分辨率：0.1RH

- 設備功耗：≦0.2W

- RS485 通訊距離可達 1000M

- 可直接安裝 標準 35mm 軌道式鋁軌

(a). XY-MD02 溫溼度感測器正面圖

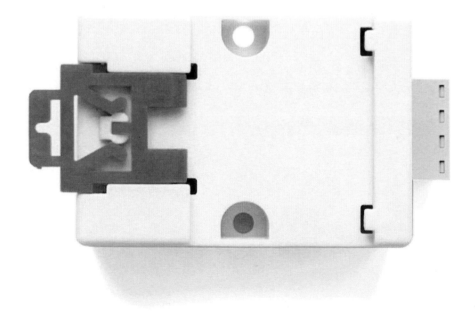

(B). XY-MD02 溫溼度感測器背面圖

(c). XY-MD02 溫溼度感測器正側面

Wire Pins

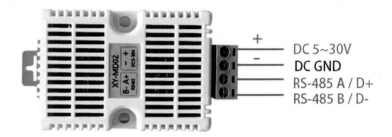

+ DC 5~30V
− DC GND
RS-485 A / D+
RS-485 B / D-

RS-485 Max Communication Length is 1000 Meters

(d). XY-MD02 溫溼度感測器接點圖

65mm
46mm
28.5mm
重量：41g

(e). XY-MD02 溫溼度感測器尺寸圖

圖 44 XY-MD02 溫溼度感測器模組

下圖所示知為連接方式，可以看到下圖(a)之 TTL 轉 RS-485 通訊轉換模組，可以看到 TTL 轉 RS-485 通訊轉換模組端子座有三個接點，其中有一個端點為 GND，可以不接，另外兩個端點為訊號 A/B 的端點。

用螺絲起子轉開後，可以看到有 A/D+端，用電線將之連接到下圖(b)之 XY-MD02 溫溼度感測器，有中間圖示對照到右方端子座，可以看到右方約第三個為 A+接點，將這兩個端點用電線連接。

可以看到下圖(a)之 TTL 轉 RS-485 通訊轉換模組，可以看到 TTL 轉 RS-485 通訊轉換模組端子座有三個接點，用螺絲起子轉開後，可以看到有 B/D-端，用電線將之連接到下圖(b)之 XY-MD02 溫溼度感測器，有中間圖示對照到右方端子座，可以看到右方約第三個為 B-接點，將這兩個端點用電線連接。

由於 XY-MD02 溫溼度感測器需要額外 12V 的直流電源，所以需要一個外加電源之 110V/220V AC 電源轉 12 V DC 直流電源變壓器，將其 12 V (正極)電源端，連接到下圖(b)之 XY-MD02 溫溼度感測器之+ 的端點(第一個端點)，接下來把 12 V (負極)電源端，連接到下圖(b)之 XY-MD02 溫溼度感測器之- 的端點(第二個端點)，完成後如下圖(C)之完整電氣連接圖。

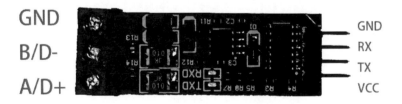

(a). TTL 轉 RS-485 通訊轉換模組連接端點

A/D+
B/D-
DC 5-30V
GND

(b). XY-MD02 溫溼度感測器連接端點

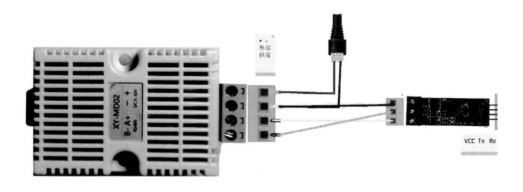

VCC Tx Rx

(C). 完整電氣連接圖

圖 45 XY-MD02 溫溼度感測器連接端點通訊與電力連接

　　然而筆者使用 ESP32S 開發板進行開發，ESP32S 開發板只有 UART、SPI、I2C 等 TTL 等級的訊號連接，所以無法透過 RS-485 電器訊號連接 XY-MD02 溫溼度感測器進行連接，如下圖.(a)所示，筆者採用 TTL 轉 RS-485 模組，轉換 UART 訊號為 RS-485 電器訊號，進而連接 XY-MD02 溫溼度感測器，完成透過通訊電氣訊號連接，讀者可以參考下圖.(b)之 ESP32S 開發板連接 XY-MD02 溫溼度感測器電路圖。

GND
B/D-
A/D+

GND
RX
TX
VCC

(a). XY-MD02 溫溼度感測器

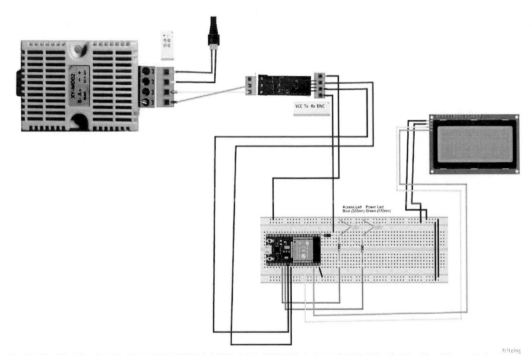

(b). ESP32S 開發板連接 XY-MD02 溫溼度感測器

圖 46 ESP32S 開發板連接 XY-MD02 溫溼度感測器電路圖

顯示 **XY-MD02** 溫溼度感測器顯示介面

準備實驗材料

如下圖所示，這個實驗我們需要用到的實驗硬體有下圖.(a)的 ESP 32 開發板、下圖.(b) TTL 轉 RS485 模組、下圖.(c) XY-MD02 溫溼度感測器、下圖.(d) LCD 2004 I2C：

(a). NodeMCU 32S 開發板

(b). TTL 轉 RS485 模組

(c). XY-MD02 溫溼度感測器

(d). LCD 2004 I2C

圖 47 顯示溫 XY-MD02 溫溼度感測器實驗材料表

讀者也可以參考下表之顯示 XY-MD02 溫溼度感測器接腳表，進行電路組立。

表 20 顯示 XY-MD02 溫溼度感測器接腳表

接腳	接腳說明	開發板接腳
3	XY-MD02 溫溼度感測器 VCC	接電源正極(5~30V)
4	XY-MD02 溫溼度感測器 GND	接電源負極
5	XY-MD02 溫溼度感測器 A	TTL 轉 RS485 模組 A/D+
6	XY-MD02 溫溼度感測器 B	TTL 轉 RS485 模組 B/D-

接腳	接腳說明	開發板接腳
6	LCD 2004 I2C (SDA)	GPIO 21/SDA
6	LCD 2004 I2C (SCL)	GPIO 22/SCL

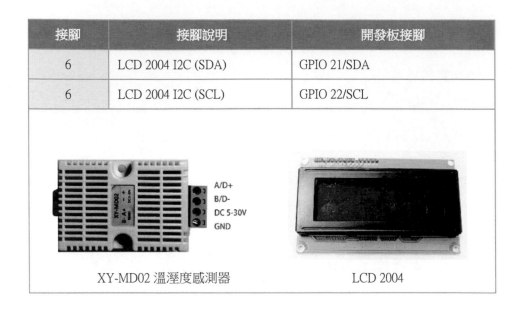

XY-MD02 溫溼度感測器	LCD 2004

讀者可以參考下圖所示之顯示 XY-MD02 溫溼度感測器連接電路圖，進行電路組立。

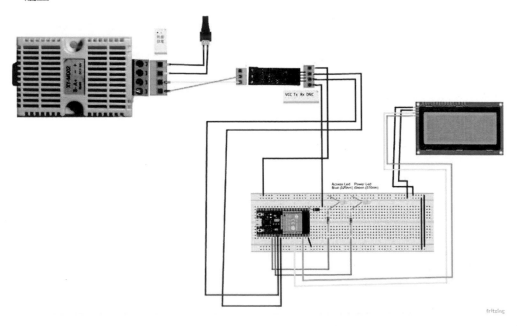

圖 48 顯示 XY-MD02 溫溼度感測器實驗電路圖

讀者可以參考下圖所示之顯示 XY-MD02 溫溼度感測器實驗實體圖，參考後進行電路組立。

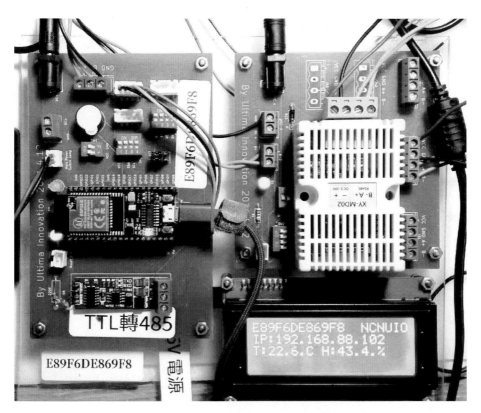

圖 49 顯示 XY-MD02 溫溼度感測器實驗實體圖

如何使用 LCD 2004 顯示器

接下來我們要現行介紹如何使用 LCD 2004 顯示器，我們遵照前幾章所述，將 ESP 32 開發板的驅動程式安裝好之後，我們打開 ESP 32 開發板的開發工具：Sketch IDE 整合開發軟體(安裝 Arduino 開發環境，請參考本文之『 Arduino 開發 IDE 安裝』，安裝 ESP 32 開發板 SDK 請參考『ESP32 程式設計(基礎篇):ESP32 IOT Programming (Basic Concept & Tricks)』之『安裝 ESP32 Arduino 整合開發環境』(曹永忠, 2020a, 2020c))，攥寫一段程式，如下表所示之使用 LCD 2004 顯示器程式(曹永忠, 2020a,

2020c; 曹永忠, 吳佳駿, 許智誠, & 蔡英德, 2016a, 2016b; 曹永忠, 許智誠, & 蔡英德, 2016b, 2016c)，我們就可以透過 LCD 2004 顯示器來各類資料。

表 21 使用 LCD 2004 顯示器

使用 LCD 2004 顯示器(LCD2004_ESP32S)

```
#include <Wire.h>
#include <LiquidCrystal_I2C.h>

LiquidCrystal_I2C lcd(0x27,20,4);    // set the LCD address to 0x27 for a 16 chars
and 2 line display
// LiquidCrystal_I2C lcd(0x3F,20,4);    // set the LCD address to 0x27 for a 16
chars and 2 line display

void setup()
{
  lcd.init();                              // initialize the lcd

  // Print a message to the LCD.
  lcd.backlight();
  lcd.setCursor(0,0);
  lcd.print("Hello, world!");
   lcd.setCursor(0,1);
  lcd.print("Power By BruceTsao!");
   lcd.setCursor(0,2);
  lcd.print("2Power By BruceTsao!");
   lcd.setCursor(0,3);
  lcd.print("3Power By BruceTsao!");
}


void loop()
{
    lcd.setCursor(0,0);
  lcd.print("Hello, world!");
   lcd.setCursor(0,1);
  lcd.print("Power By BruceTsao!");
   lcd.setCursor(0,2);
```

```
lcd.print("2Power By BruceTsao!");
 lcd.setCursor(0,3);
lcd.print("3Power By BruceTsao!");
delay(1000);
}
```

程式下載： https://github.com/brucetsao/ESP6Course_IIOT

如下圖所示，我們可以使用 LCD 2004 顯示『Power By BruceTsao!』。

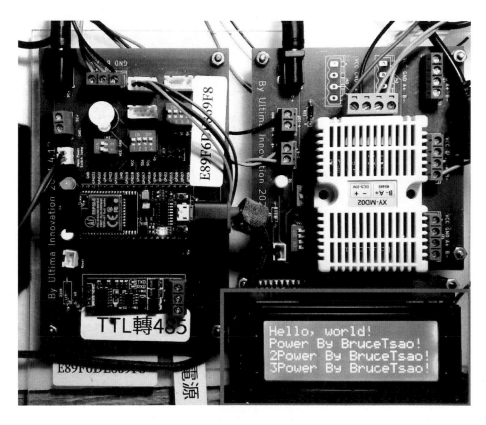

圖 50 使用 LCD 2004 顯示『Power By BruceTsao!』

如何使用 LCD 2004 顯示器顯示溫濕度

接下來我們要現行介紹如何使用 LCD 2004 顯示器顯示溫溼度，我們遵照前幾章所述，將 ESP 32 開發板的驅動程式安裝好之後，我們打開 ESP 32 開發板的開發工具：Sketch IDE 整合開發軟體(安裝 Arduino 開發環境，請參考本文之『Arduino 開發 IDE 安裝』，安裝 ESP 32 開發板 SDK 請參考『ESP32 程式設計(基礎篇):ESP32 IOT Programming (Basic Concept & Tricks)』之『安裝 ESP32 Arduino 整合開發環境』(曹永忠, 2020a, 2020c))，攥寫一段程式，如下表所示之使用 LCD 2004 顯示器顯示溫溼度程式(曹永忠, 2020a, 2020c; 曹永忠, 吳佳駿, et al., 2016a, 2016b; 曹永忠, 許智誠, et al., 2016b, 2016c)，我們就可以透過 LCD 2004 顯示器來顯示溫溼度資料。

表 22 使用 LCD 2004 顯示器顯示溫溼度

使用 LCD 2004 顯示器顯示溫溼度(readDHT_brRS485onLCD)

```
#include <String.h>     //String 使用必備函示庫
#include "initPins.h"
#include "LCDSensor.h"
#include "RS485Lib.h"
#include "crc16.h"


//---------------------
void ShowInternetonLCD(String s1,String s2,String s3) ;   //顯示網際網路連接基本資訊
void ShowSensoronLCD(double s1, double s2) ;     //顯示溫度與濕度在 LCD 上
boolean initWiFi()   ; //網路連線，連上熱點
 void initAll() ;      //系統初始化
//----------------

// the setup function runs once when you press reset or power the board
void setup()
{
  // initialize digital pin LED_BUILTIN as an output.
    initAll() ;   //系統初始化
  Serial.println("System   Ready");
```

```
//-----------------
     phasestage=1 ;
   flag1 = false ;
   flag2 = false ;
}

// the loop function runs over and over again forever
void loop()
{
  if (phasestage == 1 && !flag1 ) //讀取溫度階段，且未讀取成功溫度值
   {
        requesttemperature() ;      //要求讀取溫度階段
   }
  if (phasestage == 2   && !flag2) //讀取濕度階段，且未讀取成功濕度值
   {
        requesthumidity() ;    //要求讀取濕度階段
   }
  if (phasestage == 3 && flag1 && flag2)      //已完成讀取溫度與濕度
   {
        Serial.print("Temperature:(");
        Serial.print(TempValue);
        Serial.print(")\n");      //印出溫度
        Serial.print("Humidity:(");
        Serial.print(HumidValue);
        Serial.print(")\n");       //印出濕度
        phasestage=1 ;
        flag1 = false ;
        flag2 = false ;
        ShowSensoronLCD(TempValue, HumidValue) ;       //顯示溫度與濕度
在 LCD 上
        delay(loopdelay) ;
        return ;
   }

   delay(200);
   receivedlen = GetDHTdata(receiveddata) ;
   if (receivedlen >2)
     {
             Serial.print("Data Len:") ;
```

```
                    Serial.print(receivedlen) ;
                    Serial.print("\n") ;
                    Serial.print("CRC:") ;
                    Serial.print(ModbusCRC16(receiveddata,receivedlen-2)) ;
                    Serial.print("\n") ;
                    for (int i = 0 ; i <receivedlen ; i++)
                    {
                        Serial.print(receiveddata[i],HEX) ;
                        Serial.print("/") ;
                    }
                        Serial.print("...\n") ;
                    Serial.print("CRC Byte:") ;
                    Serial.print(receiveddata[receivedlen-1],HEX) ;
                    Serial.print("/") ;
                    Serial.print(receiveddata[receivedlen-2],HEX) ;
                    Serial.print("\n") ;
            if (Com-
pareCRC16(ModbusCRC16(receiveddata,receivedlen-2),receiveddata[receivedl
en-1],receiveddata[receivedlen-2]))
                {
                    if (phasestage == 1)
                    {
                        temp = receiveddata[3]*256+receiveddata[4] ;
                        TempValue = (double)temp / (10^ floatlen) ;
                        flag1 = true ;
                        phasestage=2 ;
                        return ;
                    }
                    if (phasestage == 2)
                    {
                        humid = receiveddata[3]*256+receiveddata[4] ;
                        HumidValue = (double)humid / (10^ floatlen) ;
                        flag2 = true ;
                        phasestage=3 ;
                        return ;
                    }

                }
        }
```

```
    /*
    if (Serial2.available()>0)
      {
        Serial.println("Controler Respones") ;
          while (Serial2.available()>0)
          {
              Serial2.readBytes(&cmd,1) ;
              Serial.print(print2HEX((int)cmd)) ;


          }
          Serial.print("\n---------\n") ;
      }
      */


  delay(loopdelay) ;
}

void initAll()        //系統初始化
{
    Serial.begin(9600) ;
    Serial.println("System Start");

  MacData = GetMacAddress() ; //取得網路卡編號


    //網路連線，連上熱點
  if (initWiFi())
  {
    TurnonWifiLed() ;   //打開 Wifi 連接燈號
  }
    BeepOff() ;     //關閉嗡鳴器
    ShowInternet()   ; //顯示網際網路連接基本資訊

    initLCD()   ;   //初始化 LCD 螢幕
    ShowInternetonLCD(MacData,APname,IPData)   ; //顯示網際網路連接基本
資訊
    initRS485() ;    //啟動 Modbus 溫溼度感測器


}
```

程式下載： https://github.com/brucetsao/ESP6Course_IIOT

表 23 使用 LCD 2004 顯示器顯示溫溼度

使用 LCD 2004 顯示器顯示溫溼度(LCDSensor.h)

```
#include <Wire.h>
#include <LiquidCrystal_I2C.h>
LiquidCrystal_I2C lcd(0x27,20,4);   // set the LCD address to 0x27 for a 16 chars
and 2 line display
//LiquidCrystal_I2C lcd(0x3F,20,4);   // set the LCD address to 0x27 for a 16 chars
and 2 line display


void ClearShow()     //清除 LCD 螢幕
{
    lcd.setCursor(0,0);
    lcd.clear() ;
    lcd.setCursor(0,0);
}
 void initLCD()    //初始化 LCD 螢幕
 {
    debugoutln("Init LCD Screen") ;
   lcd.init();   //初始化 LCD 螢幕
  // Print a message to the LCD.
  lcd.backlight();
  lcd.setCursor(0,0);
 }
void ShowLCD1(String cc)
{
  lcd.setCursor(0,0);
  lcd.print("                    ");
  lcd.setCursor(0,0);
  lcd.print(cc);

}
void ShowLCD1L(String cc)
{
//   lcd.setCursor(0,0);
//   lcd.print("                    ");
  lcd.setCursor(0,0);
  lcd.print(cc);
```

```
}
void ShowLCD1M(String cc)
{
  // lcd.setCursor(0,0);
  //   lcd.print("                    ");
    lcd.setCursor(14,0);
    lcd.print(cc);


}
void ShowLCD2(String cc)
{

    lcd.setCursor(0,1);
    lcd.print("                    ");
    lcd.setCursor(0,1);
    lcd.print(cc);


}
void ShowLCD3(String cc)
{

    lcd.setCursor(0,2);
    lcd.print("                    ");
    lcd.setCursor(0,2);
    lcd.print(cc);


}
void ShowLCD4(String cc)
{

    lcd.setCursor(0,3);
    lcd.print("                    ");
    lcd.setCursor(0,3);
    lcd.print(cc);


}



void ShowString(String ss)
{
    lcd.setCursor(0,3);
```

```
   lcd.print("                    ");
   lcd.setCursor(0,3);
   lcd.print(ss.substring(0,19));
   //delay(1000);
}


void ShowAPonLCD(String ss)    //顯示熱點
{
   ShowLCD1M(ss) ; //顯示熱點


}
void ShowMAConLCD(String ss)    //顯示網路卡編號
{
   ShowLCD1L(ss) ; //顯示網路卡編號


}
void ShowIPonLCD(String ss)    //顯示連接熱點後取得網路編號(IP Address)}
{
     ShowLCD2("IP:"+ss) ;


}
void ShowInternetonLCD(String s1,String s2,String s3)    //顯示網際網路連接基本
資訊
{

     ShowMAConLCD(s1)   ;   //顯示熱點
     ShowAPonLCD(s2) ;      //顯示連接熱點名稱
     ShowIPonLCD(s3) ;   //顯示連接熱點後取得網路編號(IP Address)}


}

void ShowSensoronLCD(double s1, double s2)       //顯示溫度與濕度在 LCD 上
{
//     ShowLCD3("T:"+Double2Str(TempValue,1)+".C
"+"T:"+Double2Str(HumidValue,1)+".%" ) ;
     ShowLCD3("T:"+Double2Str(s1,1)+".C "+"T:"+Double2Str(s2,1)+".%" ) ;
}
```

程式下載： https://github.com/brucetsao/ESP6Course_IIOT

表 24 使用 LCD 2004 顯示器顯示溫溼度

使用 LCD 2004 顯示器顯示溫溼度(RS485Lib.h)

程式下載： https://github.com/brucetsao/ESP6Course_IIOT

表 25 使用 LCD 2004 顯示器顯示溫溼度

使用 LCD 2004 顯示器顯示溫溼度(crc16.h)

```
//#include <HardwareSerial .h>
#include <String.h>
#define SERIAL_BAUD 9600

HardwareSerial RS485Serial(2);//声明串口 2

#define RXD2 16
#define TXD2 17
#define maxfeekbacktime 5000
#define floatlen 1
long temp , humid ;
double TempValue,HumidValue ;
byte cmd ;
byte receiveddata[250] ;
int receivedlen = 0 ;
byte StrTemp[] = {0x01,0x04,0x00,0x01,0x00,0x02,0x20,0x0B}  ;    //連續讀取
溫濕度控制命令
byte Str1[] = {0x01,0x04,0x00,0x01,0x00,0x01,0x60,0x0A}  ;        //讀取溫度控
制命令
byte Str2[] = {0x01,0x04,0x00,0x02,0x00,0x01,0x90,0x0A}  ;        //讀取濕度控
制命令
int phasestage=1 ;     //控制讀取溫度、濕度、列印階段
boolean flag1 = false ;     //讀取成功溫度值控制旗標
boolean flag2 = false ;     //讀取成功濕度度值控制旗標
```

```
void initRS485()        //啟動 Modbus 溫溼度感測器
{

    RS485Serial.begin(SERIAL_BAUD,SERIAL_8N1,RXD2,TXD2);
  //初始化串口 2


}

void requesttemperature()
{

    Serial.println("now send data to device") ;
    RS485Serial.write(Str1,8);  //  送出讀取溫度 str1 字串陣列 長度為 8
     Serial.println("end sending") ;
}
void requesthumidity()
{

    Serial.println("now send data to device") ;
    RS485Serial.write(Str2,8);      //送出讀取濕度 str2 字串陣列 長度為 8
     Serial.println("end sending") ;

}

void requestdata()
{

    Serial.println("now send request to device") ;
    RS485Serial.write(StrTemp,8);    //  送出讀取溫濕度 StrTemp 字串陣列
長度為 8


     Serial.println("end sending") ;

}

int GetDHTdata(byte *dd)
{
  int count = 0 ;   //讀取陣列計數器
  long strtime= millis() ;      //計數器開始時間
  while ((millis() -strtime) < 2000)     //兩秒之內
    {
    if (RS485Serial.available()>0)     //有資料嗎
      {
        Serial.println("Controler Respones") ;     //印出有資料嗎
          while (RS485Serial.available()>0)    //仍有資料
```

```
        {
            RS485Serial.readBytes(&cmd,1) ;      // 讀取一個 byte 到 cnd
unsigned char or byte
            Serial.print(print2HEX((int)cmd)) ;   //印出剛才讀入資料內容‧以
16 進位方式印出'
            *(dd+count) =cmd ;      //剛才讀入資料內容放入陣列
            count++ ;   //陣列計數器 加一


        }
        Serial.print("\n---------\n") ;
    }
    return count ;
    }


}
```

程式下載： https://github.com/brucetsao/ESP6Course_IIOT

表 26 使用 LCD 2004 顯示器顯示溫溼度

使用 LCD 2004 顯示器顯示溫溼度(crc16.h)

static const unsigned int wCRCTable[] = {
        0X0000, 0XC0C1, 0XC181, 0X0140, 0XC301, 0X03C0, 0X0280, 0XC241,
        0XC601, 0X06C0, 0X0780, 0XC741, 0X0500, 0XC5C1, 0XC481, 0X0440,
        0XCC01, 0X0CC0, 0X0D80, 0XCD41, 0X0F00, 0XCFC1, 0XCE81, 0X0E40,
        0X0A00, 0XCAC1, 0XCB81, 0X0B40, 0XC901, 0X09C0, 0X0880, 0XC841,
        0XD801, 0X18C0, 0X1980, 0XD941, 0X1B00, 0XDBC1, 0XDA81, 0X1A40,
        0X1E00, 0XDEC1, 0XDF81, 0X1F40, 0XDD01, 0X1DC0, 0X1C80, 0XDC41,
        0X1400, 0XD4C1, 0XD581, 0X1540, 0XD701, 0X17C0, 0X1680, 0XD641,
        0XD201, 0X12C0, 0X1380, 0XD341, 0X1100, 0XD1C1, 0XD081,

0X1040,

0XF001, 0X30C0, 0X3180, 0XF141, 0X3300, 0XF3C1, 0XF281, 0X3240,

0X3600, 0XF6C1, 0XF781, 0X3740, 0XF501, 0X35C0, 0X3480, 0XF441,

0X3C00, 0XFCC1, 0XFD81, 0X3D40, 0XFF01, 0X3FC0, 0X3E80, 0XFE41,

0XFA01, 0X3AC0, 0X3B80, 0XFB41, 0X3900, 0XF9C1, 0XF881, 0X3840,

0X2800, 0XE8C1, 0XE981, 0X2940, 0XEB01, 0X2BC0, 0X2A80, 0XEA41,

0XEE01, 0X2EC0, 0X2F80, 0XEF41, 0X2D00, 0XEDC1, 0XEC81, 0X2C40,

0XE401, 0X24C0, 0X2580, 0XE541, 0X2700, 0XE7C1, 0XE681, 0X2640,

0X2200, 0XE2C1, 0XE381, 0X2340, 0XE101, 0X21C0, 0X2080, 0XE041,

0XA001, 0X60C0, 0X6180, 0XA141, 0X6300, 0XA3C1, 0XA281, 0X6240,

0X6600, 0XA6C1, 0XA781, 0X6740, 0XA501, 0X65C0, 0X6480, 0XA441,

0X6C00, 0XACC1, 0XAD81, 0X6D40, 0XAF01, 0X6FC0, 0X6E80, 0XAE41,

0XAA01, 0X6AC0, 0X6B80, 0XAB41, 0X6900, 0XA9C1, 0XA881, 0X6840,

0X7800, 0XB8C1, 0XB981, 0X7940, 0XBB01, 0X7BC0, 0X7A80, 0XBA41,

0XBE01, 0X7EC0, 0X7F80, 0XBF41, 0X7D00, 0XBDC1, 0XBC81, 0X7C40,

0XB401, 0X74C0, 0X7580, 0XB541, 0X7700, 0XB7C1, 0XB681, 0X7640,

0X7200, 0XB2C1, 0XB381, 0X7340, 0XB101, 0X71C0, 0X7080, 0XB041,

0X5000, 0X90C1, 0X9181, 0X5140, 0X9301, 0X53C0, 0X5280, 0X9241,
0X9601, 0X56C0, 0X5780, 0X9741, 0X5500, 0X95C1, 0X9481, 0X5440,
0X9C01, 0X5CC0, 0X5D80, 0X9D41, 0X5F00, 0X9FC1, 0X9E81, 0X5E40,

0X5A00, 0X9AC1, 0X9B81, 0X5B40, 0X9901, 0X59C0, 0X5880, 0X9841,

```
      0X8801, 0X48C0, 0X4980, 0X8941, 0X4B00, 0X8BC1, 0X8A81,
0X4A40,
      0X4E00, 0X8EC1, 0X8F81, 0X4F40, 0X8D01, 0X4DC0, 0X4C80,
0X8C41,
      0X4400, 0X84C1, 0X8581, 0X4540, 0X8701, 0X47C0, 0X4680, 0X8641,
      0X8201, 0X42C0, 0X4380, 0X8341, 0X4100, 0X81C1, 0X8081,
0X4040 };

unsigned int   ModbusCRC16 (byte *nData, int wLength)
{


    byte nTemp;
    unsigned int wCRCWord = 0xFFFF;

    while (wLength--)
    {
        nTemp = *nData++ ^ wCRCWord;
        wCRCWord >>= 8;
        wCRCWord   ^= wCRCTable[nTemp];
    }
    return wCRCWord;
} // End: CRC16



boolean CompareCRC16(unsigned int stdvalue, uint8_t Hi, uint8_t Lo)
{


    if (stdvalue == Hi*256+Lo)
      {
          return true ;
      }
    else
      {
          return false ;
      }
}
```

程式下載： https://github.com/brucetsao/ESP6Course_IIOT

表 27 使用 LCD 2004 顯示器顯示溫溼度

使用 LCD 2004 顯示器顯示溫溼度(initPins.h)

```
#define _Debug 1      //輸出偵錯訊息
#define _debug 1      //輸出偵錯訊息
#define initDelay    6000     //初始化延遲時間
#define loopdelay 5000    //loop 延遲時間


//--------------------
#include <String.h>
#define Ledon HIGH
#define Ledoff LOW
#define WifiLed 2     // PM2.5 Control Box PCB Use
#define AccessLED 15
#define BeepPin 4



//int ccmd = -1 ;
//String cmdstr ;

#include <WiFi.h>     //使用網路函式庫
#include <WiFiClient.h>    //使用網路用戶端函式庫
#include <WiFiMulti.h>     //多熱點網路函式庫

WiFiMulti wifiMulti;     //產生多熱點連線物件




String IpAddress2String(const IPAddress& ipAddress) ;
void debugoutln(String ss) ;
void debugout(String ss)   ;




  IPAddress ip ;     //網路卡取得 IP 位址之原始型態之儲存變數
  String IPData ;    //網路卡取得 IP 位址之儲存變數
  String APname ;     //網路熱點之儲存變數
```

```
    String MacData ;    //網路卡取得網路卡編號之儲存變數
    long rssi ;    //網路連線之訊號強度'之儲存變數
    int status = WL_IDLE_STATUS;    //取得網路狀態之變數

boolean initWiFi()    //網路連線，連上熱點
{
    //加入連線熱點資料
    wifiMulti.addAP("NCNUIOT", "12345678");    //加入一組熱點
    wifiMulti.addAP("NCNUIOT2", "12345678");    //加入一組熱點
    wifiMulti.addAP("NUKIOT", "iot12345");    //加入一組熱點

    // We start by connecting to a WiFi network

    Serial.println();
    Serial.println();
    Serial.print("Connecting to ");
    //通訊埠印出 "Connecting to "
    wifiMulti.run();    //多網路熱點設定連線
  while (WiFi.status() != WL_CONNECTED)    //還沒連線成功
    {
      // wifiMulti.run() 啟動多熱點連線物件，進行已經紀錄的熱點進行連線，
      // 一個一個連線，連到成功為主，或者是全部連不上
      // WL_CONNECTED 連接熱點成功
      Serial.print(".");    //通訊埠印出
      delay(500) ;    //停 500 ms
       wifiMulti.run();    //多網路熱點設定連線
    }
    Serial.println("WiFi connected");    //通訊埠印出 WiFi connected
    Serial.print("AP Name: ");    //通訊埠印出 AP Name:
    APname = WiFi.SSID();
    Serial.println(APname);    //通訊埠印出 WiFi.SSID()==>從熱點名稱
    Serial.print("IP address: ");    //通訊埠印出 IP address:
    ip = WiFi.localIP();
    IPData = IpAddress2String(ip) ;
    Serial.println(IPData);    //通訊埠印出 WiFi.localIP()==>從熱點取得 IP 位址
    //通訊埠印出連接熱點取得的 IP 位址

    debugoutln("WiFi connected");
```

```cpp
    debugout("Access Point: ");
    debugoutln(APname);
    debugout("MAC address: ");
    debugoutln(MacData);
    debugout("IP address: ");
    debugoutln(IPData);

  return true ;
}
void ShowInternet()     //秀出網路連線資訊
{
   Serial.print("MAC:") ;
   Serial.print(MacData) ;
   Serial.print("\n") ;
   Serial.print("SSID:") ;
   Serial.print(APname) ;
   Serial.print("\n") ;
   Serial.print("IP:") ;
   Serial.print(IPData) ;
   Serial.print("\n") ;
}
//--------------------
void debugoutln(String ss)
{
   if (_Debug)
      Serial.println(ss) ;
}
void debugout(String ss)
{
   if (_Debug)
      Serial.print(ss) ;
}



//--------------------
long POW(long num, int expo)
{
   long tmp =1 ;
```

```
  if (expo > 0)
  {
        for(int i = 0 ; i< expo ; i++)
           tmp = tmp * num ;
          return tmp ;
  }
  else
  {
    return tmp ;
  }
}


String SPACE(int sp)
{
    String tmp = "" ;
    for (int i = 0 ; i < sp; i++)
      {
          tmp.concat(' ')   ;
      }
    return tmp ;
}



String strzero(long num, int len, int base)
{
  String retstring = String("");
  int ln = 1 ;
    int i = 0 ;
    char tmp[10] ;
    long tmpnum = num ;
    int tmpchr = 0 ;
    char hexcode[]={'0','1','2','3','4','5','6','7','8','9','A','B','C','D','E','F'} ;
    while (ln <= len)
    {
        tmpchr = (int)(tmpnum % base) ;
        tmp[ln-1] = hexcode[tmpchr] ;
        ln++ ;
         tmpnum = (long)(tmpnum/base) ;
```

```
      }
    for (i = len-1; i >= 0 ; i --)
      {
            retstring.concat(tmp[i]);
      }

  return retstring;
}

unsigned long unstrzero(String hexstr, int base)
{
  String chkstring   ;
  int len = hexstr.length() ;

    unsigned int i = 0 ;
    unsigned int tmp = 0 ;
    unsigned int tmp1 = 0 ;
    unsigned long tmpnum = 0 ;
    String hexcode = String("0123456789ABCDEF") ;
    for (i = 0 ; i < (len ) ; i++)
    {
//      chkstring= hexstr.substring(i,i) ;
      hexstr.toUpperCase() ;
            tmp = hexstr.charAt(i) ;    // give i th char and return this char
            tmp1 = hexcode.indexOf(tmp) ;
      tmpnum = tmpnum + tmp1* POW(base,(len -i -1) )   ;

    }
  return tmpnum;
}

String   print2HEX(int number) {
  String ttt ;
```

```
  if (number >= 0 && number < 16)
  {
    ttt = String("0") + String(number,HEX);
  }
  else
  {
      ttt = String(number,HEX);
  }
  return ttt ;
}


String GetMacAddress()     //取得網路卡編號
{
  // the MAC address of your WiFi shield
  String Tmp = "" ;
  byte mac[6];

  // print your MAC address:
  WiFi.macAddress(mac);
  for (int i=0; i<6; i++)
    {
        Tmp.concat(print2HEX(mac[i])) ;
    }
    Tmp.toUpperCase() ;
  return Tmp ;
}

void ShowMAC()   //於串列埠印出網路卡號碼
{


  Serial.print("MAC Address:(");   //印出 "MAC Address:("
  Serial.print(MacData) ;   //印出 MacData 變數內容
  Serial.print(")\n");      //印出 ")\n"



}
String IpAddress2String(const IPAddress& ipAddress)
{
```

```
    //回傳 ipAddress[0-3]的內容，以 16 進位回傳
    return String(ipAddress[0]) + String(".") +\
    String(ipAddress[1]) + String(".") +\
    String(ipAddress[2]) + String(".") +\
    String(ipAddress[3])   ;
}




String chrtoString(char *p)
{
    String tmp ;
    char c ;
    int count = 0 ;
    while (count <100)
    {
        c= *p ;
        if (c != 0x00)
          {
            tmp.concat(String(c)) ;
          }
          else
          {
              return tmp ;
          }
        count++ ;
        p++;

    }
}



void CopyString2Char(String ss, char *p)
{
        //   sprintf(p,"%s",ss) ;

    if (ss.length() <=0)
        {
```

```
                *p =    0x00 ;
            return ;
        }
    ss.toCharArray(p, ss.length()+1) ;
   // *(p+ss.length()+1) = 0x00 ;
}


boolean CharCompare(char *p, char *q)
  {
        boolean flag = false ;
        int count = 0 ;
        int nomatch = 0 ;
        while (flag <100)
        {
            if (*(p+count) == 0x00 or *(q+count) == 0x00)
              break ;
            if (*(p+count) != *(q+count) )
                {
                    nomatch ++ ;
                }
              count++ ;
        }
        if (nomatch >0)
        {
          return false ;
        }
        else
        {
          return true ;
        }


  }


String Double2Str(double dd,int decn)
{
    int a1 = (int)dd ;
    int a3 ;
```

```cpp
    if (decn >0)
    {
        double a2 = dd - a1 ;
        a3 = (int)(a2 * (10^decn));
    }
    if (decn >0)
    {
        return String(a1)+"."+ String(a3) ;
    }
    else
    {
      return String(a1) ;
    }

}

//-------------GPIO Function

void TurnonWifiLed()      //打開 Wifi 連接燈號
{
    digitalWrite(WifiLed,Ledon) ;
}

void TurnoffWifiLed()     //關閉 Wifi 連接燈號
{
    digitalWrite(WifiLed,Ledoff) ;
}

void AccessOn()     //打開動作燈號
{
    digitalWrite(AccessLED,Ledon) ;
}

void AccessOff()      //關閉動作燈號
{
    digitalWrite(AccessLED,Ledoff) ;
}
void BeepOn()     //打開嗡鳴器
{
```

```
    digitalWrite(BeepPin,Ledon) ;
}
void BeepOff()    //關閉嗡鳴器
{
    digitalWrite(BeepPin,Ledoff) ;
}
```

程式下載： https://github.com/brucetsao/ESP6Course_IIOT

如下表所示，我們介紹如何使用主要的函式。

介紹系統初始化

如下表所示，我們使用：initALL();來進行系統硬體/軟體初始化的整體動作。

表 28 系統硬體/軟體初始化

```
void initAll()      //系統初始化
```

如下表所示，我們進行 Arduino IDE 通訊視窗通訊埠初始化的動作。

表 29 Arduino IDE 通訊視窗通訊埠初始化

```
Serial.begin(9600) ;
Serial.println("System Start");
```

如下表所示，我們使用：GetMacAddress();來取得網路卡編號，並將網路卡編號回傳到『MacData』變數。

表 30 取得網路卡編號

```
MacData = GetMacAddress() ; //取得網路卡編號
```

如下表所示，我們使用：initWiFi();來進行連上熱點後進行網路連線，如果網路連線成功後，使用：TurnonWifiLed(); 打開 WiFi 燈號。

表 31 連上熱點後進行網路連線

```
    //網路連線，連上熱點
  if (initWiFi())
  {
    TurnonWifiLed()；  //打開 Wifi 連接燈號
  }
```


如下表所示，我們使用：BeepOff() ;來關閉嗡鳴器。

表 32 關閉嗡鳴器

```
BeepOff()；   //關閉嗡鳴器
```


如下表所示，我們使用：ShowInternet();來顯示網際網路連接基本資訊。

表 33 顯示網際網路連接基本資訊

```
ShowInternet()   ; //顯示網際網路連接基本資訊
```


如下表所示，我們使用：initLCD();來初始化 LCD 螢幕。

表 34 初始化 LCD 螢幕

```
initLCD()   ;  //初始化 LCD 螢幕
```


如下表所示，我們使用：ShowInternetonLCD(MacData,APname,IPData);來顯示網際網路連接基本資訊，MacData 為網路卡卡號資訊、APname 為連接熱點的名稱、IPData 為連上熱點之後所取得的網址：IP Address。

表 35 顯示網際網路連接基本資訊

```
ShowInternetonLCD(MacData,APname,IPData)   ; //顯示網際網路連接基本資訊
```

如下表所示，我們使用：initRS485();來啟動 Modbus 溫溼度感測器。

表 36 啟動 Modbus 溫溼度感測器

```
initRS485();    //啟動 Modbus 溫溼度感測器
```

介紹 setup()

如下表所示，我們使用：initAll();來系統初始化。

表 37 initAll() ;   //系統初始化

```
initAll() ;   //系統初始化
```

如下表所示，我們使用：Serial.println("System   Ready");來印出 System   Ready。

表 38 印出 System   Ready

```
Serial.println("System   Ready");
```

如下表所示，我們設定讀取溫溼度感測器控制變數：

● Phasestage:讀取 Modbus 階段變數，目前設定讀取溫度階段

● flag1 :正確讀取溫度資料之控制變數，目前設定未正確讀取溫度資料

● flag2:正確讀取濕度資料之控制變數，目前設定未正確讀取濕度資料

表 39 設定讀取溫溼度感測器控制變數

```
 phasestage=1 ;
flag1 = false ;
flag2 = false ;
```

~ 103 ~

介紹 loop()

讀取溫度資料

如下表所示，我們在 phasestage == 1(讀取溫度階段) 且!flag1(未正確讀取溫度
資料) 的狀況下，進行 requesttemperature() ;來要求 XY-MD02 溫溼度感測器讀取溫
度，就是請 XY-MD02 溫溼度感測器送出感測到的溫度 。

表 40 讀取溫度

```
if (phasestage == 1 && !flag1 ) //讀取溫度階段，且未讀取成功溫度值
{
        requesttemperature() ;        //要求讀取溫度階段
}
```

讀取溼度資料

如下表所示，我們在 phasestage == 2(讀取濕度階段) 且!flag2(未正確讀取濕度
資料) 的狀況下，進行 requesthumidity() ;來要求 XY-MD02 溫溼度感測器讀取濕度，
就是請 XY-MD02 溫溼度感測器送出感測到的濕度 。

表 41 讀取濕度

```
if (phasestage == 2   && !flag2) //讀取濕度階段，且未讀取成功濕度值
{
    requesthumidity() ;     //要求讀取濕度階段
}
```

判斷讀取溫溼度資料

　　如下表所示，我們進行判斷是否正確讀取溫度與濕度資料


```
delay(200);
receivedlen = GetDHTdata(receiveddata) ;
if (receivedlen >2)
   {
            Serial.print("Data Len:") ;
            Serial.print(receivedlen) ;
            Serial.print("\n") ;
            Serial.print("CRC:") ;
            Serial.print(ModbusCRC16(receiveddata,receivedlen-2)) ;
            Serial.print("\n") ;
            for (int i = 0 ; i <receivedlen ; i++)
              {
                 Serial.print(receiveddata[i],HEX) ;
                 Serial.print("/") ;
              }
                 Serial.print("...\n") ;
            Serial.print("CRC Byte:") ;
            Serial.print(receiveddata[receivedlen-1],HEX) ;
            Serial.print("/") ;
            Serial.print(receiveddata[receivedlen-2],HEX) ;
            Serial.print("\n") ;
        if (Com-
pareCRC16(ModbusCRC16(receiveddata,receivedlen-2),receiveddata[receivedl
en-1],receiveddata[receivedlen-2]))
           {
                if (phasestage == 1)
                {
                     temp = receiveddata[3]*256+receiveddata[4] ;
                     TempValue = (double)temp / (10^ floatlen) ;
                     flag1 = true ;
                     phasestage=2 ;
                     return ;
```

```
        }
        if (phasestage == 2)
        {
            humid = receiveddata[3]*256+receiveddata[4] ;
            HumidValue = (double)humid / (10^ floatlen) ;
            flag2 = true ;
            phasestage=3 ;
            return ;
        }

    }
}
```

使用 delay(200);休息 0.2 秒鐘。

透過 GetDHTdata(receiveddata)；將讀取到的資料送入 receiveddata(call by address)，並將讀取到的資料長度，回傳到 receivedlen 變數。

```
receivedlen = GetDHTdata(receiveddata) ;
```

透過讀取到的資料長度 Lreceivedlen 變數，判斷是否大於等與三的長度後，進入判斷讀取資料的程式區。

表 42 完成讀取溫度與濕度

```
if (receivedlen >2)
  {
    判斷讀取資料


  }
```

透過下列程式，印出讀取到資料的長度：receivedlen 變數的內容

```
Serial.print("Data Len:") ;
Serial.print(receivedlen) ;
Serial.print("\n") ;
```

透過下列函數：ModbusCRC16(要計算的資料陣列)，進行其資料的 CRC16 的內由於 receiveddata 陣列裡面包含 CRC16 的資料，所以透過 receivedlen-2(扣掉 CRC16 的資料：兩個資料)來傳入正確計算 CRC16 的資料長度，最後將 CRC16 的資料的資料送到 Arduino IDE 通訊埠顯示。

```
Serial.print("CRC:") ;
Serial.print(ModbusCRC16(receiveddata,receivedlen-2)) ;
Serial.print("\n")
```

透過迴圈，將接收到的 receiveddata 陣列裡面的資料，用 16 進位的顯示方式一一顯示。

```
for (int i = 0 ; i <receivedlen ; i++)
{
    Serial.print(receiveddata[i],HEX) ;
    Serial.print("/") ;
}
    Serial.print("...\n") ;
```

接下來，透過 Serial.print(receiveddata[receivedlen-1],HEX) ；與 Serial.print(receiveddata[receivedlen-2],HEX) 用16進位的顯示傳送資料內的CRC16 兩個 byte 資料。

```
Serial.print("CRC Byte:") ;
Serial.print(receiveddata[receivedlen-1],HEX) ;
Serial.print("/") ;
Serial.print(receiveddata[receivedlen-2],HEX) ;
Serial.print("\n") ;
```

列印取溫溼度資料

如下表所示，我們在 phasestage == 3(完成讀取溫度與濕度的階段) 且 flag1(正確讀取溫度資料) 且 flag2(正確讀取濕度資料)的狀況下：

```
Serial.print("Temperature:(");
Serial.print(TempValue);
Serial.print(")\n");       //印出溫度
Serial.print("Humidity:(");
Serial.print(HumidValue);
Serial.print(")\n");       //印出濕度
```

透過 Arduino IDE 通訊埠送出讀取到的溫濕度資訊。

```
phasestage=1 ;
flag1 = false ;
flag2 = false ;
```

將讀取階段 phasestage 設定為 1，且將 flag1(讀取溫度控制變數)與 flag2(讀取濕度控制變數)都設定為未讀取的狀態(false)。

接下來透過:

ShowSensoronLCD(TempValue, HumidValue) ;   //顯示溫度與濕度在 LCD 上

把溫度資料(TempValue)與濕度資料(HumidValue)都顯示在 LCD 上

最後 執行：delay(loopdelay) ;停止 loopdelay(5000ms)→五秒鐘，重新進入 loop()

表 43 完成讀取溫度與濕度

```
if (phasestage == 3 && flag1 && flag2)       //已完成讀取溫度與濕度
  {
       Serial.print("Temperature:(");
```

```
        Serial.print(TempValue);
        Serial.print(")\n");      //印出溫度
        Serial.print("Humidity:(");
        Serial.print(HumidValue);
        Serial.print(")\n");       //印出濕度
        phasestage=1 ;
        flag1 = false ;
        flag2 = false ;
        ShowSensoronLCD(TempValue, HumidValue) ;      //顯示溫度與濕
度在 LCD 上
        delay(loopdelay) ;
        return ;
    }
```

　　如下圖所示，我們可以看到使用 LCD 2004 顯示 XY-MD02 溫溼度感測器之溫
濕度資料之畫面。

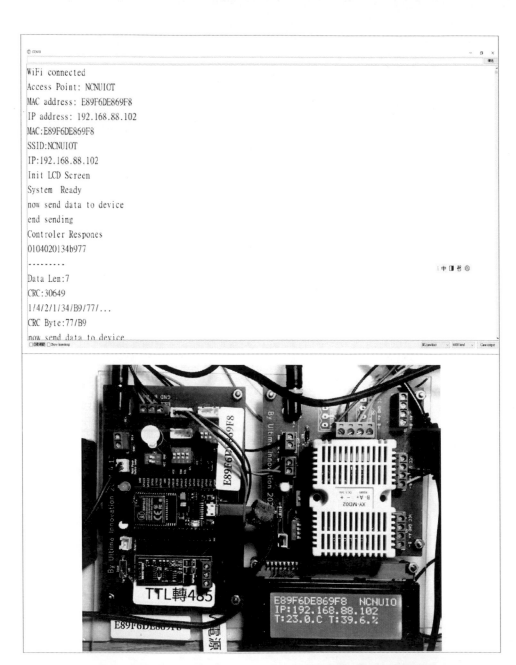

圖 51 使用 LCD 2004 顯示 XY-MD02 溫溼度感測器之溫濕度資料

將溫 XY-MD02 溫溼度感測器透過資料代理人傳送到雲端平台

　　由於上面敘述，我們教導讀者自行建立一個雲端平台，用 XAMPP 建立一個雲端平台，其測試程式也是透過區域網路進行測試，透過：

http://localhost:8888/nuk/dhtdata/dhDatatadd.php?MAC=AABBCCDDEEFF&T=34&H=34

的 http GET 的語法來進行傳輸，然而物聯網本身就是活躍於網際網路之上的系統，所以筆者在網際網路上架設一個網站，並設定一個網域名稱給這一台主機。

　　所以筆者在網際網路上，架設一台網域名稱的主機，為 nuk.arduino.org.tw 之雲端主機，通訊埠設為 8888，所以正是網域名稱為：

『http://nuk.arduino.org.tw:8888/』，如下圖所示，往後所有範例與教學，都以這一台雲端主機為主(曹永忠, 蔡英德, & 許智誠, 2023a, 2023b)。

圖 52 筆者網際網路雲端主機之主頁畫面

使用瀏覽器進行 dhDatatadd.php 程式測試

之前筆者已經在雲端上寫了 dhDatatadd.php 之資料代理人程式(DB Agent)，送上網站，請讀者根據自己設計的資料庫方式與對應路徑，自行更改正確路徑與檔名，傳送到讀者本身的伺服器資料路徑(曹永忠 et al., 2023a, 2023b)。

接下來，由於本書使用上圖所示之『http://nuk.arduino.org.tw:8888/』雲端主機為主，所以之前使用之

『http://localhost:8888/nuk/dhtdata/dhDatatadd.php?MAC=AABBCCDDEEFF&T=34&H=34』，由於變成網際網路之雲端主機，所以改用

『http://nuk.arduino.org.tw:8888/dhtdata/dhDatatadd.php?MAC=AABBCCDDEEFF&T=34&H=34』雲端資料代理人(DB Agent)。

如下圖所示，我們可看到資料代理人(DB Agent) 程式，成功上傳資料的畫面。

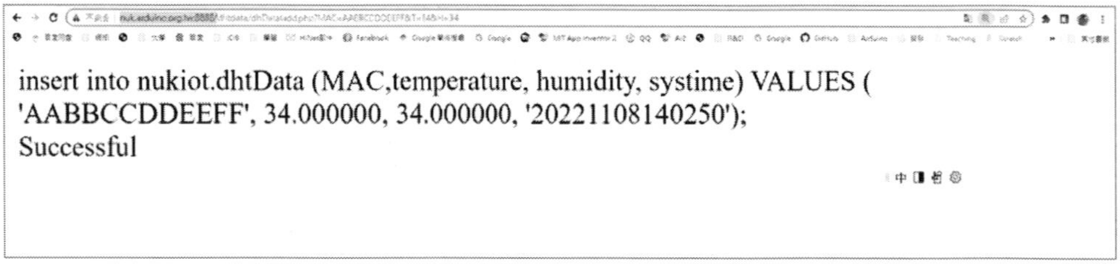

insert into nukiot.dhtData (MAC,temperature, humidity, systime) VALUES ('AABBCCDDEEFF', 34.000000, 34.000000, '20221108140250');
Successful

圖 53 雲端主機之成功上傳資料的畫面

如下表所示，所示可以在瀏覽器中，看到資料代理人(DB Agent)程式回應的訊息。

表 44 資料代理人(DB Agent)程式回應的訊息

insert into nukiot.dhtData (MAC,temperature, humidity, systime) VALUES ('AABBCCDDEEFF', 34.000000, 34.000000, '20221108140250'); Successful

如下表所示，我們透過 PhpMyAdmin 資料庫管理程式，使用下面 SQL 語法，執行這些 SQL 語法。

表 45 查看 dhtdata 最後插入資料的 SQL 語法

SELECT * FROM `dhtData` WHERE 1 order by id desc

　　如下圖所示，我們透過 PhpMyAdmin 資料庫管理程式，執行上表所示之這些 SQL 語法，我們可以在瀏覽器中，可以看到 dhtdata 最後插入資料代理人(DB Agent) 程式插入的資料。

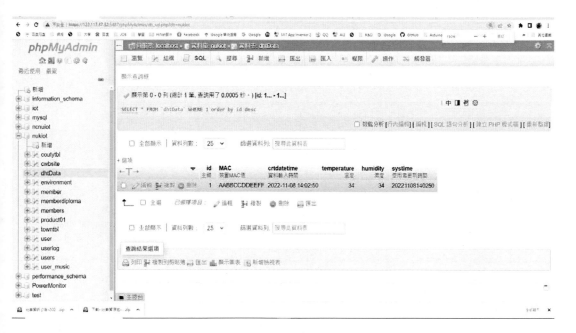

圖 54 成功上傳資料的畫面

上傳溫溼度資料到雲端資料庫

我們已經使用 XY-MD02 溫溼度感測器，來取得溫溼度的資料，再來我們可以將取得的溫溼度上傳到我們開發的雲端伺服器之 Apache 網頁伺服器，透過原有的 php 之 http GET 資料代理人程式(DB Agent)，將感測資料送到雲端伺服器之 mySQL 資料庫，對於這段技術還有不熟，請讀者參閱筆者：ESP32 物聯網基礎 10 門課:The Ten Basic Courses to IoT Programming Based on ESP32(曹永忠 et al., 2023a, 2023b)。

我我們遵照前幾章所述，將 ESP 32 開發板的驅動程式安裝好之後，我們打開 ESP 32 開發板的開發工具：Sketch IDE 整合開發軟體(安裝 Arduino 開發環境，請參考『ESP32 程式設計(基礎篇):ESP32 IOT Programming (Basic Concept & Tricks)』之『Arduino 開發 IDE 安裝』(曹永忠, 2020a, 2020c)，安裝 ESP 32 開發板 SDK 請參考『ESP32 程式設計(基礎篇):ESP32 IOT Programming (Basic Concept & Tricks)』之『安裝 ESP32 Arduino 整合開發環境』(曹永忠, 2020a, 2020c))，，攥寫一段程式，如下表所示之上傳 XY-MD02 溫溼度感測器溫溼度資料到雲端伺服器之資料庫程式，我們就可以將取溫溼度資料上傳到雲端平台。

表 46 上傳 XY-MD02 溫溼度感測器資料到雲端伺服器之資料庫程式

```
上傳 XY-MD02 溫溼度感測器溫溼度資料到雲端伺服器之資料庫程式
(readDHT_brRS485onLCD2Clouding)
#include <String.h>    //String 使用必備函示庫
#include "initPins.h"
#include "LCDSensor.h"
#include "RS485Lib.h"
#include "crc16.h"
#include "clouding.h"


//---------------------
void ShowInternetonLCD(String s1,String s2,String s3) ;    //顯示網際網路連接基本
資訊
void ShowSensoronLCD(double s1, double s2) ;     //顯示溫度與濕度在 LCD 上
boolean initWiFi()   ; //網路連線，連上熱點
 void initAll() ;     //系統初始化
```

```
//----------------

// the setup function runs once when you press reset or power the board
void setup()
{
  // initialize digital pin LED_BUILTIN as an output.
    initAll() ;    //系統初始化
  Serial.println("System   Ready");
 //----------------
     phasestage=1 ;
    flag1 = false ;
    flag2 = false ;
    delay(initDelay) ;      //等待多少秒，進入 loop()重複執行的程序
}

// the loop function runs over and over again forever
void loop()
{
  if (phasestage == 1 && !flag1 ) //讀取溫度階段，且未讀取成功溫度值
    {
        requesttemperature() ;     //要求讀取溫度階段
    }
  if (phasestage == 2   && !flag2) //讀取濕度階段，且未讀取成功濕度值
    {
        requesthumidity() ;    //要求讀取濕度階段
    }
  if (phasestage == 3 && flag1 && flag2)     //已完成讀取溫度與濕度
    {
        Serial.print("Temperature:(");
        Serial.print(TempValue);
        Serial.print(")\n");       //印出溫度
        Serial.print("Humidity:(");
        Serial.print(HumidValue);
        Serial.print(")\n");       //印出濕度
        phasestage=1 ;    //恢復 讀取溫度狀態
        flag1 = false ;    //開始讀溫度狀態旗標
        flag2 = false ;    //開始讀濕度狀態旗標
        ShowSensoronLCD(TempValue, HumidValue) ;     //顯示溫度與濕度在
LCD 上
```

```
        SendtoClouding() ;      //傳送感測資料到雲端
        delay(loopdelay) ;
        return ;
    }

    delay(200);
    receivedlen = GetDHTdata(receiveddata) ;
    if (receivedlen >2)
      {
                Serial.print("Data Len:") ;
                Serial.print(receivedlen) ;
                Serial.print("\n") ;
                Serial.print("CRC:") ;
                Serial.print(ModbusCRC16(receiveddata,receivedlen-2)) ;
                Serial.print("\n") ;
                for (int i = 0 ; i <receivedlen ; i++)
                  {
                     Serial.print(receiveddata[i],HEX) ;
                     Serial.print("/") ;
                  }
                     Serial.print("...\n") ;
                Serial.print("CRC Byte:") ;
                Serial.print(receiveddata[receivedlen-1],HEX) ;
                Serial.print("/") ;
                Serial.print(receiveddata[receivedlen-2],HEX) ;
                Serial.print("\n") ;
            if (Com-
pareCRC16(ModbusCRC16(receiveddata,receivedlen-2),receiveddata[receivedlen
-1],receiveddata[receivedlen-2]))
               {
                   if (phasestage == 1)
                   {
                       temp = receiveddata[3]*256+receiveddata[4] ;
                       TempValue = (double)temp / (10^ floatlen) ;
                       flag1 = true ;
                       phasestage=2 ;
                       return ;
                   }
                   if (phasestage == 2)
```

```
                    {
                        humid = receiveddata[3]*256+receiveddata[4] ;
                         HumidValue = (double)humid / (10^ floatlen) ;
                        flag2 = true ;
                        phasestage=3 ;
                        return ;
                    }


                }
            }
        /*
        if (Serial2.available()>0)
            {
                Serial.println("Controler Respones") ;
                    while (Serial2.available()>0)
                    {
                        Serial2.readBytes(&cmd,1) ;
                        Serial.print(print2HEX((int)cmd)) ;

                    }
                    Serial.print("\n---------\n") ;
            }
            */


    delay(loopdelay) ;
}

void initAll()        //系統初始化
{
    Serial.begin(9600) ;
    Serial.println("System Start");

    MacData = GetMacAddress() ; //取得網路卡編號


        //網路連線，連上熱點
    if (initWiFi())
    {
        TurnonWifiLed() ;    //打開 Wifi 連接燈號
    }
```

```
    BeepOff() ;    //關閉嗡鳴器
    ShowInternet()   ; //顯示網際網路連接基本資訊

    initLCD()   ;   //初始化 LCD 螢幕
    ShowInternetonLCD(MacData,APname,IPData)   ; //顯示網際網路連接基本資
訊
    initRS485() ;    //啟動 Modbus 溫溼度感測器

}
```

程式下載：https://github.com/brucetsao/ESP6Course_IIOT

表 47 上傳 XY-MD02 溫溼度感測器溫溼度資料到雲端伺服器之資料庫程式

上傳 XY-MD02 溫溼度感測器溫溼度資料到雲端伺服器之資料庫程式 (LCDSensor.h)

```
#include <Wire.h>
#include <LiquidCrystal_I2C.h>
LiquidCrystal_I2C lcd(0x27,20,4);    // set the LCD address to 0x27 for a 16 chars
and 2 line display
//LiquidCrystal_I2C lcd(0x3F,20,4);    // set the LCD address to 0x27 for a 16
chars and 2 line display


void ClearShow()      //清除 LCD 螢幕
{
    lcd.setCursor(0,0);
    lcd.clear() ;
    lcd.setCursor(0,0);
}
  void initLCD()     //初始化 LCD 螢幕
  {
    debugoutln("Init LCD Screen") ;
   lcd.init();   //初始化 LCD 螢幕
   // Print a message to the LCD.
   lcd.backlight();
   lcd.setCursor(0,0);
```

```
  }
void ShowLCD1(String cc)
{
    lcd.setCursor(0,0);
    lcd.print("                         ");
    lcd.setCursor(0,0);
    lcd.print(cc);


}
void ShowLCD1L(String cc)
{
//    lcd.setCursor(0,0);
//    lcd.print("                         ");
    lcd.setCursor(0,0);
    lcd.print(cc);


}
void ShowLCD1M(String cc)
{
 // lcd.setCursor(0,0);
//    lcd.print("                         ");
    lcd.setCursor(14,0);
    lcd.print(cc);


}
void ShowLCD2(String cc)
{
    lcd.setCursor(0,1);
    lcd.print("                         ");
    lcd.setCursor(0,1);
    lcd.print(cc);


}
void ShowLCD3(String cc)
{
    lcd.setCursor(0,2);
    lcd.print("                         ");
    lcd.setCursor(0,2);
    lcd.print(cc);
```

```
}
void ShowLCD4(String cc)
{
  lcd.setCursor(0,3);
  lcd.print("                   ");
  lcd.setCursor(0,3);
  lcd.print(cc);


}


void ShowString(String ss)
{
  lcd.setCursor(0,3);
  lcd.print("                 ");
  lcd.setCursor(0,3);
  lcd.print(ss.substring(0,19));
  //delay(1000);
}

void ShowAPonLCD(String ss)   //顯示熱點
{
  ShowLCD1M(ss) ; //顯示熱點

}
void ShowMAConLCD(String ss)    //顯示網路卡編號
{
  ShowLCD1L(ss) ; //顯示網路卡編號

}
void ShowIPonLCD(String ss)    //顯示連接熱點後取得網路編號(IP Address)}
{
    ShowLCD2("IP:"+ss) ;

}
void ShowInternetonLCD(String s1,String s2,String s3)    //顯示網際網路連接基
本資訊
{
```

```
    ShowMAConLCD(s1)  ;  //顯示熱點
    ShowAPonLCD(s2) ;      //顯示連接熱點名稱
    ShowIPonLCD(s3) ;  //顯示連接熱點後取得網路編號(IP Address)}


}

void ShowSensoronLCD(double s1, double s2)      //顯示溫度與濕度在 LCD 上
{
//      ShowLCD3("T:"+Double2Str(TempValue,1)+".C
"+"T:"+Double2Str(HumidValue,1)+".%" ) ;
    ShowLCD3("T:"+Double2Str(s1,1)+".C "+"H:"+Double2Str(s2,1)+".%" ) ;
}
```

程式下載：https://github.com/brucetsao/ESP6Course_IIOT

表 48 上傳 XY-MD02 溫溼度感測器溫溼度資料到雲端伺服器之資料庫程式

上傳 XY-MD02 溫溼度感測器溫溼度資料到雲端伺服器之資料庫程式(RS485.h)

```
//#include <HardwareSerial .h>
#include <String.h>
#define SERIAL_BAUD 9600


HardwareSerial RS485Serial(2);//声明串口 2

#define RXD2 16
#define TXD2 17
#define maxfeekbacktime 5000
#define floatlen 1
long temp , humid ;
double TempValue,HumidValue ;
byte cmd ;
byte receiveddata[250] ;
int receivedlen = 0 ;
byte StrTemp[] = {0x01,0x04,0x00,0x01,0x00,0x02,0x20,0x0B}  ;      //連續讀取
溫濕度控制命令
byte Str1[] = {0x01,0x04,0x00,0x01,0x00,0x01,0x60,0x0A}  ;          //讀取溫度
控制命令
```

```
byte Str2[] = {0x01,0x04,0x00,0x02,0x00,0x01,0x90,0x0A} ;        //讀取濕度
控制命令
int phasestage=1 ;      //控制讀取溫度、濕度、列印階段
boolean flag1 = false ;     //讀取成功溫度值控制旗標
boolean flag2 = false ;     //讀取成功濕度度值控制旗標


void initRS485()      //啟動 Modbus 溫溼度感測器
{
    RS485Serial.begin(SERIAL_BAUD,SERIAL_8N1,RXD2,TXD2);
  //初始化串口 2

}

void requesttemperature()
{
    Serial.println("now send data to device") ;
    RS485Serial.write(Str1,8);   //  送出讀取溫度 str1 字串陣列 長度為 8
     Serial.println("end sending") ;
}
void requesthumidity()
{
    Serial.println("now send data to device") ;
    RS485Serial.write(Str2,8);     //送出讀取濕度 str2 字串陣列 長度為 8
     Serial.println("end sending") ;
}

void requestdata()
{
    Serial.println("now send request to device") ;
    RS485Serial.write(StrTemp,8);    //  送出讀取溫濕度 StrTemp 字串陣列
長度為 8

     Serial.println("end sending") ;
}

int GetDHTdata(byte *dd)
{
  int count = 0 ;    //讀取陣列計數器
```

```
    long strtime= millis() ;        //計數器開始時間
    while ((millis() -strtime) < 2000)        //兩秒之內
      {
      if (RS485Serial.available()>0)        //有資料嗎
        {
          Serial.println("Controler Respones") ;        //印出有資料嗎
            while (RS485Serial.available()>0)        //仍有資料
            {
                RS485Serial.readBytes(&cmd,1) ;        // 讀取一個 byte 到 cnd
unsigned char or byte
                Serial.print(print2HEX((int)cmd)) ;        //印出剛才讀入資料內容，以
16 進位方式印出'
                *(dd+count) =cmd ;        //剛才讀入資料內容放入陣列
                count++ ;        //陣列計數器 加一

            }
            Serial.print("\n---------\n") ;
      }
      return count ;
    }

}
```

程式下載：<u>https://github.com/brucetsao/ESP6Course_IIOT</u>

表 49 上傳 XY-MD02 溫溼度感測器溫溼度資料到雲端伺服器之資料庫程式

上傳 XY-MD02 溫溼度感測器溫溼度資料到雲端伺服器之資料庫程式(Clouding.h)

//http://nuk.arduino.org.tw:8888/dhtdata/dhDatatadd.php?MAC=AABBCCDDEE FF&T=34&H=34
char iotserver[] = "nuk.arduino.org.tw";   // name address for Google (using DNS)
    // NCNU Clouding Server DNS name
int iotport = 8888 ;
// nuk.arduino.org.tw Clouding Server port : 8888
// Initialize the Ethernet client library
// with the IP address and port of the server

```
// that you want to connect to (port 80 is default for HTTP):


String strGet="GET /dhtdata/dhDatatadd.php";
//  DB Agent 程式
String strHttp=" HTTP/1.1";    // Web  Socketing Header
String strHost="Host: nuk.arduino.org.tw";  // Web  Socketing Header
 String connectstr ;    //組成 R e s t f u l   C o m m u n i c a t i o n
S t r i n g 變數
//http://nuk.arduino.org.tw:8888/dhtdata/dhDatatadd.php?MAC=349454353988&
T=24.73&H=49.18
// host is   ==>nuk.arduino.org.tw:8888
//  app program is ==> /dhtdata/dhDatatadd.php
//  App parameters ==> ?MAC=349454353988&T=24.73&H=49.18
//http://nuk.arduino.org.tw:8888/dhtdata/dhDatatadd.php?MAC=349454353988&
T=24.73&H=49.18

void SendtoClouding()      //傳送感測資料到雲端
{
//http://nuk.arduino.org.tw:8888/dhtdata/dhDatatadd.php?MAC=349454353988&
T=24.73&H=49.18

// host is   ==>nuk.arduino.org.tw:8888
//  app program is ==> /dhtdata/dhDatatadd.php
//  App parameters ==> ?MAC=AABBCCDDEEFF&T=34&H=34
          connectstr =
"?MAC="+MacData+"&T="+String(TempValue)+"&H="+String(HumidValue);
          //組成 GET Format 的 Resetful  的 Parameters 字串
          Serial.println(connectstr) ;
          if (client.connect(iotserver, iotport)) //   client.connect(iotserver, iot-
port)= = >連線到雲端主機
          {
                  Serial.println("Make a HTTP request ... ");
                  //### Send to Server
                  String strHttpGet = strGet + connectstr + strHttp;
                  Serial.println(strHttpGet);    // 傳送通訊 h e a d e r

                  client.println(strHttpGet);    // 傳送通訊 h e a d e r
                  client.println(strHost);        // 結尾
```

```
                client.println();      //   通訊結束
            }

if (client.connected())
{
    client.stop();   // DISCONNECT FROM THE SERVER
}



}
```

程式下載：https://github.com/brucetsao/ESP6Course_IIOT

表 50 上傳 XY-MD02 溫溼度感測器溫溼度資料到雲端伺服器之資料庫程式

上傳 XY-MD02 溫溼度感測器溫溼度資料到雲端伺服器之資料庫程式(crc16.h)
static const unsigned int wCRCTable[] = { 0X0000, 0XC0C1, 0XC181, 0X0140, 0XC301, 0X03C0, 0X0280, 0XC241, 0XC601, 0X06C0, 0X0780, 0XC741, 0X0500, 0XC5C1, 0XC481, 0X0440, 0XCC01, 0X0CC0, 0X0D80, 0XCD41, 0X0F00, 0XCFC1, 0XCE81, 0X0E40, 0X0A00, 0XCAC1, 0XCB81, 0X0B40, 0XC901, 0X09C0, 0X0880, 0XC841, 0XD801, 0X18C0, 0X1980, 0XD941, 0X1B00, 0XDBC1, 0XDA81, 0X1A40, 0X1E00, 0XDEC1, 0XDF81, 0X1F40, 0XDD01, 0X1DC0, 0X1C80, 0XDC41, 0X1400, 0XD4C1, 0XD581, 0X1540, 0XD701, 0X17C0, 0X1680, 0XD641, 0XD201, 0X12C0, 0X1380, 0XD341, 0X1100, 0XD1C1, 0XD081, 0X1040, 0XF001, 0X30C0, 0X3180, 0XF141, 0X3300, 0XF3C1, 0XF281, 0X3240, 0X3600, 0XF6C1, 0XF781, 0X3740, 0XF501, 0X35C0, 0X3480, 0XF441, 0X3C00, 0XFCC1, 0XFD81, 0X3D40, 0XFF01, 0X3FC0, 0X3E80, 0XFE41,

```
        0XFA01, 0X3AC0, 0X3B80, 0XFB41, 0X3900, 0XF9C1, 0XF881,
0X3840,
        0X2800, 0XE8C1, 0XE981, 0X2940, 0XEB01, 0X2BC0, 0X2A80,
0XEA41,
        0XEE01, 0X2EC0, 0X2F80, 0XEF41, 0X2D00, 0XEDC1, 0XEC81,
0X2C40,
        0XE401, 0X24C0, 0X2580, 0XE541, 0X2700, 0XE7C1, 0XE681,
0X2640,
        0X2200, 0XE2C1, 0XE381, 0X2340, 0XE101, 0X21C0, 0X2080,
0XE041,
        0XA001, 0X60C0, 0X6180, 0XA141, 0X6300, 0XA3C1, 0XA281,
0X6240,
        0X6600, 0XA6C1, 0XA781, 0X6740, 0XA501, 0X65C0, 0X6480,
0XA441,
        0X6C00, 0XACC1, 0XAD81, 0X6D40, 0XAF01, 0X6FC0, 0X6E80,
0XAE41,
        0XAA01, 0X6AC0, 0X6B80, 0XAB41, 0X6900, 0XA9C1, 0XA881,
0X6840,
        0X7800, 0XB8C1, 0XB981, 0X7940, 0XBB01, 0X7BC0, 0X7A80,
0XBA41,
        0XBE01, 0X7EC0, 0X7F80, 0XBF41, 0X7D00, 0XBDC1, 0XBC81,
0X7C40,
        0XB401, 0X74C0, 0X7580, 0XB541, 0X7700, 0XB7C1, 0XB681,
0X7640,
        0X7200, 0XB2C1, 0XB381, 0X7340, 0XB101, 0X71C0, 0X7080,
0XB041,
        0X5000, 0X90C1, 0X9181, 0X5140, 0X9301, 0X53C0, 0X5280, 0X9241,
        0X9601, 0X56C0, 0X5780, 0X9741, 0X5500, 0X95C1, 0X9481, 0X5440,
        0X9C01, 0X5CC0, 0X5D80, 0X9D41, 0X5F00, 0X9FC1, 0X9E81,
0X5E40,
        0X5A00, 0X9AC1, 0X9B81, 0X5B40, 0X9901, 0X59C0, 0X5880,
0X9841,
        0X8801, 0X48C0, 0X4980, 0X8941, 0X4B00, 0X8BC1, 0X8A81,
0X4A40,
        0X4E00, 0X8EC1, 0X8F81, 0X4F40, 0X8D01, 0X4DC0, 0X4C80,
0X8C41,
        0X4400, 0X84C1, 0X8581, 0X4540, 0X8701, 0X47C0, 0X4680, 0X8641,
        0X8201, 0X42C0, 0X4380, 0X8341, 0X4100, 0X81C1, 0X8081,
0X4040 };
```

```
unsigned int   ModbusCRC16 (byte *nData, int wLength)
{


    byte nTemp;
    unsigned int wCRCWord = 0xFFFF;

    while (wLength--)
    {
        nTemp = *nData++ ^ wCRCWord;
        wCRCWord >>= 8;
        wCRCWord   ^= wCRCTable[nTemp];
    }
    return wCRCWord;
} // End: CRC16


boolean CompareCRC16(unsigned int stdvalue, uint8_t Hi, uint8_t Lo)
{

    if (stdvalue == Hi*256+Lo)
      {
          return true ;
      }
      else
       {
           return false ;
      }
}
```

程式下載：https://github.com/brucetsao/ESP6Course_IIOT

表 51 上傳 XY-MD02 溫溼度感測器溫溼度資料到雲端伺服器之資料庫程式

上傳 XY-MD02 溫溼度感測器溫溼度資料到雲端伺服器之資料庫程式(initPins.h)
#define _Debug 1　　　//輸出偵錯訊息
#define _debug 1　　　//輸出偵錯訊息
#define initDelay　　6000　　//初始化延遲時間
#define loopdelay 60000　　//loop 延遲時間

```
//--------------------
#include <String.h>
#define Ledon HIGH
#define Ledoff LOW
#define WifiLed 2      // PM2.5 Control Box PCB Use
#define AccessLED 15
#define BeepPin 4


//int ccmd = -1 ;
//String cmdstr ;


#include <WiFi.h>       //使用網路函式庫
#include <WiFiClient.h>      //使用網路用戶端函式庫
#include <WiFiMulti.h>       //多熱點網路函式庫

WiFiMulti wifiMulti;       //產生多熱點連線物件

  WiFiClient client;

String IpAddress2String(const IPAddress& ipAddress) ;
void debugoutln(String ss) ;
void debugout(String ss)   ;




  IPAddress ip ;      //網路卡取得 IP 位址之原始型態之儲存變數
  String IPData ;     //網路卡取得 IP 位址之儲存變數
  String APname ;      //網路熱點之儲存變數
  String MacData ;      //網路卡取得網路卡編號之儲存變數
  long rssi ;      //網路連線之訊號強度'之儲存變數
  int status = WL_IDLE_STATUS;  //取得網路狀態之變數

boolean initWiFi()     //網路連線，連上熱點
{
  //加入連線熱點資料
  wifiMulti.addAP("NCNUIOT", "12345678");  //加入一組熱點
  wifiMulti.addAP("NCNUIOT2", "12345678");   //加入一組熱點
```

~ 128 ~

```
wifiMulti.addAP("NUKIOT", "iot12345");   //加入一組熱點

// We start by connecting to a WiFi network

Serial.println();
Serial.println();
Serial.print("Connecting to ");
//通訊埠印出 "Connecting to "
wifiMulti.run();   //多網路熱點設定連線
while (WiFi.status() != WL_CONNECTED)       //還沒連線成功
{
    // wifiMulti.run() 啟動多熱點連線物件，進行已經紀錄的熱點進行連線，
    // 一個一個連線，連到成功為主，或者是全部連不上
    // WL_CONNECTED 連接熱點成功
    Serial.print(".");     //通訊埠印出
    delay(500) ;   //停 500 ms
     wifiMulti.run();     //多網路熱點設定連線
}
    Serial.println("WiFi connected");   //通訊埠印出 WiFi connected
    Serial.print("AP Name: ");   //通訊埠印出 AP Name:
    APname = WiFi.SSID();
    Serial.println(APname);     //通訊埠印出 WiFi.SSID()==>從熱點名稱
    Serial.print("IP address: ");     //通訊埠印出 IP address:
    ip = WiFi.localIP();
    IPData = IpAddress2String(ip) ;
    Serial.println(IPData);     //通訊埠印出 WiFi.localIP()==>從熱點取得 IP 位址
    //通訊埠印出連接熱點取得的 IP 位址


    debugoutln("WiFi connected");
    debugout("Access Point: ");
    debugoutln(APname);
    debugout("MAC address: ");
    debugoutln(MacData);
    debugout("IP address: ");
    debugoutln(IPData);

return true ;
}
```

```
void ShowInternet()    //秀出網路連線資訊
{
  Serial.print("MAC:") ;
  Serial.print(MacData) ;
  Serial.print("\n") ;
  Serial.print("SSID:") ;
  Serial.print(APname) ;
  Serial.print("\n") ;
  Serial.print("IP:") ;
  Serial.print(IPData) ;
  Serial.print("\n") ;
}
//--------------------
void debugoutln(String ss)
{
  if (_Debug)
    Serial.println(ss) ;
}
void debugout(String ss)
{
  if (_Debug)
    Serial.print(ss) ;
}



//--------------------
long POW(long num, int expo)
{
  long tmp =1 ;
  if (expo > 0)
  {
          for(int i = 0 ; i< expo ; i++)
            tmp = tmp * num ;
          return tmp ;
  }
  else
  {
    return tmp ;
```

```
        }
}

String SPACE(int sp)
{
    String tmp = "" ;
    for (int i = 0 ; i < sp; i++)
      {
            tmp.concat(' ')   ;
      }
    return tmp ;
}


String strzero(long num, int len, int base)
{
  String retstring = String("");
  int ln = 1 ;
    int i = 0 ;
    char tmp[10] ;
    long tmpnum = num ;
    int tmpchr = 0 ;
    char hexcode[]={'0','1','2','3','4','5','6','7','8','9','A','B','C','D','E','F'} ;
    while (ln <= len)
    {
        tmpchr = (int)(tmpnum % base) ;
        tmp[ln-1] = hexcode[tmpchr] ;
        ln++ ;
         tmpnum = (long)(tmpnum/base) ;



    }
    for (i = len-1; i >= 0 ; i --)
      {
            retstring.concat(tmp[i]);
      }

  return retstring;
}
```

```
unsigned long unstrzero(String hexstr, int base)
{
  String chkstring   ;
  int len = hexstr.length() ;

    unsigned int i = 0 ;
    unsigned int tmp = 0 ;
    unsigned int tmp1 = 0 ;
    unsigned long tmpnum = 0 ;
    String hexcode = String("0123456789ABCDEF") ;
    for (i = 0 ; i < (len ) ; i++)
    {
//      chkstring= hexstr.substring(i,i) ;
      hexstr.toUpperCase() ;
            tmp = hexstr.charAt(i) ;    // give i th char and return this char
            tmp1 = hexcode.indexOf(tmp) ;
      tmpnum = tmpnum + tmp1* POW(base,(len -i -1) )   ;


    }
  return tmpnum;
}




String    print2HEX(int number) {
  String ttt ;
  if (number >= 0 && number < 16)
  {
    ttt = String("0") + String(number,HEX);
  }
  else
  {
      ttt = String(number,HEX);
  }
  return ttt ;
```

```
}


String GetMacAddress()      //取得網路卡編號
{
    // the MAC address of your WiFi shield
    String Tmp = "" ;
    byte mac[6];

    // print your MAC address:
    WiFi.macAddress(mac);
    for (int i=0; i<6; i++)
      {
          Tmp.concat(print2HEX(mac[i])) ;
      }
      Tmp.toUpperCase() ;
    return Tmp ;
}

void ShowMAC()   //於串列埠印出網路卡號碼
{

    Serial.print("MAC Address:(");   //印出 "MAC Address:("
    Serial.print(MacData) ;    //印出 MacData 變數內容
    Serial.print(")\n");       //印出 ")\n"



}
String IpAddress2String(const IPAddress& ipAddress)
{
    //回傳 ipAddress[0-3]的內容，以 16 進位回傳
    return String(ipAddress[0]) + String(".") +\
    String(ipAddress[1]) + String(".") +\
    String(ipAddress[2]) + String(".") +\
    String(ipAddress[3])   ;
}
```

```
String chrtoString(char *p)
{
    String tmp ;
    char c ;
    int count = 0 ;
    while (count <100)
    {
        c= *p ;
        if (c != 0x00)
          {
             tmp.concat(String(c)) ;
          }
          else
          {
              return tmp ;
          }
        count++ ;
        p++;

    }
}


void CopyString2Char(String ss, char *p)
{
          //   sprintf(p,"%s",ss) ;

   if (ss.length() <=0)
       {
              *p =   0x00 ;
           return ;
       }
    ss.toCharArray(p, ss.length()+1) ;
   // *(p+ss.length()+1) = 0x00 ;
}

boolean CharCompare(char *p, char *q)
  {
```

```
        boolean flag = false ;
        int count = 0 ;
        int nomatch = 0 ;
        while (flag <100)
        {
            if (*(p+count) == 0x00 or *(q+count) == 0x00)
                break ;
            if (*(p+count) != *(q+count) )
                {
                    nomatch ++ ;
                }
                count++ ;
        }
    if (nomatch >0)
    {
        return false ;
    }
    else
    {
        return true ;
    }


}


String Double2Str(double dd,int decn)
{
    int a1 = (int)dd ;
    int a3 ;
    if (decn >0)
    {
        double a2 = dd - a1 ;
        a3 = (int)(a2 * (10^decn));
    }
    if (decn >0)
    {
        return String(a1)+"."+ String(a3) ;
    }
```

```
    else
    {
      return String(a1) ;
    }

}

//--------------GPIO Function

void TurnonWifiLed()     //打開 Wifi 連接燈號
{
    digitalWrite(WifiLed,Ledon) ;
}

void TurnoffWifiLed()     //關閉 Wifi 連接燈號
{
    digitalWrite(WifiLed,Ledoff) ;
}

void AccessOn()     //打開動作燈號
{
    digitalWrite(AccessLED,Ledon) ;
}

void AccessOff()     //關閉動作燈號
{
    digitalWrite(AccessLED,Ledoff) ;
}
void BeepOn()     //打開嗡鳴器
{
    digitalWrite(BeepPin,Ledon) ;
}
void BeepOff()     //關閉嗡鳴器
{
    digitalWrite(BeepPin,Ledoff) ;
}
```

程式下載：https://github.com/brucetsao/ESP6Course_IIOT

由於此程式為表 22 使用 LCD 2004 顯示器顯示溫溼度的延伸，所以相同之處，請讀者去上面自行閱讀之。

如下表所示，我們介紹如何使用主要的函式。

如下表所示，我們使用：#include "initPins.h"來將系統共用函數載入系統。

表 52 系統共用函數

```
#include <String.h>    //String 使用必備函示庫
#include "initPins.h"    //系統共用函數
```

如下表所示，我們使用：#include "OledLib.h"來將 Oled LCD 12832 共用函數載入系統。

表 53 LCD 2004 共用函數

```
#include "LCDSensor.h"    // LCD 2004 共用函數
```

如下表所示，我們使用：#include "RS485Lib.h"來將 RS-485 通訊共用函數載入系統。

表 54 RS-485 通訊共用函數

```
#include "RS485Lib.h"    //RS-485 通訊共用函數
```

如下表所示，我們使用：#include " crc16.h"來將計算 CRC16 共用函數載入系統。

表 55 計算 CRC16 共用函數

#include "crc16.h"　　　　//計算 CRC16 共用函數

如下表所示，我們使用：#include "clouding.h"來將雲端模組共用函數載入系統。

表 56 雲端模組共用函數

#include "clouding.h"　//雲端模組 共用函數

如下表所示，我們使將要編譯函數進行宣告，方便以後編譯程式時，不會發生錯誤。

表 57 編譯函數宣告

void ShowInternetonLCD(String s1,String s2,String s3)；　//顯示網際網路連接基本資訊 void ShowSensoronLCD(double s1, double s2)；　　//顯示溫度與濕度在 LCD 上 boolean initWiFi()　；//網路連線，連上熱點 void initAll()；　　//系統初始化

介紹 setup()

如下表所示，我們使用：initAll();來系統初始化。

表 58 initAll()；　//系統初始化

initAll()；　//系統初始化

如下表所示，我們使用：Serial.println("System　Ready");來印出 System　Ready。

表 59 印出 System　Ready

```
Serial.println("System　Ready");
```

如下表所示，我們設定讀取溫溼度感測器控制變數：

● Phasestage:讀取 Modbus 階段變數，目前設定讀取溫度階段

● flag1 :正確讀取溫度資料之控制變數，目前設定未正確讀取溫度資料

● flag2:正確讀取濕度資料之控制變數，目前設定未正確讀取濕度資料

表 60 設定讀取溫溼度感測器控制變數

```
 phasestage=1 ;
flag1 = false ;
flag2 = false ;
```

介紹 loop()

讀取溫度資料

如下表所示，我們在 phasestage == 1(讀取溫度階段) 且!flag1(未正確讀取溫度
資料) 的狀況下，進行 requesttemperature() ;來要求 XY-MD02 溫溼度感測器讀取溫
度，就是請 XY-MD02 溫溼度感測器送出感測到的溫度 。

表 61 讀取溫度

```
if (phasestage == 1 && !flag1 ) //讀取溫度階段，且未讀取成功溫度值
  {
      requesttemperature() ;      //要求讀取溫度階段
  }
```

讀取溼度資料

如下表所示，我們在 phasestage == 2(讀取濕度階段) 且!flag2(未正確讀取濕度資料) 的狀況下，進行 requesthumidity() ;來要求 XY-MD02 溫溼度感測器讀取濕度，就是請 XY-MD02 溫溼度感測器送出感測到的濕度 。

表 62 讀取濕度

```
if (phasestage == 2   && !flag2) //讀取濕度階段，且未讀取成功濕度值
{
    requesthumidity() ;    //要求讀取濕度階段
}
```

判斷讀取溫溼度資料

如下表所示，我們進行判斷是否正確讀取溫度與濕度資料

```
delay(200);
receivedlen = GetDHTdata(receiveddata) ;
if (receivedlen >2)
  {
        Serial.print("Data Len:") ;
        Serial.print(receivedlen) ;
        Serial.print("\n") ;
        Serial.print("CRC:") ;
        Serial.print(ModbusCRC16(receiveddata,receivedlen-2)) ;
        Serial.print("\n") ;
        for (int i = 0 ; i <receivedlen ; i++)
          {
            Serial.print(receiveddata[i],HEX) ;
            Serial.print("/") ;
          }
        Serial.print("...\n") ;
```

```
            Serial.print("CRC Byte:") ;
            Serial.print(receiveddata[receivedlen-1],HEX) ;
            Serial.print("/") ;
            Serial.print(receiveddata[receivedlen-2],HEX) ;
            Serial.print("\n") ;
    if (Com-
pareCRC16(ModbusCRC16(receiveddata,receivedlen-2),receiveddata[receivedl
en-1],receiveddata[receivedlen-2]))
        {
            if (phasestage == 1)
            {
                temp = receiveddata[3]*256+receiveddata[4] ;
                TempValue = (double)temp / (10^ floatlen) ;
                flag1 = true ;
                phasestage=2 ;
                return ;
            }
            if (phasestage == 2)
            {
                humid = receiveddata[3]*256+receiveddata[4] ;
                HumidValue = (double)humid / (10^ floatlen) ;
                flag2 = true ;
                phasestage=3 ;
                return ;
            }

        }
    }
```

使用 delay(200);休息 0.2 秒鐘。

透過 GetDHTdata(receiveddata)；將讀取到的資料送入 receiveddata(call by ad-
dress)，並將讀取到的資料長度，回傳到 receivedlen 變數。

```
receivedlen = GetDHTdata(receiveddata) ;
```

透過讀取到的資料長度 Lreceivedlen 變數，判斷是否大於等與三的長度後，進入判斷讀取資料的程式區。

表 63 完成讀取溫度與濕度

```
if (receivedlen >2)
  {
     判斷讀取資料

  }
```

透過下列程式，印出讀取到資料的長度：receivedlen 變數的內容

```
Serial.print("Data Len:") ;
Serial.print(receivedlen) ;
Serial.print("\n") ;
```

透過下列函數：ModbusCRC16(要計算的資料陣列)，進行其資料的 CRC16 的內由於 receiveddata 陣列裡面包含 CRC16 的資料，所以透過 receivedlen-2(扣掉 CRC16 的資料：兩個資料)來傳入正確計算 CRC16 的資料長度，最後將 CRC16 的資料的資料送到 Arduino IDE 通訊埠顯示。

```
Serial.print("CRC:") ;
Serial.print(ModbusCRC16(receiveddata,receivedlen-2)) ;
Serial.print("\n")
```

透過迴圈，將接收到的 receiveddata 陣列裡面的資料，用 16 進位的顯示方式一一顯示。

```
for (int i = 0 ; i <receivedlen ; i++)
{
   Serial.print(receiveddata[i],HEX) ;
   Serial.print("/") ;
}
   Serial.print("...\n") ;
```

接下來，透過 Serial.print(receiveddata[receivedlen-1],HEX)；與

Serial.print(receiveddata[receivedlen-2],HEX) 用16進位的顯示傳送資料內的CRC16

兩個 byte 資料。

```
Serial.print("CRC Byte:")；
Serial.print(receiveddata[receivedlen-1],HEX)；
Serial.print("/")；
Serial.print(receiveddata[receivedlen-2],HEX)；
Serial.print("\n")；
```

列印取溫溼度資料且傳送資料到雲端

如下表所示，我們在 phasestage == 3(完成讀取溫度與濕度的階段) 且 flag1(正確

讀取溫度資料) 且 flag2(正確讀取濕度資料)的狀況下；

```
Serial.print("Temperature:(");
Serial.print(TempValue);
Serial.print(")\n");      //印出溫度
Serial.print("Humidity:(");
Serial.print(HumidValue);
Serial.print(")\n");       //印出濕度
```

透過 Arduino IDE 通訊埠送出讀取到的溫濕度資訊。

```
phasestage=1；
flag1 = false；
flag2 = false；
```

將讀取階段 phasestage 設定為 1，且將 flag1(讀取溫度控制變數)與 flag2(讀取

濕度控制變數)都設定為未讀取的狀態(false)。

接下來透過:

ShowSensoronLCD(TempValue, HumidValue)；　　　　//顯示溫度與濕度在 LCD
上

把溫度資料(TempValue)與濕度資料(HumidValue)都顯示在 LCD 上

接下來透過: SendtoClouding() ;

把溫度資料(TempValue)與濕度資料(HumidValue)與網路卡編號等，透過函式：
SendtoClouding()傳送到雲端資料代理人上(DB Agent)。

最後 執行：delay(loopdelay) ;停止 loopdelay(5000ms)➔五秒鐘，重新進入 loop()

表 64 完成讀取溫度與濕度並傳送雲端

```
if (phasestage == 3 && flag1 && flag2)       //已完成讀取溫度與濕度
{
    Serial.print("Temperature:(");
    Serial.print(TempValue);
    Serial.print(")\n");       //印出溫度
    Serial.print("Humidity:(");
    Serial.print(HumidValue);
    Serial.print(")\n");       //印出濕度
    phasestage=1 ;   //恢復 讀取溫度狀態
    flag1 = false ;   //開始讀溫度狀態旗標
    flag2 = false ;   //開始讀濕度狀態旗標
    ShowSensoronLCD(TempValue, HumidValue) ;      //顯示溫度與濕度在 LCD
上
    SendtoClouding() ;       //傳送感測資料到雲端
    delay(loopdelay) ;
    return ;
}
```

如下圖所示，我們可以看到使用 LCD 2004 顯示 XY-MD02 溫溼度感測器之溫
濕度資料之畫面且將溫溼度資料傳送到雲端。。

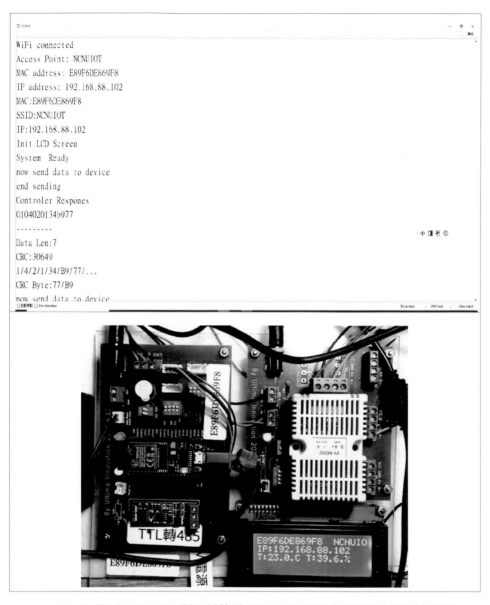

圖 55 使用 LCD 2004 顯示並傳送 XY-MD02 溫溼度感測器之溫濕度資料

傳送資料介紹

接下來介紹傳送資料的原理：

如下表所示，我們使用：SendtoClouding() ;來傳送感測資料到雲端，接下來我們要講解『SendtoClouding()』這個函數。

表 65 傳送感測資料到雲端

```
SendtoClouding() ;        //傳送感測資料到雲端
```

如下表所示，我們看以看到： SendtoClouding()函數內容，接下來我們要講解『SendtoClouding()』這個函數。

表 66 SendtoClouding()函數內容

```
//http://nuk.arduino.org.tw:8888/dhtdata/dhDatatadd.php?MAC=AABBCCDDEE
FF&T=34&H=34
char iotserver[] = "nuk.arduino.org.tw";        // name address for Google (using
DNS)
  // NCNU Clouding Server DNS name
int iotport = 8888 ;
// nuk.arduino.org.tw Clouding Server port : 8888
// Initialize the Ethernet client library
// with the IP address and port of the server
// that you want to connect to (port 80 is default for HTTP):


String strGet="GET /dhtdata/dhDatatadd.php";
//   DB Agent 程式
String strHttp=" HTTP/1.1";    // Web   Socketing Header
String strHost="Host: nuk.arduino.org.tw";   // Web   Socketing Header
 String connectstr ;     //組成 R e s t f u l   C o m m u n i c a t i o n
 S t r i n g 變數
//http://nuk.arduino.org.tw:8888/dhtdata/dhDatatadd.php?MAC=349454353988&
T=24.73&H=49.18
// host is   ==>nuk.arduino.org.tw:8888
//   app program is ==> /dhtdata/dhDatatadd.php
//   App parameters ==> ?MAC=349454353988&T=24.73&H=49.18
```

```
//http://nuk.arduino.org.tw:8888/dhtdata/dhDatatadd.php?MAC=349454353988&
T=24.73&H=49.18

void SendtoClouding()        //傳送感測資料到雲端
{
//http://nuk.arduino.org.tw:8888/dhtdata/dhDatatadd.php?MAC=349454353988&
T=24.73&H=49.18


// host is    ==>nuk.arduino.org.tw:8888
//   app program is ==> /dhtdata/dhDatatadd.php
//   App parameters ==> ?MAC=AABBCCDDEEFF&T=34&H=34
            connectstr =
"?MAC="+MacData+"&T="+String(TempValue)+"&H="+String(HumidValue);
            //組成 GET Format 的 Resetful 的 Parameters 字串
          Serial.println(connectstr) ;
          if (client.connect(iotserver, iotport)) //   client.connect(iotserver, iot-
port) = = > 連線到雲端主機
          {
                  Serial.println("Make a HTTP request ... ");
                  //### Send to Server
                  String strHttpGet = strGet + connectstr + strHttp;
                  Serial.println(strHttpGet);      //  傳送通訊 ｈｅａｄｅｒ

                  client.println(strHttpGet);      //  傳送通訊 ｈｅａｄｅｒ
                  client.println(strHost);          //  結尾
                  client.println();        //  通訊結束
              }

if (client.connected())
{
  client.stop();   // DISCONNECT FROM THE SERVER
}


}
```

如下表所示，我們看到

『http://nuk.arduino.org.tw:8888/dhtdata/dhDatatadd.php?MAC=AABBCCDDEEFF&

T=34&H=34』，乃是筆者於上面所述之雲端伺服器資料代理人程式內容。

表 67 雲端伺服器資料代理人程式內容

http://nuk.arduino.org.tw:8888/dhtdata/dhDatatadd.php?MAC=AABBCCDDEEFF&T=34&H=34

所以，http://nuk.arduino.org.tw:8888/dhtdata/dhDatatadd.php?MAC=AABBCCDDEEFF&T=34&H=34
是雲端伺服器資料代理人介面含義的內容。

也就是說，nuk.arduino.org.tw:8888 是資料代理人的伺服器主機，因為這個主機的網址為『nuk.arduino.org.tw』，而筆者將這個主機的通訊埠設定為『8888』。

接下來我們看到程式部分，可以看到：/dhtdata/dhDatatadd.php，是雲端伺服器資料代理人的程式位置。

也就是說，/dhtdata/是雲端伺服器資料代理人的程式位置資料夾，而
『dhDatatadd.php』為這個雲端伺服器資料代理人的程式名稱。

而/dhtdata/dhDatatadd.php，是雲端伺服器資料代理人的程式位置。

接下來我們看到程式部分，可以看到：?MAC=AABBCCDDEEFF&T=34&H=34，『?』的符號，告訴『dhDatatadd.php』為這個雲端伺服器資料代理人的程式傳入的程式參數從這裡開始。

接下來我們看到程式參數部分，可以看到：
MAC=AABBCCDDEEFF&T=34&H=34，『MAC=AABBCCDDEEFF』的內容為：傳入『MAC』的參數的內容在『=』的後面，為『AABBCCDDEEFF』，如此就知道傳入『MAC』的參數的內容為『AABBCCDDEEFF』。

而『T=34』的內容為：傳入『T』的參數的內容在『=』的後面，為『34』，如此就知道傳入『T』的參數的內容為『34』。

而『H=34』的內容為：傳入『H』的參數的內容在『=』的後面，為『34』，如此就知道傳入『H』的參數的內容為『34』。

接下來我們看到『MAC=AABBCCDDEEFF&T=34&H=34』三個參數之間有『&』的符號，由於我們傳入三個參數：『MAC=AABBCCDDEEFF』、『T=34』、『H=34』三個參數，需要讓系統知道三個的參數的區分，所以我們必須加入『&』的符號，告訴系統處理這三個參數各自的內容：為『MAC=AABBCCDDEEFF』、『T=34』、『H=34』。

如下表所示，我們看到『nuk.arduino.org.tw』為雲端伺服器網址，而我們使用『iotserver[]』，的變數來儲存它的內容。

表 68 雲端伺服器網址

```
char iotserver[] = "nuk.arduino.org.tw";
```

如下表所示，我們看到『8888』為雲端伺服器通訊埠，而我們使用『iotport，的變數來儲存它的內容。

表 69 雲端伺服器通訊埠

```
int iotport = 8888 ;
```

如下表所示，我們看到『GET /dhtdata/dhDatatadd.php』告知雲端伺服器使用 GET 通訊與資料代理人程式名字與位置，而我們使用『GET』告知雲端伺服器使用 GET 通訊，使用『strGet』，的變數來儲存它的內容。

表 70 告知雲端伺服器使用 GET 通訊與資料代理人程式名字與位置

```
String strGet="GET /dhtdata/dhDatatadd.php";
```

如下表所示，我們看到『strHttp=" HTTP/1.1";』這是 http GET 通訊協定必須要提供給伺服器與接收端的必要資訊。

表 71 告知雲端伺服器使用 GET 通訊協定版本

```
String strHttp=" HTTP/1.1";
```

如下表所示，我們宣告『connectstr』為組成感測器資料儲存資料之變數名稱，主要提供下面『SendtoClouding()』在傳送感測資料到雲端時，組成感測器資料儲存資料之變數名稱。

表 72 組成感測器資料儲存資料之變數

```
String connectstr ;
```

如下表所示，我們看到『GET /dhtdata/dhDatatadd.php』資料代理人(DB Agent)如何與雲端伺服器通訊，並使用 http GET 通訊與資料代理人傳輸感測器資料內容給雲端伺服器的內容含意。

表 73 告知雲端伺服器使用 GET 通訊與資料代理人內容解釋

```
//http://nuk.arduino.org.tw:8888/dhtdata/dhDatatadd.php?MAC=AABBCCDDEE
FF&T=34&H=34
// host is    ==>nuk.arduino.org.tw:8888
//   app program is ==> /dhtdata/dhDatatadd.php
//   App parameters ==> ?MAC=AABBCCDDEEFF&T=34&H=34
```

如下表所示，我們看到『SendtoClouding()』傳送感測資料到雲端函式內容，接下來筆者會一一解釋之。

表 74 傳送感測資料到雲端函式：SendtoClouding()

```
void SendtoClouding()        //傳送感測資料到雲端
{
//http://nuk.arduino.org.tw:8888/dhtdata/dhDatatadd.php?MAC=349454353988&
T=24.73&H=49.18


// host is   ==>nuk.arduino.org.tw:8888
//   app program is ==> /dhtdata/dhDatatadd.php
//   App parameters ==> ?MAC=AABBCCDDEEFF&T=34&H=34
          connectstr =
"?MAC="+MacData+"&T="+String(TempValue)+"&H="+String(HumidValue);
          //組成 GET Format 的 Resetful  的 Parameters 字串
          Serial.println(connectstr) ;
          if (client.connect(iotserver, iotport)) //   client.connect(iotserver, iot-
port) = = > 連線到雲端主機
          {
                  Serial.println("Make a HTTP request ... ");
                  //### Send to Server
                  String strHttpGet = strGet + connectstr + strHttp;
                  Serial.println(strHttpGet);       //  傳送通訊ｈｅａｄｅｒ

                  client.println(strHttpGet);       //  傳送通訊ｈｅａｄｅｒ
                  client.println(strHost);          //  結尾
                  client.println();      //  通訊結束
          }

if (client.connected())
{
  client.stop();   // DISCONNECT FROM THE SERVER
}


}
```

如下表所示，我們看到『nuk.arduino.org.tw』為雲端伺服器網址，而我們使用『iotserver[]』，的變數來儲存它的內容。

表 75 雲端伺服器網址

```
char iotserver[] = "nuk.arduino.org.tw";
```

如下表所示，我們透過『"?MAC="+MacData+"&T="+String(TempValue)+"&H="+String(HumidValue);』字串相加的方式，組立要傳入 http GET 資料代理人(DB Agent)所有的感測器參數的內容。

接下來我們看到『"?MAC="+MacData+"&T="+String(TempValue)+"&H="+String(HumidValue);』三個參數之間有『&』的符號，由於我們傳入三個參數：『MAC="+MacData』、『T="+String(TempValue)』、『H="+String(HumidValue)』三個參數，而第一個參數：『MAC』:網路卡編號則使用變數『MacData』的內容。

第二個參數：『T』溫度則使用『String(TempValue)』，而『TempValue』為溫度儲存的浮點數變數，透過『String(浮點數)』函數轉換為字串型態。

第三個參數：『H』溫度則使用『String(HumidValue)』，而『HumidValue』為濕度儲存的浮點數變數，透過『String(浮點數)』函數轉換為字串型態。

表 76 透過變數內容轉換感測器參數的內容

```
connectstr =
"?MAC="+MacData+"&T="+String(TempValue)+"&H="+String(HumidValue);
```

如下表所示，我們看到 if 判斷式來判斷成功連線到 http GET 資料代理人的介面之處理程式。

表 77 成功連線到 http GET 資料代理人的介面之處理程式

```
        if (client.connect(iotserver, iotport)) //   client.connect(iotserver, iot-
port) = = > 連線到雲端主機
        {
                Serial.println("Make a HTTP request ... ");
                //### Send to Server
                String strHttpGet = strGet + connectstr + strHttp;
                Serial.println(strHttpGet);      //  傳送通訊 h e a d e r

                client.println(strHttpGet);      //  傳送通訊 h e a d e r
                client.println(strHost);        //  結尾
                client.println();        //  通訊結束
        }

    if (client.connected())
    {
      client.stop();   // DISCONNECT FROM THE SERVER
    }

}
```

如下表所示，我們看到『client.connect(iotserver, iotport)』的程式，乃是透過語法『client.connect(主機名稱或網址, 通訊埠)』，來連線到雲端伺服器，如果連接成功，則回傳『true』進入程式，反之回傳『false』不進入程式。

表 78 連線到雲端伺服器

```
client.connect(iotserver, iotport)
```

如下表所示，為印出『Make a HTTP request ...』的訊息。

表 79 印出 Make a HTTP request 的訊息

```
Serial.println("Make a HTTP request ... ");
```

　　如下表所示，我們透過『String strHttpGet = strGet + connectstr + strHttp;』來組立伺服器資料代理人所需要全部的介面字串，將『strGet + connectstr + strHttp;』三個變數加起來，傳到『strHttpGet』變數內來伺服器資料代理人程式所需要全部的介面字串。

表 80 組立伺伺服器資料代理人程式所需要全部的介面字串

```
String strHttpGet = strGet + connectstr + strHttp;
```

　　如下表所示，我們印出『strHttpGet』變數內容，就是組立伺服器資料代理人程式所需要全部的介面字串的內容。

表 81 印出 strHttpGet 變數內容

```
Serial.println(strHttpGet);
```

　　如下表所示，我們使用『client.println(strHttpGet);』，傳送 strHttpGet 變數: 伺服器資料代理人程式所需要全部的介面字串到雲端主機之伺服器資料代理人程式 (DB Agent)的 http GET 字串內容。

表 82 傳送 strHttpGet 變數: 伺服器資料代理人所需要全部的介面字串到雲端

```
client.println(strHttpGet);
```

　　如下表所示，我們使用:『client.println(strHost);』來傳送 http GET 字串中，傳送雲端主機的名稱或網址。

表 83 傳送雲端主機的名稱或網址

```
client.println(strHost);
```

如下表所示，我們使用『client.println();』來告訴伺服器資料代理人程式(DB Agent)我們已經結束傳送所有資料。。

表 84 告訴伺服器資料代理人程式已經結束傳送所有資料

```
client.println();      //  通訊結束
```

如下表所示，我們需要主機斷線以節省網路通訊資源，所以我們使用『client.connected()』來判斷是否還在連線，如果資料庫連線仍然存在，我們使用『client.stop();』來與主機斷線。

表 85 與主機斷線

```
if (client.connected())
{
  client.stop();   // DISCONNECT FROM THE SERVER
}
```

回到主程式

如下表所示，我們使用『delay(loopdelay) ;』讓系統來等待 60 秒鐘。

表 86 延遲 loopdelay 秒鐘

```
delay(loopdelay) ;      //延遲 loopdelay 秒鐘
```

如下圖所示，我們可以看到上傳溫溼度資料到伺服器資料代理人程式(DB Agent)一結果畫面。

WiFi connected
AP Name: NCNUIOT
IP address: 192.168.88.102
WiFi connected
Access Point: NCNUIOT
MAC address: E89F6DE869F8
IP address: 192.168.88.102
MAC:E89F6DE869F8
SSID:NCNUIOT
IP:192.168.88.102
Init LCD Screen
System Ready
now send data to device
end sending
Controler Respones
01040200fd78b1

Data Len:7
CRC:45432

圖 56 上傳溫溼度資料到伺服器資料代理人程式(DB Agent)一結果畫面

如下圖所示，我們可以使用 Chrome 瀏覽器，使用 phpMyadmin，查詢 nukiot

資料庫的 dhtData 資料表，我們可以看到溫溼度資料已上傳的結果畫面。

圖 57 溫溼度資料已上傳的結果畫面

章節小結

本章主要介紹工業級 XY-MD02 溫溼度感測器裝置，透過 ESP32 開發版，透過
TTL2RS485 轉接板連接工業級 XY-MD02 溫溼度感測器裝置，完整重現透過 Modbus
通訊協定進行擷取感測器資訊，透過無線連線方式，連上網際網路，並透過筆者在
網際網路建立的雲端伺服器：http://nuk.arduino.org.tw:8888/dhtdata/dhDatatadd.php，並
建立 RESTFul API 連接到筆者設計的雲端平台，運用資料代理人(DB Agent)程式，
就可以輕鬆地把 HTU21D 溫溼度感測器，送到雲端平台，透過這樣的講解，相信
讀者也可以觸類旁通，設計其它感測器達到相同結果。

CHAPTER

第三門課 Modbus RTU 繼電器模組

　　本章主要介紹在電力控制在工業上應用，一般而言，控制電力供應在整個工廠上非常普遍且基礎的應用，然而工業上的電力基本上都是 110V、220V 等，甚至還有更高的伏特數，電流已都以數安培到數十安培，對於這樣高電壓與高電流，許多以微處理機為主的開發板，不要說能夠控制它，這樣的電壓與電流，連碰它一下就馬上燒毀，所以工業上經常使用繼電器模組來控制電路，然而這些控制，也常常與 PLC、工業電腦等通訊，接受這些工控電腦允許後，方能給予電力，所以具備通訊功能的繼電器模組為應用上的主流，所以筆者介紹常見且易於市面上取得的 8 路繼電器控制板，本章節會教導讀者學習該模組的基本用法與程式範例，希望讀者可以了解如何使用 8 路繼電器控制板全面性的用法。

八組繼電器模組

　　在工業上應用，控制電力供應與否是整個工廠上非常普遍且基礎的應用，然而工業上的電力基本上都是 110V、220V 等，甚至還有更高的伏特數，電流已都以數安培到數十安培，對於這樣高電壓與高電流，許多以微處理機為主的開發板，不要說能夠控制它，這樣的電壓與電流，連碰它一下就馬上燒毀，所以工業上經常使用繼電器模組來控制電路，然而這些控制，也常常與 PLC、工業電腦等通訊，接受這些工控電腦允許後，方能給予電力，所以具備通訊功能的繼電器模組為應用上的主流。如下圖所示，我們使用 Modbus RTU 繼電器模組(曹永忠, 2017a; 曹永忠, 許智誠, & 蔡英德, 2018a, 2018b, 2019b, 2019d)，這個模組是深圳智嵌物聯网电子技术有限公司 (網址: https://shop102708332.world.taobao.com/shop/view_shop.htm?spm=a1z09.2.0.0.67002e8dTLpq4m&user_number_id=832678620)生產的產品(網址: https://item.taobao.com/item.htm?spm=a1z09.2.0.0.67002e8dTLpq4m&id=537348855524&_u=ovlvti93b87)，其規格如下：

表格 87　RTU 繼電器模組規格表

序號	名稱	參數
1	型號	ZQWL-IO-1CNRR8-I
2	供電電壓	11V~13V（推薦 12V）
3	供電電流	小於 170ma
4	CPU	32 位高性能處理器
5	RS232/485	通訊帶隔離，注意 232/485 不能同時使用
6	輸入	4 路 NPN 型光電輸入
7	輸出（宏發繼電器：HF3FF-12V-1ZS）	8 路繼電器輸出，每路都有常開、常閉和公共端 3 個端子；光電隔離
8	指示燈	電源、輸入以及輸出都帶指示燈
9	出廠默認參數	串口：9600,8，n，1；控制板位址：1；
10	RESET 按鍵	小於 5 秒，系統重設；大於 5 秒，回到出廠設置
11	工作溫度	工業級：-40~85℃
12	儲存溫度	-65~165℃
13	濕度範圍	5~95%相對濕度

(a). 8 路繼電器控制板正面

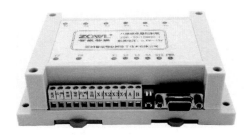

(B). 8 路繼電器控制板正側面

(c). 8 路繼電器控制板正側面

(d). 8 路繼電器控制板背側面

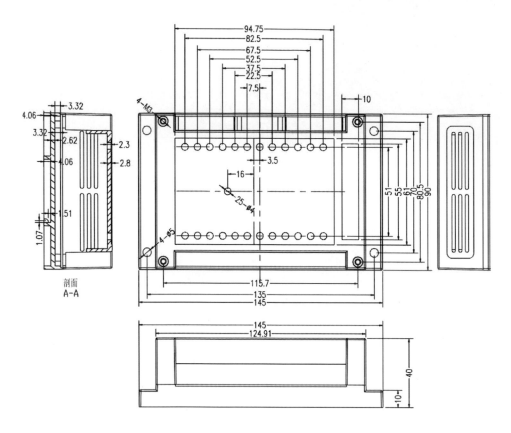

(e). 8 路繼電器控制板正面尺寸圖

圖 58 Modbus RTU8 路繼電器模組

　　由於這裡我們使用 RS 232 連接 Modbus RTU 繼電器模組，請參考下圖所示之用 RS232 連接 Modbus RTU 繼電器模組，目前雖然 RS 485 可以支援 253 組位址，但是 RS 232 只能連接一組實際 Modbus RTU 繼電器模組。

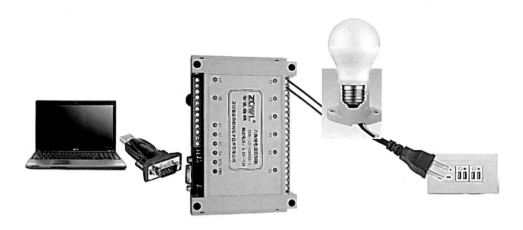

圖 59 用 RS232 連接 Modbus RTU 繼電器模組

　　此外參考下圖之 Modbus RTU 繼電器模組電力供應圖，來安裝 Modbus RTU 繼電器模組的電源供應線，請注意正負電源線不可以接反，否則會有燒毀的可能性，此外電壓也必須在 12VDC 之間，太高也會有燒毀的可能性，太低則不會運作。

(a). Modbus RTU 繼電器模電力輸入端點　　　(b). 電力供應 Modbus RTU 繼電器模組圖

圖 60 Modbus RTU 繼電器模組電力供應圖

Modbus RTU 繼電器模組電路控制端

如下圖所示，我們看 Modbus RTU 繼電器模組之繼電器一端，由下圖可知，共有八組繼電器。

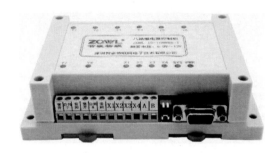

圖 61 Modbus RTU 繼電器模組之電力控制端(繼電器)

　　如下圖所示，筆者將上圖轉為下圖，可以知道每一組繼電器可以使用的腳位，每一個繼電器有三個腳位，中間稱為共用端(Com)，右邊為常閉端(NC)，就是如果沒有任何電力供應，或繼電器之電磁鐵未通電，則共用端(Com)與常閉端(NC)為一直為通路(可導電)；左邊為常開端(NO)，就是將電力供應到繼電器之後，其電磁鐵因通電而吸合，則共用端(Com)與常開端(NO)為可通路狀態(可導電)，這是由於我們使用控制電路將其電磁鐵因通電而吸合，導致可以形成通路，常用這個通路為控制電器開啟之開關。

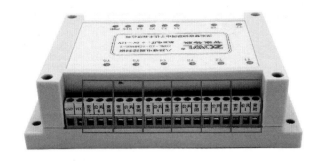

圖 62 Modbus RTU 繼電器模組之繼電器接點圖

由於 RS485 通訊採用隔離電源供電，信號採用高速光耦隔離，介面具有 ESD 防護器，採用自動換向高性能 485 晶片，為通訊的穩定性提供了強大的硬體支援。

如下圖所示，使用 RS-485 或 RS-232，由於使用 RS-485 大多需要 RS-485 的終端電阻（120 歐），我們可以透過可以通過撥碼開關選擇是否接入 RS-485。

RS-232 使用　　　　RS-485 使用

圖 63 RS232 與 485 切換

電磁繼電器的工作原理和特性

電磁式繼電器一般由鐵芯、線圈、銜鐵、觸點簧片等組成的。如下圖.(a)所示，只要在線圈兩端加上一定的電壓，線圈中就會流過一定的電流，從而產生電磁效應，銜鐵就會在電磁力吸引的作用下克服返回彈簧的拉力吸向鐵芯，從而帶動銜鐵的動觸點與靜觸點（常開觸點）吸合(下圖.(b)所示)。當線圈斷電後，電磁的吸力也隨之消失，銜鐵就會在彈簧的反作用力下返回原來的位置，使動觸點與原來的靜觸點（常閉觸點）吸合(如下圖.(a)所示)。這樣吸合、釋放，從而達到了在電路中的導通、切斷的目的。對於繼電器的「常開、常閉」觸點，可以這樣來區分：繼電器線圈未通電時處於斷開狀態的靜觸點，稱為「常開觸點」(如下圖.(a)所示)。；處於接通狀態的靜觸點稱為「常閉觸點」(如下圖.(a)所示)(曹永忠, 2017a; 曹永忠, 許智誠, & 蔡英德, 2014a, 2014b, 2014c, 2014d)。

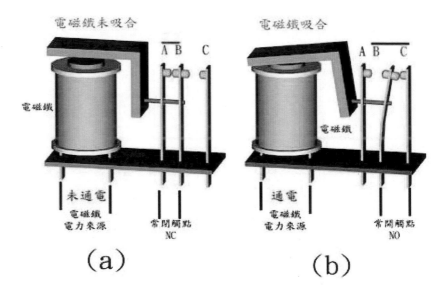

圖 64 電磁鐵動作

資料來源：(維基百科-繼電器, 2013)

　　由上圖電磁鐵動作之中，可以了解到，繼電器中的電磁鐵因為電力的輸入，產生電磁力，而將可動電樞吸引，而可動電樞在 NC 接典與ＮＯ接點兩邊擇一閉合。由下圖.(a)所示，因電磁線圈沒有通電，所以沒有產生磁力，所以沒有將可動電樞吸引，維持在原來狀態，就是共接典與常閉觸點(NC)接觸；當繼電器通電時，由下圖.(b)所示，因電磁線圈通電之後，產生磁力，所以將可動電樞吸引，往下移動，使共接典與常開觸點(NO)接觸，產生導通的情形。

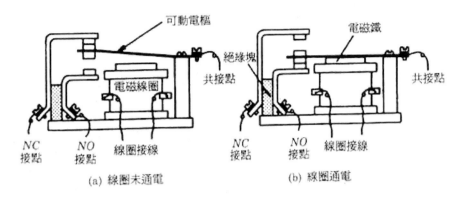

圖 65 繼電器運作原理

繼電器中常見的符號：

- COM（Common）表示共接點。

- NO（Normally Open）表示常開接點。平常處於開路，線圈通電後才與共接點 COM 接通（閉路）。

- NC（Normally Close）表示常閉接點。平常處於閉路（與共接點 COM 接通），線圈通電後才成為開路（斷路）。

繼電器運作線路

那繼電器如何應用到一般電器的開關電路上呢，如下圖所示，在繼電器電磁線圈的 DC 輸入端，輸入 DC 5V~24V(正確電壓請查該繼電器的資料手冊(DataSheet)得知)，當下圖左端 DC 輸入端之開關未打開時，下圖右端的常閉觸點與 AC 電流串接，與燈泡形成一個迴路，由於下圖右端的常閉觸點因下圖左端 DC 輸入端之開關未打開，電磁線圈未導通，所以下圖右端的 AC 電流與燈泡的迴路無法導通電源，所以燈泡不會亮。

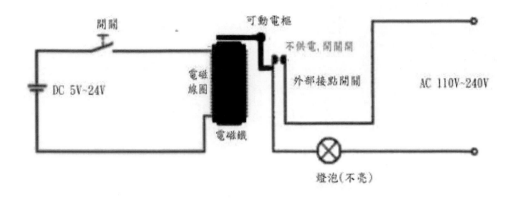

圖 66 繼電器未驅動時燈泡不亮

資料來源：(維基百科-繼電器, 2013)

如下圖所示，在繼電器電磁線圈的 DC 輸入端，輸入 DC 5V~24V(正確電壓請查該繼電器的資料手冊(DataSheet)得知)，當下圖左端 DC 輸入端之開關打開時，下圖右端的常閉觸點與 AC 電流串接，與燈泡形成一個迴路，由於下圖右端的常閉觸點因下圖左端 DC 輸入端之開關已打開，電磁線圈導通產生磁力，吸引可動電樞，使下圖右端的 AC 電流與燈泡的迴路導通，所以燈泡因有 AC 電流流入，所以燈泡就亮起來了。

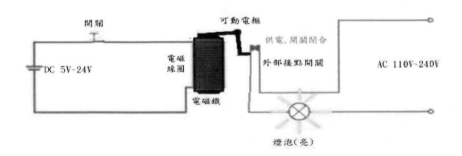

圖 67 繼電器驅動時燈泡亮

資料來源：(維基百科-繼電器, 2013)

由上二圖所示，輔以上述文字，我們就可以了解到如何設計一個繼電器驅動電路，來當為外界電器設備的控制開關了。

完成 Modbus RTU 繼電器模組電力供應

如下圖所示，我們看 Modbus RTU 繼電器模組之電源輸入端，本裝置可以使用 11~12V 直流電，我們使用 12V 直流電供應 Modbus RTU 繼電器模組。

圖 68 Modbus RTU 繼電器模組之電源供應端)

如下圖所示，筆者使用高瓦數的交換式電源供應器，將下圖所示之紅框區，+V 為 12V 正極端接到上圖之 VCC，-V 為 12V 負極端接到上圖之 GND，完成 Modbus RTU 繼電器模組之電力供應。

圖 69 電源供應器 12V 供應端

完成 Modbus RTU 繼電器模組之對外通訊端

如下圖所示，我們看 Modbus RTU 繼電器模組之 RS232 通訊端，如下圖紅框處，可以見到 RS232 通訊端圖示，我們需要使用 USB 轉 RS-232 的轉接線連接。

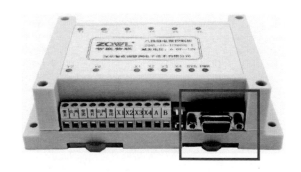

圖 70 Modbus RTU 繼電器模組之 RS232 通訊端

由於 RS-2325 的電壓與傳輸電氣方式不同，由於筆者筆電已經沒有 RS232 通訊端的介面，所以我們需要使用 USB 轉 RS-232 的轉換模組，如下圖所示， 筆者使用這個 USB 轉 RS-232 模組，進行轉換不同通訊方式。

圖 71 USB 轉 RS-232 模組

如上上圖紅框所示，接在上圖的 USB 轉 RS-232 模組，在將上圖的 USB 轉 RS-232 模組接到電腦，並接入燈泡，完成下圖所示之電路。

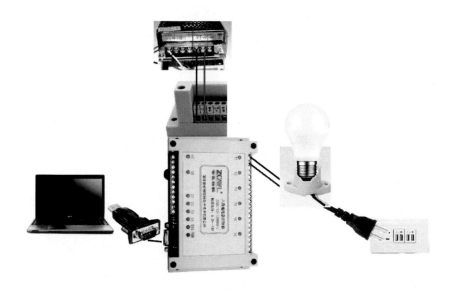

圖 72 電腦接 Modbus RTU 繼電器模組

　　如下圖所示，接在上圖的 USB 轉 RS-232 模組，在將上圖的 USB 轉 RS-232 模組接到電腦，並接入燈泡，完成下圖所示之電腦接 Modbus RTU 繼電器模組實際連接圖電路。

圖 73 電腦接 Modbus RTU 繼電器模組實際連接圖電路

開啟軟體

    如下圖所示，我們插入 USB 轉 RS-232 模組到電腦的 USB 插槽，如需要安裝驅動程式，請讀者先行安裝驅動程式，接下來查看裝置管理員，看看 USB 轉 RS-232 模組接到哪一個通訊埠，本文是 COM 25。

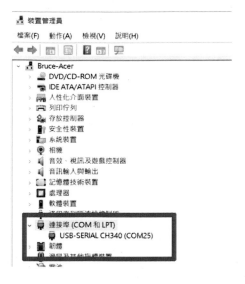

圖 74 裝置管理員

　　開啟智嵌物聯 IO 控制板控制軟體，如下圖所示，我們必須選擇軟體之通訊
埠，如上圖所示，我們選擇 COM 25 之通訊埠。

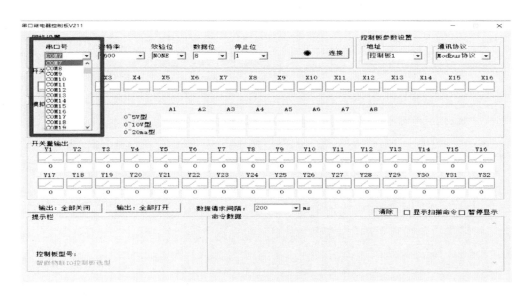

圖 75 選擇軟體之通訊埠

如下圖所示，我們設定正確的通訊埠相關資訊，通訊埠參數：通訊埠傳輸速率 9600；數據位元 8；不校驗；1 位停止位；控制板位址：1。

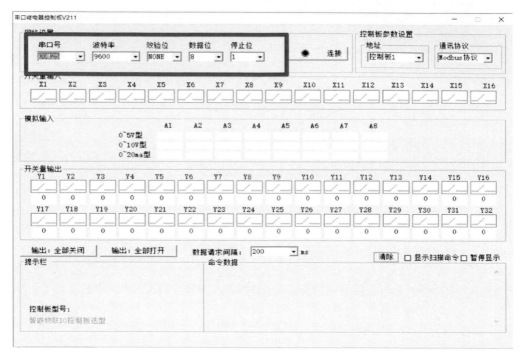

圖 76 設定正確的通訊埠相關資訊

　　如下圖所示，我們設定正確控制板參數通訊埠相關資訊，我們選擇 Modbus 通訊協定。

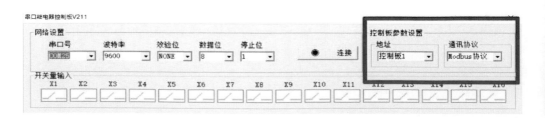

圖 77 設定正確控制板參數

如下圖紅框所示，我們開啟連接通訊埠。

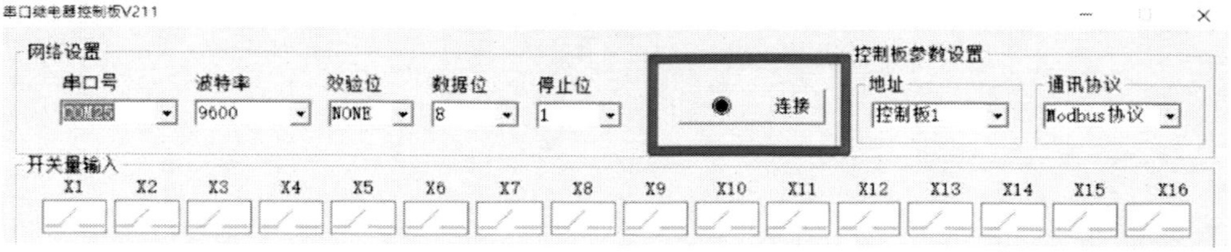

圖 78 開啟連接

如下圖紅框所示，我們連接到 Modbus RTU 繼電器模組。

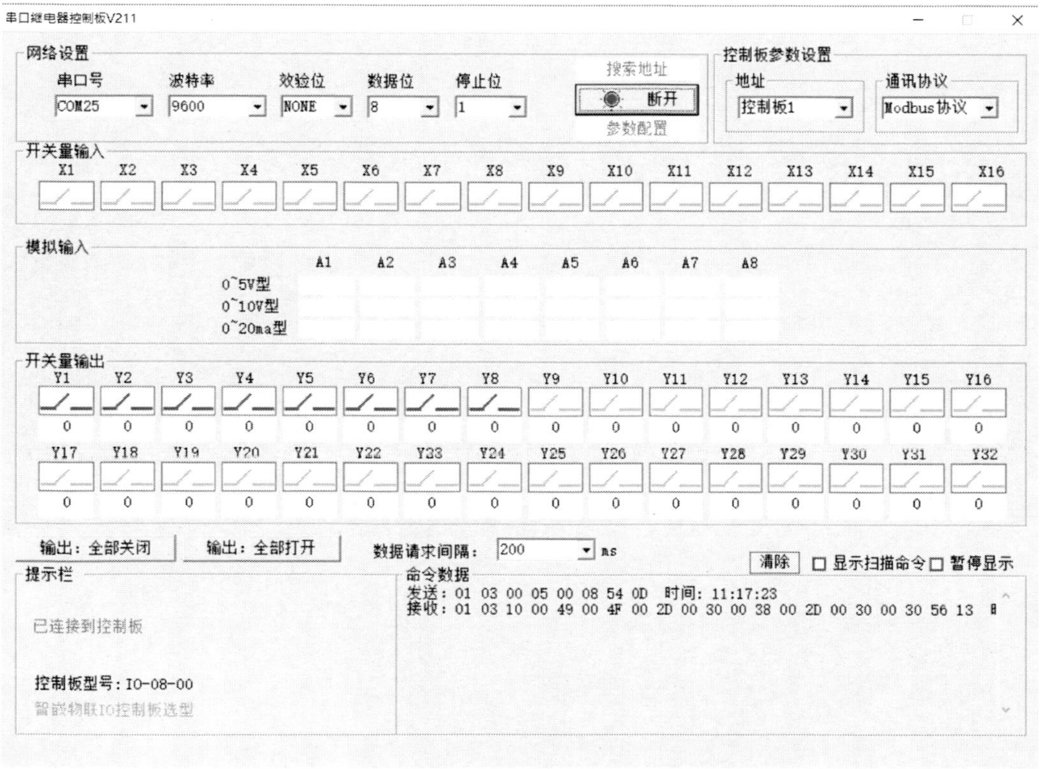

圖 79 連接到 Modbus RTU 繼電器模組

開始測試繼電器開啟與關閉

如下圖所示，我們開啟 Modbus RTU 繼電器模組第一組繼電器。

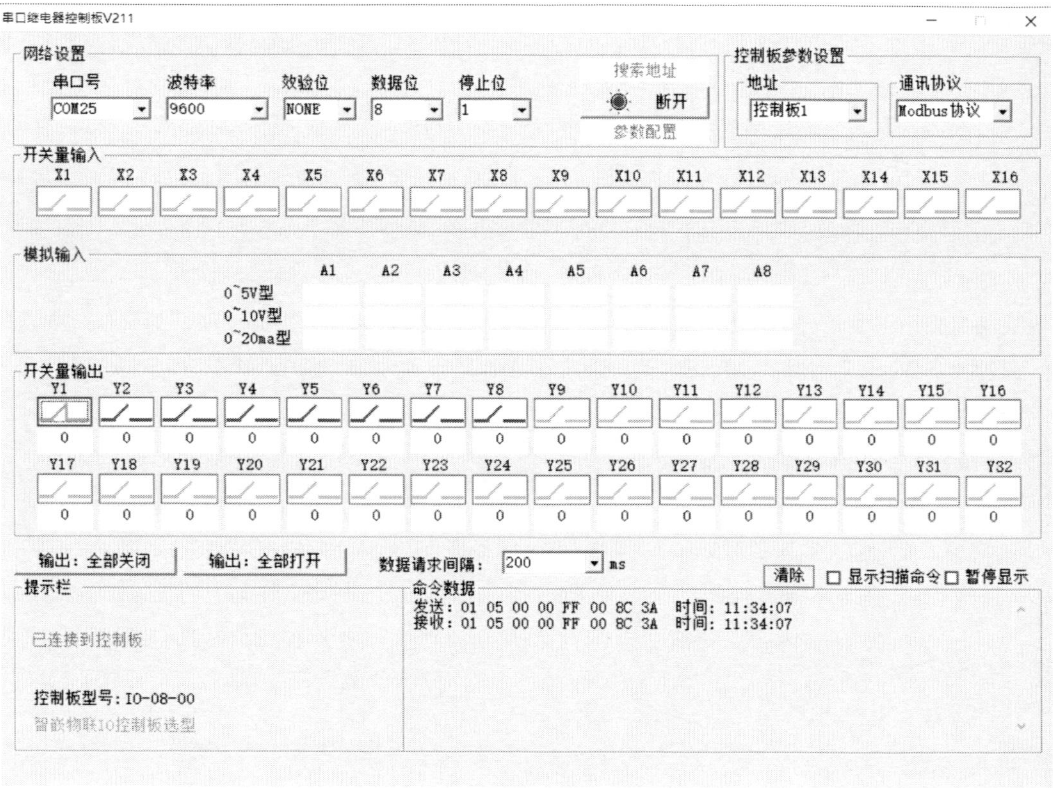

圖 80 開啟第一組繼電器

如下圖所示，我們關閉 Modbus RTU 繼電器模組第一組繼電器。

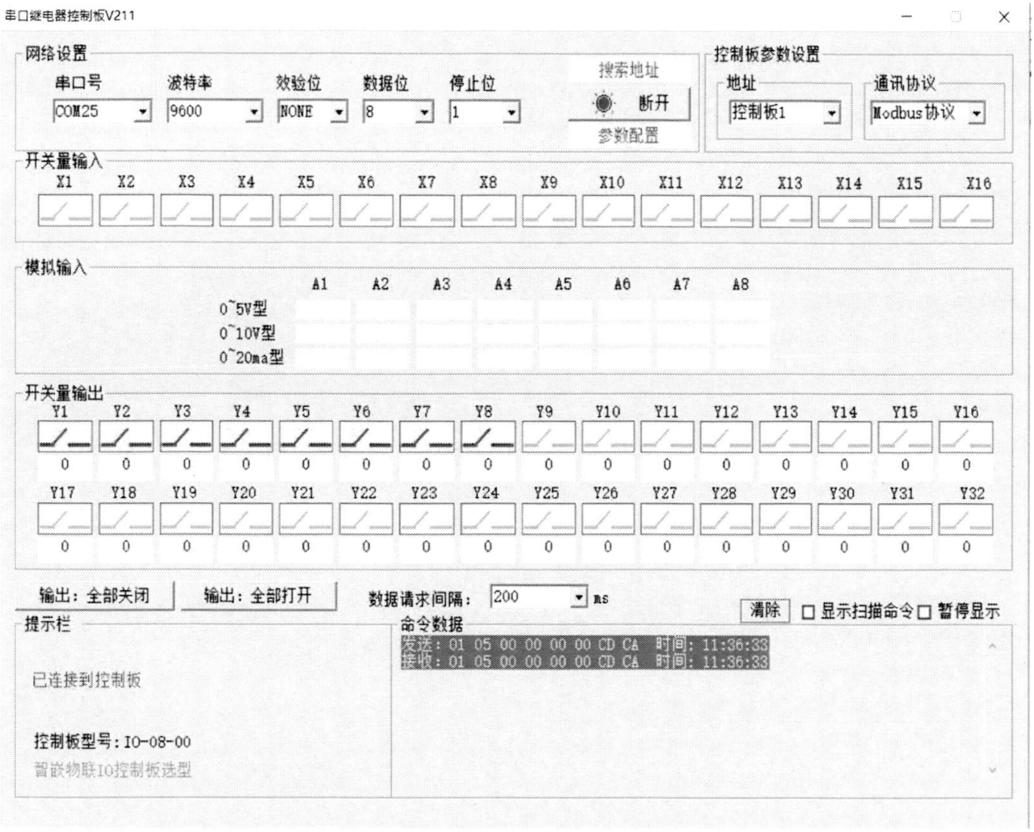

圖 81 關閉第一組繼電器

如下圖所示，我們開啟 Modbus RTU 繼電器模組第二組繼電器。

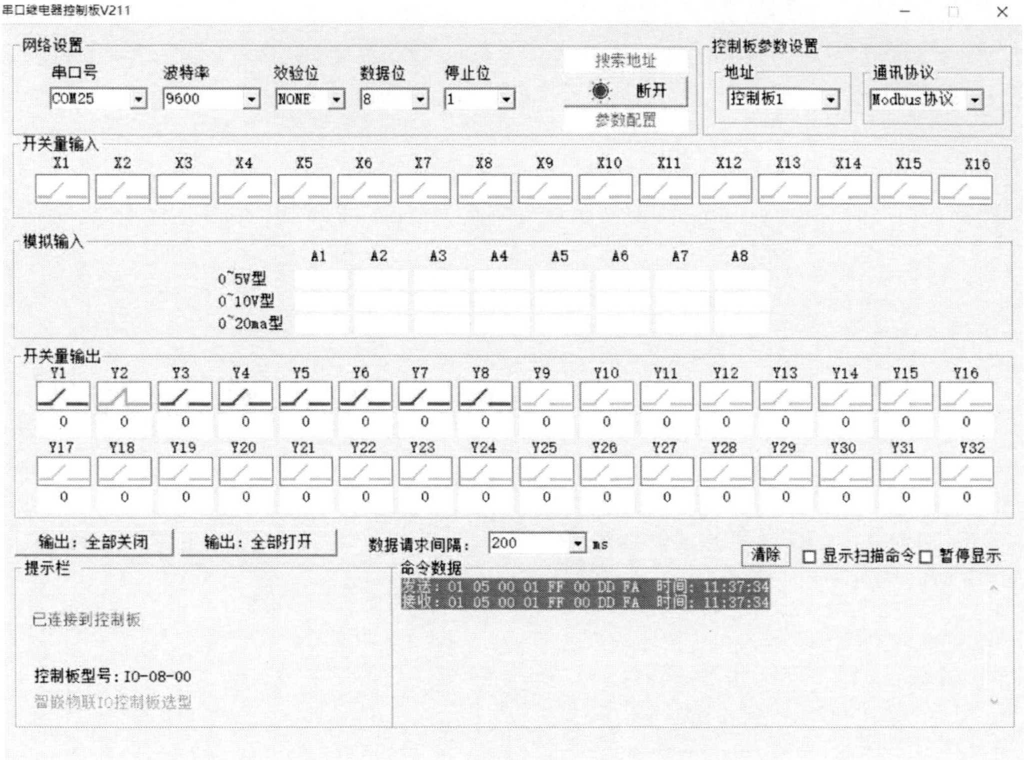

圖 82 開啟第二組繼電器

如下圖所示，我們關閉 Modbus RTU 繼電器模組第二組繼電器。

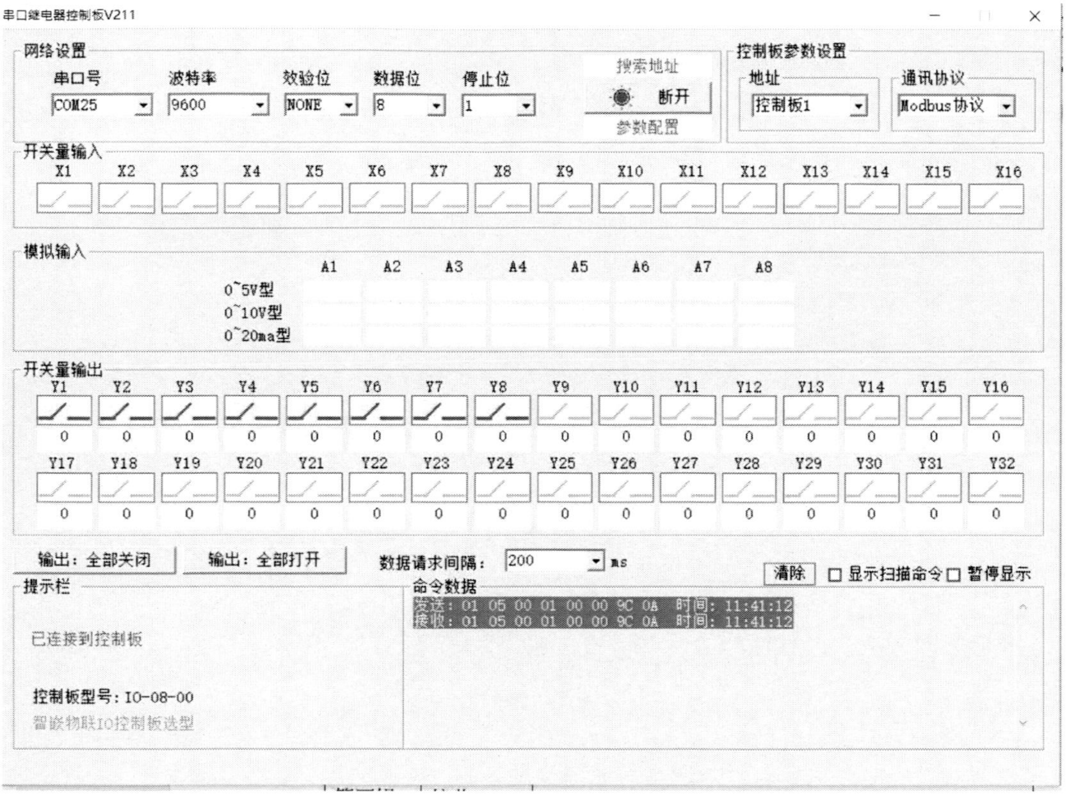

圖 83 關閉第二組繼電器

如下圖所示，我們開啟 Modbus RTU 繼電器模組第三組繼電器。

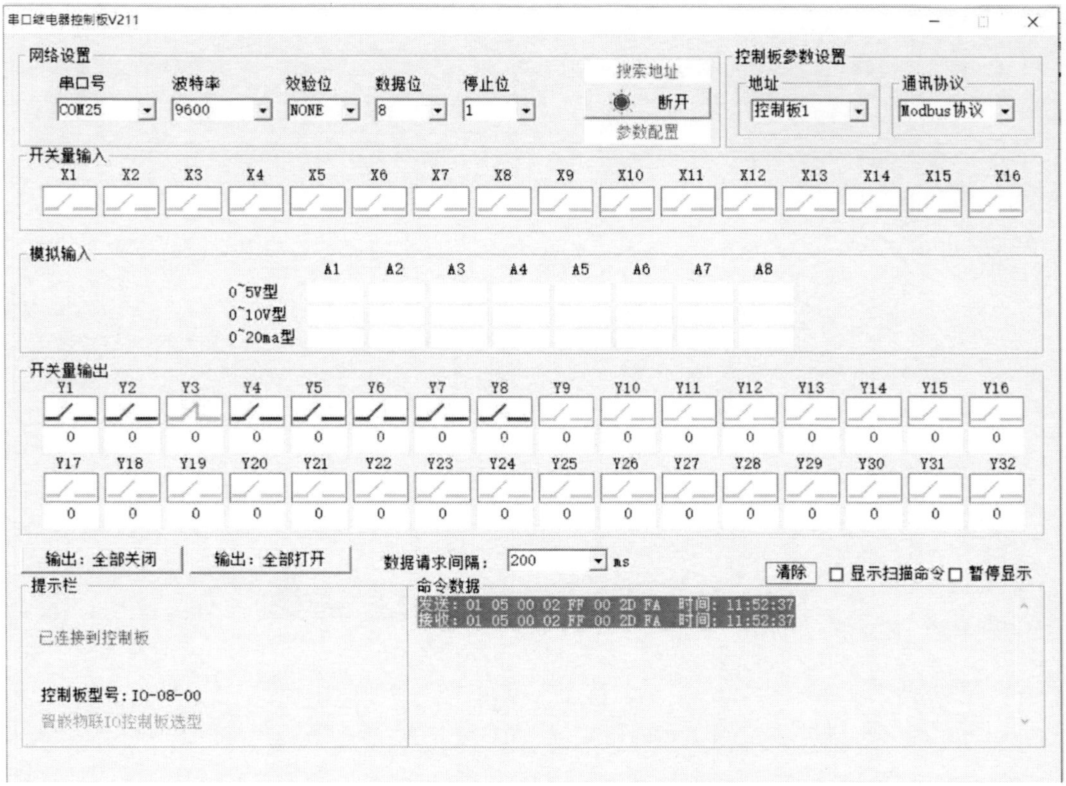

圖 84 開啟第三組繼電器

如下圖所示，我們關閉 Modbus RTU 繼電器模組第三組繼電器。

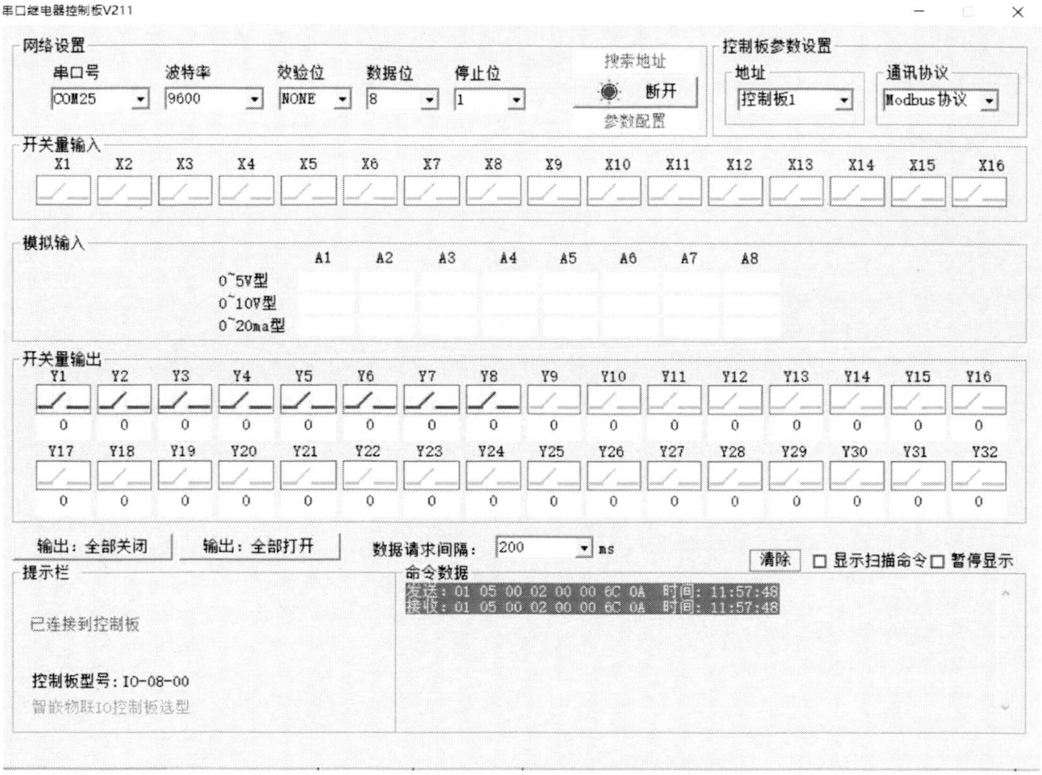

圖 85 關閉第三組繼電器

如下圖所示，我們開啟 Modbus RTU 繼電器模組第四組繼電器。

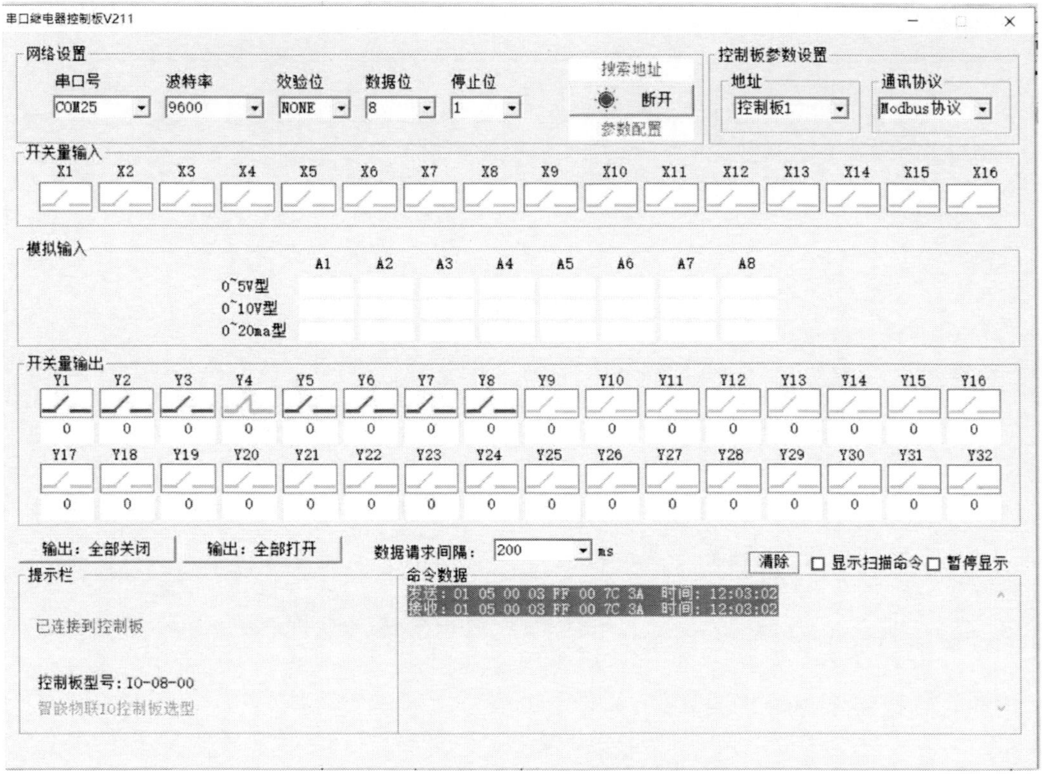

圖 86 開啟第四組繼電器

如下圖所示，我們關閉 Modbus RTU 繼電器模組第四組繼電器。

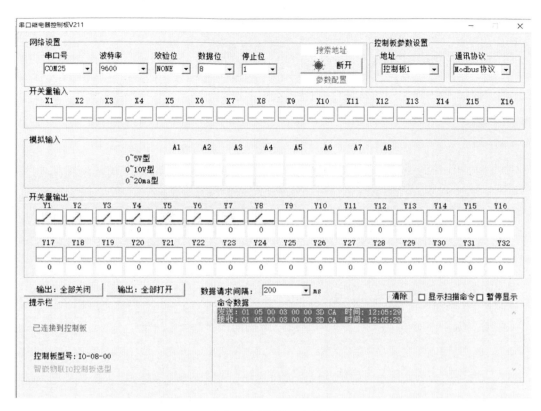

圖 87 關閉第四組繼電器

如下圖所示，我們開啟 Modbus RTU 繼電器模組第五組繼電器。

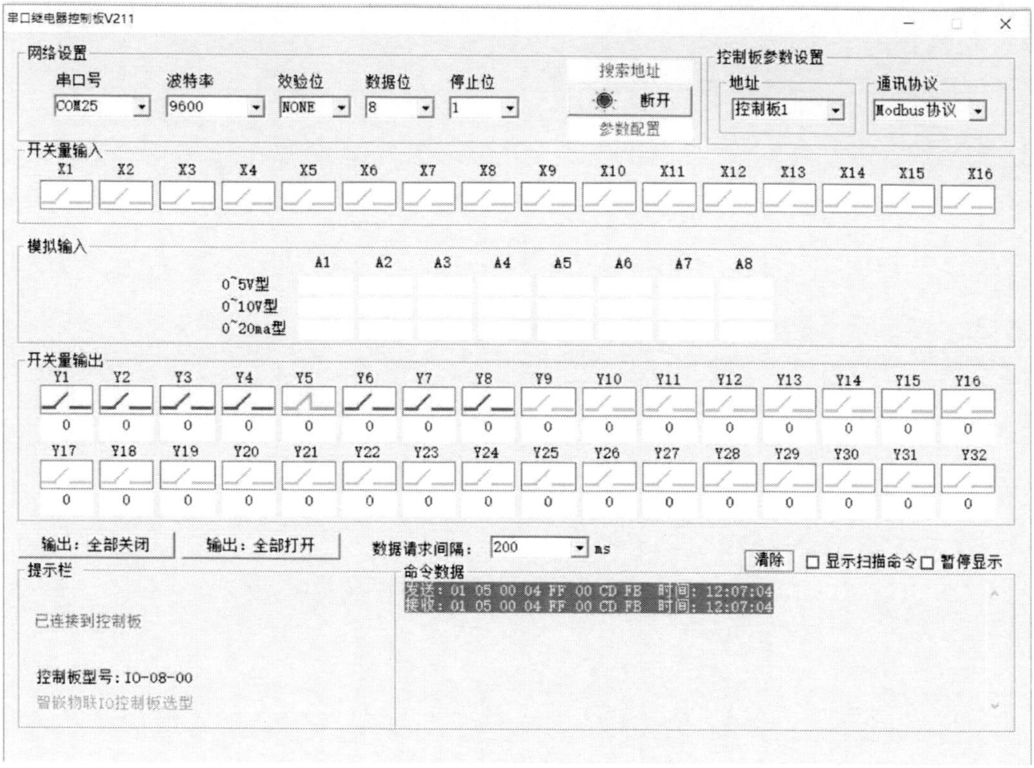

圖 88 開啟第五組繼電器

如下圖所示，我們關閉 Modbus RTU 繼電器模組第五組繼電器。

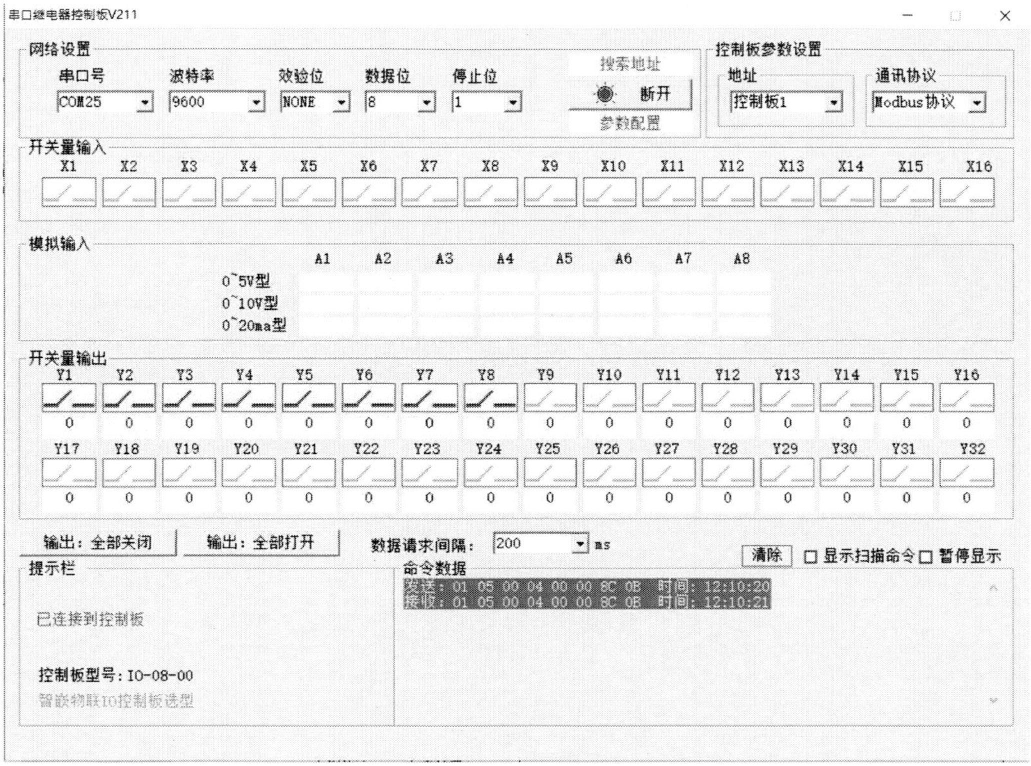

圖 89 關閉第五組繼電器

如下圖所示，我們開啟 Modbus RTU 繼電器模組第六組繼電器。

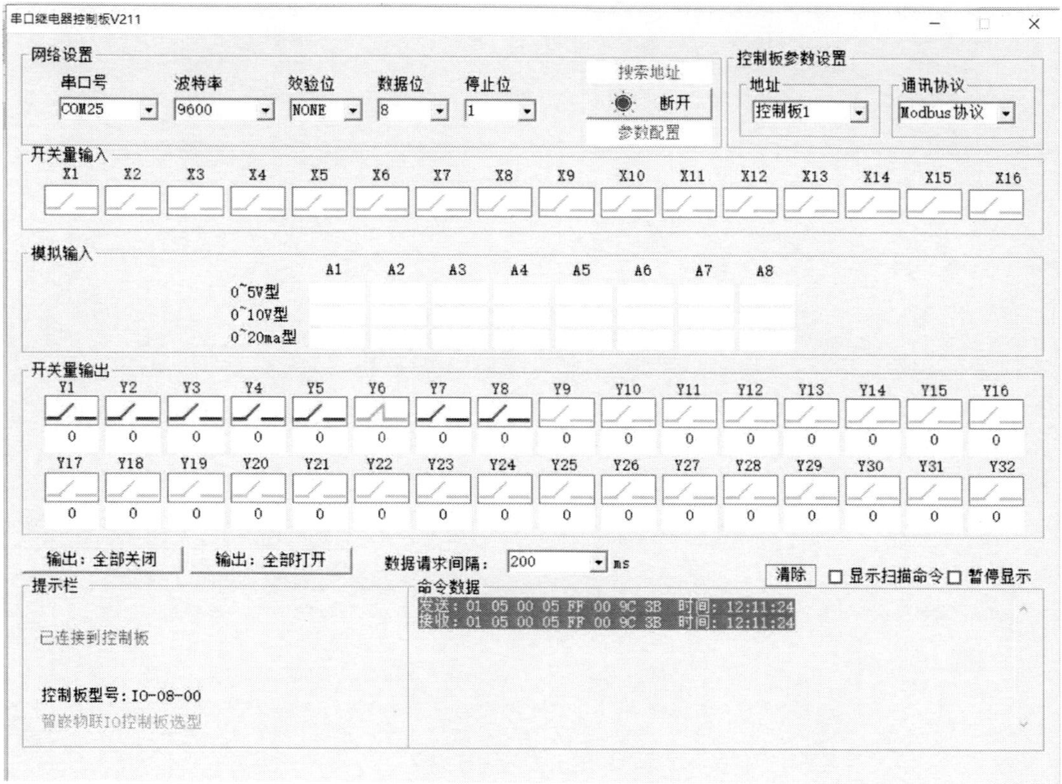

圖 90 開啟第六組繼電器

如下圖所示，我們關閉 Modbus RTU 繼電器模組第六組繼電器。

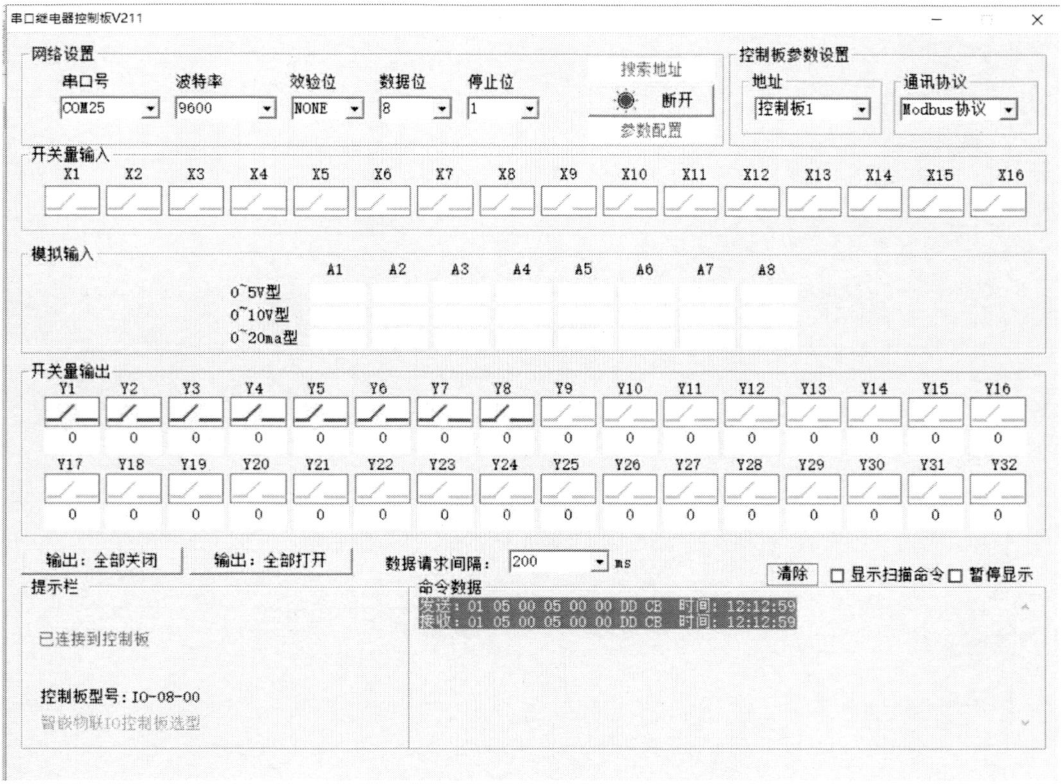

圖 91 關閉第六組繼電器

如下圖所示，我們開啟 Modbus RTU 繼電器模組第七組繼電器。

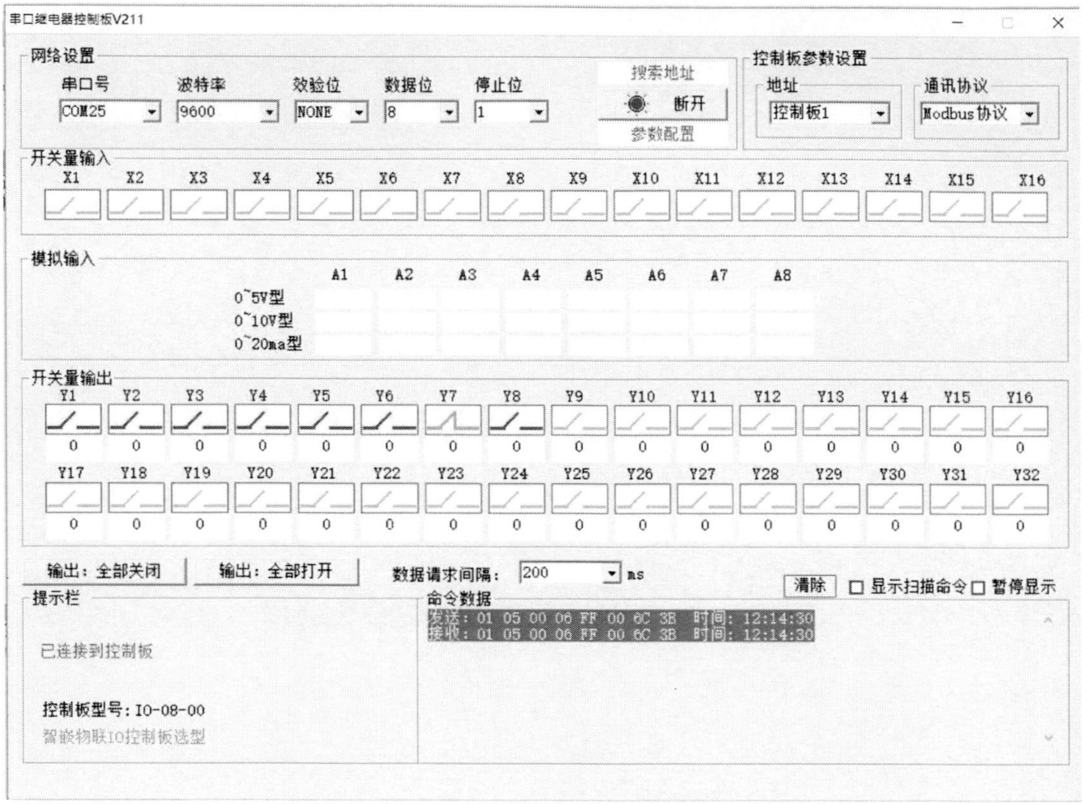

圖 92 開啟第七組繼電器

如下圖所示，我們關閉 Modbus RTU 繼電器模組第七組繼電器。

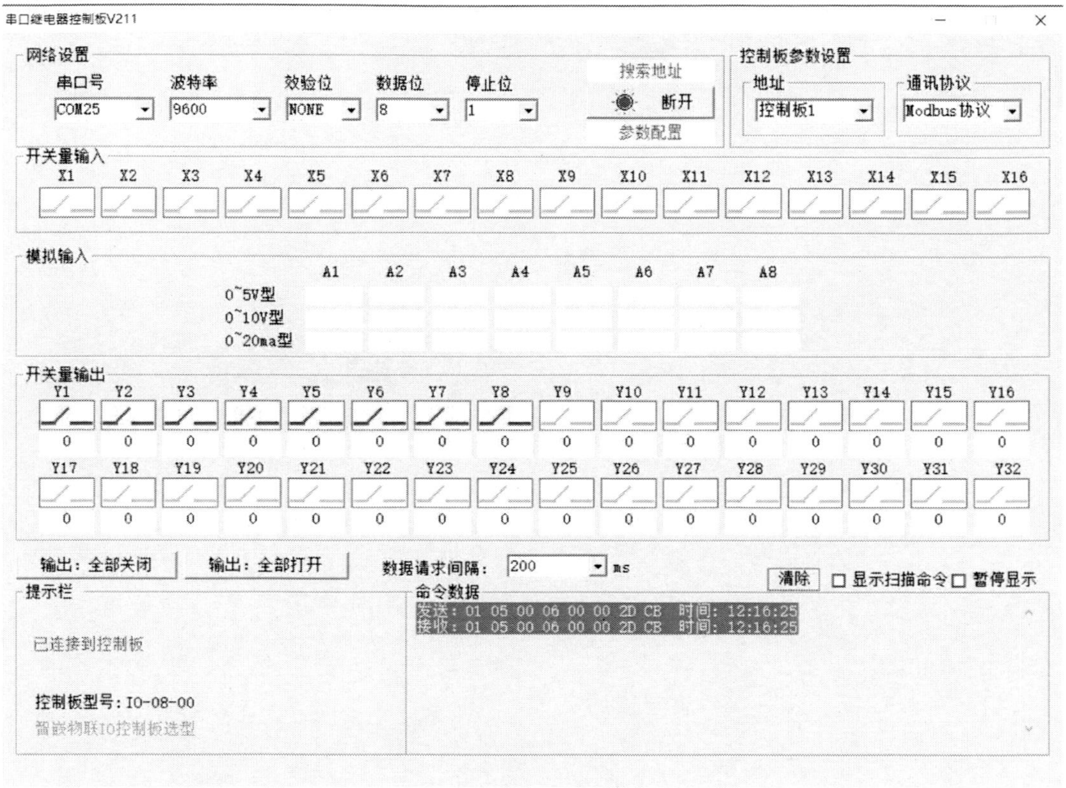

串口继电器控制板V211   —   ✕

网络设置

串口号	波特率	效验位	数据位	停止位	搜索地址
COM25 ▼	9600 ▼	NONE ▼	8 ▼	1 ▼	◉ 断开

参数配置

控制板参数设置

地址	通讯协议
控制板1 ▼	Modbus 协议 ▼

开关量输入

X1	X2	X3	X4	X5	X6	X7	X8	X9	X10	X11	X12	X13	X14	X15	X16

模拟输入

	A1	A2	A3	A4	A5	A6	A7	A8
0~5V型								
0~10V型								
0~20ma型								

开关量输出

Y1	Y2	Y3	Y4	Y5	Y6	Y7	Y8	Y9	Y10	Y11	Y12	Y13	Y14	Y15	Y16
0	0	0	0	0	0	0	0	0	0	0	0	0	0	0	0

Y17	Y18	Y19	Y20	Y21	Y22	Y23	Y24	Y25	Y26	Y27	Y28	Y29	Y30	Y31	Y32
0	0	0	0	0	0	0	0	0	0	0	0	0	0	0	0

输出：全部关闭   输出：全部打开   数据请求间隔： 200 ▼ ms   清除 □ 显示扫描命令 □ 暂停显示

提示栏   命令数据

已连接到控制板

发送：01 05 00 06 00 00 2D CB   时间：12:16:25
接收：01 05 00 06 00 00 2D CB   时间：12:16:25

控制板型号：IO-08-00
智巅物联IO控制板选型

圖 93 關閉第七組繼電器

如下圖所示，我們開啟 Modbus RTU 繼電器模組第八組繼電器。

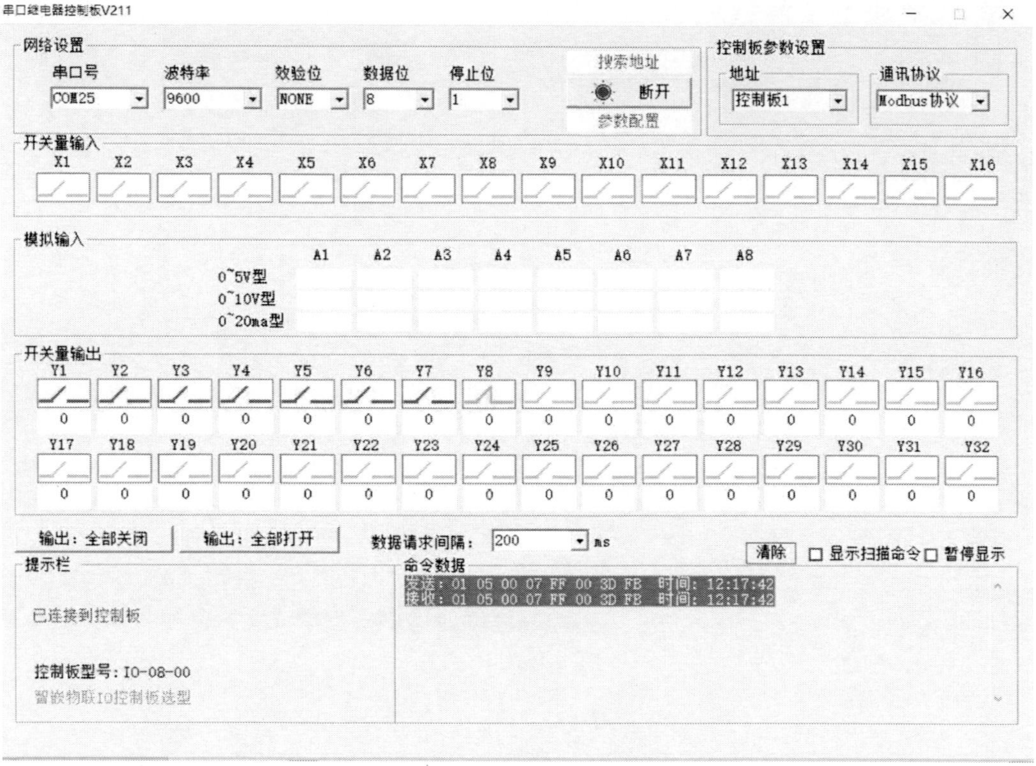

圖 94 開啟第八組繼電器

如下圖所示，我們關閉 Modbus RTU 繼電器模組第八組繼電器。

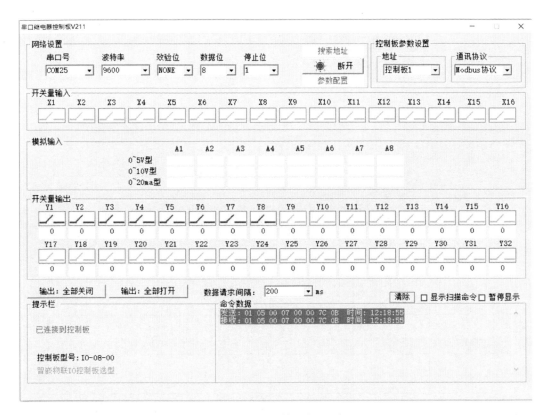

圖 95 關閉第八組繼電器

通訊命令解析

Modbus RTU 繼電器模組控制類指令分為 2 種格式：一種是集中控制指令，一種是單路控制指令。

集中控制指令

此類指令帧長為 15 位元組，可以實現對繼電器的集中控制（一帧資料可以控制全部繼電器狀態）。自訂協議採用固定帧長（每帧 15 位元組），採用十六進位格

式，並具有幀頭幀尾標識，該協定適用於"ZQWL-IO" 系列帶外殼產品。該協議

為"一問一答"形式，主機詢問，控制板應答，只要符合該協定規範，每問必答。

該協定指令可分為兩類：控制指令類和配置指令類。 控制指令只要是控制繼

電器狀態和讀取開關量輸入狀態。配置指令類主要是配置板子的運行參數以及復位

等。

詳細指令如下表所示，此類指令幀長為 15 位元組，可以實現對繼電器的集中

控制（一幀資料可以控制全部繼電器狀態）。

表格 88　ZQWL-IO 集中控制指令表

指令名稱	帧頭		地址碼	命令碼	8 位元組資料	校驗和	帧尾	
	Byte1	Byte2	Byte3	Byte4	Byte5~ Byte12	Byte13	Byte14	Byte15
寫繼電器狀態	0X48	0X3A	Addr	0X57	DATA1~DATA8	前 12 位元組和（只取低 8 位）	0X45	0X44
應答"寫繼電器狀態"	0X48	0X3A	Addr	0X54	DATA1~DATA8	前 12 位元組和（只取低 8 位）	0X45	0X44
讀繼電器狀態	0X48	0X3A	Addr	0X53	全為 0XAA	前 12 位元組和（只取低 8 位）	0X45	0X44
應答"讀繼電器狀態"	0X48	0X3A	Addr	0X54	DATA1~DATA8	前 12 位元組和（只取低 8 位）	0X45	0X44

註：表中的"8 位元組資料"即對應繼電器板的狀態資料，0x01 表示有信號，0x00 表示無信

號。

集中控制命令碼舉例（十六進位）

讀取位址為 1 的控制板開關量輸入狀態：48 3a 01 52 00 00 00 00 00 00 00 00

d5 45 44，而位址為 1 的控制板收到上述指令後應答：48 3a 01 41 01 01 00 00 00 00

00 00 c6 45 44，此應答表明，控制板的 X1 和 X2 輸入有信號（高電平），X3 和

X4 無信號（低電平）。

注意由於該控制板只有 4 路輸入，在應答幀 8 位元組資料的後 4 位元組（00

00 00 00）無意義，數值為隨機。

如果向位址為 1 的控制板寫繼電器狀態：48 3a 01 57 01 00 01 00 00 00 00 00 dc 45 44，此命令碼的含義是令位址為 1 的控制板的第 1 個和第 3 個繼電器常開觸點閉合，常閉觸點斷開；令第 2 和第 4 個繼電器的常開觸點斷開，常閉觸點閉合。

注意繼電器板只識別 0 和 1，其他資料不做任何動作，所以如果不想讓某一路動作，可以將該路賦為其他值。例如只讓第 1 和第 3 路動作，其他兩路不動作，可以發如下指令：48 3a 01 57 01 02 01 02 00 00 00 00 e0 45 44 ，只需要將第 2 和第 4 路置為 02（或其他值）即可。 控制板收到以上命令後，會返回控制板繼電器狀態，如：

48 3a 01 54 01 00 01 00 00 00 00 00 d9 45 44

單路控制指令

此類指令幀長為 10 位元組，可以實現對單路繼電器的控制（一幀資料只能控制一個繼電器狀態）。此類指令也可 以實現繼電器的延時關閉功能。

詳細指令如下表所示：

表格 89　ZQWL-IO 單路控制指令表

	幀頭		地址碼	命令碼	4 位元組資料				幀尾	
指令名稱	Byte1	Byte2	Byte3	Byte4	Byte5	Byte6	Byte7	Byte8	Byte9	Byte10
寫繼電器狀態	0X48	0X3A	Addr	0X70	繼電器序號	繼電器狀態	時間 TH	時間 TL	0X45	0X44
應答 "寫繼電器狀態"	0X48	0X3A	Addr	0X71	繼電器序號	繼電器狀態	時間 TH	時間 TL	0X45	0X44
讀繼電器狀態	0X48	0X3A	Addr	0X72	繼電器序號	繼電器狀態	時間 TH	時間 TL	0X45	0X44
應答 "讀繼電器狀態"	0X48	0X3A	Addr	0X71	繼電器序號	繼電器狀態	時間 TH	時間 TL	0X45	0X44

上表所示中，Byte3 是控制板的位址，固定為 0x01；Byte5 是要操作的繼電器序號，取值範圍是 1 到 32（對應十六進制為 0x01 到 0x20）；Byte6 為要操作的繼電器狀態：0x00 為常閉觸點閉合常開觸點斷開，0x01 為常閉觸點斷開 常開觸點閉合，其他值無意義（繼電器保持原來狀態）；Byte7 和 Byte8 為延時時間 T（收到 Byte6 為 0x01 時開始計時，延時結束後關閉該路繼電器輸出），延時單位為秒，Byte7 是時間高位元組 TH，Byte8 是時間低位元組 TL。例如延 時 10 分鐘後關閉繼電器，則：時間 T=10 分鐘=600 秒，換算成十六進位為 0x0258，所以 TH=0x 02，TL=0x 58。

如果 Byte7 和 Byte8 都填 0x00，則不啟用延時關閉功能（即繼電器閉合後不會主動關閉）。

單路命令碼舉例（十六進位）：

● 將位址為 1 的控制板的第 1 路繼電器打開： 發送：48 3a 01 70 01 01 00 00 45 44，控制板收到以上命令後，將第 1 路的繼電器常閉觸點斷開，常開觸點閉合，並會返回控制板繼電器狀態：48 3a 01 70 01 01 00 00 45 44

● 將位址為 1 的控制板的第 1 個繼電器關閉： 發送：48 3a 01 70 01 00 00 00 45 44，控制板收到以上命令後，將第 1 路的繼電器常閉觸點閉合，常開觸點斷開，並會返回控制板繼電器狀態：48 3A 01 71 01 00 00 00 45 44

● 將位址為 1 的控制板的第 1 路繼電器打開延時 10 分鐘後關閉： 發送：48 3a 01 70 01 01 02 58 45 44，控制板收到以上命令後，將第 1 路的繼電器常閉觸點斷開，常開觸點閉合，並會返回控制板繼電器狀態，然後 開始計時，10 分鐘之後將第一路的繼電器常閉觸點閉合，常開斷開。

● 將位址為 1 的控制板的第 1 路繼電器打開延時 5 秒後關閉： 發送：48 3a 01 70 01 01 00 05 45 44，控制板收到以上命令後，將第 1 路的繼電器常閉觸點斷開，常開觸點閉合，並會返回控制板繼電器狀態，然後 開始計時，5 秒之後將第一路的繼電器常閉觸點閉合，常開斷開。

配置指令

如下表所示，當位址碼為 0xff 時為廣播位址，只有"讀控制板參數"命令使用廣播位址，其他都不能使用。

表格 90 ZQWL-IO 配置指令表

	幀頭		地址碼	命令碼	8 位元組資料	校驗和	幀尾	
讀控制板參數	0X48	0X3A	0XFF 或 Addr	0x60	任意	前 12 位元組和（只取低 8 位）	0X45	0X44
應答"讀控制板參數"	0X48	0X3A	Addr	0x61	參考表 3	前 12 位元組和（只取低 8 位）	0X45	0X44
修改串列傳輸速率	0X48	0X3A	Addr	0x62	參考表 4	前 12 位元組和（只取低 8 位）	0X45	0X44
應答"修改串列傳輸速率"	0X48	0X3A	Addr	0x63	全為 0X55	前 12 位元組和（只取低 8 位）	0X45	0X44
修改地址碼	0X48	0X3A	Addr	0x64	參考表 5	前 12 位元組和（只取低 8 位）	0X45	0X44
應答"修改後地址碼"	0X48	0X3A	Addr	0x65	全為 0X55	前 12 位元組和（只取低 8 位）	0X45	0X44
讀取版本號	0X48	0X3A	Addr	0x66	任意	前 12 位元組和（只取低 8 位）	0X45	0X44
應答"讀取版本號"	0X48	0X3A	Addr	0x67	參考表 6	前 12 位元組和（只取低 8 位）	0X45	0X44
恢復出廠	0X48	0X3A	Addr	0x68	任意	前 12 位元組和（只取低 8 位）	0X45	0X44
應答"恢復出廠"	0X48	0X3A	Addr	0x69	全為 0X55	前 12 位元組和（只取低 8 位）	0X45	0X44
復位	0X48	0X3A	Addr	0x6A	任意	前 12 位元組和（只取低 8 位）	0X45	0X44
應答"復位"	0X48	0X3A	Addr	0x6B	全為 0X55	前 12 位元組和（只取低 8 位）	0X45	0X44

下表所示為讀控制板參數命令回應之控制板參數表：

表格 91 控制板參數表

位元組	DATA 1	DATA 2	DATA 3	DATA 4	DATA 5	DATA 6	DATA 7	DATA 8
	含義	控制板位址	串列傳輸速率 0x01:1200 0x02:2400 0x03:4800 0x04:9600 0x05:14400 0x06:19200 0x07:38400 0x08:56000 0x09:57600 0x0A:115200 0x0B:128000 0x0C:230400 0x0D:256000 0x0E:460800 0x0F:921600	數據位元 7,8,9	校驗位 'N'：不校驗 'E'：偶校驗 'D'：奇數同位檢查	停止位 1:1bit 2:1.5bit 3:2bit	未用	未用

下表所示為修改串列傳輸速率參數命令回應之傳輸速率表：

表格 92 修改串列傳輸速率表

位元組	1	2	3	4	5	6	7	8
含義	修改後串列傳輸速率碼	數據位元	校驗位	停止位	未用	未用	未用	未用

下表所示為修改地址參數命令回應之控制板地址表：

表格 93 修改地址表

位元組	1	2	3	4	5	6	7	8
含義	修改後地址	未用	未用	未用	未用	未用	未用	未用

下表所示為讀取版本參數命令回應之版本號表：

表格 94 讀取版本號表

位元組	1	2	3	4	5	6	7	8
含義	'I'	'O'	'-'	'0'	'4'	'-'	'0'	'0'

註：版本號為 ascii 字元格式，如 "IO-04-00"，IO 表示產品類型為 IO 控制板；
   04 表示 4 路系列；00 表示固件版本號。

Modbus RTU 指令碼舉例

以地址碼 addr 為 0x01 為例說明。

讀線圈（0X01） 為方便和效能，建議一次讀取 8 個線圈的狀態。

外部設備請求幀：

表格 95 讀取版本號表

Addr (ID)	功能碼	起始位址 (高位元組)	起始位址 (低位元組)	線圈數量 (高位元組)	線圈數量 (低位元組)	CRC16 (高位元組)	CRC16 (低位元組)
0X01	0X01	0X00	0X00	0X00	0X08	計算獲得	

控制板回應幀：

表格 96 讀取版本號表

Addr (ID)	功能碼	位元組數	線圈狀態	CRC16 (高位元組)	CRC16 (低位元組)
0X01	0X01	0X01	XX	計算獲得	

其中線圈狀態 XX 釋義如下：

表格 97 線圈狀態 XX 釋義表

B7	B6	B5	B4	B3	B2	B1	B0
線圈 8	線圈 7	線圈 6	線圈 5	線圈 4	線圈 3	線圈 2	線圈 1

B0~B7 分別代表控制板 8 個繼電器狀態（Y1~Y8），位值為 1 代表繼電器常開觸點閉合，常閉觸點斷開；位值為 0 代表繼電器常開觸點斷開，常閉觸點閉合；位值為其他值，無意義。

讀離散量輸入（0X02） 為方便和高效，建議一次讀取 4 個輸入量的狀態。

外部設備請求幀：

表格 98 外部設備請求幀

Addr (ID)	功能碼	起始位址 (高位元組)	起始位址 (低位元組)	輸入數量 (高位元組)	輸入數量 (低位元組)	CRC16 (高位元組)	CRC16 (低位元組)
0X01	0X02	0X00	0X00	0X00	0X04	計算獲得	

控制板回應幀：

表格 99 外部設備請求幀

Addr（ID）	功能碼	位元組數	輸入狀態（只取低 4 位）	CRC16（高位元組）	CRC16（低位元組）
0X01	0X02	0X01	XX	計算獲得	

其中輸入狀態 XX 釋義如下：

表格 100 外部設備請求幀

B7	B6	B5	B4	B3	B2	B1	B0
高 4 個 bit 位無意義				輸入 4	輸入 3	輸入 2	輸入 1

B0~B3 分別代表控制板 4 個輸入狀態（X1~X4），位值為 1 代表輸入高電平；位值為 0 代表輸出低電平；位值為其他值，無意義。

讀暫存器（0X03）

暫存器位址從 0X0000 到 0X000E,一共 15 個暫存器。其含義參考下表所示。

建議一次讀取全部暫存器。

外部設備請求幀：

表格 101 外部設備請求幀

Addr(ID)	功能碼	起始位址（高位元組）	起始位址（低位元組）	暫存器數量（高位元組）	暫存器數量（低位元組）	CRC16（高位元組)	CRC16（低位元組）
0X01	0X02	0X00	0X00	0X00	0x0F	計算獲得	

控制板回應幀：

表格 102 控制板回應幀

Addr （ID）	功能碼	位元 組數	資料 1 （高位元 組）	數據 1 （低位 元組）	…	資料 30 (高位元組)	數據 30 （低位元 組）	CRC16 (高位元組)	CRC16 （低位元 組）
0X01	0X03	0X1E	XX	XX	…	XX	XX	計算獲得	

控制寫入單個線圈（0X05）

外部設備請求幀：

表格 103 外部設備請求幀

Addr （ID）	功能碼	起始位址 （高位元 組）	起始位址 （低位元 組）	線圈狀態 （高位元 組）	線圈狀態 （低位元 組）	CRC16 (高位元組)	CRC16 （低位元 組）
0X01	0X05	0X00	XX	XX	0X00	計算獲得	

注意：起始位址(低位元組)取值範圍是 0X00~0X07 分別對應控制板的 8 個繼電器（Y1~Y8）;線圈狀態（高字節）為 0XFF 時，對應的繼電器常開觸點閉合，常閉觸點斷開； 線圈狀態（高位元組）為 0X00 時，對應的繼電器常開觸點斷開，常閉觸點閉合。 線圈狀態（高位元組）為其他值時，無意義。

控制板回應幀：

表格 104 控制板回應幀

Addr （ID）	功能 碼	起始位址 （高位元 組）	起始位址 （低位元 組）	線圈狀態 （高位元 組）	線圈狀態 （低位元 組）	CRC16 (高位元組)	CRC16 （低位元組）
0X01	0X05	0X00	XX	XX	0X00	計算獲得	

控制寫入單個暫存器（0X06） 用此功能碼既可以配置控制板的位址、串列傳輸速率等參數，也可以復位控制板和恢復出廠設置。

注意：使用協議修改控制板參數時（串列傳輸速率、位址），如果不慎操作錯誤而導致無法通訊時，可以按住 "RESET" 按鍵並保持 5 秒，等到 "SYS" 指示燈快閃時（10Hz 左右），鬆開按鍵，此時控制板恢復出廠參數，如下：

串口參數：串列傳輸速率 9600；數據位元 8；不校驗；1 位停止位； 控制板位址：1。

外部設備請求幀：

表格 105 外部設備請求幀

Addr（ID）	功能碼	起始位址 （高位元組）	起始位址 （低位元組）	暫存器資料 （高位元組）	暫存器資料 （低位元組）	CRC16 （高位元組）	CRC16 （低位元組）
0X01	0X06	0X00	XX	XX	XX	計算獲得	

控制板回應幀：

表格 106 控制板回應幀

Addr（ID）	功能碼	起始位址 （高位元組）	起始位址 （低位元組）	暫存器資料 （高位元組）	暫存器資料 （低位元組）	CRC16 （高位元組）	CRC16 （低位元組）
0X01	0X06	0X00	XX	XX	XX	計算獲得	

控制寫入多個線圈（0X0F）

建議一次寫入 8 個線圈狀態。 外部設備請求幀

表格 107 寫多個線圈

Addr（ID）	功能碼	起始位址（高位元組）	起始地址（低位元組）	線圈數量（高位元組）	暫存器資料（低位元組）	位元組數	線圈狀態	CRC16(高位元組)	CRC16（低位元組）
0X01	0X0F	0X00	XX	0X00	0X08	0X01	XX	計算獲得	

其中，線圈狀態 XX 釋義如下：

表格 108 線圈狀態 XX 釋義

B7	B6	B5	B4	B3	B2	B1	B0
線圈 8	線圈 7	線圈 6	線圈 5	線圈 4	線圈 3	線圈 2	線圈 1

B0~B7 分別對應控制板的 8 個繼電器 Y1~Y8。位值為 1 代表繼電器常開觸點閉合，常閉觸點斷開；位值為 0 代表繼電器常開觸點斷開，常閉觸點閉合；位值為其他值，無意義。

控制板回應幀：

表格 109 控制板回應幀

Addr（ID）	功能碼	起始位址（高位元組）	起始位址（低位元組）	線圈數量（高位元組）	暫存器資料（低位元組）	CRC16(高位元組)	CRC16（低位元組）
0X01	0X0F	0X00	XX	0X00	0X08	計算獲得	

控制繼電器之 Modbus 控制碼

如下圖所示，我們閱讀開始測試繼電器開啟與關閉一節後，我們把繼電器之 Modbus 控制碼整理如下表。

表格 110 控制繼電器之 Modbus 控制碼整理表

組別	控制	命 令
開啟	發送	01 0F 00 00 00 08 01 FF BE D5
全部	接收	01 0F 00 00 00 08 54 0D BE D5
關閉	發送	01 0F 00 00 00 08 01 00 FE 95
全部	接收	01 0F 00 00 00 08 54 0D FE 95
開啟	發送	01 05 00 00 FF 00 8C 3A
第一組	接收	01 05 00 00 FF 00 8C 3A
關閉	發送	01 05 00 00 00 00 CD CA
第一組	接收	01 05 00 00 00 00 CD CA
開啟	發送	01 05 00 01 FF 00 DD FA
第二組	接收	01 05 00 01 FF 00 DD FA
關閉	發送	01 05 00 01 00 00 9C 0A
第二組	接收	01 05 00 01 00 00 9C 0A
開啟	發送	01 05 00 02 FF 00 2D FA
第三組	接收	01 05 00 02 FF 00 2D FA
關閉	發送	01 05 00 02 00 00 6C 0A
第三組	接收	01 05 00 02 00 00 6C 0A
開啟	發送	01 05 00 03 FF 00 7C 3A
第四組	接收	01 05 00 03 FF 00 7C 3A
關閉	發送	01 05 00 03 00 00 3D CA
第四組	接收	01 05 00 03 00 00 3D CA
開啟	發送	01 05 00 04 FF 00 CD FB
第五組	接收	01 05 00 04 FF 00 CD FB
關閉	發送	01 05 00 04 00 00 8C 0B
第五組	接收	01 05 00 04 00 00 8C 0B
開啟	發送	01 05 00 05 FF 00 9C 3B
第六組	接收	01 05 00 05 FF 00 9C 3B
關閉	發送	01 05 00 05 00 00 DD CB
第六組	接收	01 05 00 05 00 00 DD CB
開啟	發送	01 05 00 06 FF 00 6C 3B
第七組	接收	01 05 00 06 FF 00 6C 3B

關閉	發送	01 05 00 06 00 00 2D CB
第七組	接收	01 05 00 06 00 00 2D CB
開啟	發送	01 05 00 07 FF 00 3D FB
第八組	接收	01 05 00 07 FF 00 3D FB
關閉	發送	01 05 00 07 00 00 7C 0B
第八組	接收	01 05 00 07 00 00 7C 0B

註：透過『開始測試繼電器開啟與關閉』一節實驗整理所得

透過上表，筆者已經將控制繼電器之 Modbus 控制碼整理給各位讀者，接下來會使用這些繼電器之 Modbus 控制碼，透過手機 APP 方法來達到本書的目的。

測試軟體進行連線與控制測試

如下圖所示，我們 Accessport，不會用的讀者，可以參考小狐狸事務所的文章：串列埠測試軟體 AccessPort(網址：http://yhhuang1966.blogspot.com/2015/09/accessport.html)學習，軟體可以到網址：http://www.sudt.com/download/AccessPort137.zip，或作者網址：https://github.com/brucetsao/Tools，自行下載之。

請讀者下載之後，因為 Modbus RTU 繼電器模組對外只能 RS-232 或 RS-485 通訊，所以如下圖所示，我們看 Modbus RTU 繼電器模組之電源輸入端，本裝置可以使用 11~12V 直流電，我們使用 12V 直流電供應 Modbus RTU 繼電器模組。

圖 96 Modbus RTU 繼電器模組之電源供應端)

如下圖所示，筆者使用高瓦數的交換式電源供應器，將下圖所示之紅框區，+V 為 12V 正極端接到上圖之 VCC，-V 為 12V 負極端接到上圖之 GND，完成 Modbus RTU 繼電器模組之電力供應。

圖 97 電源供應器 12V 供應端

完成 Modbus RTU 繼電器模組之對外通訊端

　　如下圖所示，我們看 Modbus RTU 繼電器模組之 RS232 通訊端，如下圖紅框處，可以見到 RS232 通訊端圖示，我們需要使用 USB 轉 RS-232 的轉接線連接。

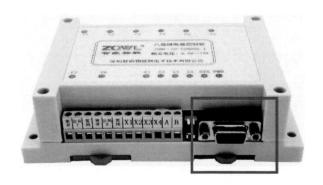

圖 98 Modbus RTU 繼電器模組之 RS232 通訊端

由於 RS-2325 的電壓與傳輸電氣方式不同，由於筆者筆電已經沒有 RS232 通訊端的介面，所以我們需要使用 USB 轉 RS-232 的轉換模組，如下圖所示， 筆者使用這個 USB 轉 RS-232 模組，進行轉換不同通訊方式。

圖 99 USB 轉 RS-232 模組

如上上圖紅框所示，接在上圖的 USB 轉 RS-232 模組，在將上圖的 USB 轉 RS-232 模組接到電腦，並接入燈泡，完成下圖所示之電路。

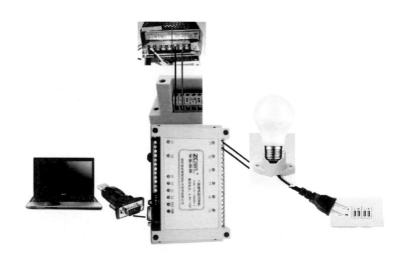

圖 100 電腦接 Modbus RTU 繼電器模組

如下圖所示，接在上圖的 USB 轉 RS-232 模組，在將上圖的 USB 轉 RS-232 模組接到電腦，並接入燈泡，完成下圖所示之電腦接 Modbus RTU 繼電器模組實際連接圖電路。

圖 101 電腦接 Modbus RTU 繼電器模組實際連接圖電路

實際進行連線與控制測試

我們 Accessport，不會用的讀者，可以參考小狐狸事務所的文章：串列埠測試軟體 AccessPort(網址：http://yhhuang1966.blogspot.com/2015/09/accessport.html)學習，軟體可以到網址：http://www.sudt.com/download/AccessPort137.zip，或作者網址：https://github.com/brucetsao/Tools，自行下載之。

我們開始連線進行測試，如下圖所示，為開啟所有繼電器之 AccessPort 畫面擷取圖：

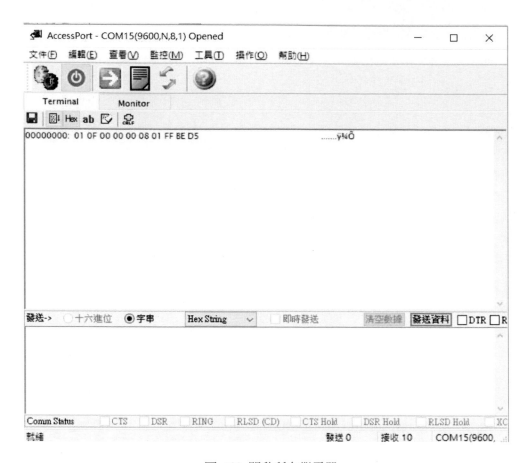

圖 102 開啟所有繼電器

如下圖所示，為關閉所有繼電器之 AccessPort 畫面擷取圖：

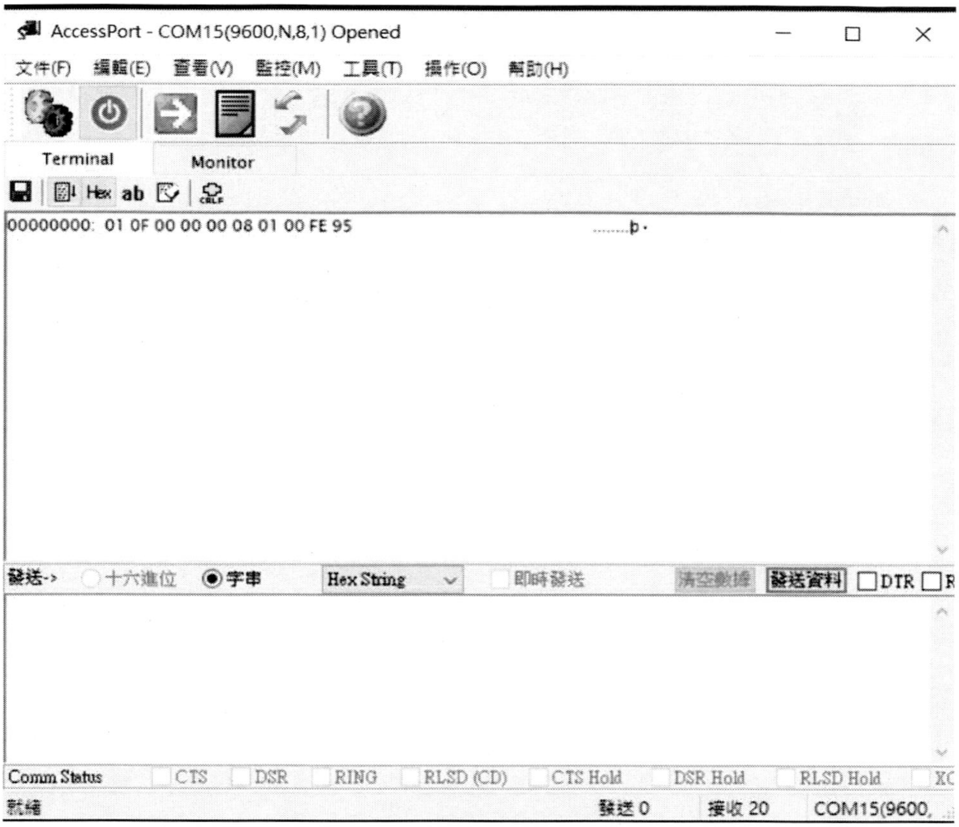

圖 103 關閉所有繼電器

如下圖所示，為開啟第一組繼電器之 AccessPort 畫面擷取圖：

圖 104 開啟第一組繼電器

如下圖所示，為關閉第一組繼電器之 AccessPort 畫面擷取圖：

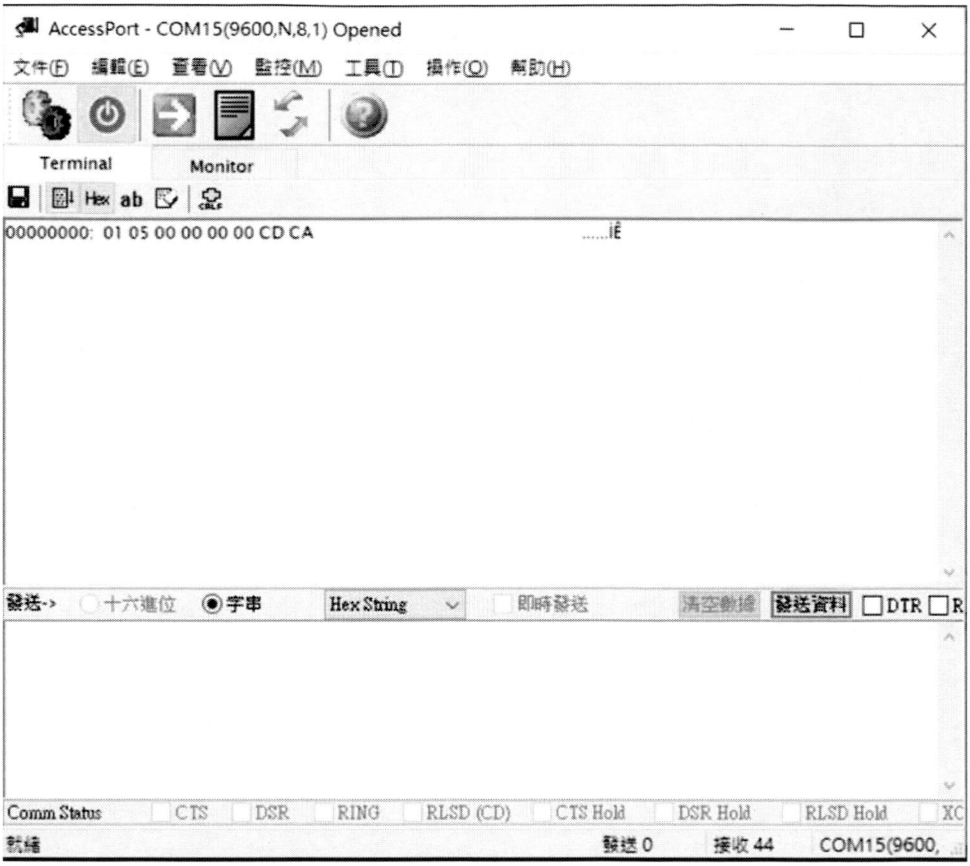

圖 105 關閉第一組繼電器

如下圖所示，為開啟第二組繼電器之 AccessPort 畫面擷取圖：

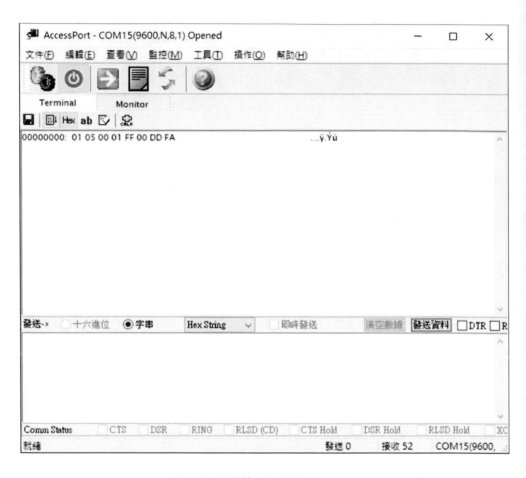

圖 106 開啟第二組繼電器

如下圖所示，為關閉第二組繼電器之 AccessPort 畫面擷取圖：

圖 107 關閉第二組繼電器

如下圖所示，為開啟第三組繼電器之 AccessPort 畫面擷取圖：

圖 108 開啟第三組繼電器

如下圖所示，為關閉第三組繼電器之 AccessPort 畫面擷取圖：

圖 109 關閉第三組繼電器

如下圖所示，為開啟第四組繼電器之 AccessPort 畫面擷取圖：

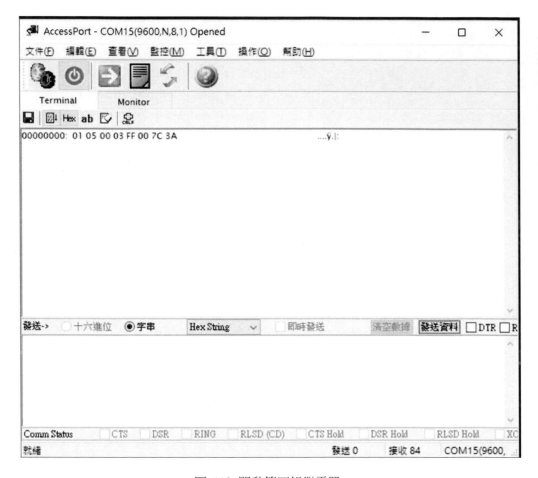

圖 110 開啟第四組繼電器

如下圖所示，為關閉第四組繼電器之 AccessPort 畫面擷取圖：

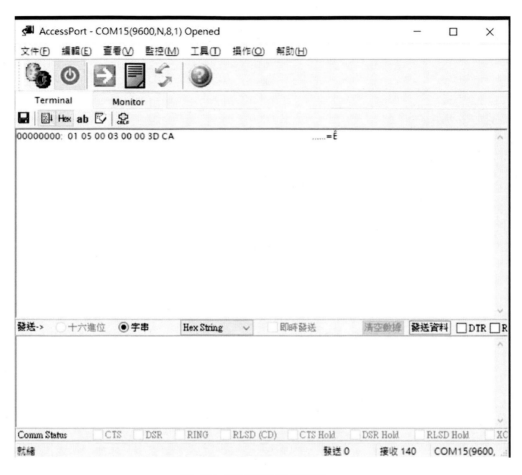

圖 111 關閉第四組繼電器

如下圖所示，為開啟第五組繼電器之 AccessPort 畫面擷取圖：

圖 112 開啟第五組繼電器

如下圖所示，為關閉第五組繼電器之 AccessPort 畫面擷取圖：

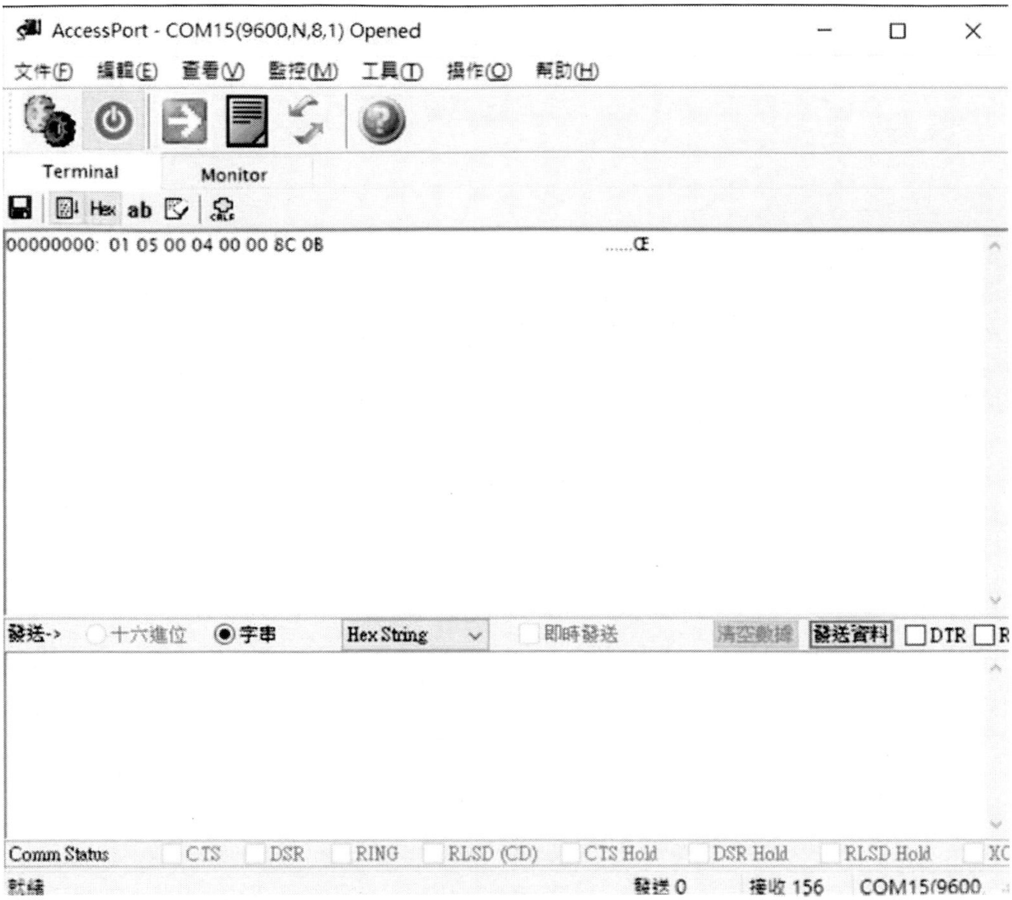

圖 113 關閉第五組繼電器

如下圖所示，為開啟第六組繼電器之 AccessPort 畫面擷取圖：

圖 114 開啟第六組繼電器

如下圖所示，為關閉第六組繼電器之 AccessPort 畫面擷取圖：

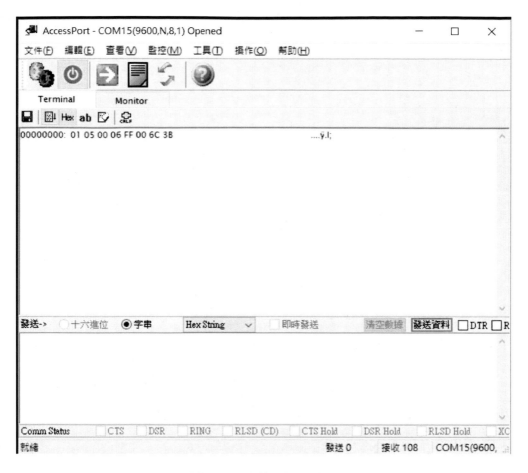

圖 115 開啟第七組繼電器

如下圖所示，為關閉第七組繼電器之 AccessPort 畫面擷取圖：

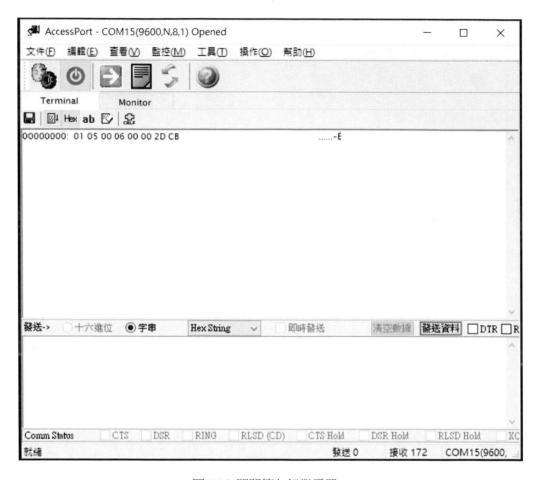

圖 116 關閉第七組繼電器

如下圖所示，為開啟第八組繼電器之 AccessPort 畫面擷取圖：

圖 117 開啟第八組繼電器

如下圖所示，為關閉第八組繼電器之 AccessPort 畫面擷取圖：

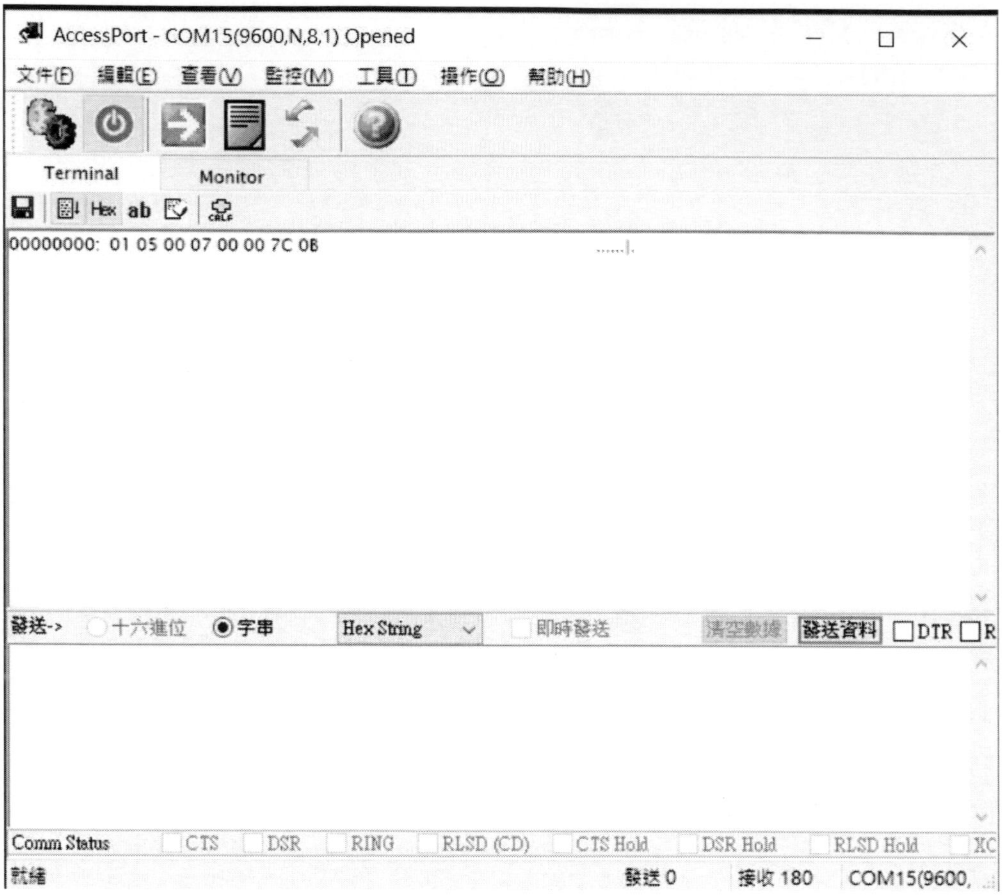

圖 118 關閉第八組繼電器

以上為 Modbus RTU 繼電器模組之八組繼電器全部測試，透過上述的解說，相信讀者了解如何連接、使用、測試 Modbus RTU 繼電器模組的方法。

章節小結

　　本章主要介紹在電力控制在工業上應用,並介紹常見且易於市面上取得的 8 路繼電器控制板,如何一步一步使用 USB2TTL Dongle 與 8 路繼電器控制板進行通訊,進而瞭解與 8 路繼電器控制板進行控制、查詢、設定與通訊,了解如何使用 8 路繼電器控制板全面性的用法,可以在往後輕鬆駕馭 8 路繼電器控制板,透過這樣的講解,相信讀者也可以觸類旁通,設計其它感測器達到相同結果。

CHAPTER

第四門課 工業通訊四繼電器模組

本章主要介紹在電力控制在工業上應用,一般而言,控制電力供應在整個工廠上非常普遍且基礎的應用,然而工業上的電力基本上都是 110V、220V 等,甚至還有更高的伏特數,電流已都以數安培到數十安培,對於這樣高電壓與高電流,許多以微處理機為主的開發板,不要說能夠控制它,這樣的電壓與電流,連碰它一下就馬上燒毀,所以工業上經常使用繼電器模組來控制電路,然而這些控制,也常常與 PLC、工業電腦等通訊,接受這些工控電腦允許後,方能給予電力,所以具備通訊功能的繼電器模組為應用上的主流,所以筆者介紹常見且易於市面上取得的 Modbus RTU 四路繼電器模組,往後筆者後以『Modbus RTU 四路繼電器模組』為本書整體工業上的控制器的標準範本,本章節會教導讀者學習該模組的基本用法與程式範例,希望讀者可以了解如何使用 Modbus RTU 四路繼電器模組全面性的用法。

四組繼電器模組

在工業上應用,控制電力供應與否是整個工廠上非常普遍且基礎的應用,然而工業上的電力基本上都是 110V、220V 等,甚至還有更高的伏特數,電流已都以數安培到數十安培,對於這樣高電壓與高電流,許多以微處理機為主的開發板,不要說能夠控制它,這樣的電壓與電流,連碰它一下就馬上燒毀,所以工業上經常使用繼電器模組來控制電路,然而這些控制,也常常與 PLC、工業電腦等通訊,接受這些工控電腦允許後,方能給予電力,所以具備通訊功能的繼電器模組為應用上的主流。如下圖所示,我們使用 Modbus RTU 四路繼電器模組 RS485/TTL UART 4 路輸入/輸出模組(曹永忠, 施明昌, & 張峻瑋, 2021a, 2021b; 曹永忠 et al., 2018a, 2018b; 曹永忠, 許智誠, & 蔡英德, 2019a; 曹永忠 et al., 2019b; 曹永忠, 許智誠,

& 蔡英德, 2019c; 曹永忠 et al., 2019d)，這個模組是深圳市艾爾賽科技有限公司 (Shenzhen LC Technology Co., Ltd) (網址: http://www.lctech-inc.com/index.html)生產 的產品 (網址: http://www.lctech-inc.com/cpzx/2/qtmk/2019/0826/472.html)、購買網 址：華信電子：Modbus-Rtu7-24V2 路 4 路继电器模块开关量输入输出 RS485/TTL 防反接：

https://item.taobao.com/item.htm?spm=a21wu.12321156.go-detail..6ee348bcKtr1tp&id=6497 21640619。

　　根據官方文件所述：艾爾賽四路 Modbus 繼電器模組內部搭載成熟穩定的 8 位 單晶片和 RS485 電位通訊晶片，其通訊方式採用標準 MODBUS RTU 格式之 RS485 電氣通訊協定，可以實現 4 通道的輸入信號檢測、4 通道繼電器輸出，可用於數位 資料之檢測與大功率電氣功率控制開啟與閉合之場域

　　其產品規格如下：

- 搭載成熟穩定的 8bit 。和 MAX485 電氣通訊協定轉換晶片 。

- 通訊協定：支援標準 Modbus RTU 協定。

- 通訊介面：支援 RS485/TTL UART 介面。

- 通訊串列傳輸速率：4800/9600/19200，預設 9600bps，支援斷電保存。

- 光耦輸入信號範圍：DC3.3-24V（此輸入不可用於繼電器控制）。

- 輸出信號：繼電器開關信號，支援手動、閃閉、閃斷模式，閃閉/閃斷的 延時基數為 0.1S，最大可設閃閉/閃斷時間為 0xFFFF*0.1S=6553.5S。

- 設備位址：範圍 1-255, 預設 255,支援斷電保存。

- 串列傳輸速率、輸入信號、繼電器狀態、設備位址可使用軟體/指令進行 讀取。

- 搭載 4 路 5V,10A/250V AC 10A/30V DC 繼電器，可連續吸合 10 萬次，具 有二極體過流保護，回應時間短。

- 搭載繼電器開關指示燈。

- 支持光耦輸入控制繼電器（高電位有效），發送 00 F0 01 F4 00 啟用/發送 00 F0 00 35 C0 禁用 此功能，預設禁用。支援斷電保存。

- 供電電壓：DC7-24V，支援 DC 座/5.08mm 端子供電，並具有輸入防反接保護。

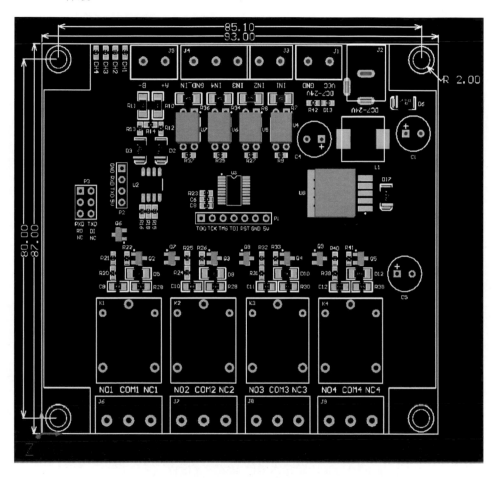

圖 119 Modbus RTU 四路繼電器模組 PCB 展示圖

資料來源： http://www.lctech-inc.com/cpzx/2/qtmk/2019/0826/472.html ，
https://item.taobao.com/item.htm?spm=a21wu.12321156.go-detail.1.5f7b6f77ROXOqH
&id=648987280662

如 下 圖 所 示 ， 筆 者 根 據 官 方 資 料 ， 網 址 ：
http://www.lctech-inc.com/cpzx/2/qtmk/2019/0826/472.html ，

https://item.taobao.com/item.htm?spm=a21wu.12321156.go-detail.1.5f7b6f77ROXOqH&id=648987280662，讀者也可以參考附錄之官方文件附錄版。

下圖為 Modbus RTU 四路繼電器模組之接腳之腳位圖：

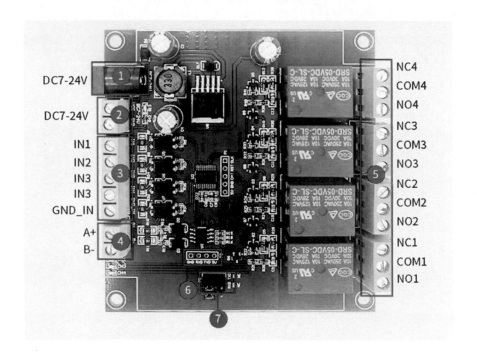

圖 120 Modbus RTU 四路繼電器模組接電展示圖

資料來源：http://www.lctech-inc.com/cpzx/2/qtmk/2019/0826/472.html，
https://item.taobao.com/item.htm?spm=a21wu.12321156.go-detail.1.5f7b6f77ROXOqH&id=648987280662

其 Modbus RTU 四路繼電器模組之接腳介紹如下：

1:DC-005 插座：DC7-24V 電源輸入插座；

2:VCC，GND： DC7-24V 5.08mm 電源輸入端子；

3:DC3.3-24V 光耦信號輸入：

IN1： 通道 1 正極
IN2： 通道 2 正極
IN3： 通道 3 正極
IN4： 通道 4 正極
GND_IN：公共端負極

4:A+，B-：RS485 通訊介面，A+，B-分別接外部控制端的 A+，B-；

5:4 路獨立繼電器開關信號輸出：

NC，：常閉端，繼電器吸合前與 COM 短接，吸合後懸空；
    COM：公共端；
    NO：常開端，繼電器吸合前懸空，吸合後與 COM 短接。

6:GND，RXD，TXD：TTL 電位 UART 通訊介面，GND，RXD，TXD 分別接外部
    控制端的 GND，TXD，RXD，支援連接 3.3V/5V 外部 TTL 通串埠；

7:RS485 和 TTL 通串埠選擇，當使用 RS485 通信時，DI 接 TXD、RO 接 RXD；使
    用 TTL 通信時 DI 和 RO 都接 NC 端。

    然而筆者使用筆電的 USB 通訊埠連接，因為 Modbus RTU 四路繼電器模組採
用 RS-485 通訊電氣連接，請請參考下圖所示之 Modbus RTU 四路繼電器模組連接
電腦圖，由於一般電腦只能透過 USB 通訊埠連接，而與 RS-485 通訊電氣是不一樣
的電氣準位是不同的，所以我們必須要透過如下下圖所示之 USB 轉 RS-485 通訊轉
換模組，將之插入一般電腦的 USB 通訊埠連接，再透過兩條電線來進行 RS 485 通
訊，進而與 Modbus RTU 四路繼電器模組連接。

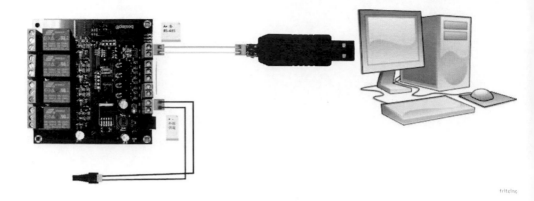

圖 121 Modbus RTU 四路繼電器模組連接電腦圖

圖 122 USB 轉 RS-485 通訊轉換模組

　　下圖所示知為連接方式，可以看到下圖(a)之 USB 轉 RS-485 通訊轉換模組，可以看到 USB 轉 RS-485 通訊轉換模組端子座有兩個接點，用螺絲起子轉開後，可以看到有 A/D+端，用電線將之連接到下圖(b)之 Modbus RTU 四路繼電器模組，查看 4 號圖，有 A+ - 接點，將這兩個端點用電線連接。

　　可以看到下圖(a)之 USB 轉 RS-485 通訊轉換模組，可以看到 USB 轉 RS-485 通訊轉換模組端子座有兩個接點，用螺絲起子轉開後，可以看到有 B/D-端，用電線將之連接到下圖(b)之 Modbus RTU 四路繼電器模組，查看 4 號圖為 B-接點，將這兩個端點用電線連接。

由於 Modbus RTU 四路繼電器模組需要額外 12V 的直流電源，所以需要一個外加電源之 110V/220V AC 電源轉 12 V DC 直流電源變壓器，將其 12 V (正極)電源端，連接到下圖(b)之 Modbus RTU 四路繼電器模組之 2 圖示區的 VCC 端點(第一個端點)，接下來把 12 V (負極)電源端，連接到下圖(b)之 Modbus RTU 四路繼電器模組之 2 圖示區的 GND 端點(第二個端點)，完成後如下圖(c)之完整電氣連接圖。

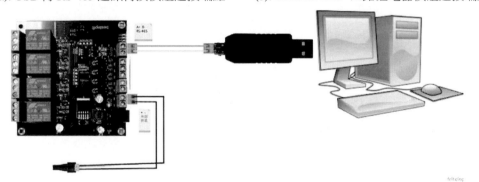

(a). USB 轉 RS-485 通訊轉換模組連接端點　　(b). Modbus RTU 四路繼電器模組連接端點

(c). 完整電氣連接圖

圖 123 Modbus RTU 四路繼電器模組連接端點通訊與電力連接

開啟軟體

    如下圖所示，我們將如上圖(a)所示之 USB 轉 RS-485 通訊轉換模組插入到電腦的 USB 插槽，如需要安裝驅動程式，請讀者先行安裝驅動程式，接下來查看裝置管理員，看看 USB 轉 RS-485 通訊轉換模組接到哪一個通訊埠，本文是 COM 3。

圖 124 USB2TTL 插在電腦上之裝置管理員

圖 125 串口調試助手主畫面

如下圖所示，我們將串口調試助手選擇通訊埠為 COM3。

圖 126 串口調試助手選擇通訊埠

如下圖所示，我們設定正確的通訊埠相關資訊，通訊埠參數：通訊埠傳輸速率 9600；數據位元 8；不校驗；1 位停止位；控制板位址：1。

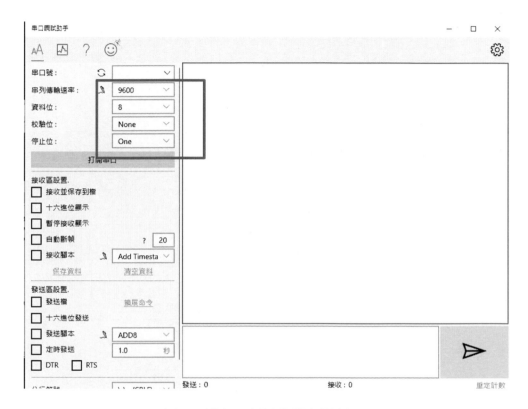

圖 127 設定正確的通訊埠相關資訊

如下圖紅框所示，我們開啟連接通訊埠。

圖 128 開啟連接埠

如下圖紅框所示，為串口調試助手開啟後的主畫面。

圖 129 串口調試助手開啟後的主畫面

如下圖紅框所示，請將串口調試助手設定十六進位傳送。

圖 130 串口調試助手設定十六進位傳送

如下圖紅框所示，請將串口調試助手設定十六進位接收。

圖 131 串口調試助手設定十六進位接收

Modbus RTU 四路繼電器模組命令解析

下列介紹 Modbus RTU 四路繼電器模組產品所用功能碼，如下表所示:

Modbus RTU 四路繼電器模組功能碼

- 0x01：讀取繼電器狀態
- 0x02：讀取輸入光耦合狀態
- 0x03：讀取設備狀態

- 0x05 :寫入單一繼電器

- 0x0F: 寫入所有繼電器

- 0x10:寫多個保持暫存器

- 0XF0:啟用 / 禁用 光耦輸入控制繼電器功能

單獨打開單一繼電器

如下表所示，我們可以利用下表之：請求開啟單一繼電器發送資料格式表，根據發送不同的繼電器，本文設備只有四組繼電器，所以往後會以四組繼電器為例，只要改變 03/04 的資料，就可以切換不同組的繼電器：

- 0x0000 ➔ 第一組繼電器

- 0x0001 ➔ 第二組繼電器

- 0x0002 ➔ 第三組繼電器

- 0x0003 ➔ 第四組繼電器

接下來只要改變 05/06 的資料，就可以切換控制繼電器開啟或關閉：

- 0x0000 ➔ 開啟繼電器

- 0xFF00 ➔ 關閉繼電器

表 111　請求開啟關閉單一繼電器發送資料格式表

序	欄位	含義	注釋
01	FF	設備位址	範圍 1-255，默認 255
02	05	功能碼	寫單個線圈
0304	00 00	繼電器地址	0x0000--0x0007 分別代表#1 繼電器--#8 繼電器
0506	FF 00	開/關命令	0x0000 為關，0xFF00 為開
0708	99 E4	CRC16	CRC-16/MODBUS 校驗碼(Lo/Hi)

原樣返回：FF 05 00 00 FF 00 99 E4

表 112　接受請求開啟關閉單一繼電器回送資料格式表

序	欄位	含義	注釋
01	FF	設備位址	範圍 1-255，默認 255
02	05	功能碼	寫單個線圈
0304	00 00	繼電器地址	0x0000--0x0007 分別代表#1繼電器--#8繼電器
0506	FF 00	開/關命令	0x0000 為關，0xFF00 為開
0708	99 E4	CRC16	CRC-16/MODBUS 校驗碼(Lo/Hi)

打開 1 號繼電器

接下來筆者根據下表所示，發送： FF 05 00 00 FF 00 99 E4，如下圖所示，發送命令到串口助手，其 CRC16 的計算，可以透過網址：https://crccalc.com/，線上計算 CRC8/16/32 的計算器求得。

表 113　請求開啟第一組繼電器發送資料格式表

序	欄位	含義	注釋
01	FF	設備位址	範圍 1-255，默認 255
02	05	功能碼	寫單個線圈
0304	00 00	繼電器地址	0x0000--0x0007 分別代表#1繼電器--#8繼電器
0506	FF 00	開/關命令	0x0000 為關，0xFF00 為開
0708	99 E4	CRC16	CRC-16/MODBUS 校驗碼(Lo/Hi)

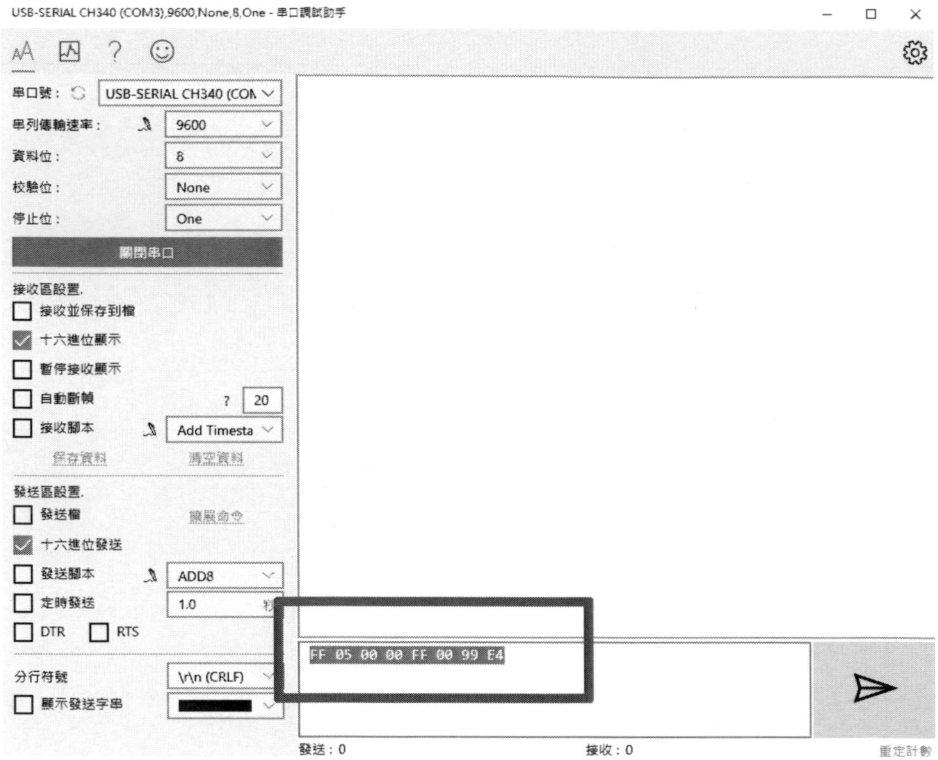

圖 132 發送請求開啟第一個繼電器的命令之畫面

接下來筆者可以看到串口助手已經發送： FF 05 00 00 FF 00 99 E4 到控制器，如下圖所示，可以看到控制器返回：FF 05 00 00 FF 00 99 E4，筆者將其回傳之 CRC16 值，透過網址：https://crccalc.com/，線上計算 CRC8/16/32 的計算器求得 CRC16 的值，可以知道是正確的回傳值。

表 114　接受請求開啟第一組繼電器回送資料格式表

序	欄位	含義	注釋
01	FF	設備位址	範圍 1-255，默認 255
02	05	功能碼	寫單個線圈

0304	00 00	繼電器地址	0x0000--0x0007 分別代表#1繼電器--#8繼電器
0506	FF 00	開/關命令	0x0000 為關，0xFF00 為開
0708	99 E4	CRC16	CRC-16/MODBUS 校驗碼(Lo/Hi)

圖 133 回應請求開啟第一個繼電器的命令之畫面

關閉 1 號繼電器

接下來筆者根據下表所示，發送： FF 05 00 00 00 00 D8 14，如下圖所示，發

送命令到串口助手，其 CRC16 的計算，可以透過網址：https://crccalc.com/，線上

計算 CRC8/16/32 的計算器求得。

表 115   請求關閉第一組繼電器發送資料格式表

序	欄位	含義	注釋
01	FF	設備位址	範圍 1-255，默認 255
02	05	功能碼	寫單個線圈
0304	00 00	繼電器地址	0x0000--0x0007 分別代表#1 繼電器--#8 繼電器
0506	00 00	開/關命令	0x0000 為關，0xFF00 為開
0708	D8 14	CRC16	CRC-16/MODBUS 校驗碼(Lo/Hi)

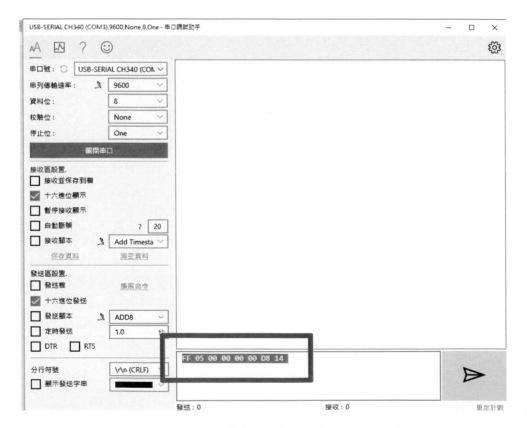

圖 134 發送請求關閉第一個繼電器的命令之畫面

接下來筆者可以看到串口助手已經發送： FF 05 00 00 00 00 D8 14 到控制器，

如下圖所示，可以看到控制器返回：FF 05 00 00 00 00 D8 14，筆者將其回傳之

CRC16 值，透過網址：https://crccalc.com/，線上計算 CRC8/16/32 的計算器求得
CRC16 的值，可以知道是正確的回傳值。

表 116　接受請求關閉第一組繼電器回送資料格式表

序	欄位	含義	注釋
01	FF	設備位址	範圍 1-255，默認 255
02	05	功能碼	寫單個線圈
0304	00 00	繼電器地址	0x0000--0x0007 分別代表#1 繼電器--#8 繼電器
0506	00 00	開/關命令	0x0000 為關，0xFF00 為開
0708	D8 14	CRC16	CRC-16/MODBUS 校驗碼(Lo/Hi)

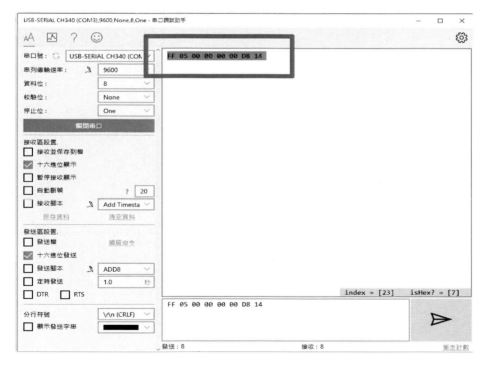

圖 135 回應請求關閉第一個繼電器的命令之畫面

打開 2 號繼電器

接下來筆者根據下表所示，發送： FF 05 00 01 FF 00 C8 24，如下圖所示，發送命令到串口助手，其 CRC16 的計算，可以透過網址：https://crccalc.com/，線上計算 CRC8/16/32 的計算器求得。

表 117　請求開啟第二組繼電器發送資料格式表

序	欄位	含義	注釋
01	FF	設備位址	範圍 1-255，默認 255
02	05	功能碼	寫單個線圈
0304	00 01	繼電器地址	0x0000--0x0007 分別代表#1繼電器--#8繼電器
0506	FF 00	開/關命令	0x0000 為關，0xFF00 為開
0708	C8 24	CRC16	CRC-16/MODBUS 校驗碼(Lo/Hi)

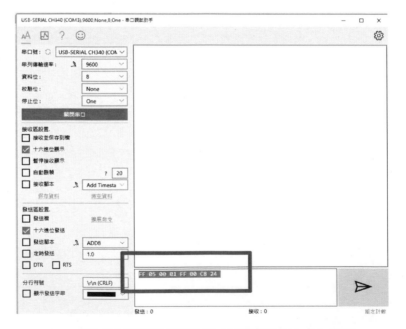

圖 136 發送請求開啟第二個繼電器的命令之畫面

接下來筆者可以看到串口助手已經發送： FF 05 00 01 FF 00 C8 24 到控制器，如下圖所示，可以看到控制器返回：FF 05 00 01 FF 00 C8 24，筆者將其回傳之 CRC16 值，透過網址：https://crccalc.com/，線上計算 CRC8/16/32 的計算器求得 CRC16 的值，可以知道是正確的回傳值。

表 118　接受請求開啟第二組繼電器回送資料格式表

序	欄位	含義	注釋
01	FF	設備位址	範圍 1-255，默認 255
02	05	功能碼	寫單個線圈
0304	00 01	繼電器地址	0x0000--0x0007 分別代表#1 繼電器--#8 繼電器
0506	FF 00	開/關命令	0x0000 為關，0xFF00 為開
0708	C8 24	CRC16	CRC-16/MODBUS 校驗碼(Lo/Hi)

圖 137 回應請求開啟第二個繼電器的命令之畫面

關閉 2 號繼電器

接下來筆者根據下表所示，發送： FF 05 00 01 00 00 89 D4，如下圖所示，發送命令到串口助手，其 CRC16 的計算，可以透過網址：https://crccalc.com/，線上計算 CRC8/16/32 的計算器求得。

表 119   請求關閉第一組繼電器發送資料格式表

序	欄位	含義	注釋
01	FF	設備位址	範圍 1-255，默認 255
02	05	功能碼	寫單個線圈
0304	00 01	繼電器地址	0x0000--0x0007 分別代表#1 繼電器--#8 繼電器
0506	00 00	開/關命令	0x0000 為關，0xFF00 為開
0708	89 D4	CRC16	CRC-16/MODBUS 校驗碼(Lo/Hi)

圖 138 發送請求關閉第二個繼電器的命令之畫面

接下來筆者可以看到串口助手已經發送：FF 05 00 01 00 00 89 D4 到控制器，如下圖所示，可以看到控制器返回：FF 05 00 01 00 00 89 D4，筆者將其回傳之 CRC16 值，透過網址：https://crccalc.com/，線上計算 CRC8/16/32 的計算器求得 CRC16 的值，可以知道是正確的回傳值。

表 120　接受請求關閉第二組繼電器回送資料格式表

序	欄位	含義	注釋
01	FF	設備位址	範圍 1-255，默認 255
02	05	功能碼	寫單個線圈
0304	00 01	繼電器地址	0x0000--0x0007 分別代表#1 繼電器--#8 繼電器
0506	00 00	開/關命令	0x0000 為關，0xFF00 為開
0708	89 D4	CRC16	CRC-16/MODBUS 校驗碼(Lo/Hi)

圖 139 回應請求關閉第二個繼電器的命令之畫面

打開 3 號繼電器

接下來筆者根據下表所示，發送： FF 05 00 02 FF 00 38 24，如下圖所示，發送命令到串口助手，其 CRC16 的計算，可以透過網址：https://crccalc.com/，線上計算 CRC8/16/32 的計算器求得。

表 121　請求開啟第三組繼電器發送資料格式表

序	欄位	含義	注釋
01	FF	設備位址	範圍 1-255，默認 255
02	05	功能碼	寫單個線圈
0304	00 02	繼電器地址	0x0000--0x0007 分別代表#1 繼電器--#8 繼電器
0506	FF 00	開/關命令	0x0000 為關，0xFF00 為開
0708	38 24	CRC16	CRC-16/MODBUS 校驗碼(Lo/Hi)

圖 140 發送請求開啟第三個繼電器的命令之畫面

接下來筆者可以看到串口助手已經發送： FF 05 00 02 FF 00 38 24 到控制器，如下圖所示，可以看到控制器返回：FF 05 00 02 FF 00 38 24，筆者將其回傳之CRC16 值，透過網址：https://crccalc.com/，線上計算 CRC8/16/32 的計算器求得CRC16 的值，可以知道是正確的回傳值。

表 122 接受請求開啟第三組繼電器回送資料格式表

序	欄位	含義	注釋
01	FF	設備位址	範圍 1-255，默認 255
02	05	功能碼	寫單個線圈
0304	00 02	繼電器地址	0x0000--0x0007分別代表#1繼電器--#8繼電器
0506	FF 00	開/關命令	0x0000 為關，0xFF00 為開
0708	38 24	CRC16	CRC-16/MODBUS 校驗碼(Lo/Hi)

圖 141 回應請求開啟第三個繼電器的命令之畫面

關閉 3 號繼電器

接下來筆者根據下表所示，發送： FF 05 00 02 00 00 79 D4　，如下圖所示，發送命令到串口助手，其 CRC16 的計算，可以透過網址：https://crccalc.com/，線上計算 CRC8/16/32 的計算器求得。

表 123　請求關閉第三組繼電器發送資料格式表

序	欄位	含義	注釋
01	FF	設備位址	範圍 1-255，默認 255
02	05	功能碼	寫單個線圈
0304	00 02	繼電器地址	0x0000--0x0007 分別代表#1 繼電器--#8 繼電器
0506	00 00	開/關命令	0x0000 為關，0xFF00 為開
0708	79 D4	CRC16	CRC-16/MODBUS 校驗碼(Lo/Hi)

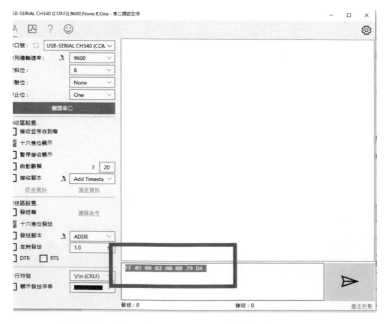

圖 142 發送請求關閉第三個繼電器的命令之畫面

接下來筆者可以看到串口助手已經發送：FF 05 00 02 00 00 79 D4 到控制器，

如下圖所示，可以看到控制器返回：FF 05 00 02 00 00 79 D4，筆者將其回傳之

CRC16 值，透過網址：https://crccalc.com/，線上計算 CRC8/16/32 的計算器求得

CRC16 的值，可以知道是正確的回傳值。

表 124　接受請求關閉第三組繼電器回送資料格式表

序	欄位	含義	注釋
01	FF	設備位址	範圍 1-255，默認 255
02	05	功能碼	寫單個線圈
0304	00 02	繼電器地址	0x0000--0x0007 分別代表#1 繼電器--#8 繼電器
0506	00 00	開/關命令	0x0000 為關，0xFF00 為開
0708	79 D4	CRC16	CRC-16/MODBUS 校驗碼(Lo/Hi)

圖 143 回應請求關閉第三個繼電器的命令之畫面

打開 4 號繼電器

接下來筆者根據下表所示，發送： FF 05 00 03 FF 00 69 E4，如下圖所示，發送命令到串口助手，其 CRC16 的計算，可以透過網址：https://crccalc.com/，線上計算 CRC8/16/32 的計算器求得。

表 125　請求開啟第四組繼電器發送資料格式表

序	欄位	含義	注釋
01	FF	設備位址	範圍 1-255，默認 255
02	05	功能碼	寫單個線圈
0304	00 03	繼電器地址	0x0000--0x0007 分別代表#1 繼電器--#8 繼電器
0506	FF 00	開/關命令	0x0000 為關，0xFF00 為開
0708	69 E4	CRC16	CRC-16/MODBUS 校驗碼(Lo/Hi)

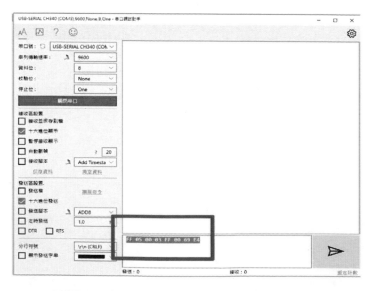

圖 144 發送請求開啟第四個繼電器的命令之畫面

接下來筆者可以看到串口助手已經發送：FF 05 00 03 FF 00 69 E4 到控制器，如下圖所示，可以看到控制器返回：FF 05 00 03 FF 00 69 E4，筆者將其回傳之 CRC16 值，透過網址：https://crccalc.com/，線上計算 CRC8/16/32 的計算器求得 CRC16 的值，可以知道是正確的回傳值。

表 126　接受請求開啟第四組繼電器回送資料格式表

序	欄位	含義	注釋
01	FF	設備位址	範圍 1-255，默認 255
02	05	功能碼	寫單個線圈
0304	00 03	繼電器地址	0x0000--0x0007 分別代表#1 繼電器--#8 繼電器
0506	FF 00	開/關命令	0x0000 為關，0xFF00 為開
0708	69 E4	CRC16	CRC-16/MODBUS 校驗碼(Lo/Hi)

圖 145 回應請求開啟第四個繼電器的命令之畫面

關閉 4 號繼電器

接下來筆者根據下表所示，發送： FF 05 00 03 00 00 28 14，如下圖所示，發送命令到串口助手，其 CRC16 的計算，可以透過網址：https://crccalc.com/，線上計算 CRC8/16/32 的計算器求得。

表 127 請求關閉第四組繼電器發送資料格式表

序	欄位	含義	注釋
01	FF	設備位址	範圍 1-255，默認 255
02	05	功能碼	寫單個線圈
0304	00 03	繼電器地址	0x0000--0x0007 分別代表#1繼電器--#8繼電器
0506	00 00	開/關命令	0x0000 為關，0xFF00 為開
0708	28 14	CRC16	CRC-16/MODBUS 校驗碼(Lo/Hi)

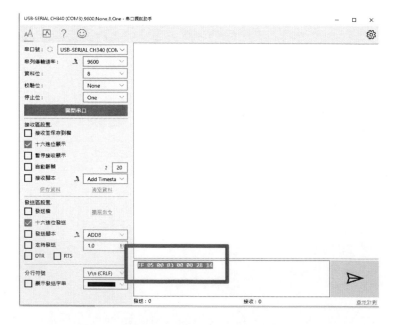

圖 146 發送請求關閉第四個繼電器的命令之畫面

接下來筆者可以看到串口助手已經發送： FF 05 00 03 00 00 28 14 到控制器，
如下圖所示，可以看到控制器返回：FF 05 00 03 00 00 28 14，筆者將其回傳之CRC16
值，透過網址：https://crccalc.com/，線上計算 CRC8/16/32 的計算器求得 CRC16
的值，可以知道是正確的回傳值。

表 128　接受請求關閉第四組繼電器回送資料格式表

序	欄位	含義	注釋
01	FF	設備位址	範圍 1-255，默認 255
02	05	功能碼	寫單個線圈
0304	00 03	繼電器地址	0x0000--0x0007分別代表#1繼電器--#8繼電器
0506	00 00	開/關命令	0x0000 為關，0xFF00 為開
0708	28 14	CRC16	CRC-16/MODBUS 校驗碼(Lo/Hi)

圖 147 回應請求關閉第四個繼電器的命令之畫面

開啟/關閉所有繼電器

如下面所示，我們可以利用下表之：0x0F: 寫入所有繼電器，一次將所有的繼電器發送開啟或關閉之資料格式表，收到的裝置，會依照命令一次性開啟/關閉所有的繼電器：

Modbus RTU 四路繼電器模組功能碼

- 0x01：讀取繼電器狀態
- 0x02：讀取輸入光耦合狀態
- 0x03：讀取設備狀態
- 0x05：寫入單一繼電器
- 0x0F：寫入所有繼電器
- 0x10：寫多個保持暫存器
- 0XF0：啟用 / 禁用 光耦輸入控制繼電器功能

打開所有的繼電器

接下來筆者根據下表所示，發送： FF 0F 00 00 00 08 01 FF 30 1D，如下圖所示，發送命令到串口助手，其 CRC16 的計算，可以透過網址：https://crccalc.com/，線上計算 CRC8/16/32 的計算器求得。

表 129　請求開啟所有繼電器發送資料格式表

序	欄位	含義	注釋
01	FF	設備位址	範圍 1-255，默認 255
02	0F	功能碼	寫多個線圈
0304	00 00	起始位址	0x0000--0x0007 分別代表#1 繼電器--#8 繼電器
0506	00 08	繼電器數量	要控制的繼電器總數量

07	01	命令字節數	控制命令字長度
08	FF	控制命令	0x00 為全關，0xFF 為全開
0910	30 1D	CRC16	CRC-16/MODBUS 校驗碼(Lo/Hi)

圖 148 發送請求開啟所有繼電器的命令之畫面

接下來筆者可以看到串口助手已經發送： FF 0F 00 00 00 08 01 FF 30 1D 到控制器，如下圖所示，可以看到控制器返回：FF 0F 00 00 00 08 41 D3，筆者將其回傳之 CRC16 值，透過網址：https://crccalc.com/，線上計算 CRC8/16/32 的計算器求得 CRC16 的值，可以知道是正確的回傳值。

表 130 接受請求開啟所有繼電器回送資料格式表

序	欄位	含義	注釋
01	FF	設備位址	範圍 1-255，默認 255
02	05	功能碼	寫單個線圈
0304	00 00	繼電器地址	0x0000--0x0007 分別代表#1 繼電器--#8 繼電器
0506	00 08	繼電器數量	要控制的繼電器總數量
0708	41 D3	CRC16	CRC-16/MODBUS 校驗碼(Lo/Hi)

圖 149 回應請求開啟所有繼電器的命令之畫面

關閉所有號繼電器

接下來筆者根據下表所示，發送： FF 0F 00 00 00 08 01 00 70 5D，如下圖所示，發送命令到串口助手，其 CRC16 的計算，可以透過網址：https://crccalc.com/，線上計算 CRC8/16/32 的計算器求得。

表 131　請求關閉所有繼電器發送資料格式表

序	欄位	含義	注釋
01	FF	設備位址	範圍 1-255，默認 255
02	0F	功能碼	寫多個線圈
0304	00 00	起始位址	0x0000--0x0007 分別代表#1繼電器--#8繼電器
0506	00 08	繼電器數量	要控制的繼電器總數量
07	01	命令字節數	控制命令字長度
08		控制命令	0x00 為全關，0xFF 為全開
0910	70 5D	CRC16	CRC-16/MODBUS 校驗碼(Lo/Hi)

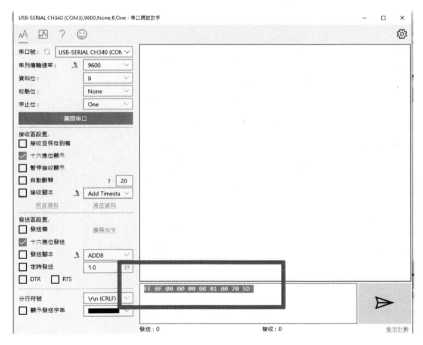

圖 150 發送請求關閉所有繼電器的命令之畫面

接下來筆者可以看到串口助手已經發送： FF 0F 00 00 00 08 01 00 70 5D 到控

制器，如下圖所示，可以看到控制器返回：FF 0F 00 00 00 08 41 D3，筆者將其回傳之 CRC16 值，透過網址：https://crccalc.com/，線上計算 CRC8/16/32 的計算器求得 CRC16 的值，可以知道是正確的回傳值。

表 132　接受請求關閉所有繼電器回送資料格式表

序	欄位	含義	注釋
01	FF	設備位址	範圍 1-255，默認 255
02	05	功能碼	寫單個線圈
0304	00 00	繼電器地址	0x0000--0x0007 分別代表#1 繼電器--#8 繼電器
0506	00 08	繼電器數量	要控制的繼電器總數量
0708	41 D3	CRC16	CRC-16/MODBUS 校驗碼(Lo/Hi)

圖 151 回應請求關閉所有繼電器的命令之畫面

讀取/設定控制器

如下面所示，我們可以利用下表之：0x03: 讀取設備狀態，可以針對設備控制器之資料進行讀取與寫入，改變其參數內容。

Modbus RTU 四路繼電器模組功能碼

- 0x01：讀取繼電器狀態
- 0x02：讀取輸入光耦合狀態
- 0x03：讀取設備狀態
- 0x05：寫入單一繼電器
- 0x0F：寫入所有繼電器
- 0x10：寫多個保持暫存器
- 0XF0:啟用 / 禁用 光耦輸入控制繼電器功能

讀取設備位址

接下來筆者根據下表所示，發送： 00 03 00 00 00 01 85 DB，如下圖所示，發送命令到串口助手，其 CRC16 的計算，可以透過網址：https://crccalc.com/，線上計算 CRC8/16/32 的計算器求得。

表 133　請求讀取裝置位址發送資料格式表

序	欄位	合義	注釋
01	00	固定值	固定值
02	03	功能碼	讀取持暫存器
0304	00 00	起始位址	0x0000 表設備位址
0506	00 01	暫存器數量	讀取暫存器數量

0708	85 DB	CRC16	CRC-16/MODBUS 校驗碼(Lo/Hi)

圖 152 發送請求讀取裝置位址的命令之畫面

接下來筆者可以看到串口助手已經發送：

到控制器，如下圖所示，可以看到控制器返回：00 03 02 00 FF C5 C4，筆者將其回傳之 CRC16 值，透過網址：https://crccalc.com/，線上計算 CRC8/16/32 的計算器求得 CRC16 的值，可以知道是正確的回傳值。

表 134　接受請求讀取裝置位址回送資料格式表

序	欄位	含義	注釋
01	00	固定值	固定值
02	03	功能碼	讀取持暫存器
03	02	資料位元組數	從暫存器讀取到的資料長度
0405	00 FF	暫存器資料	讀取到設備位址為 0x00FF
0607	C4 C5	CRC16	CRC-16/MODBUS 校驗碼(Lo/Hi)

圖 153 回應請求讀取裝置位址的命令之畫面

設定設備位址

接下來筆者根據下表所示，發送： 00 10 00 00 00 01 02 00 FF EB 80，如下圖所示，發送命令到串口助手，其 CRC16 的計算，可以透過網址：https://crccalc.com/，線上計算 CRC8/16/32 的計算器求得。

表 135 請求寫入多個暫存器發送資料格式表

序	欄位	含義	注釋
01	00	固定值	固定值
02	10	功能碼	寫入多個暫存器
0304	00 00	起始位址	0x0000 表設備位址
0506	00 01	寫入暫存器個數	寫入暫存器個數 #0001 表設備位置為 1
07	02	寫入暫存器位元組數	寫入暫存器資料長度
0809	00 FF	暫存器資料	寫入設備位址 0x00FF，範圍： 0x0001-0x00FF
1011	EB 80	CRC16	CRC-16/MODBUS 校驗碼(Lo/Hi)

圖 154 發送請求寫入多個暫存器的命令之畫面

接下來筆者可以看到串口助手已經發送： 00 10 00 00 00 01 02 00 FF EB 80 到控制器，如下圖所示，可以看到控制器返回：00 10 00 00 00 01 02 00 FF EB 80，筆者將其回傳之 CRC16 值，透過網址：https://crccalc.com/，線上計算 CRC8/16/32 的計算器求得 CRC16 的值，可以知道是正確的回傳值。

表 136 接受請求寫入多個暫存器回送資料格式表

序	欄位	含義	注釋
01	00	固定值	固定值
02	10	功能碼	寫入多個暫存器
0304	00 00	起始位址	0x0000 表設備位址

0506	00 01	寫入暫存器個數	寫入暫存器個數 #0001 表設備位置為 1
07	02	寫入暫存器位元組數	寫入暫存器資料長度
0809	00 FF	暫存器資料	寫入設備位址 0x00FF，範圍：0x0001-0x00FF
1011	EB 80	CRC16	CRC-16/MODBUS 校驗碼(Lo/Hi)

圖 155 回應請求請求寫入多個暫存器的命令之畫面

讀取設備通訊速率

接下來筆者根據下表所示，發送： FF 03 03 E8 00 01 11 A4，如下圖所示，發送命令到串口助手，其 CRC16 的計算，可以透過網址：https://crccalc.com/，線上計算 CRC8/16/32 的計算器求得。

表 137 請求讀取裝置通訊速率發送資料格式表

序	欄位	含義	注釋
01	FF	設備位址	範圍 1-255，默認 255
02	03	功能碼	讀取持暫存器
0304	03 E8	起始位址	0x03E8 表設備位址通訊速率
0506	00 01	暫存器數量	讀取暫存器數量
0708	11 A4	CRC16	CRC-16/MODBUS 校驗碼(Lo/Hi)

圖 156 發送請求讀取通訊速率的命令之畫面

接下來筆者可以看到串口助手已經發送： FF 03 03 E8 00 01 11 A4 到控制器，
如下圖所示，可以看到控制器返回：FF 03 02 00 03 D1 91，筆者將其回傳之 CRC16
值，透過網址：https://crccalc.com/，線上計算 CRC8/16/32 的計算器求得 CRC16
的值，可以知道是正確的回傳值。

表 138　接受請求通訊速率回送資料格式表

序	欄位	含義	注釋
01	00	固定值	固定值
02	03	功能碼	讀取持暫存器
03	02	資料位元組數	從暫存器讀取到的資料長度
0405	00 03	暫存器資料	串列傳輸速率讀取值，範圍：0x0002--0x0004,其中 0x0002, 0x0003, 0x0004分別代表串列傳輸速率4800, 9600, 19200
0607	C4 C5	CRC16	CRC-16/MODBUS 校驗碼(Lo/Hi)

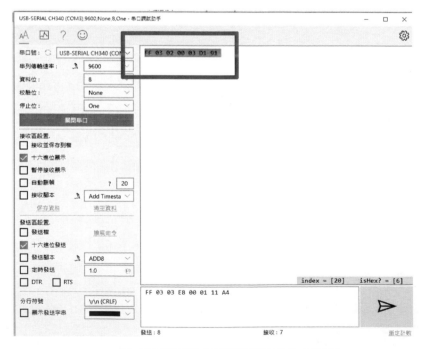

圖 157 回應請求通訊速率的命令之畫面

設定設備通訊速率

接下來筆者根據下表所示，發送： FF 10 03 E9 00 01 02 00 03 8B CC，如下圖所示，發送命令到串口助手，其 **CRC16** 的計算，可以透過網址：https://crccalc.com/，線上計算 CRC8/16/32 的計算器求得。

表 139　請求寫入多個暫存器發送資料格式表

序	欄位	含義	注釋
01	FF	固定值	固定值
02	10	功能碼	寫入多個暫存器
0304	03 E9	起始位址	0x03E9 表設備通訊速率位址
0506	00 01	寫入暫存器個數	寫入暫存器個數 #0001 表設備速率位址為 1
07	02	寫入暫存器位元組數	寫入暫存器資料長度
0809	00 03	暫存器資料	串列傳輸速率寫入值，範圍：0x0002--0x0004，其中 0x0002, 0x0003, 0x0004 分別代表串列傳輸速率 4800, 9600, 19200
1011	8B CC	CRC16	CRC-16/MODBUS 校驗碼(Lo/Hi)

圖 158 發送請求寫入通訊速率的命令之畫面

接下來筆者可以看到串口助手已經發送： FF 10 03 E9 00 01 02 00 03 8B CC 到控制器，如下圖所示，可以看到控制器返回：FF 10 03 E9 00 01 C5 A7，筆者將其回傳之 CRC16 值，透過網址：https://crccalc.com/，線上計算 CRC8/16/32 的計算器求得 CRC16 的值，可以知道是正確的回傳值。

表 140 接受請求寫入多個暫存器回送資料格式表

序	欄位	含義	注釋
01	FF	固定值	固定值
02	10	功能碼	寫入多個暫存器

0304	03 E9	起始位址	0x03E9 表設備通訊速率位址
0506	00 01	寫入暫存器個數	寫入暫存器個數 #0001 表設備位置為 1
0708	C5 A7	CRC16	CRC-16/MODBUS 校驗碼(Lo/Hi)

圖 159 回應請求請求寫入通訊速率的命令之畫面

讀取繼電器器

如下面所示，我們可以利用下表之：0x01: 讀取繼電器狀態：

Modbus RTU 四路繼電器模組功能碼

- 0x01：讀取繼電器狀態

- 0x02：讀取輸入光耦合狀態

- 0x03:讀取設備狀態

- 0x05:寫入單一繼電器

- 0x0F: 寫入所有繼電器

- 0x10:寫多個保持暫存器

- 0XF0:啟用 / 禁用 光耦輸入控制繼電器功能

讀取所有繼電器狀態

接下來筆者根據下表所示，發送： FF 01 00 00 00 08 28 12，如下圖所示，發送命令到串口助手，其 CRC16 的計算，可以透過網址：https://crccalc.com/，線上計算 CRC8/16/32 的計算器求得。

表 141 請求讀取所有繼電器狀態發送資料格式表

序	欄位	含義	注釋
01	FF	設備位址	範圍 1-255，默認 255
02	01	功能碼	讀取線圈狀態
0304	00 00	繼電器地址	0x0000--0x0007 分別代表#1 繼電器--#8 繼電器
0506	00 08	繼電器數量	要讀取的繼電器總數量為 0x0008
0708	28 12	CRC16	CRC-16/MODBUS 校驗碼(Lo/Hi)

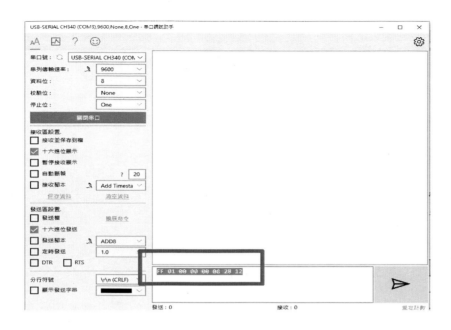

圖 160 發送請求讀取所有繼電器狀態的命令之畫面

接下來筆者可以看到串口助手已經發送： FF 01 00 00 00 08 28 12 到控制器，
如下圖所示，可以看到控制器返回：FF 01 01 0F 20 64，筆者將其回傳之 CRC16
值，透過網址：https://crccalc.com/，線上計算 CRC8/16/32 的計算器求得 CRC16
的值，可以知道是正確的回傳值。

表 142 接受請求讀取所有繼電器狀態回送資料格式表

序	欄位	含義	注釋
01	FF	設備位址	範圍 1-255，默認 255
02	01	功能碼	讀取線圈狀態
03	01	資料位元組數	讀取到的數據長度
04	0F	數據	讀取到的資料，Bit0-Bit7 分別代表#1 繼電器--#8 繼電器狀態，0 為關，1 為開
0506	20 64	CRC16	CRC-16/MODBUS 校驗碼(Lo/Hi)

圖 161 回應請求讀取所有繼電器狀態的命令之畫面

讀取 IO 光耦合

如下面所示，我們可以利用下表之：0x02: 讀取 IO 光偶合狀態：

Modbus RTU 四路繼電器模組功能碼

- 0x01：讀取繼電器狀態

- 0x02：讀取輸入光耦合狀態

- 0x03：讀取設備狀態

- 0x05：寫入單一繼電器

- 0x0F：寫入所有繼電器

- 0x10：寫多個保持暫存器

- 0XF0：啟用 / 禁用 光耦輸入控制繼電器功能

讀取所有 IO 光耦合狀態

接下來筆者根據下表所示，發送： FF 02 00 00 00 08 6C 12，如下圖所示，發送命令到串口助手，其 CRC16 的計算，可以透過網址：https://crccalc.com/，線上計算 CRC8/16/32 的計算器求得。

表 143　請求讀取所有 IO 光偶合狀態發送資料格式表

序	欄位	含義	注釋
01	FF	設備位址	範圍 1-255，默認 255
02	02	功能碼	讀取 IO 光耦合狀態
0304	00 00	光耦合地址	0x0000 代表#光耦合
0506	00 08	光耦合數量	要讀取的光耦合總數量為 0x0008
0708	6C 12	CRC16	CRC-16/MODBUS 校驗碼(Lo/Hi)

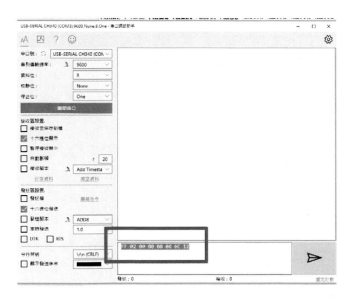

圖 162 發送請求讀取所有 IO 光偶合狀態的命令之畫面

接下來筆者可以看到串口助手已經發送： FF 02 00 00 00 08 6C 12 到控制器，
如下圖所示，可以看到控制器返回：FF 02 01 08 91 A6，筆者將其回傳之 CRC16
值，透過網址：https://crccalc.com/，線上計算 CRC8/16/32 的計算器求得 CRC16
的值，可以知道是正確的回傳值。

由下圖.(a)，筆者將 IO 光耦合第 4 個輸入(IN4)輸入 5V 電壓輸入，使起第四的
Bit(bit3)應該為高電位，接下來看下表所示，回傳資料是否為『00001000』，轉成
16 進位為『8』。

表 144　接受請求讀取所有 IO 光偶合狀態回送資料格式表

序	欄位	含義	注釋
01	FF	設備位址	範圍 1-255，默認 255
02	02	功能碼	讀取 IO 光耦合狀態
03	01	資料位元組數	讀取到的數據長度
04	08	數據	讀取到的資料，Bit0-Bit7 分別代表#1 光耦--#8 光耦輸入狀態，0 為低電平，1 為高電平
0506	20 64	CRC16	CRC-16/MODBUS 校驗碼(Lo/Hi)

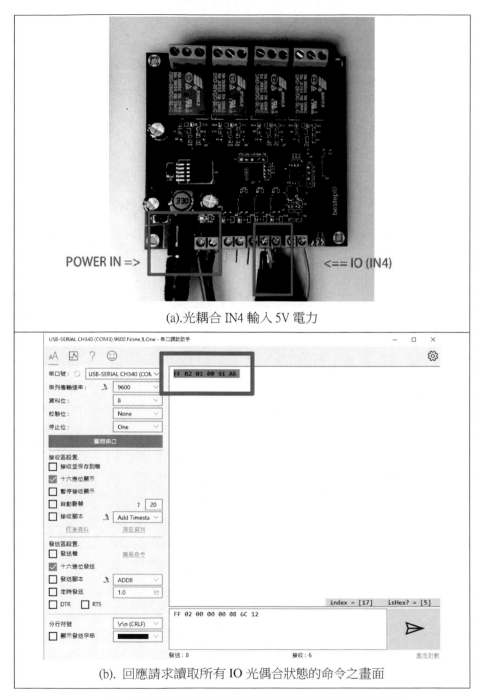

(a).光耦合 IN4 輸入 5V 電力

(b). 回應請求讀取所有 IO 光偶合狀態的命令之畫面

圖 163 回應請求讀取所有 IO 光偶合狀態的命令之畫面

由上圖.(a)，筆者將 IO 光耦合第 4 個輸入(IN4)輸入 5V 電壓輸入，，接下來看上與上圖.(b)表所示，回傳資料的確為『00001000』，轉成 16 進位為『8』。

電磁繼電器的工作原理和特性

　　電磁式繼電器一般由鐵芯、線圈、銜鐵、觸點簧片等組成的。如下圖.(a)所示，只要在線圈兩端加上一定的電壓，線圈中就會流過一定的電流，從而產生電磁效應，銜鐵就會在電磁力吸引的作用下克服返回彈簧的拉力吸向鐵芯，從而帶動銜鐵的動觸點與靜觸點（常開觸點）吸合(下圖.(b)所示)。當線圈斷電後，電磁的吸力也隨之消失，銜鐵就會在彈簧的反作用力下返回原來的位置，使動觸點與原來的靜觸點（常閉觸點）吸合(如下圖.(a)所示)。這樣吸合、釋放，從而達到了在電路中的導通、切斷的目的。對於繼電器的「常開、常閉」觸點，可以這樣來區分：繼電器線圈未通電時處於斷開狀態的靜觸點，稱為「常開觸點」(如下圖.(a)所示)。；處於接通狀態的靜觸點稱為「常閉觸點」(如下圖.(a)所示)(曹永忠, 2017a; 曹永忠 et al., 2021b; 曹永忠 et al., 2014a, 2014b, 2014c, 2014d; 曹永忠, 許智誠, & 蔡英德, 2020a, 2020b)。

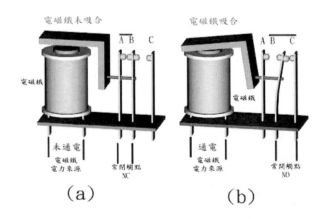

圖 164 電磁鐵動作

資料來源：(維基百科-繼電器, 2013)

由上圖電磁鐵動作之中，可以了解到，繼電器中的電磁鐵因為電力的輸入，產生電磁力，而將可動電樞吸引，而可動電樞在 NC 接典與ＮＯ接點兩邊擇一閉合。由下圖.(a)所示，因電磁線圈沒有通電，所以沒有產生磁力，所以沒有將可動電樞吸引，維持在原來狀態，就是共接典與常閉觸點(NC)接觸；當繼電器通電時，由下圖.(b)所示，因電磁線圈通電之後，產生磁力，所以將可動電樞吸引，往下移動，使共接典與常開觸點(ＮＯ)接觸，產生導通的情形。

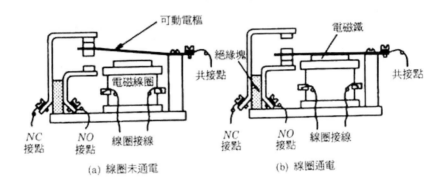

圖 165 繼電器運作原理

繼電器中常見的符號：

● COM（Common）表示共接點。

● NO（Normally Open）表示常開接點。平常處於開路，線圈通電後才與共接點 COM 接通（閉路）。

● NC（Normally Close）表示常閉接點。平常處於閉路（與共接點 COM 接通），線圈通電後才成為開路（斷路）。

繼電器運作線路

那繼電器如何應用到一般電器的開關電路上呢,如下圖所示,在繼電器電磁線圈的 DC 輸入端,輸入 DC 5V~24V(正確電壓請查該繼電器的資料手冊(DataSheet)得知),當下圖左端 DC 輸入端之開關未打開時,下圖右端的常閉觸點與 AC 電流串接,與燈泡形成一個迴路,由於下圖右端的常閉觸點因下圖左端 DC 輸入端之開關未打開,電磁線圈未導通,所以下圖右端的 AC 電流與燈泡的迴路無法導通電源,所以燈泡不會亮。

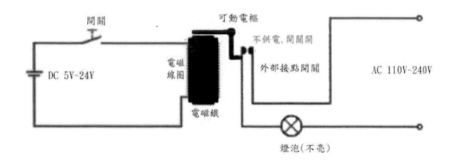

圖 166 繼電器未驅動時燈泡不亮

資料來源:(維基百科-繼電器, 2013)

如下圖所示,在繼電器電磁線圈的 DC 輸入端,輸入 DC 5V~24V(正確電壓請查該繼電器的資料手冊(DataSheet)得知),當下圖左端 DC 輸入端之開關打開時,下圖右端的常閉觸點與 AC 電流串接,與燈泡形成一個迴路,由於下圖右端的常閉觸點因下圖左端 DC 輸入端之開關已打開,電磁線圈導通產生磁力,吸引可動電樞,使下圖右端的 AC 電流與燈泡的迴路導通,所以燈泡因有 AC 電流流入,所以燈泡就亮起來了。

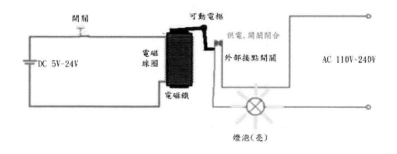

圖 167 繼電器驅動時燈泡亮

資料來源：(維基百科-繼電器, 2013)

由上二圖所示，輔以上述文字，我們就可以了解到如何設計一個繼電器驅動電路，來當為外界電器設備的控制開關了。

完成 Modbus RTU 繼電器模組電力供應

如下圖所示，我們看 Modbus RTU 繼電器模組之電源輸入端，本裝置可以使用 11~12V 直流電，我們使用 12V 直流電供應 Modbus RTU 繼電器模組。

圖 168 四組繼電器模組之電源供應端

如下圖所示，筆者使用高瓦數的交換式電源供應器，將下圖所示之紅框區，+V 為 12V 正極端接到上圖之 VCC，-V 為 12V 負極端接到上圖之 GND，完成 Modbus RTU 繼電器模組之電力供應。

圖 169 電源供應器 12V 供應端

完成 Modbus RTU 繼電器模組之控制家電

如下圖所示，我們看四組繼電器模組之 RS-485 通訊端，如下圖紅框處，可以見到 RS-485 通訊端之圖示，我們需要使用 USB 轉 RS-485 通訊端的轉換模組連接。

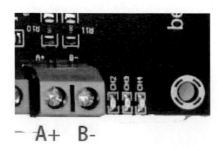

圖 170 四組繼電器模組之 RS-485 通訊端

由於 RS-485 的電壓與傳輸電氣方式不同，由於筆者筆電已經沒有 RS-485 通訊端的介面，所以我們需要使用 USB 轉 RS-485 的轉換模組，如下圖所示， 筆者使用這個 USB 轉 RS-485 通訊端模組，進行轉換不同通訊方式。

圖 171 USB 轉 RS-485 通訊端模組

如上上圖紅框所示，接在上圖的 USB 轉 RS-485 通訊端模組，在將上圖的 USB 轉 RS-485 通訊端模組接到電腦，並接入燈泡，完成下圖所示之電路。

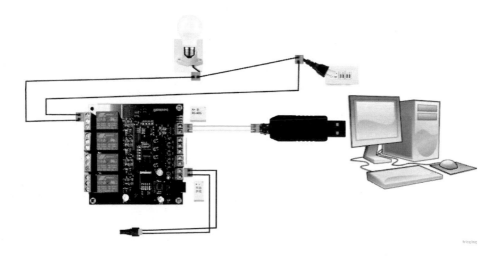

圖 172 電腦接四繼電器模組控制燈泡

章節小結

 本章主要介紹在電力控制在工業上應用,並介紹常見且易於市面上取得的 8 路繼電器控制板,如何一步一步使用 USB2TTL Dongle 與 Modbus RTU 四路繼電器模組進行通訊,進而瞭解與 Modbus RTU 四路繼電器模組進行控制、查詢、設定與通訊,了解如何使用 Modbus RTU 四路繼電器模組全面性的用法,可以在往後輕鬆駕馭 Modbus RTU 四路繼電器模組,透過這樣的講解,相信讀者也可以觸類旁通,設計其它感測器達到相同結果。

CHAPTER

第五門課 整合 MQTT 控制裝置

  MQTT (Message Queuing Telemetry Transport) 是一種輕量的訊息傳遞通訊協議，通常用於物聯網應用中的裝置/設備之間的通訊。它建立於發佈/訂閱 (Publish/Subscribe) 模型之上，當有一個應用程序(發布者)將消息發佈到特定的主題(Topic)上，而其他應用程序(訂閱者)將通過訂閱該主題之後，就可以收到所有發布到這個主題(Topic)的所有消息。發布者和訂閱者之間的連接通常是一個訊息代理伺服器(MQTT Broker)，以此為訊息中介進針對各自主題之由發布者發布的所有訊息傳送到訂閱者之間的傳遞訊息行為。使用 MQTT 的優點包括低延遲、低頻寬需求、各類程式方便橋接與程式簡潔等。

  接下來我們就要使用 MQTT Publish/Subscribe 的機制，一個讀取 Modbus RTU 四路繼電器模組的繼電器模組與 IO 模組的狀態資料，相同的也可以透過 MQTT Broker Publish TOPIC 控制命令，可以驅動 Modbus RTU 四路繼電器模組的繼電器模組開啟與關閉。

MQTT Broker 訂閱功能開發

  本節將要介紹我們將要使用 MQTT Publish/Subscribe 的機制，將本文設計的裝置，用 RS-485 連接接受 RS-485 通訊的 Modbus RTU 四路繼電器模組的繼電器模組與 IO 模組的狀態資料，透過訂閱 MQTT Broker 伺服器，固定訂閱特定的主題(Topic)，可以接收到這個主題所有相關的內容(Payload)，並顯示其所有內容於開發之監控視窗下。

接收端實驗材料

  如下圖所示，這個實驗我們需要用到的實驗硬體有下圖.(a)的 ESP 32 開發板、下圖.(b) MicroUSB 下載線：

(a). NodeMCU 32S 開發板

(b). MicroUSB 下載線

(c). TTL 轉 RS485 模組

(d). LCD 2004　I2C

(e). Modbus RTU 四路繼電器模組

圖 173 發送端實驗材料表

讀者也可以參考下表之發送端實驗材料表，進行電路組立。

表 145 發送端實驗材料接腳表

接腳	接腳說明	開發板接腳
1a	麵包板 Vcc(紅線)	接電源正極(5V)
1b	麵包板 GND(藍線)	接電源負極
2a	四路繼電器模組(+/VCC)	接電源正極(12V)
2b	四路繼電器模組(-/GND)	接電源負極
2c	四路繼電器模組(A+)	TTL 轉 RS485 模組(A+)
2d	四路繼電器模組(B-)	TTL 轉 RS485 模組(B-)
3a	TTL 轉 RS485 模組(VCC)	接電源正極(5V)
3b	TTL 轉 RS485 模組(GND)	接電源負極
3c	TTL 轉 RS485 模組(TX)	NodeMCU 32S 開發板 GPIO16
3d	TTL 轉 RS485 模組(RX)	NodeMCU 32S 開發板 GPIO17
4a	LCD 2004　I2C (VCC)	接電源正極(5V)
4b	LCD 2004　I2C (GND)	接電源負極
4c	LCD 2004　I2C (SDA)	NodeMCU 32S 開發板 GPIO21
4d	LCD 2004　I2C (SCL)	NodeMCU 32S 開發板 GPIO22

接腳	接腳說明	開發板接腳

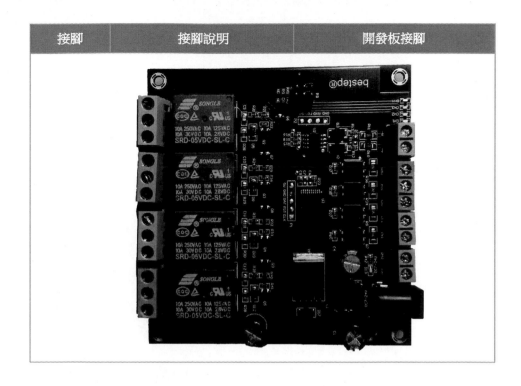

讀者可以參考下圖所示之發送端實驗材料連接電路圖，進行電路組立。

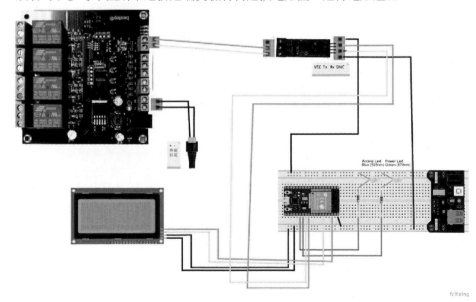

圖 174 發送端實驗材料實驗電路圖

讀者可以參考下圖所示之發送端實驗材料實驗電路圖，參考後進行電路組立。

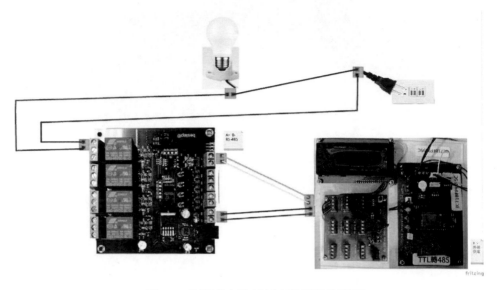

圖 175 發送端實驗材料實驗電路實體圖

我們遵照前幾章所述，將 ESP 32 開發板的驅動程式安裝好之後，我們打開 ESP 32 開發板的開發工具：Sketch IDE 整合開發軟體(安裝 Arduino 開發環境，請參考本文之『Arduino 開發 IDE 安裝』，安裝 ESP 32 開發板 SDK 請參考本文之『安裝 ESP32 Arduino 整合開發環境』(曹永忠, 2020a, 2020b, 2020c)，攥寫一段程式，如下表所示之 Modbus RTU 四路繼電器模組訂閱 MQTT 程式，透過 MQTT Broker 取得來自*訂閱的 TOPIC* ，其他發送到這個*訂閱的 TOPIC* 的所有 Published 的訊息，並顯示在通訊埠監控程式。

表 146 Modbus RTU 四路繼電器模組訂閱 MQTT 程式
(fourRelay_subscribe_MQTT)

Modbus RTU 四路繼電器模組訂閱 MQTT 程式(fourRelay_subscribe_MQTT)
#include <String.h> // String 使用必備函示庫 #include "initPins.h" // 系統共用函數 #include "LCDSensor.h" // LCD 2004 共用函數 #include "MQTTLib.h" // M Q T T　B r o k e r 共用函數

~ 294 ~

```
// 註解掉不必要的函式庫
// #include "JSONLIB.h" // arduino json  使用必備函示庫


//-------------------
// 顯示網際網路連接基本資訊
void ShowInternetonLCD(String s1, String s2, String s3) ;
// 顯示溫度與濕度在 LCD 上
void ShowSensoronLCD(double s1, double s2) ;
// 網路連線，連上熱點
boolean initWiFi() ;
// 系統初始化
void initAll() ;


//---------------
// 連接 MQTT Broker
void connectMQTT() ;
// 處理收到的訊息
void mycallback(char* topic, byte* payload, unsigned int length) ;
//---------------
// the setup function runs once when you press reset or power the board
void setup()
{
  // initialize digital pin LED_BUILTIN as an output.
  // initialize digital pin LED_BUILTIN as an output.
  // 系統初始化
  initAll();
  // 網路連線，連上熱點
  initWiFi();
  // MQTT Broker 初始化連線
  initMQTT();

  // 檢查網路連接狀態
  if (CheckWiFi()) {
    TurnonWifiLed(); // 打開 Wifi 連接燈號
    Serial.println("Wifi is Connected");
  } else {
    TurnoffWifiLed(); // 關閉 Wifi 連接燈號
    Serial.println("Wifi is lost");
  }
```

```
    BeepOff(); // 關閉嗡鳴器

    // 顯示網際網路連接基本資訊
    ShowInternet();

    // 初始化 LCD 螢幕
    initLCD();

    // 顯示網際網路連接基本資訊
    ShowInternetonLCD(MacData, APname, IPData);

    Serial.println("System Ready");

    delay(initDelay) ;      //等待多少秒,進入 loop()重複執行的程序
}

// the loop function runs over and over again forever
void loop()
{

    if (!mqttclient.connected())      //如果 MQTT 斷線(沒有連線)
    {

        Serial.println("connectMQTT  again"); //印出 "connectMQTT  again"

        connectMQTT();     //重新與 MQTT Server 連線


    }

    mqttclient.loop();     //處理 MQTT 通訊處理程序
    //給作業系統處理多工程序的機會
    //delay(300) ;
}

void initAll()       //系統初始化
{
    Serial.begin(9600) ;
```

```
Serial.println("System Start");
MacData = GetMacAddress() ; //取得網路卡編號
Serial.print("MAC:(");
 Serial.print(MacData);
 Serial.print(")\n");
}
```

表 147 Modbus RTU 四路繼電器模組訂閱 MQTT 程式(LCDSensor.h)

Modbus RTU 四路繼電器模組訂閱 MQTT 程式(LCDSensor.h)
// 引用 Wire.h 和 LiquidCrystal_I2C.h 程式庫
#include <Wire.h>
#include <LiquidCrystal_I2C.h>
//這段程式碼主要是使用 LiquidCrystal_I2C 函式庫來控制 I2C 介面的 LCD 顯示屏，程式碼內容如下
// 使用 LiquidCrystal_I2C 程式庫初始化 LCD 螢幕
LiquidCrystal_I2C lcd(0x27,20,4); // 設置 LCD 位址為 0x27，顯示 16 個字符和 2 行
//這個程式需要引入 Wire.h 和 LiquidCrystal_I2C.h 兩個庫。然後，定義一個名為 lcd 的 LiquidCrystal_I2C 類型物件，並且指定 LCD 顯示屏的 I2C 位址、行數和列數
//LiquidCrystal_I2C lcd(0x3F,20,4); // 設置 LCD 位址為 0x3F，顯示 16 個字符和 2 行（注释掉的代码）
// 清除 LCD 螢幕
void ClearShow()
{
// ClearShow() 函式會把 LCD 的游標移動到左上角，然後使用 lcd.clear() 函式清除螢幕內容，最後再把游標移動到左上角。
lcd.setCursor(0,0); //設置 LCD 螢幕座標
lcd.clear() ; //清除 LCD 螢幕
lcd.setCursor(0,0); //設置 LCD 螢幕座標
}
// 初始化 LCD 螢幕
void initLCD()

```
{
debugoutln("Init LCD Screen") ; //调试信息输出
lcd.init(); //初始化 LCD 螢幕
lcd.backlight(); //打开 LCD 背光
lcd.setCursor(0,0); //設置 LCD 螢幕座標
}
/*
 * 接下來是一些顯示字串的函式，例如 ShowLCD1()、ShowLCD2()、
ShowLCD3()、ShowLCD4() 和 ShowString()。這些函式都是用來在 LCD 顯示
屏上顯示不同的字串。以 ShowLCD1() 函式為例，程式碼內容如下
 *
 */
// 在第一行顯示字串 cc
void ShowLCD1(String cc)
{
lcd.setCursor(0,0); //設置 LCD 螢幕座標
lcd.print("                    "); // 清除第一行的内容
lcd.setCursor(0,0); //設置 LCD 螢幕座標
lcd.print(cc); //在第一行顯示字串 cc
}


// 在第一行左邊顯示字串 cc
void ShowLCD1L(String cc)
{
lcd.setCursor(0,0); //設置 LCD 螢幕座標
// lcd.print("                    ");
lcd.setCursor(0,0); //設置 LCD 螢幕座標
lcd.print(cc); //在第一行左邊顯示字串 cc
}


// 在第一行右邊顯示字串 cc
void ShowLCD1M(String cc)
{
// lcd.setCursor(0,0);
// lcd.print(" ");
lcd.setCursor(13,0); //設置 LCD 螢幕座標
lcd.print(cc); //在第一行右邊顯示字串 cc
}
```

```
// 在第二行顯示字串 cc
void ShowLCD2(String cc)
{
lcd.setCursor(0,1); //設置 LCD 螢幕座標
lcd.print("                    ");
lcd.setCursor(0,1); //設置 LCD 螢幕座標
lcd.print(cc); //在目前位置顯示字串 cc
}

void ShowLCD3(String cc)
{
   //ShowLCD3()函數會將字串參數 cc 顯示在 LCD 螢幕的第 3 行上。
   lcd.setCursor(0,2); //設置 LCD 螢幕座標
   lcd.print("                    ");
   lcd.setCursor(0,2); //設置 LCD 螢幕座標
   lcd.print(cc);    //在目前位置顯示字串 cc

}
void ShowLCD4(String cc)
{
   lcd.setCursor(0,3); //設置 LCD 螢幕座標
   lcd.print("                    ");
   lcd.setCursor(0,3); //設置 LCD 螢幕座標
   lcd.print(cc);    //在目前位置顯示字串 cc

}


void ShowString(String ss)
{
   lcd.setCursor(0,3);//設置 LCD 螢幕座標
   lcd.print("                    ");
   lcd.setCursor(0,3); //設置 LCD 螢幕座標
   lcd.print(ss.substring(0,19));
   //delay(1000);
}

void ShowAPonLCD(String ss)    //顯示熱點
{
```

```
        ShowLCD1M(ss) ; //顯示熱點


}
void ShowMAConLCD(String ss)    //顯示網路卡編號
{
    //這個函數顯示所連接的網路卡編號,參數 ss 為網路卡編號。
    ShowLCD1L(ss) ; //顯示網路卡編號


}
void ShowIPonLCD(String ss)    //顯示連接熱點後取得網路編號(IP Address)
{
    //這個函數顯示連接熱點後所取得的網路位址 (IP Address),參數 ss 為網路
編號。
        ShowLCD2("IP:"+ss) ;    //顯示取得網路編號(IP Address)


}
void ShowInternetonLCD(String s1,String s2,String s3)    //顯示網際網路連接
基本資訊
{
//這個函數顯示網際網路的連接基本資訊,包括網路卡編號、連接的熱點名稱以
及所取得的網路編號,分別由 s1、s2 和 s3 三個參數傳遞。
        ShowMAConLCD(s1)  ;   //顯示熱點
        ShowAPonLCD(s2) ;       //顯示連接熱點名稱
        ShowIPonLCD(s3) ;   //顯示連接熱點後取得網路編號(IP Address)}


}


void ShowSensoronLCD(double s1, double s2)       //顯示溫度與濕度在 LCD 上
{
    //這個函數顯示溫度和濕度數值,參數 s1 為溫度值,s2 為濕度值。顯示的格
式為 "T:溫度值.C H:濕度值.%"
//      ShowLCD3("T:"+Double2Str(TempValue,1)+".C
"+"T:"+Double2Str(HumidValue,1)+".%" ) ;
    ShowLCD3("T:"+Double2Str(s1,1)+".C "+"H:"+Double2Str(s2,1)+".%" ) ;
}
```

程式下載:https://github.com/brucetsao/ESP6Course_IIOT

表 148 Modbus RTU 四路繼電器模組訂閱 MQTT 程式(MQTTLib.h)

Modbus RTU 四路繼電器模組訂閱 MQTT 程式(MQTTLib.h)

```
#include <PubSubClient.h> // 匯入 MQTT 函式庫
#include <ArduinoJson.h> // 匯入 Json 使用元件

WiFiClient WifiClient; // 建立 WiFi 客戶端元件

PubSubClient mqttclient(WifiClient) ; // 建立一個 MQTT 物件，名稱為
mqttclient，使用 WifiClient 的網路連線端

#define mytopic "/ncnu/controller" // 設定 MQTT 主題

#define MQTTServer "broker.emqx.io" // 設定 MQTT Broker 的 IP
#define MQTTPort 1883 // 設定 MQTT Broker 的 Port
char* MQTTUser = ""; // 設定 MQTT 使用者帳號，這裡不需要
char* MQTTPassword = ""; // 設定 MQTT 使用者密碼，這裡不需要

char buffer[400]; // 設定緩衝區大小

String SubTopic = String("/ncnu/relay/"); // 設定訂閱主題字串的前半部份
String FullTopic ; // 完整主題字串的字串變數
char fullTopic[35] ; // 完整主題字串的字元陣列

char clintid[20]; // 設定 MQTT 客戶端 ID

void mycallback(char* topic, byte* payload, unsigned int length) ; // 設定 MQTT
接收訊息的回調函式
void connectMQTT() ; // 設定 MQTT 連線函式

void fillCID(String mm)
{
    /*
    // 這個函式將從傳入的字串(mm)中產生一個隨機的 client id，
// 先將第一個字元設為 't'，第二個字元設為 'w'，
// 接著將 mm 複製到 clintid 陣列中，並在最後面補上換行符號 '\n'
    */
    //compose clientid with "tw"+MAC
    clintid[0]= 't' ;
    clintid[1]= 'w' ;
```

```
        mm.toCharArray(&clintid[2],mm.length()+1) ;
    clintid[2+mm.length()+1] = '\n' ;



}

void initMQTT()     //MQTT Broker 初始化連線
{
   // 這個函式用來初始化 MQTT Broker 連線設定
   mqttclient.setServer(MQTTServer, MQTTPort);
   //連接 MQTT Server ， Servar name :MQTTServer， Server Port :MQTTPort
   //mq.tongxinmao.com:18832
   mqttclient.setCallback(mycallback);
   // 設定 MQTT Server ， 有 subscribed 的 topic 有訊息時，通知的函數

//-------------------------
      fillCID(MacData); // generate a random clientid based MAC
   Serial.print("MQTT ClientID is :(") ;
   Serial.print(clintid) ;
   Serial.print(")\n") ;

   mqttclient.setServer(MQTTServer, MQTTPort);     // 設定 MQTT Server
URL and Port
   mqttclient.setCallback(mycallback); //設定 MQTT 回叫系統使用的函
式:mycallback
   connectMQTT();        //連到 MQTT Server

}

 void connectMQTT()
 {

  Serial.print("MQTT ClientID is :(") ;
  Serial.print(clintid) ;
  Serial.print(")\n") ;
  //印出 MQTT Client 基本訊息
  while (!mqttclient.connect(clintid, MQTTUser, MQTTPassword))   //沒有連線
  {
      Serial.print("-");      //印出"-"
```

```
        delay(1000);
    }
    Serial.print("\n");
    Serial.print("String Topic:[") ;
    Serial.print(mytopic) ;
    Serial.print("]\n") ;
    mqttclient.subscribe(mytopic); //訂閱我們的主旨
    Serial.println("\n MQTT connected!");
}

void mycallback(char* topic, byte* payload, unsigned int length)
{
    //mycallback(char* topic, byte* payload, unsigned int length)    參數格式固
定，勿更改

    String payloadString;   // 將接收的 payload 轉成字串
    // 顯示訂閱內容
    Serial.print("Incoming:(") ;
    for (int i = 0; i < length; i++)
    {
        payloadString = payloadString + (char)payload[i];
        //buffer[i]= (char)payload[i] ;
        Serial.print(payload[i],HEX) ;
    }
    Serial.print(")\n") ;

  payloadString = payloadString + '\0';
  Serial.print("Message arrived [");
  Serial.print(topic);
  Serial.print("] \n");

  //--------------------
  Serial.print("Content [");
  Serial.print(payloadString);
  Serial.print("] \n");



}
```

表 149 Modbus RTU 四路繼電器模組訂閱 MQTT 程式(initPins.h)

Modbus RTU 四路繼電器模組訂閱 MQTT 程式(initPins.h)

```
#define _Debug 1      //輸出偵錯訊息
#define _debug 1      //輸出偵錯訊息
#define initDelay    6000      //初始化延遲時間
#define loopdelay 60000      //loop 延遲時間


//--------------------
#include <String.h>
#define Ledon HIGH
#define Ledoff LOW
#define WifiLed 2      // PM2.5 Control Box PCB Use
#define AccessLED 15
#define BeepPin 4
/*
   這段程式碼是定義了一些常數，下面是每個常數的註解：

   _Debug 和 _debug：用於控制是否輸出偵錯訊息，因為兩者都設置為 1，所
以輸出偵錯訊息。
   initDelay：初始化延遲時間，設置為 6000 毫秒。
   loopdelay：loop() 函數的延遲時間，設置為 60000 毫秒。
   WifiLed：WiFi 指示燈的引腳號，這裡設置為 2。
   AccessLED：設備狀態指示燈的引腳號，這裡設置為 15。
   BeepPin：蜂鳴器引腳號，這裡設置為 4。
*/

//int ccmd = -1 ;
//String cmdstr ;

#include <WiFi.h>      //使用網路函式庫
#include <WiFiClient.h>      //使用網路用戶端函式庫
#include <WiFiMulti.h>      //使用多熱點網路函式庫

WiFiMulti wifiMulti;      //產生多熱點連線物件
```

```
WiFiClient client;

String IpAddress2String(const IPAddress& ipAddress) ; // 將 IP 位址轉換為字
串
void debugoutln(String ss) ;  // 輸出偵錯訊息
void debugout(String ss)   ; // 輸出偵錯訊息




IPAddress ip ;      //網路卡取得 IP 位址之原始型態之儲存變數
String IPData ;    //網路卡取得 IP 位址之儲存變數
String APname ;     //網路熱點之儲存變數
String MacData ;    //網路卡取得網路卡編號之儲存變數
long rssi ;    //網路連線之訊號強度'之儲存變數
int status = WL_IDLE_STATUS;   //取得網路狀態之變數

boolean initWiFi()    //網路連線，連上熱點
{
  //加入連線熱點資料
  wifiMulti.addAP("NCNUIOT", "12345678");   //加入一組熱點
  wifiMulti.addAP("NCNUIOT2", "12345678");   //加入一組熱點
  wifiMulti.addAP("NUKIOT", "iot12345");   //加入一組熱點

  // We start by connecting to a WiFi network
  // 連線熱點
  Serial.println();
  Serial.println();
  Serial.print("Connecting to ");
  //通訊埠印出  "Connecting to "
  wifiMulti.run();   //多網路熱點設定連線
  while (WiFi.status() != WL_CONNECTED)       //還沒連線成功
  {
    // wifiMulti.run() 啟動多熱點連線物件，進行已經紀錄的熱點進行連線，
    // 一個一個連線，連到成功為主，或者是全部連不上
    // WL_CONNECTED 連接熱點成功
    Serial.print(".");    //通訊埠印出
    delay(500) ;   //停 500 ms
    wifiMulti.run();    //多網路熱點設定連線
  }
```

```
    Serial.println("WiFi connected");    //通訊埠印出 WiFi connected
    Serial.print("AP Name: ");    //通訊埠印出 AP Name:
    APname = WiFi.SSID();
    Serial.println(APname);    //通訊埠印出 WiFi.SSID()==>從熱點名稱
    Serial.print("IP address: ");    //通訊埠印出 IP address:
    ip = WiFi.localIP();
    IPData = IpAddress2String(ip) ;
    Serial.println(IPData);    //通訊埠印出 WiFi.localIP()==>從熱點取得 IP 位址
    //通訊埠印出連接熱點取得的 IP 位址


    debugoutln("WiFi connected"); //印出 "WiFi connected"，在終端機中可以看
到
    debugout("Access Point: "); //印出 "Access Point: "，在終端機中可以看到
    debugoutln(APname); //印出 APname 變數內容，並換行
    debugout("MAC address: "); //印出 "MAC address: "，在終端機中可以看到
    debugoutln(MacData); //印出 MacData 變數內容，並換行
    debugout("IP address: "); //印出 "IP address: "，在終端機中可以看到
    debugoutln(IPData); //印出 IPData 變數內容，並換行
    /*
        這些語句是用於在終端機中顯示一些網路相關的信息，
        例如已連接的 Wi-Fi 網路名稱、MAC 地址和 IP 地址。
        debugout()和 debugoutln()是用於輸出信息的自定義函數，
        這裡的程式碼假定這些函數已經在代碼中定義好了
    */
    return true ;
}

boolean CheckWiFi() //檢查 Wi-Fi 連線狀態的函數
{
    //這些語句是用於檢查 Wi-Fi 連線狀態和顯示網路連線資訊的函數。
CheckWiFi()函數檢查 Wi-Fi 連線狀態是否已連接，如果已連接，則返回 true，否
則返回 false。
    if (WiFi.status() != WL_CONNECTED) //如果 Wi-Fi 未連接
    {
        return false ; //回傳 false 表示未連線
    }
    else //如果 Wi-Fi 已連接
    {
```

```
    return true ; //回傳 true 表示已連線
  }
}

void ShowInternet() //顯示網路連線資訊的函數
{
  //ShowInternet()函數則印出 MAC 地址、Wi-Fi 名稱和 IP 地址的值。這些信息
通常用於調試和診斷網路連線問題
  Serial.print("MAC:") ; //印出 "MAC:"
  Serial.print(MacData) ; //印出 MacData 變數的內容
  Serial.print("\n") ; //換行
  Serial.print("SSID:") ; //印出 "SSID:"
  Serial.print(APname) ; //印出 APname 變數的內容
  Serial.print("\n") ; //換行
  Serial.print("IP:") ; //印出 "IP:"
  Serial.print(IPData) ; //印出 IPData 變數的內容
  Serial.print("\n") ; //換行
}
//-------------------
/*
  這段程式碼中定義了三個函式：
  debugoutln、debugout

  debugoutln 和 debugout 函式的功能，
  都是根據_Debug 標誌來決定是否輸出字串。
  如果_Debug 為 true，
  則分別使用 Serial.println 和 Serial.print 輸出參數 ss。
*/
void debugoutln(String ss)
{
  if (_Debug)
    Serial.println(ss) ;
}
void debugout(String ss)
{
  if (_Debug)
    Serial.print(ss) ;
}
```

```
//-------------------
long POW(long num, int expo)
{
  /*
     POW 函式是用來計算一個數的 n 次方的函式。
     函式有兩個參數,
     第一個參數為 num,表示底數,
     第二個參數為 expo,表示指數。
     如果指數為正整數,
     則使用迴圈來進行計算,否則返回 1。
  */
  long tmp = 1 ;
  if (expo > 0)
  {
    for (int i = 0 ; i < expo ; i++)
      tmp = tmp * num ;
    return tmp ;
  }
  else
  {
    return tmp ;
  }
}

String SPACE(int sp)
{
  /*
     SPACE 函式是用來生成一個包含指定數量空格的字串。
     函式只有一個參數,即空格的數量。
     使用 for 循環生成指定數量的空格,
     然後將它們連接起來形成一個字串,
     最後返回這個字串。
  */
  String tmp = "" ;
  for (int i = 0 ; i < sp; i++)
  {
    tmp.concat(' ')  ;
```

```
    }
    return tmp ;
}


// This function converts a long integer to a string with leading zeros (if neces-
sary)
// The function takes in three arguments:
// - num: the long integer to convert
// - len: the length of the resulting string (including leading zeros)
// - base: the base to use for the conversion (e.g., base 16 for hexadecimal)
String strzero(long num, int len, int base)
{
    String retstring = String(""); // Initialize an empty string
    int ln = 1 ;
    int i = 0 ;
    char tmp[10] ;
    long tmpnum = num ;
    int tmpchr = 0 ;
    char hexcode[] = {'0', '1', '2', '3', '4', '5', '6', '7', '8', '9', 'A', 'B', 'C', 'D', 'E', 'F'} ; //
Character array for hexadecimal digits
    while (ln <= len)
    {
        tmpchr = (int)(tmpnum % base) ; // Compute the remainder of tmpnum
when divided by base
        tmp[ln - 1] = hexcode[tmpchr] ; // Store the corresponding character in tmp
array
        ln++ ;
        tmpnum = (long)(tmpnum / base) ; // Divide tmpnum by base and update
its value
    }
    for (i = len - 1; i >= 0 ; i --) // Iterate through the tmp array in reverse order
    {
        retstring.concat(tmp[i]); // Append each character to the output string
    }
    return retstring; // Return the resulting string
}
// This function converts a string representing a number in the specified base to
an unsigned long integer
```

```
// The function takes in two arguments:
// - hexstr: the string to convert
// - base: the base of the number system used in hexstr (e.g., base 16 for
hexadecimal)
unsigned long unstrzero(String hexstr, int base)
{
  String chkstring   ;
  int len = hexstr.length() ; // Compute the length of the input string

  unsigned int i = 0 ;
  unsigned int tmp = 0 ;
  unsigned int tmp1 = 0 ;
  unsigned long tmpnum = 0 ;
  String hexcode = String("0123456789ABCDEF") ; // String containing hexa-
decimal digits
  for (i = 0 ; i < (len ) ; i++) // Iterate through the input string
  {
    hexstr.toUpperCase() ; // Convert each character in the input string to
uppercase
    tmp = hexstr.charAt(i) ; // Get the ASCII code of the character at position i
    tmp1 = hexcode.indexOf(tmp) ; // Find the index of the character in the
hexcode string
    tmpnum = tmpnum + tmp1 * POW(base, (len - i - 1) )   ; // Update the value
of tmpnum based on the value of the current character
  }
  return tmpnum; // Return the resulting unsigned long integer
}

String   print2HEX(int number)
{
  // 這個函式接受一個整數作為參數
  // 將該整數轉換為 16 進制表示法的字串
  // 如果該整數小於 16，則在字串前面加上一個 0
  // 最後返回 16 進制表示法的字串
  String ttt ;
  if (number >= 0 && number < 16)
  {
    ttt = String("0") + String(number, HEX);
  }
```

```
    else
    {
        ttt = String(number, HEX);
    }
    return ttt ;
}


String GetMacAddress()      //取得網路卡編號
{
    // the MAC address of your WiFi shield
    String Tmp = "" ;
    byte mac[6];

    // print your MAC address:
    WiFi.macAddress(mac);
    for (int i = 0; i < 6; i++)
    {
        Tmp.concat(print2HEX(mac[i])) ;
    }
    Tmp.toUpperCase() ;
    return Tmp ;
}

void ShowMAC()    //於串列埠印出網路卡號碼
{

    Serial.print("MAC Address:(");   //印出  "MAC Address:("
    Serial.print(MacData) ;      //印出  MacData 變數內容
    Serial.print(")\n");        //印出  ")\n"



}
String IpAddress2String(const IPAddress& ipAddress)
{
    //回傳 ipAddress[0-3]的內容，以 16 進位回傳
    return String(ipAddress[0]) + String(".") + \
            String(ipAddress[1]) + String(".") + \
            String(ipAddress[2]) + String(".") + \
```

```
                String(ipAddress[3])   ;
}




//將字元陣列轉換為字串
String chrtoString(char *p)
{
    String tmp ; //宣告一個名為 tmp 的字串
    char c ; //宣告一個名為 c 的字元
    int count = 0 ; //宣告一個名為 count 的整數變數，初始值為 0
    while (count < 100) //當 count 小於 100 時進入迴圈
    {
        c = *p ; //將指標 p 指向的值指派給 c
        if (c != 0x00) //當 c 不為空值(0x00)時
        {
            tmp.concat(String(c)) ; //將 c 轉換為字串型別並連接到 tmp 字串中
        }
        else //當 c 為空值(0x00)時
        {
            return tmp ; //回傳 tmp 字串
        }
        count++ ; //count 值增加 1
        p++; //將指標 p 指向下一個位置

    }
}




void CopyString2Char(String ss, char *p)   //將字串複製到字元陣列
{
    //將字串複製到字元陣列
    if (ss.length() <= 0) //當 ss 字串長度小於等於 0 時
    {
        p = 0x00 ; //將指標 p 指向的位置設為空值(0x00)
        return ; //直接回傳
    }
    ss.toCharArray(p, ss.length() + 1) ; //將 ss 字串轉換為字元陣列，並存儲到指
```

標 p 指向的位置
```
  //(p+ss.length()+1) = 0x00 ;
}
boolean CharCompare(char *p, char *q)
{
  boolean flag = false ; //宣告一個名為 flag 的布林變數，初始值為 false
  int count = 0 ; //宣告一個名為 count 的整數變數，初始值為 0
  int nomatch = 0 ; //宣告一個名為 nomatch 的整數變數，初始值為 0

  while (flag < 100) //當 flag 小於 100 時進入迴圈
  {
      if (*(p+count) == 0x00 or *(q+count) == 0x00) //當指標 p 或指標 q 指向的
值為空值(0x00)時
          break ; //跳出迴圈
      if (*(p+count) != *(q+count) )
      {
          nomatch ++ ; //nomatch 值增加 1
      }
          count++ ; //count 值增加 1
  }    //end of   while (flag < 100)
  if (nomatch > 0)
  {
    return false ;
  }
  else
  {
    return true ;
  }


}
// This function converts a double number to a String with specified number of
decimal places
// dd: the double number to be converted
// decn: the number of decimal places to be displayed
String Double2Str(double dd, int decn)
{
  // Extract integer part of the double number
  int a1 = (int)dd ;
```

```cpp
   int a3 ;

   // If decimal places are specified
   if (decn > 0)
   {
     // Extract decimal part of the double number
     double a2 = dd - a1 ;
     // Multiply decimal part with 10 to the power of specified number of decimal
places
     a3 = (int)(a2 * (10 ^ decn));
   }

   // If decimal places are specified, return the String with decimal places
   if (decn > 0)
   {
     return String(a1) + "." + String(a3) ;
   }
   // If decimal places are not specified, return the String with only the integer
part
   else
   {
     return String(a1) ;
   }

}
//--------------GPIO Function

void TurnonWifiLed()      //打開 Wifi 連接燈號
{
   digitalWrite(WifiLed, Ledon) ;
}

void TurnoffWifiLed()    //關閉 Wifi 連接燈號
{
   digitalWrite(WifiLed, Ledoff) ;
}

void AccessOn()    //打開動作燈號
{
```

```
    digitalWrite(AccessLED, Ledon) ;
}

void AccessOff()        //關閉動作燈號
{
    digitalWrite(AccessLED, Ledoff) ;
}
void BeepOn()        //打開嗡鳴器
{
    digitalWrite(BeepPin, Ledon) ;
}
void BeepOff()        //關閉嗡鳴器
{
    digitalWrite(BeepPin, Ledoff) ;
}
/*
    GPIO 是 General Purpose Input/Output 的簡稱,
    是微控制器的一種外部接口。
    程式中的 digitalWrite 可以控制 GPIO 的狀態,
    其中 WifiLed、AccessLED、BeepPin 都是 GPIO 的編號,
    Ledon 和 Ledoff 則是表示 GPIO 的狀態,
    通常是高電位或低電位的編號,
    具體的編號會依據使用的裝置而有所不同。
    因此,以上程式碼可以用來控制 Arduino 的 GPIO 狀態,
    從而控制裝置的狀態。
*/
```

程式下載:https://github.com/brucetsao/ESP6Course_IIOT

如下圖所示，可以看到程式編輯畫面：

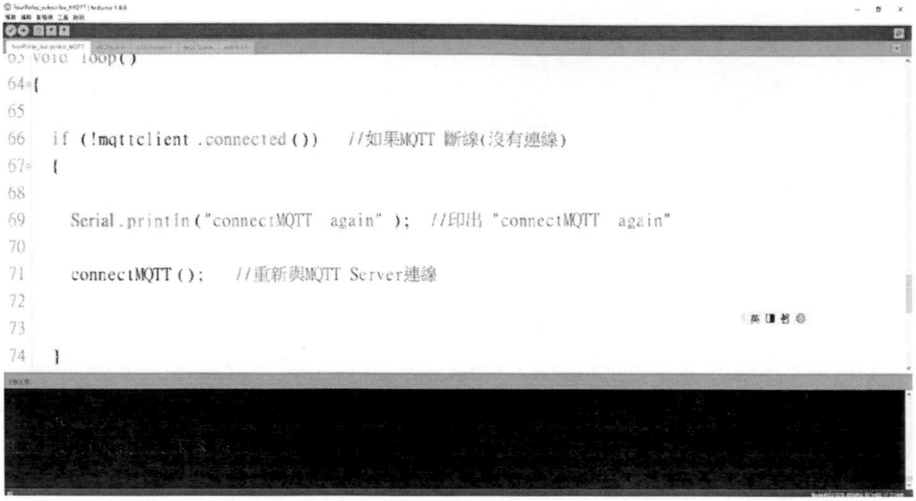

```
void loop()
64 {
65
66   if (!mqttclient .connected ())    //如果MQTT 斷線(沒有連線)
67   {
68
69     Serial .println ("connectMQTT  again" );   //印出 "connectMQTT  again"
70
71     connectMQTT ();    //重新與MQTT Server連線
72
73
74   }
```

圖 176 Modbus RTU 四路繼電器模組訂閱 MQTT 程式之編輯畫面

如下圖所示，筆者透過 MQTT BOX 軟體，對於 MQTT BOX 軟體不熟的讀者，可以參閱拙作：ESP32 物聯網基礎 10 門課:The Ten Basic Courses to IoT Programming Based on ESP32(曹永忠 et al., 2023a, 2023b)。

首先筆者將下表所示之內容，傳送到：MQTT Broker 伺服器：broker.emqx.io 上，並會傳送到『/ncnu/controller』主題，讓該主題的訂閱端都可以接受到這個內容。

表 150 四路繼電器模組控制命令之 Json 文件檔

```
{
    "DEVICE":"E89F6DE869F8",
    "COMMAND":"STATUS"
}
```

如下圖所示，為了進行測試，本文使用 MQTT BOX 應用程式，訂閱『/ncnu/controller』主題後，MQTT Broker 回傳訊息的畫面。

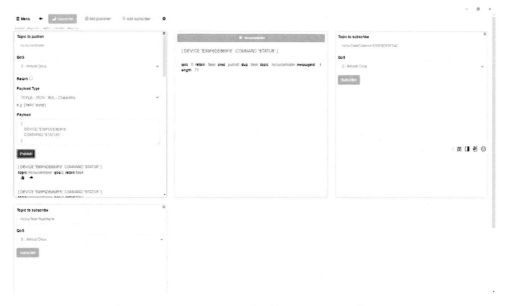

圖 177　/ncnu/controller 主題之 MQTT BOX 畫面

如下圖所示，我們可以看到 Modbus RTU 四路繼電器模組訂閱 MQTT 程式之結果畫面。

圖 178 Modbus RTU 四路繼電器模組訂閱 MQTT 程式之結果畫面

綜述如上後，到此本文已完成 Modbus RTU 四路繼電器模組訂閱 MQTT Broker 伺服器，並把訂閱主題之 json 文件接收與顯示其內容。

MQTT Broker 訂閱接收後回饋功能開發

本節將要介紹我們將要使用 MQTT Publish/Subscribe 的機制，將本文設計的裝置，用 RS-485 連接接受 RS-485 通訊的 Modbus RTU 四路繼電器模組的繼電器模組與 IO 模組的狀態資料，透過訂閱 MQTT Broker 伺服器，固定訂閱特定的主題(Topic)，可以接收到這個主題所有相關的內容(Payload)，並針對查詢狀態命令，針對連接之 RS-485 通訊的 Modbus RTU 四路繼電器模組的繼電器模組與 IO 模組，進行 Modbus 通訊後，進而查詢其四路繼電器模組與與四組 Input 模組之目前狀態，將其狀態進行對應之 json 文件編碼後，回傳到連接的 MQTT Broker 伺服器，指定特定的 Topic，將整的裝置的感測模組的狀態資訊，轉化成 Payload，使用 MQTT 通訊協定傳送到 MQTT Broker 伺服器之特定特定的 Topic。

回饋控制器狀態之功能開發

如下圖所示，這個實驗我們需要用到的實驗硬體有下圖.(a)的 ESP 32 開發板、下圖.(b) MicroUSB 下載線：

(a). NodeMCU 32S 開發板

(b). MicroUSB 下載線

(c). TTL 轉 RS485 模組   (d). LCD 2004   I2C

(e). Modbus RTU 四路繼電器模組

圖 179 接收/發送端實驗材料表

讀者也可以參考下表之發送端實驗材料表，進行電路組立。

表 151 接收/發送端實驗材料接腳表

接腳	接腳說明	開發板接腳
1a	麵包板 Vcc(紅線)	接電源正極(5V)
1b	麵包板 GND(藍線)	接電源負極
2a	四路繼電器模組(+/VCC)	接電源正極(12V)
2b	四路繼電器模組(-/GND)	接電源負極
2c	四路繼電器模組(A+)	TTL 轉 RS485 模組(A+)

接腳	接腳說明	開發板接腳
2d	四路繼電器模組(B-)	TTL 轉 RS485 模組(B-)
3a	TTL 轉 RS485 模組(VCC)	接電源正極(5V)
3b	TTL 轉 RS485 模組(GND)	接電源負極
3c	TTL 轉 RS485 模組(TX)	NodeMCU 32S 開發板 GPIO16
3d	TTL 轉 RS485 模組(RX)	NodeMCU 32S 開發板 GPIO17
4a	LCD 2004　I2C (VCC)	接電源正極(5V)
4b	LCD 2004　I2C (GND)	接電源負極
4c	LCD 2004　I2C (SDA)	NodeMCU 32S 開發板 GPIO21
4d	LCD 2004　I2C (SCL)	NodeMCU 32S 開發板 GPIO22

讀者可以參考下圖所示之發送端實驗材料連接電路圖，進行電路組立。

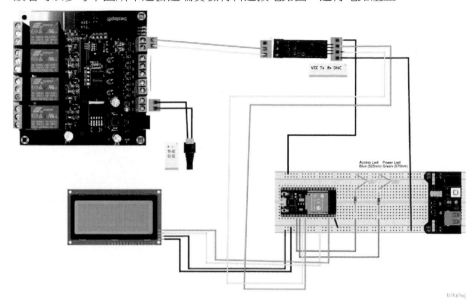

圖 180 接收/發送端實驗材料實驗電路圖

讀者可以參考下圖所示之發送端實驗材料實驗電路圖，參考後進行電路組立。

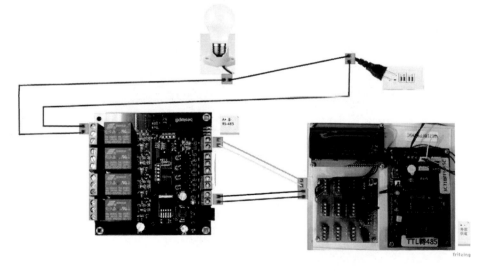

圖 181 接收/發送端實驗材料實驗電路實體圖

我們遵照前幾章所述，將 ESP 32 開發板的驅動程式安裝好之後，我們打開 ESP 32 開發板的開發工具：Sketch IDE 整合開發軟體(安裝 Arduino 開發環境，請參考本文之『Arduino 開發 IDE 安裝』，安裝 ESP 32 開發板 SDK 請參考本文之『安裝 ESP32 Arduino 整合開發環境』(曹永忠, 2020a, 2020b, 2020c)，攢寫一段程式，如下表所示之 Modbus RTU 四路繼電器模組訂閱 MQTT 程式，透過 MQTT Broker 取得來自**訂閱的 TOPIC**，其他發送到這個**訂閱的 TOPIC** 的所有 Published 的訊息，並顯示在通訊埠監控程式。

表 152 Modbus RTU 四路繼電器模組訂閱 MQTT 程式
(fourRelay_subscribeAndResponse_MQTTV2)

Modbus RTU 四路繼電器模組訂閱並回送狀態程式 (fourRelay_subscribeAndResponse_MQTTV2)

#include <String.h>　//String 使用必備函示庫
#include "initPins.h"　　//系統共用函數
#include "crc16.h"　//arduino json 使用必備函示庫
#include "RS485Lib.h"　//arduino json 使用必備函示庫
#include "JSONLIB.h"　//arduino json 使用必備函示庫
#include "LCDSensor.h"　// LCD 2004 共用函數
#include "MQTTLib.h"　// M Q T T 　 B r o k e r 共用函數
//----------------
void ShowInternetonLCD(String s1,String s2,String s3) ;　//顯示網際網路連接基本資訊，這個函式接受三個字串參數，用於在 LCD 上顯示網際網路連線的基本資訊。
void ShowSensoronLCD(double s1, double s2) ;　　//顯示溫度與濕度在 LCD 上，這個函式接受兩個雙精度浮點數參數，用於在 LCD 上顯示溫度和濕度。
boolean initWiFi()　; //網路連線，連上熱點，這個函式返回布林值，用於初始化 WiFi 連接。當連接成功時返回 true，否則返回 false。
　void initAll() ;　　//這個函式用於初始化整個系統。
//----------------
　void connectMQTT() ; //這個函式用於連接 MQTT 代理伺服器。
　void mycallback(char* topic, byte* payload, unsigned int length)　;
//這個函式用於處理 MQTT 訂閱時收到的資料。它有三個參數，分別是主題、資料內容和資料長度。
 	
// the setup function runs once when you press reset or power the board
void setup()

```
{
  // initialize digital pin LED_BUILTIN as an output.
  // initialize digital pin LED_BUILTIN as an output.
  // 將 LED_BUILTIN 腳位設為輸出模式
  initAll() ;    //系統初始化
  // 執行系統初始化
  initRS485()  ;   //啟動 Modbus
  // 啟動 Modbus 通訊協定
  initWiFi() ;   //網路連線，連上熱點
  // 連接 WiFi 熱點

  initMQTT()   ;//MQTT Broker 初始化連線
  // 初始化 MQTT Broker 連線

  // 網路連線，連上熱點
  if (CheckWiFi())
  {
    TurnonWifiLed() ;   //打開 Wifi 連接燈號
    Serial.println("Wifi is Connected.....");
  }
  else
  {
    TurnoffWifiLed() ;   //打開 Wifi 連接燈號
    Serial.println("Wifi is lost");
  }
  BeepOff() ;    //關閉嗡鳴器
  // 關閉嗡鳴器
  ShowInternet()   ; //顯示網際網路連接基本資訊
  // 顯示網際網路連接基本資訊

  initLCD()  ;   //初始化 LCD 螢幕
  // 初始化 LCD 螢幕
  ShowInternetonLCD(MacData,APname,IPData)   ; //顯示網際網路連接基本
資訊
  // 顯示網際網路連接基本資訊

  Serial.println("System   Ready");
  // 顯示 System Ready 的文字
  delay(initDelay) ;     //等待多少秒，進入 loop()重複執行的程序
```

```
    // 延遲一段時間進入 loop()重複執行的程序
}
// the loop function runs over and over again forever
void loop()
{
    if (!mqttclient.connected())    //如果 MQTT 斷線(沒有連線)
    {
        Serial.println("connectMQTT  again"); //印出 "connectMQTT  again"
        connectMQTT();    //重新與 MQTT Server 連線
    }


    mqttclient.loop();    //處理 MQTT 通訊處理程序
    //給作業系統處理多工程序的機會
    // delay(10000) ;
}

void initAll()      //系統初始化
{
    Serial.begin(9600) ;
    Serial.println("System Start");
    MacData = GetMacAddress() ; //取得網路卡編號
    Serial.print("MAC:(");
    Serial.print(MacData);
    Serial.print(")\n");
}
```

程式下載：https://github.com/brucetsao/ESP6Course_IIOT

表 153 Modbus RTU 四路繼電器模組訂閱 MQTT 程式(LCDSensor.h)

Modbus RTU 四路繼電器模組訂閱 MQTT 程式(LCDSensor.h)
// 引用 Wire.h 和 LiquidCrystal_I2C.h 程式庫
#include <Wire.h>
#include <LiquidCrystal_I2C.h>
//這段程式碼主要是使用 LiquidCrystal_I2C 函式庫來控制 I2C 介面的 LCD 顯示屏，程式碼內容如下
// 使用 LiquidCrystal_I2C 程式庫初始化 LCD 螢幕
LiquidCrystal_I2C lcd(0x27,20,4); // 設置 LCD 位址為 0x27，顯示 16 個字符和

2 行
//這個程式需要引入 Wire.h 和 LiquidCrystal_I2C.h 兩個庫。然後，定義一個名為 lcd 的 LiquidCrystal_I2C 類型物件，並且指定 LCD 顯示屏的 I2C 位址、行數和列數

//LiquidCrystal_I2C lcd(0x3F,20,4); // 設置 LCD 位址為 0x3F，顯示 16 個字符和 2 行（注释掉的代码）

// 清除 LCD 螢幕
void ClearShow()
{
  // ClearShow() 函式會把 LCD 的游標移動到左上角，然後使用 lcd.clear() 函式清除螢幕內容，最後再把游標移動到左上角。

lcd.setCursor(0,0); //設置 LCD 螢幕座標
lcd.clear() ; //清除 LCD 螢幕
lcd.setCursor(0,0); //設置 LCD 螢幕座標
}
  // 初始化 LCD 螢幕
void initLCD()
{
debugoutln("Init LCD Screen") ; //调试信息输出
lcd.init(); //初始化 LCD 螢幕
lcd.backlight(); //打开 LCD 背光
lcd.setCursor(0,0); //設置 LCD 螢幕座標
}
/*
  * 接下來是一些顯示字串的函式，例如 ShowLCD1()、ShowLCD2()、ShowLCD3()、ShowLCD4() 和 ShowString()。這些函式都是用來在 LCD 顯示屏上顯示不同的字串。以 ShowLCD1() 函式為例，程式碼內容如下
  *
  */
// 在第一行顯示字串 cc
void ShowLCD1(String cc)
{
lcd.setCursor(0,0); //設置 LCD 螢幕座標
lcd.print("   "); // 清除第一行的內容
lcd.setCursor(0,0); //設置 LCD 螢幕座標
lcd.print(cc); //在第一行顯示字串 cc

```
}

// 在第一行左邊顯示字串 cc
void ShowLCD1L(String cc)
{
lcd.setCursor(0,0); //設置 LCD 螢幕座標
// lcd.print("                ");
lcd.setCursor(0,0); //設置 LCD 螢幕座標
lcd.print(cc); //在第一行左邊顯示字串 cc
}

// 在第一行右邊顯示字串 cc
void ShowLCD1M(String cc)
{
// lcd.setCursor(0,0);
// lcd.print(" ");
lcd.setCursor(13,0); //設置 LCD 螢幕座標
lcd.print(cc); //在第一行右邊顯示字串 cc
}

// 在第二行顯示字串 cc
void ShowLCD2(String cc)
{
lcd.setCursor(0,1); //設置 LCD 螢幕座標
lcd.print("                ");
lcd.setCursor(0,1); //設置 LCD 螢幕座標
lcd.print(cc); //在目前位置顯示字串 cc
}

void ShowLCD3(String cc)
{
  //ShowLCD3()函數會將字串參數 cc 顯示在 LCD 螢幕的第 3 行上。
  lcd.setCursor(0,2); //設置 LCD 螢幕座標
  lcd.print("                ");
  lcd.setCursor(0,2); //設置 LCD 螢幕座標
  lcd.print(cc);   //在目前位置顯示字串 cc

}
void ShowLCD4(String cc)
```

```
{
  lcd.setCursor(0,3); //設置 LCD 螢幕座標
  lcd.print("                    ");
  lcd.setCursor(0,3); //設置 LCD 螢幕座標
  lcd.print(cc);   //在目前位置顯示字串 cc


}



void ShowString(String ss)
{
  lcd.setCursor(0,3);//設置 LCD 螢幕座標
  lcd.print("                    ");
  lcd.setCursor(0,3); //設置 LCD 螢幕座標
  lcd.print(ss.substring(0,19));
  //delay(1000);
}

void ShowAPonLCD(String ss)   //顯示熱點
{

  ShowLCD1M(ss) ; //顯示熱點


}
void ShowMAConLCD(String ss)   //顯示網路卡編號
{
  //這個函數顯示所連接的網路卡編號,參數 ss 為網路卡編號。
  ShowLCD1L(ss) ; //顯示網路卡編號


}
void ShowIPonLCD(String ss)   //顯示連接熱點後取得網路編號(IP Address)
{
  //這個函數顯示連接熱點後所取得的網路位址 (IP Address),參數 ss 為網路
編號。
    ShowLCD2("IP:"+ss) ;   //顯示取得網路編號(IP Address)


}
void ShowInternetonLCD(String s1,String s2,String s3)   //顯示網際網路連接
基本資訊
{
```

```
//這個函數顯示網際網路的連接基本資訊,包括網路卡編號、連接的熱點名稱以
及所取得的網路編號,分別由 s1、s2 和 s3 三個參數傳遞。
    ShowMAConLCD(s1)  ;  //顯示熱點
    ShowAPonLCD(s2) ;     //顯示連接熱點名稱
    ShowIPonLCD(s3) ;   //顯示連接熱點後取得網路編號(IP Address)}

}

void ShowSensoronLCD(double s1, double s2)     //顯示溫度與濕度在 LCD 上
{
   //這個函數顯示溫度和濕度數值,參數 s1 為溫度值,s2 為濕度值。顯示的格
式為 "T:溫度值.C H:濕度值.%"
//     ShowLCD3("T:"+Double2Str(TempValue,1)+".C
"+"T:"+Double2Str(HumidValue,1)+".%" ) ;
    ShowLCD3("T:"+Double2Str(s1,1)+".C "+"H:"+Double2Str(s2,1)+".%" ) ;
}
```

程式下載:https://github.com/brucetsao/ESP6Course_IIOT

表 154 Modbus RTU 四路繼電器模組訂閱 MQTT 程式(MQTTLib.h)

Modbus RTU 四路繼電器模組訂閱 MQTT 程式(MQTTLib.h)
#include <PubSubClient.h> // 匯入 MQTT 函式庫
#include <ArduinoJson.h> // 匯入 Json 使用元件
WiFiClient WifiClient; // 建立 WiFi 客戶端元件
PubSubClient mqttclient(WifiClient) ; // 建立一個 MQTT 物件,名稱為
mqttclient,使用 WifiClient 的網路連線端
#define mytopic "/ncnu/controller" // 設定 MQTT 主題
#define sendtopic "/ncnu/controller/status"   //這是老師用的,同學請要改
#define MQTTServer "broker.emqx.io" // 設定 MQTT Broker 的 IP
#define MQTTPort 1883 // 設定 MQTT Broker 的 Port
char* MQTTUser = ""; // 設定 MQTT 使用者帳號,這裡不需要
char* MQTTPassword = ""; // 設定 MQTT 使用者密碼,這裡不需要

```
char buffer[400];// 設定緩衝區大小

String SubTopic = String("/ncnu/relay/"); // 設定訂閱主題字串的前半部份
String FullTopic ; // 完整主題字串的字串變數
char fullTopic[35] ; // 完整主題字串的字元陣列

char clintid[20]; // 設定 MQTT 客戶端 ID
void mycallback(char* topic, byte* payload, unsigned int length)    ;// 設定
MQTT 接收訊息的回調函式
void connectMQTT() ; // 設定 MQTT 連線函式


void fillCID(String mm)
{
    /*
    // 這個函式將從傳入的字串(mm)中產生一個隨機的  client id ,
// 先將第一個字元設為 't' , 第二個字元設為 'w' ,
// 接著將  mm  複製到  clintid  陣列中 , 並在最後面補上換行符號  '\n'
    */
    //compose clientid with "tw"+MAC
    clintid[0]= 't' ;
    clintid[1]= 'w' ;
        mm.toCharArray(&clintid[2],mm.length()+1) ;
      clintid[2+mm.length()+1] = '\n' ;
}


void initMQTT()     //MQTT Broker 初始化連線
{
  mqttclient.setServer(MQTTServer, MQTTPort);
  //連接 MQTT Server , Servar name :MQTTServer, Server Port :MQTTPort
  //mq.tongxinmao.com:18832
  mqttclient.setCallback(mycallback);
  // 設定 MQTT Server ,  有 subscribed 的 topic 有訊息時 , 通知的函數

//---------------------------
     fillCID(MacData); // generate a random clientid based MAC
  Serial.print("MQTT ClientID is :(") ;
```

```
   Serial.print(clintid) ;
   Serial.print(")\n") ;


   mqttclient.setServer(MQTTServer, MQTTPort);    // 設定 MQTT Server
URL and Port
   mqttclient.setCallback(mycallback); //設定 MQTT 回叫系統使用的函
式:mycallback
   connectMQTT();        //連到 MQTT Server



}

 void connectMQTT()
 {

   Serial.print("MQTT ClientID is :(") ;
   Serial.print(clintid) ;
   Serial.print(")\n") ;
   //印出 MQTT Client 基本訊息
   while (!mqttclient.connect(clintid, MQTTUser, MQTTPassword))   //沒有連線
   {
       Serial.print("-");       //印出"-"
       delay(1000);
     }
     Serial.print("\n");
   Serial.print("String Topic:[") ;
   Serial.print(mytopic) ;
   Serial.print("]\n") ;
   mqttclient.subscribe(mytopic); //訂閱我們的主旨
   Serial.println("\n MQTT connected!");
}

boolean ReadModbusDeviceStatus()
{
     boolean ststusret= false;     //是否讀取成功
     int loopcnt=1;      //讀取次數計數器
     phasestage=1 ;      //控制讀取位址、速率、繼電器狀態、IO 狀態階段
     flag1 = false ;      //讀取成功裝置位址控制旗標
     flag2 = false ;     //讀取成功裝置速率控制旗標
```

```
    flag3 = false ;     //讀取成功繼電器狀態控制旗標
    flag4 = false ;     //讀取成功 IO 狀態控制旗標
    boolean loopin=true;     //產生並設定讀取資料迴圈控制旗標
    while (loopin)     //loop for read device all information completely
    {
        if (phasestage == 5 ) //到第五階段代表讀取所有資料完成
            {
                Serial.println("Pass stage 5") ;     //印出第五階段
                //setjsondata(String vmac, String vaddress, long vbaud,
String vrelay, String vIO)
                setjsondata(MacData,IPData, DeviceAddress, DeviceBaud,
RelayStatus, IOStatus) ; //combine all sensor data into json document
                mqttclient.publish(sendtopic, json_data);     //傳送 buffer 變
數到 MQTT Broker，指定 mytopic 傳送
                ststusret=true ;     //資料完全讀取成功
                loopin=false ;   //跳出讀取資料迴圈
                break;


            }
        if (phasestage == 1 && !flag1 ) //第一階段讀取溫度階段，且未讀取成
功溫度值
        {
            requestaddress() ;     //讀取裝置位址
        }
    if (phasestage == 2   && !flag2) //第二階段讀取濕度階段，且未讀取成功
濕度值
        {
            requestbaud() ;   //讀取裝置通訊速率
        }
        if (phasestage == 3 && !flag3 ) //第三階段讀取溫度階段，且未讀取成功
溫度值
        {
            requestrelay() ;     //讀取繼電器狀態
        }
        if (phasestage == 4   && !flag4) //第四階段讀取濕度階段，且未讀取成功
濕度值
        {
            requestIO() ;   //讀取光偶合狀態
        }
```

```
        delay(200);      //延遲 0.2 秒
    receivedlen = GetRS485data(&receiveddata[0]) ;   //資料長度
    if (receivedlen >2)     //如果資料長度大於二
      {
        loopcnt++ ;        //讀取次數計數器加一
        readcrc = ModbusCRC16(&receiveddata[0],receivedlen-2) ;
//read    crc16 of readed data
        //計算資料之 crc16 資料
        Hibyte = receiveddata[receivedlen-1]    ; //計算資料之 crc16 資料
之高位元
        Lobyte = receiveddata[receivedlen-2]    ; //計算資料之 crc16 資料
之低位元
            Serial.print("Return Data Len:") ;     //印出訊息
            Serial.print(receivedlen) ;    //印出資料長度
            Serial.print("\n") ;     //印出訊息
            Serial.print("CRC:") ;      //印出訊息
            Serial.print(readcrc) ;     //印出 CRC16 資料
            Serial.print("\n") ;      //印出訊息
            Serial.print("Return Data is:");      //印出訊息
            Seri-
al.print(RS485data2String(&receiveddata[0],receivedlen)) ;
            Serial.print(")\n");       //印出訊息
          if (!CompareCRC16(readcrc,Hibyte,Lobyte) )   //使用 crc16 判
斷讀取資料是否不正確
          {
            // error happen and resend request and re-read again
             continue;       //失敗
          }
    //-------------------------------------------------
          if (phasestage == 1 && !flag1 ) //第一階段讀取裝置位址，且未讀
取成功裝置位址
          {
            Serial.println("Pass stage 1") ;
            DeviceAddress = print2HEX((int)receiveddata[4]) ; //讀取裝
置位址
            phasestage = 2;     //下次進入第二階段
            flag1 = true ;      //成功讀取裝置位址
             continue;
          }
```

```
        if (phasestage == 2   && !flag2) //第二階段讀取裝置速率，且未讀取
成功裝置速率
        {
                Serial.println("Pass stage 2") ;
                DeviceBaud = TranBaud((int)receiveddata[4]) ; //讀取裝置位
址
                phasestage = 3; //下次進入第三階段
                flag2 = true ;      //成功讀取裝置位址
                 continue;
        }
        if (phasestage == 3 && !flag3 ) //第三階段讀取繼電器狀態，且未讀
取成功繼電器狀態
        {
                Serial.println("Pass stage 3") ;
                RelayStatus = byte2bitstring((int)receiveddata[3]) ; //讀取繼
電器狀態
                phasestage = 4 ;      //下次進入第四階段
                flag3 = true ;      //成功讀取繼電器狀態
                 continue;
        }
        if (phasestage == 4   && !flag4) //第四階段讀取 IO 光耦合，且未讀
取成功 IO 光耦合值
        {
                Serial.println("Pass stage 4") ;
                IOStatus = byte2bitstring((int)receiveddata[3]) ; //讀取 IO 光耦
合值
                phasestage = 5 ;      //下次進入第五階段
                flag4 = true ;      //成功讀取繼電器狀態
                 continue;
        }

        }


    loopcnt++ ;      //讀取次數計數器加一
    if (loopcnt >20)      //讀取次數計數器超過 20
    {
        ststusret=false;      //讀取失敗，讀取成功之旗標設定 false
        loopin=false ;      //不再進入迴圈
```

```
                Serial.println("Exceed max loop and break out") ;
                break;
            }
        }   //end of while for read modbus
        return ststusret;      //回傳讀取成功之旗標
}

void mycallback(char* topic, byte* payload, unsigned int length)
{
    //mycallback(char* topic, byte* payload, unsigned int length)   參數格式固
定‧勿更改

        String payloadString;   //  將接收的 payload 轉成字串
        //  顯示訂閱內容
        Serial.print("Incoming:(") ;
        for (int i = 0; i < length; i++)
        {
            payloadString = payloadString + (char)payload[i];
            //buffer[i]= (char)payload[i] ;
            Serial.print(payload[i],HEX) ;
        }
        Serial.print(")\n") ;

    payloadString = payloadString + '\0';
    Serial.print("Message arrived [");
    Serial.print(topic);
    Serial.print("] \n");

    //--------------------
    Serial.print("Content [");
    Serial.print(payloadString);
    Serial.print("] \n");
    deserializeJson(json_received,payloadString);
    const char* mc = json_received["DEVICE"] ;
    const char* rq = json_received["COMMAND"] ;
    const char* st = String("STATUS").c_str() ;
 // Serial.println("=====================");
///   Serial.println(json_received) ;
    Serial.println(mc) ;
```

```
    Serial.println("------------------------");
 Serial.println(rq) ;
  Serial.println("------------------------");
  Serial.println("======================");
  //boolean jsoncharstringcompare(const char* s1,String s2)
  if (strcmp(rq,st) )
    {
        Serial.println("decoding sensor data");
        ReadModbusDeviceStatus() ;
    }
    else
    {
        Serial.println("Error Command");
    }
}
```

程式下載：https://github.com/brucetsao/ESP6Course_IIOT

表 155 Modbus RTU 四路繼電器模組訂閱 MQTT 程式(RS485Lib.h)

Modbus RTU 四路繼電器模組訂閱 MQTT 程式(RS485Lib.h)
// 包含 String 函式庫
#include <String.h>
// 設定序列通訊速率為 9600
#define SERIAL_BAUD 9600
// 宣告二個字串型態的變數
String DeviceAddress, RelayStatus, IOStatus;
// 宣告一個長整數型態的變數 DeviceBaud
long DeviceBaud;
// 宣告一個硬體序列通訊的物件 RS485Serial，設定其使用第二個 UART 通訊
HardwareSerial RS485Serial(2);
// 定義第二個 UART 的 RX 腳位為 16
#define RXD2 16
// 定義第二個 UART 的 TX 腳位為 17

```
#define TXD2 17

// 定義最大反饋時間為 5000 毫秒
#define maxfeekbacktime 5000

// 包含必要的函數庫和定義常數
byte cmd ; // 命令字元
byte receiveddata[250] ; // 接收到的資料陣列
int receivedlen = 0 ; // 接收到的資料長度

// 不同的命令
byte cmd_address[] = {0x00,0x03,0x00,0x00,0x00,0x01,0x85,0xDB} ;
//讀取裝置位址
byte cmd_baud[] = {0xFF,0x03,0x03,0xE8,0x00,0x01,0x11,0xA4 } ;        //讀
取裝置通訊速度
byte cmd_relay[] = {0xFF,0x01,0x00,0x00,0x00,0x08,0x28,0x12} ;        //讀
取裝置繼電器狀態
byte cmd_IO[] = {0xFF,0x02,0x00,0x00,0x00,0x08,0x6C,0x12 } ;        //讀取
裝置 IO 器狀態

int phasestage=1 ;        //控制讀取位址、速率、繼電器狀態、IO 狀態階段
boolean flag1 = false ;        //第一階段讀取成功裝置位址控制旗標
boolean flag2 = false ;        //第二階段讀取成功裝置速率控制旗標
boolean flag3 = false ;        //第三階段讀取成功繼電器狀態控制旗標
boolean flag4 = false ;        //第四階段讀取成功 IO 狀態控制旗標

unsigned int readcrc;        //crc16 計算值暫存變數
uint8_t Hibyte, Lobyte ;        //crc16 計算值 高位元與低位元變數

//這段程式是一個用來控制 Modbus 溫溼度感測器的程式
/*
 其中，initRS485()用來初始化串口，
 requestaddress()、
 requestbaud()和
 requestrelay()
 則是分別用來向溫溼度感測器發送讀取裝置位址、
 通訊速率和繼電器狀態的命令。
 每個函數都會將命令發送出去，
 並印出相應的訊息，
```

```
   以便在調試時確定程式是否正常運行。
   */
void initRS485()     //啟動 Modbus 溫溼度感測器
{
    RS485Serial.begin(SERIAL_BAUD,SERIAL_8N1,RXD2,TXD2);
    /*
      初始化串口2,
      設定通訊速率為 SERIAL_BAUD(9600)
      數據位為8、
      無校驗位、
      停止位為1,
      RX 腳位為 RXD2,
      TX 腳位為 TXD2
      */
}

void requestaddress()     //讀取裝置位址
{
    Serial.println("now send Device Address data to device") ;
    RS485Serial.write(cmd_address,8);   //  送出讀取溫度 str1 字串陣列 長
度為8
    //  送出讀取裝置位址的命令,cmd_address 是一個 byte 陣列,長度為8
    Serial.println("end sending") ;
}
void requestbaud()     //讀取裝置通訊速率
{
    Serial.println("now send Communication Baud data to device") ;
    RS485Serial.write(cmd_baud,8);
    //  送出讀取裝置通訊速率的命令,cmd_baud 是一個 byte 陣列,長度為8
    Serial.println("end sending") ;
}

void requestrelay()     //讀取繼電器狀態
{
    Serial.println("now send Relay request to device") ;
    RS485Serial.write(cmd_relay,8);
    //  送出讀取繼電器狀態的命令,cmd_relay 是一個 byte 陣列,長度為8
    Serial.println("end sending") ;
}
```

```
void requestIO()      //讀取光偶合狀態
{
    Serial.println("now send IO request to device") ;
    RS485Serial.write(cmd_IO,8);     // 送出讀取光偶合狀態 cmd_IO 字串
陣列 長度為 8
    Serial.println("end sending") ;
}

int GetRS485data(byte *dd)
{
  //這是一個函式,接收 RS485 通訊模組傳回的資料,並將其存儲在指定的陣
列中。
  int count = 0 ;   // 計數器,用於追蹤已讀取的資料數量
  long strtime= millis() ; // 計數器開始時間
  while ((millis() -strtime) < 2000) // 在兩秒內讀取資料
    {
    if (RS485Serial.available()>0)    // 檢查通訊模組是否有資料傳回
      {
        Serial.println("Controler Respones") ;    //印出有資料嗎
          while (RS485Serial.available()>0)    // 只要還有資料,就持續讀取
          {
            RS485Serial.readBytes(&cmd,1) ;    /// 從 RS485 模組讀取
一個 byte 資料,儲存到變數 cmd 中
            Serial.print(count) ;  //印出剛才讀入資料內容,以 16 進位方式印
出'
            Serial.print(":") ;   //印出剛才讀入資料內容,以 16 進位方式印出'
            Serial.print("(") ;   //印出剛才讀入資料內容,以 16 進位方式印出'
            Serial.print(print2HEX((int)cmd)) ;  //印出剛才讀入資料內容,以
16 進位方式印出'
            Serial.print("/") ;   //印出剛才讀入資料內容,以 16 進位方式印出'
            *(dd+count) =cmd ;     // 將讀取到的資料存儲到指定的陣列
中
            Serial.print(print2HEX((int)*(dd+count))) ;  //印出剛才讀入資料
內容,以 16 進位方式印出'
            Serial.print(")\n") ;   //印出剛才讀入資料內容,以 16 進位方式印
出'

              count++ ;    // 增加計數器
```

```
            }
            Serial.print("\n---------\n") ;
        }
        return count ;    // 返回讀取到的資料量
    }

}
String RS485data2String(byte *dd, int ln)
{// 將 byte 陣列轉換成字串型態，每個 byte 會以 16 進位方式表示
    String tmp ;
    for(int i=0 ; i<ln; i++)
        {
            tmp= tmp +print2HEX((int)*(dd+i)) ;
        }
    return tmp;
}

long TranBaud(int bb)
{
    // 取得通訊速率的值
    switch (bb)
    {
        case 2:
            return 4800;
            break;
        case 3:
            return 9600,
            break;
        case 4:
            return 19200;
            break;
        default:
            return 9600;
            break;
    }
}

String byte2bitstring(int dd)
{//// 將一個 byte 轉換成 8 個 bit 的字串，其中每個 bit 以 0 或 1 表示
```

```
    String tmp;
    int vv=dd;
    int k=0;
    for(int i=0; i <8;i++)      // loop 8 times fot modal values for bit
      {
          k=(dd % 2) ;
          dd = (int)(dd/2) ;
          if (k == 1)
            {
                tmp = "1"+tmp ;
            }
          else
            {
                tmp = "0"+tmp ;
            }


      }

    return tmp ;
}
```

程式下載：https://github.com/brucetsao/ESP6Course_IIOT

表 156 Modbus RTU 四路繼電器模組訂閱 MQTT 程式(crc16.h)

Modbus RTU 四路繼電器模組訂閱 MQTT 程式(crc16.h)
/* CRC16 是一種循環冗餘檢查（Cyclic Redundancy Check，CRC）的演算法， 它通常用於檢查數據在傳輸過程中是否出現錯誤。 CRC16 通過對原始數據進行多項式除法運算， 得到一個 16 位的校驗值， 這個校驗值可以用來檢查數據在傳輸過程中是否被修改。 當接收方接收到數據時，也可以對數據進行同樣的運算， 然後比較接收到的校驗值和計算出的校驗值是否相等， 如果不相等，則說明數據已經被修改， 需要重新傳輸或採取其他措施來修正錯誤。 在程式碼中， CRC16 被用來檢查讀取到的數據是否正確， 如果校驗值不正確， 則需要重新發送請求並重新讀取數據。

```
*/
    static const unsigned int wCRCTable[] = {
        0X0000, 0XC0C1, 0XC181, 0X0140, 0XC301, 0X03C0, 0X0280,
0XC241,
        0XC601, 0X06C0, 0X0780, 0XC741, 0X0500, 0XC5C1, 0XC481,
0X0440,
        0XCC01, 0X0CC0, 0X0D80, 0XCD41, 0X0F00, 0XCFC1, 0XCE81,
0X0E40,
        0X0A00, 0XCAC1, 0XCB81, 0X0B40, 0XC901, 0X09C0, 0X0880,
0XC841,
        0XD801, 0X18C0, 0X1980, 0XD941, 0X1B00, 0XDBC1, 0XDA81,
0X1A40,
        0X1E00, 0XDEC1, 0XDF81, 0X1F40, 0XDD01, 0X1DC0, 0X1C80,
0XDC41,
        0X1400, 0XD4C1, 0XD581, 0X1540, 0XD701, 0X17C0, 0X1680,
0XD641,
        0XD201, 0X12C0, 0X1380, 0XD341, 0X1100, 0XD1C1, 0XD081,
0X1040,
        0XF001, 0X30C0, 0X3180, 0XF141, 0X3300, 0XF3C1, 0XF281,
0X3240,
        0X3600, 0XF6C1, 0XF781, 0X3740, 0XF501, 0X35C0, 0X3480,
0XF441,
        0X3C00, 0XFCC1, 0XFD81, 0X3D40, 0XFF01, 0X3FC0, 0X3E80,
0XFE41,
        0XFA01, 0X3AC0, 0X3B80, 0XFB41, 0X3900, 0XF9C1, 0XF881,
0X3840,
        0X2800, 0XE8C1, 0XE981, 0X2940, 0XEB01, 0X2BC0, 0X2A80,
0XEA41,
        0XEE01, 0X2EC0, 0X2F80, 0XEF41, 0X2D00, 0XEDC1, 0XEC81,
0X2C40,
        0XE401, 0X24C0, 0X2580, 0XE541, 0X2700, 0XE7C1, 0XE681,
0X2640,
        0X2200, 0XE2C1, 0XE381, 0X2340, 0XE101, 0X21C0, 0X2080,
0XE041,
        0XA001, 0X60C0, 0X6180, 0XA141, 0X6300, 0XA3C1, 0XA281,
0X6240,
        0X6600, 0XA6C1, 0XA781, 0X6740, 0XA501, 0X65C0, 0X6480,
0XA441,
        0X6C00, 0XACC1, 0XAD81, 0X6D40, 0XAF01, 0X6FC0, 0X6E80,
```

```
0XAE41,
        0XAA01, 0X6AC0, 0X6B80, 0XAB41, 0X6900, 0XA9C1, 0XA881,
0X6840,
        0X7800, 0XB8C1, 0XB981, 0X7940, 0XBB01, 0X7BC0, 0X7A80,
0XBA41,
        0XBE01, 0X7EC0, 0X7F80, 0XBF41, 0X7D00, 0XBDC1, 0XBC81,
0X7C40,
        0XB401, 0X74C0, 0X7580, 0XB541, 0X7700, 0XB7C1, 0XB681,
0X7640,
        0X7200, 0XB2C1, 0XB381, 0X7340, 0XB101, 0X71C0, 0X7080,
0XB041,
        0X5000, 0X90C1, 0X9181, 0X5140, 0X9301, 0X53C0, 0X5280,
0X9241,
        0X9601, 0X56C0, 0X5780, 0X9741, 0X5500, 0X95C1, 0X9481,
0X5440,
        0X9C01, 0X5CC0, 0X5D80, 0X9D41, 0X5F00, 0X9FC1, 0X9E81,
0X5E40,
        0X5A00, 0X9AC1, 0X9B81, 0X5B40, 0X9901, 0X59C0, 0X5880,
0X9841,
        0X8801, 0X48C0, 0X4980, 0X8941, 0X4B00, 0X8BC1, 0X8A81,
0X4A40,
        0X4E00, 0X8EC1, 0X8F81, 0X4F40, 0X8D01, 0X4DC0, 0X4C80,
0X8C41,
        0X4400, 0X84C1, 0X8581, 0X4540, 0X8701, 0X47C0, 0X4680,
0X8641,
        0X8201, 0X42C0, 0X4380, 0X8341, 0X4100, 0X81C1, 0X8081,
0X4040 };
//CRC16 計算用對應資料表
unsigned int   ModbusCRC16 (byte *nData, int wLength)
{
// 計算 Modbus RTU 通訊協議中的 CRC16 校驗和

// 輸入參數:
// nData: 要進行 CRC16 校驗的數據
// wLength: 數據的字節長度

// 返回值:
// unsigned int: 計算得到的 CRC16 校驗和
```

```
        byte nTemp;
        unsigned int wCRCWord = 0xFFFF;        // 初始 CRC16 校驗和值

        while (wLength--)     // 對每個字節進行計算
        {
            nTemp = *nData++ ^ wCRCWord;        // 將當前字節與 CRC16 校驗和
值進行異或運算
            wCRCWord >>= 8;     // 將 CRC16 校驗和值向右移 8 位
            wCRCWord   ^= wCRCTable[nTemp];       // 從查找表中查找對應的
值,並將其與 CRC16 校驗和值進行異或運算
        }
        return wCRCWord;       // 返回計算得到的 CRC16 校驗和
} // End: CRC16


boolean CompareCRC16(unsigned int stdvalue, uint8_t Hi, uint8_t Lo)
{
  /*
        CompareCRC16: 比較接收到的 CRC16 校驗碼是否與標準值相同
    參數:
    stdvalue: 標準值 (unsigned int)
    Hi: 接收到的 CRC16 校驗碼高位 (uint8_t)
    Lo: 接收到的 CRC16 校驗碼低位 (uint8_t)
    回傳:
    true: 接收到的 CRC16 校驗碼與標準值相同
    false: 接收到的 CRC16 校驗碼與標準值不同
  */

     if (stdvalue == Hi*256+Lo)
       {
           return true ;
       }
       else
        {
           return false ;
        }
}
```

程式下載：https://github.com/brucetsao/ESP6Course_IIOT

表 157 Modbus RTU 四路繼電器模組訂閱 MQTT 程式(initPins.h)

Modbus RTU 四路繼電器模組訂閱 MQTT 程式(initPins.h)

```
#define _Debug 1       //輸出偵錯訊息
#define _debug 1       //輸出偵錯訊息
#define initDelay    6000      //初始化延遲時間
#define loopdelay 60000      //loop 延遲時間


//---------------------
#include <String.h>
#define Ledon HIGH      //打開 LED 燈的電位設定
#define Ledoff LOW      //關閉 LED 燈的電位設定
#define WifiLed 2     // 連線 WIFI 成功之指示燈
#define AccessLED 15      // 系統運作之指示燈
#define BeepPin 4     // 控制器之嗡鳴器
/*
   這段程式碼是定義了一些常數，下面是每個常數的註解：

   _Debug 和 _debug：用於控制是否輸出偵錯訊息，因為兩者都設置為 1，所
以輸出偵錯訊息。
   initDelay：初始化延遲時間，設置為 6000 毫秒。
   loopdelay：loop() 函數的延遲時間，設置為 60000 毫秒。
   WifiLed：WiFi 指示燈的引腳號，這裡設置為 2。
   AccessLED：設備狀態指示燈的引腳號，這裡設置為 15。
   BeepPin：蜂鳴器引腳號，這裡設置為 4。
*/

#include <WiFi.h>     //使用網路函式庫
#include <WiFiClient.h>     //使用網路用戶端函式庫
#include <WiFiMulti.h>      //多熱點網路函式庫

WiFiMulti wifiMulti;     //產生多熱點連線物件

  WiFiClient client;     //產生連線物件

String IpAddress2String(const IPAddress& ipAddress)；// 將 IP 位址轉換為字
```

串

```
void debugoutln(String ss) ;   // 輸出偵錯訊息
void debugout(String ss)   ; // 輸出偵錯訊息


IPAddress ip ;        //網路卡取得 IP 位址之原始型態之儲存變數
String IPData ;       //網路卡取得 IP 位址之儲存變數
String APname ;       //網路熱點之儲存變數
String MacData ;      //網路卡取得網路卡編號之儲存變數
long rssi ;     //網路連線之訊號強度'之儲存變數
int status = WL_IDLE_STATUS;   //取得網路狀態之變數


boolean initWiFi()    //網路連線，連上熱點
{
   //加入連線熱點資料
   wifiMulti.addAP("NCNUIOT", "12345678");   //加入一組熱點
   wifiMulti.addAP("NCNUIOT2", "12345678");   //加入一組熱點
   wifiMulti.addAP("NUKIOT", "iot12345");   //加入一組熱點

   // We start by connecting to a WiFi network

   Serial.println();
   Serial.println();
   Serial.print("Connecting to ");
   //通訊埠印出  "Connecting to "
   wifiMulti.run();   //多網路熱點設定連線
  while (WiFi.status() != WL_CONNECTED)        //還沒連線成功
   {
    // wifiMulti.run() 啟動多熱點連線物件，進行已經紀錄的熱點進行連線，
    // 一個一個連線，連到成功為主，或者是全部連不上
    // WL_CONNECTED 連接熱點成功
    Serial.print(".");    //通訊埠印出
    delay(500) ;  //停 500 ms
     wifiMulti.run();    //多網路熱點設定連線
   }
    Serial.println("WiFi connected");   //通訊埠印出  WiFi connected
    Serial.print("AP Name: ");    //通訊埠印出  AP Name:
```

```
      APname = WiFi.SSID();
      Serial.println(APname);    //通訊埠印出 WiFi.SSID()==>從熱點名稱
      Serial.print("IP address: ");    //通訊埠印出 IP address:
      ip = WiFi.localIP();
      IPData = IpAddress2String(ip) ;
      Serial.println(IPData);    //通訊埠印出 WiFi.localIP()==>從熱點取得 IP 位
址
      //通訊埠印出連接熱點取得的 IP 位址


   debugoutln("WiFi connected"); //印出 "WiFi connected"，在終端機中可以看
到
   debugout("Access Point: "); //印出 "Access Point: "，在終端機中可以看到
   debugoutln(APname); //印出 APname 變數內容，並換行
   debugout("MAC address: "); //印出 "MAC address: "，在終端機中可以看到
   debugoutln(MacData); //印出 MacData 變數內容，並換行
   debugout("IP address: "); //印出 "IP address: "，在終端機中可以看到
   debugoutln(IPData); //印出 IPData 變數內容，並換行
   /*
      這些語句是用於在終端機中顯示一些網路相關的信息，
      例如已連接的 Wi-Fi 網路名稱、MAC 地址和 IP 地址。
      debugout()和 debugoutln()是用於輸出信息的自定義函數，
      這裡的程式碼假定這些函數已經在代碼中定義好了
   */

 return true ;
}
boolean CheckWiFi() //檢查 Wi-Fi 連線狀態的函數
{
   //這些語句是用於檢查 Wi-Fi 連線狀態和顯示網路連線資訊的函數。
CheckWiFi()函數檢查 Wi-Fi 連線狀態是否已連接，如果已連接，則返回 true，否
則返回 false。
   if (WiFi.status() != WL_CONNECTED) //如果 Wi-Fi 未連接
   {
      return false ; //回傳 false 表示未連線
   }
   else //如果 Wi-Fi 已連接
   {
      return true ; //回傳 true 表示已連線
```

```
    }
}
void ShowInternet() //顯示網路連線資訊的函數
{
    //ShowInternet()函數則印出 MAC 地址、Wi-Fi 名稱和 IP 地址的值。這些信息
通常用於調試和診斷網路連線問題
    Serial.print("MAC:") ; //印出 "MAC:"
    Serial.print(MacData) ; //印出 MacData 變數的內容
    Serial.print("\n") ; //換行
    Serial.print("SSID:") ; //印出 "SSID:"
    Serial.print(APname) ; //印出 APname 變數的內容
    Serial.print("\n") ; //換行
    Serial.print("IP:") ; //印出 "IP:"
    Serial.print(IPData) ; //印出 IPData 變數的內容
    Serial.print("\n") ; //換行
}
//---------------------
/*
    這段程式碼中定義了三個函式:
    debugoutln、debugout

    debugoutln 和 debugout 函式的功能,
    都是根據_Debug 標誌來決定是否輸出字串。
    如果_Debug 為 true,
    則分別使用 Serial.println 和 Serial.print 輸出參數 ss。
*/
void debugoutln(String ss)
{
    if (_Debug)
        Serial.println(ss) ;
}
void debugout(String ss)
{
    if (_Debug)
        Serial.print(ss) ;
}


long POW(long num, int expo)
```

```
{
    /*
        POW 函式是用來計算一個數的 n 次方的函式。
        函式有兩個參數,
        第一個參數為 num,表示底數,
        第二個參數為 expo,表示指數。
        如果指數為正整數,
        則使用迴圈來進行計算,否則返回 1。
    */
    long tmp = 1 ;
    if (expo > 0)
    {
        for (int i = 0 ; i < expo ; i++)
            tmp = tmp * num ;
        return tmp ;
    }
    else
    {
        return tmp ;
    }
}

String SPACE(int sp)
{
    /*
        SPACE 函式是用來生成一個包含指定數量空格的字串。
        函式只有一個參數,即空格的數量。
        使用 for 循環生成指定數量的空格,
        然後將它們連接起來形成一個字串,
        最後返回這個字串。
    */
    String tmp = "" ;
    for (int i = 0 ; i < sp; i++)
    {
        tmp.concat(' ')   ;
    }
    return tmp ;
}
```

```
// This function converts a long integer to a string with leading zeros (if neces-
sary)
// The function takes in three arguments:
// - num: the long integer to convert
// - len: the length of the resulting string (including leading zeros)
// - base: the base to use for the conversion (e.g., base 16 for hexadecimal)
String strzero(long num, int len, int base)
{
    String retstring = String(""); // Initialize an empty string
    int ln = 1 ;
    int i = 0 ;
    char tmp[10] ;
    long tmpnum = num ;
    int tmpchr = 0 ;
    char hexcode[] = {'0', '1', '2', '3', '4', '5', '6', '7', '8', '9', 'A', 'B', 'C', 'D', 'E', 'F'} ; //
Character array for hexadecimal digits
    while (ln <= len)
    {
        tmpchr = (int)(tmpnum % base) ; // Compute the remainder of tmpnum
when divided by base
        tmp[ln - 1] = hexcode[tmpchr] ; // Store the corresponding character in tmp
array
        ln++ ;
        tmpnum = (long)(tmpnum / base) ; // Divide tmpnum by base and update
its value
    }
    for (i = len - 1; i >= 0 ; i --) // Iterate through the tmp array in reverse order
    {
        retstring.concat(tmp[i]); // Append each character to the output string
    }
    return retstring; // Return the resulting string
}
// This function converts a string representing a number in the specified base to
an unsigned long integer
// The function takes in two arguments:
// - hexstr: the string to convert
// - base: the base of the number system used in hexstr (e.g., base 16 for
hexadecimal)
```

```
unsigned long unstrzero(String hexstr, int base)
{
  String chkstring  ;
  int len = hexstr.length() ; // Compute the length of the input string

  unsigned int i = 0 ;
  unsigned int tmp = 0 ;
  unsigned int tmp1 = 0 ;
  unsigned long tmpnum = 0 ;
  String hexcode = String("0123456789ABCDEF") ; // String containing hexa-
decimal digits
  for (i = 0 ; i < (len ) ; i++) // Iterate through the input string
  {
    hexstr.toUpperCase() ; // Convert each character in the input string to
uppercase
    tmp = hexstr.charAt(i) ; // Get the ASCII code of the character at position i
    tmp1 = hexcode.indexOf(tmp) ; // Find the index of the character in the
hexcode string
    tmpnum = tmpnum + tmp1 * POW(base, (len - i - 1) )   ; // Update the value
of tmpnum based on the value of the current character
  }
  return tmpnum; // Return the resulting unsigned long integer
}

String   print2HEX(int number)
{
  // 這個函式接受一個整數作為參數
  // 將該整數轉換為 16 進制表示法的字串
  // 如果該整數小於 16，則在字串前面加上一個 0
  // 最後返回 16 進制表示法的字串
  String ttt ;
  if (number >= 0 && number < 16)
  {
    ttt = String("0") + String(number, HEX);
  }
  else
  {
    ttt = String(number, HEX);
  }
```

```
    return ttt ;
}


String GetMacAddress()        //取得網路卡編號
{
    // the MAC address of your WiFi shield
    String Tmp = "" ;
    byte mac[6];

    // print your MAC address:
    WiFi.macAddress(mac);
    for (int i=0; i<6; i++)
      {
          Tmp.concat(print2HEX(mac[i])) ;
      }
      Tmp.toUpperCase() ;
    return Tmp ;
}

void ShowMAC()    //於串列埠印出網路卡號碼
{

    Serial.print("MAC Address:(");    //印出 "MAC Address:("
    Serial.print(MacData) ;    //印出 MacData 變數內容
    Serial.print(")\n");        //印出 ")\n"



}
String IpAddress2String(const IPAddress& ipAddress)
{
    //回傳 ipAddress[0-3]的內容，以 16 進位回傳
    return String(ipAddress[0]) + String(".") +\
    String(ipAddress[1]) + String(".") +\
    String(ipAddress[2]) + String(".") +\
    String(ipAddress[3])    ;
}
```

```
//將字元陣列轉換為字串
String chrtoString(char *p)
{
  String tmp ; //宣告一個名為 tmp 的字串
  char c ; //宣告一個名為 c 的字元
  int count = 0 ; //宣告一個名為 count 的整數變數，初始值為 0
  while (count < 100) //當 count 小於 100 時進入迴圈
  {
    c = *p ; //將指標 p 指向的值指派給 c
    if (c != 0x00) //當 c 不為空值(0x00)時
    {
      tmp.concat(String(c)) ; //將 c 轉換為字串型別並連接到 tmp 字串中
    }
    else //當 c 為空值(0x00)時
    {
      return tmp ; //回傳 tmp 字串
    }
    count++ ; //count 值增加 1
    p++; //將指標 p 指向下一個位置

  }
}


void CopyString2Char(String ss, char *p)   //將字串複製到字元陣列
{
  //將字串複製到字元陣列
  if (ss.length() <= 0) //當 ss 字串長度小於等於 0 時
  {
    p = 0x00 ; //將指標 p 指向的位置設為空值(0x00)
    return ; //直接回傳
  }
  ss.toCharArray(p, ss.length() + 1) ; //將 ss 字串轉換為字元陣列，並存儲到指
標 p 指向的位置
  //(p+ss.length()+1) = 0x00 ;
}
boolean CharCompare(char *p, char *q)
```

```
{
  boolean flag = false ; //宣告一個名為 flag 的布林變數，初始值為 false
  int count = 0 ; //宣告一個名為 count 的整數變數，初始值為 0
  int nomatch = 0 ; //宣告一個名為 nomatch 的整數變數，初始值為 0

  while (flag < 100) //當 flag 小於 100 時進入迴圈
  {
      if (*(p+count) == 0x00 or *(q+count) == 0x00) //當指標 p 或指標 q 指向的
值為空值(0x00)時
          break ; //跳出迴圈
      if (*(p+count) != *(q+count) )
        {
          nomatch ++ ; //nomatch 值增加 1
        }
          count++ ; //count 值增加 1
  }    //end of   while (flag < 100)
  if (nomatch > 0)
  {
    return false ;
  }
  else
  {
    return true ;
  }


}
// This function converts a double number to a String with specified number of
decimal places
// dd: the double number to be converted
// decn: the number of decimal places to be displayed
String Double2Str(double dd, int decn)
{
  // Extract integer part of the double number
  int a1 = (int)dd ;
  int a3 ;

  // If decimal places are specified
  if (decn > 0)
```

```
  {
    // Extract decimal part of the double number
    double a2 = dd - a1 ;
    // Multiply decimal part with 10 to the power of specified number of decimal
places
    a3 = (int)(a2 * (10 ^ decn));
  }

  // If decimal places are specified, return the String with decimal places
  if (decn > 0)
  {
    return String(a1) + "." + String(a3) ;
  }
  // If decimal places are not specified, return the String with only the integer
part
  else
  {
    return String(a1) ;
  }

}

//--------------GPIO Function

void TurnonWifiLed()      //打開 Wifi 連接燈號
{
  digitalWrite(WifiLed, Ledon) ;
}

void TurnoffWifiLed()     //關閉 Wifi 連接燈號
{
  digitalWrite(WifiLed, Ledoff) ;
}

void AccessOn()     //打開動作燈號
{
  digitalWrite(AccessLED, Ledon) ;
}
```

```
void AccessOff()      //關閉動作燈號
{
  digitalWrite(AccessLED, Ledoff) ;
}
void BeepOn()     //打開嗡鳴器
{
  digitalWrite(BeepPin, Ledon) ;
}
void BeepOff()    //關閉嗡鳴器
{
  digitalWrite(BeepPin, Ledoff) ;
}
/*
  GPIO 是 General Purpose Input/Output 的簡稱，
  是微控制器的一種外部接口。
  程式中的 digitalWrite 可以控制 GPIO 的狀態，
  其中 WifiLed、AccessLED、BeepPin 都是 GPIO 的編號，
  Ledon 和 Ledoff 則是表示 GPIO 的狀態，
  通常是高電位或低電位的編號，
  具體的編號會依據使用的裝置而有所不同。
  因此，以上程式碼可以用來控制 Arduino 的 GPIO 狀態，
  從而控制裝置的狀態。
*/
```

程式下載：https://github.com/brucetsao/ESP6Course_IIOT

如下圖所示，可以看到程式編輯畫面：

圖 182 Modbus RTU 四路繼電器模組訂閱並回傳訊息之編輯畫面

如下圖所示，編譯完成後，可以看到 Modbus RTU 四路繼電器模組訂閱並回傳訊息程式執行畫面：

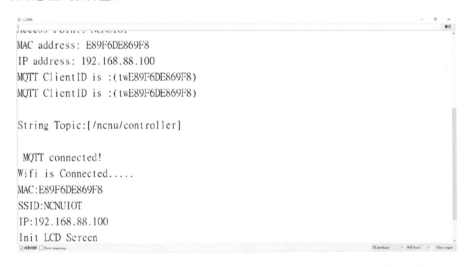

圖 183 Modbus RTU 四路繼電器模組訂閱並回傳訊息程式執行畫面

如下圖所示，筆者透過 MQTT BOX 軟體，對於 MQTT BOX 軟體不熟的讀者，可以參閱拙作：ESP32 物聯網基礎 10 門課:The Ten Basic Courses to IoT Programming Based on ESP32(曹永忠 et al., 2023a, 2023b)。

首先筆者將下表所示之內容，傳送到：MQTT Broker 伺服器：broker.emqx.io 上，並會傳送到『/ncnu/controller』主題，讓該主題的訂閱端都可以接受到這個內容。

表 158 四路繼電器模組控制命令之 Json 文件檔

```
{
    "DEVICE":"E89F6DE869F8",
    "COMMAND":"STATUS"
}
```

如下圖所示，為了進行測試，本文使用 MQTT BOX 應用程式，進入後，先行輸入下圖之基本資訊：

1. 在 publish 區：主題設定為：/ncnu/controller。

2. 在 subscribe 區：訂閱主題設定為：/ncnu/controller

3. 在 subscribe 區：訂閱主題設定為：/ncnu/controller/status

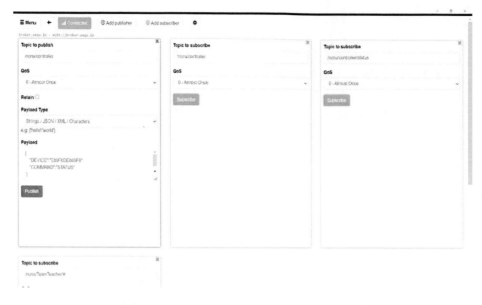

圖 184　/ncnu/controller 主題之 MQTT BOX 畫面

　　如上圖所示，筆者透過 MQTT BOX 軟體，對於 MQTT BOX 軟體不熟的讀者，可以參閱拙作：ESP32 物聯網基礎 10 門課:The Ten Basic Courses to IoT Programming Based on ESP32(曹永忠 et al., 2023a, 2023b)。

　　如下圖所示，為了進行測試，在，publish 處，輸入傳送主題處：『/ncnu/controller』主題後，在 publish Payload 區處，輸入下列資訊。

```
{
    "DEVICE":"E89F6DE869F8",
    "COMMAND":"STATUS"
}
```

完成一切後，如下圖所示，將訂閱主圖二處，按下『Subscribe』按鈕。

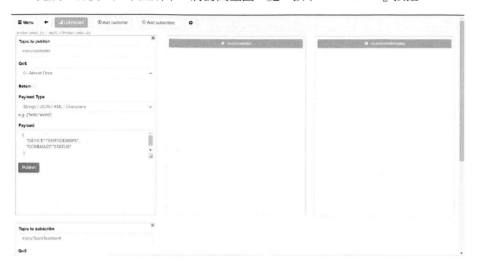

圖 185　/ncnu/controller 主題之 MQTT BOX 畫面

接下來我們按下上圖之，按下『Publish』按鈕。

MQTT BOX 就會將上表內容，傳送到主題：/ncnu/controller，筆者的燒錄到開發板的：fourRelay_subscribeAndResponse_MQTTV2 程式，也接收到訂閱：MQTT Broker 伺服器：broker.emqx.io 上，所訂閱之主題：『/ncnu/controller』，比對是希望裝置『E89F6DE869F8』，回傳其裝置連接之 Modbus 控制板的狀態。

如下圖所示，該裝置 MAC:『E89F6DE869F8』，會發送控制命令到連接之 Modbus 控制板，取得其 Modbus 控制板的周邊 I/O 所有狀態。並且將下表與下圖之 json 文件內容，送到主題：/ncnu/controller/status。

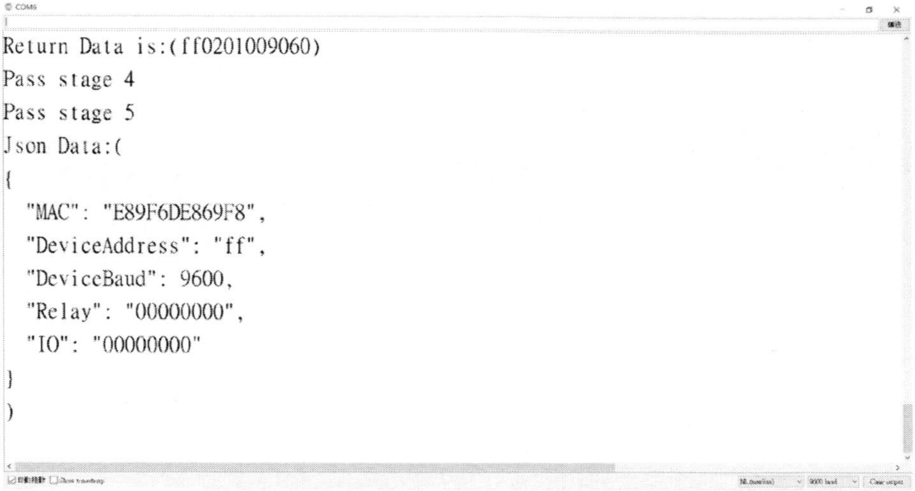

圖 186 /ncnu/controller 主題之 MQTT BOX 畫面

該裝置 MAC:『E89F6DE869F8』,會發送控制命令到連接之 Modbus 控制板,取得其 Modbus 控制板的周邊 I/O 所有狀態,將之所有狀態,編碼如下表所示之 json 文件檔。

表 159 四路繼電器模組控制命令之 Json 文件檔

```
{
  "MAC": "E89F6DE869F8",
  "DeviceAddress": "FF",
  "DeviceBaud": 9600,
  "Relay": "00000000",
  "IO": "00000000"
}
```

其內容解釋如下:

● "MAC": "E89F6DE869F8":表發送接收之控制裝置之 MAC Address

● "DeviceAddress": "FF":表 Mobus 裝置 Modbus 裝置之通訊 Address

● "DeviceBaud": 9600: 表 Mobus 裝置 Modbus 裝置之通訊速度為 9600 bps

- "Relay": "00000000":表 Mobus 裝置 Modbus 裝置 1~4/8 的繼電器狀態為不導通(0➡不導通/OPEN，1➡導通-/CLOSE)
- "IO": "00000000":表 Mobus 裝置 Modbus 裝置 1~4/8 的 IO 輸入點狀態為低電位(0➡低電位/LOW，1➡高電位/HIGH)

　　由於該裝置 MAC:『E89F6DE869F8』，會發送控制命令到連接之 Modbus 控制板，取得其 Modbus 控制板的周邊 I/O 所有狀態。並且將上表與上圖之 json 文件內容，除了在該裝置之監控視窗(如上圖)，可以看到如上表所示之 json 文件檔內容，送到 MQTT Broker 伺服器之主題：/ncnu/controller/statu，。。

　　如下圖所示，為了進行測試，本文使用 MQTT BOX 應用程式，訂閱『/ncnu/controller』主題與『/ncnu/controller/status』主題後，其『/ncnu/controller』主題可以看到傳送之內容，在『/ncnu/controller/status』主題也可以上表所示之 json 文件檔內容，在 MQTT Box 的畫面。

圖 187　/ncnu/controller 主題之 MQTT BOX 畫面

透過串列埠控制裝置並回傳裝置狀態

本節將要介紹我們就要使用開發工具之監控視窗(UART 0)的文字讀取功能，將整個控制周邊感測器的控制 json 文件，透過開發工具之監控視窗(UART 0)的文字讀取功能，傳入到開發控制板之內，驅動連接的 Modbus RTU 四路繼電器模組的繼電器模組與 IO 模組，透過解析該命令，進而驅動的某一個對應的感測模組之狀態，在完成驅動工作之後，透過查詢狀態命令，針對連接之 RS-485 通訊的 Modbus RTU 四路繼電器模組的繼電器模組與 IO 模組，進行 Modbus 通訊後，進而查詢其四路繼電器模組與與四組 Input 模組之目前狀態，將其狀態進行對應之 json 文件編碼後，回傳到監控視窗(UART 0)內。

回饋控制器狀態之功能開發之硬體線路

如下圖所示，這個實驗我們需要用到的實驗硬體有下圖.(a)的 ESP 32 開發板、下圖.(b) MicroUSB 下載線：

(a). NodeMCU 32S 開發板

(b). MicroUSB 下載線

(c). TTL 轉 RS485 模組

(d). LCD 2004　I2C

(e). Modbus RTU 四路繼電器模組

圖 188 接收/發送端實驗材料表

讀者也可以參考下表之發送端實驗材料表，進行電路組立。

表 160 接收/發送端實驗材料接腳表

接腳	接腳說明	開發板接腳
1a	麵包板 Vcc(紅線)	接電源正極(5V)
1b	麵包板 GND(藍線)	接電源負極
2a	四路繼電器模組(+/VCC)	接電源正極(12V)
2b	四路繼電器模組(-/GND)	接電源負極
2c	四路繼電器模組(A+)	TTL 轉 RS485 模組(A+)
2d	四路繼電器模組(B-)	TTL 轉 RS485 模組(B-)
3a	TTL 轉 RS485 模組(VCC)	接電源正極(5V)
3b	TTL 轉 RS485 模組(GND)	接電源負極
3c	TTL 轉 RS485 模組(TX)	NodeMCU 32S 開發板 GPIO16
3d	TTL 轉 RS485 模組(RX)	NodeMCU 32S 開發板 GPIO17
4a	LCD 2004 I2C (VCC)	接電源正極(5V)
4b	LCD 2004 I2C (GND)	接電源負極
4c	LCD 2004 I2C (SDA)	NodeMCU 32S 開發板 GPIO21

接腳	接腳說明	開發板接腳
4d	LCD 2004　I2C (SCL)	NodeMCU 32S 開發板 GPIO22

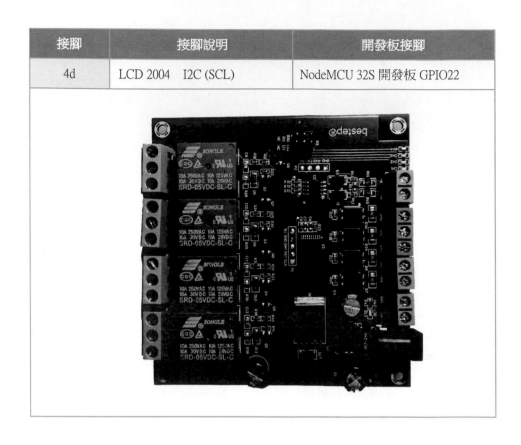

讀者可以參考下圖所示之發送端實驗材料連接電路圖，進行電路組立。

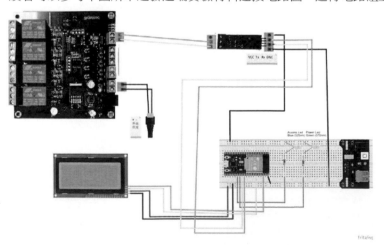

圖 189 接收/發送端實驗材料實驗電路圖\

讀者可以參考下圖所示之發送端實驗材料實驗電路圖，參考後進行電路組立。

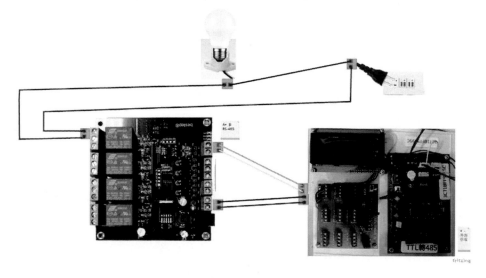

圖 190 接收/發送端實驗材料實驗電路實體圖

讀入監控視窗 Json 文件進行輸出之功能開發

我們遵照前幾章所述,將 ESP 32 開發板的驅動程式安裝好之後,我們打開 ESP 32 開發板的開發工具:Sketch IDE 整合開發軟體(安裝 Arduino 開發環境,請參考本文之『Arduino 開發 IDE 安裝』,安裝 ESP 32 開發板 SDK 請參考本文之『安裝 ESP32 Arduino 整合開發環境』(曹永忠, 2020a, 2020b, 2020c),攥寫一段程式,如下表所示之 讀 入 監 控 視 窗 Json 文 件 進 行 輸 出 之 功 能 程 式 (fourRelay_SendCmdeAndExec_MQTTV1),透過序列監控視窗輸入 json 文件後,並顯示在通訊埠監控程式。

表 161 讀入監控視窗 Json 文件進行輸出之功能程式

讀入監控視窗 Json 文件進行輸出之功能程式 (fourRelay_SendCmdeAndExec_MQTTV1)
#include <String.h>　　//String 使用必備函示庫

```cpp
#include "initPins.h"        //系統共用函數
#include "crc16.h"      //arduino json 使用必備函示庫
#include "RS485Lib.h"       //arduino json 使用必備函示庫
#include "JSONLIB.h"     //arduino json 使用必備函示庫
#include "LCDSensor.h"        // LCD 2004 共用函數
//--------------------
void ShowInternetonLCD(String s1,String s2,String s3) ;   //顯示網際網路連接
基本資訊，這個函式接受三個字串參數，用於在 LCD 上顯示網際網路連線的基
本資訊。
void ShowSensoronLCD(double s1, double s2) ;    //顯示溫度與濕度在 LCD
上，這個函式接受兩個雙精度浮點數參數，用於在 LCD 上顯示溫度和濕度。
boolean initWiFi()   ; //網路連線，連上熱點，這個函式返回布林值，用於初始化
WiFi 連接。當連接成功時返回 true，否則返回 false。
 void initAll() ;      //這個函式用於初始化整個系統。
//----------------
  void connectMQTT() ; //這個函式用於連接 MQTT 代理伺服器。
  void mycallback(char* topic, byte* payload, unsigned int length)   ;
//這個函式用於處理 MQTT 訂閱時收到的資料。它有三個參數，分別是主題、資
料內容和資料長度。

// the setup function runs once when you press reset or power the board
void setup()
{
  // initialize digital pin LED_BUILTIN as an output.
  // initialize digital pin LED_BUILTIN as an output.
  // 將 LED_BUILTIN 腳位設為輸出模式
  initAll() ;    //系統初始化
  // 執行系統初始化
  initRS485()   ;  //啟動 Modbus
  // 啟動 Modbus 通訊協定
  initWiFi() ;   //網路連線，連上熱點
  // 連接 WiFi 熱點

  // 網路連線，連上熱點
  if (CheckWiFi())
  {
    TurnonWifiLed() ;   //打開 Wifi 連接燈號
    Serial.println("Wifi is Connected.....");
  }
```

```
    else
    {
        TurnoffWifiLed() ;   //打開 Wifi 連接燈號
        Serial.println("Wifi is lost");
    }
    BeepOff() ;    //關閉嗡鳴器
    // 關閉嗡鳴器
    ShowInternet()    ; //顯示網際網路連接基本資訊
    // 顯示網際網路連接基本資訊

    initLCD()   ;  //初始化 LCD 螢幕
    // 初始化 LCD 螢幕
    ShowInternetonLCD(MacData,APname,IPData)    ;  //顯示網際網路連接基本
資訊
    // 顯示網際網路連接基本資訊

    Serial.println("System   Ready");
    // 顯示 System Ready 的文字
    delay(initDelay) ;      //等待多少秒,進入 loop()重複執行的程序
    // 延遲一段時間進入 loop()重複執行的程序
}
// the loop function runs over and over again forever
void loop()
{
    if (Serial.available() >0)     //如果 Commands from Serial Port
    {
        Serial.println("Command coming from Serial Port"),   //印出 "connect-
MQTT   again"
        int ll = SerialRead(uartstr) ;
        Serial.println(uartstr) ;
        Serial.print("----------(") ;
        Serial.print(ll) ;
        Serial.print(")----------\n") ;
        TranChar2Json(uartstr) ;
    }


    //給作業系統處理多工程序的機會
```

```
  // delay(10000) ;
}

void initAll()        //系統初始化
{
    Serial.begin(38400) ;
    Serial.println("System Start");
     MacData = GetMacAddress() ; //取得網路卡編號
   Serial.print("MAC:(");
    Serial.print(MacData);
    Serial.print(")\n");
}

int SerialRead(char *p)
{
    int cnt=0 ;
     while(Serial.available()>0)     //如果 Commands from Serial Port
     {
         *(p+cnt) = Serial.read();
         cnt++ ;
         delayMicroseconds(SerialReaddelay) ;
     }
      *(p+cnt) = '\n' ;
return cnt ;
}
```

程式下載：https://github.com/brucetsao/ESP6Course_IIOT

表 162 讀入監控視窗 Json 文件進行輸出之功能程式(JSONLib.h)

讀入監控視窗 Json 文件進行輸出之功能程式(JSONLib.h)

#include <ArduinoJson.h>   //Json 使用元件
/*
 REQUEST=
 {
    DEVICE:"E89F6DE869F8",
    COMMAND:STATUS
 }

```
  DOJOB =
  {
      DEVICE:"E89F6DE869F8",
      TARGET:RELAY/IO
      SET:1~N(0=ALL),
      COMMAND:ON/OFF
  }



  REQUESTSTATUS=
  {
      DEVICE:"E89F6DE869F8",
      RELAY:{0,0,1,1},
      IO:{0,0,0,0}
  }

  EX.
*/


DeserializationError json_error;
StaticJsonDocument<2000> json_doc ;       //處理
StaticJsonDocument<1000> json_received;

char json_data[1000];

/*
boolean jsoncharstringcompare(const char* s1,String s2)
{
    char cc;
    int cnt=0;
    int cmpcnt=0 ;
    boolean ret=true;
    cc = *(cnt)s1 ;
    while (cc != '\0')
    {
        if (cnt > s2.length)
```

~ 369 ~

```
            {
                if (cmpcnt >0)
                    {
                        ret=true;
                    }
                    else
                    {
                        ret=false;
                    }
                    break ;
            }
        if (cc == (char)s2.substring(cnt,cnt))
            {
                cmpcnt++;
                cnt++;
                continue
            }
            else
            {
                ret = false;
                break;
            }
        return ret;
    }
}
*/
void initjson()
{

}

void setjsondata(String vmac,String vip, String vaddress, long vbaud, String
vrelay, String vIO) //combine all sensor data into json document
{
    //combine all sensor data into json document
    json_doc["MAC"] = vmac ;
    json_doc["DeviceAddress"] = vaddress ;
    json_doc["DeviceBaud"] = vbaud ;
    json_doc["Relay"] = vrelay ;
```

```
    json_doc["IO"] = vIO ;
    serializeJson(json_doc, json_data);
    Serial.print("Json Data:(\n");
   // Serial.print(json_data);
    serializeJsonPretty(json_doc, Serial);
    Serial.print("\n)\n");


}
void TranChar2Json(char *p)
{
    String input = String(p) ;
    deserializeJson(json_doc,input );
}
```

程式下載：https://github.com/brucetsao/ESP6Course_IIOT

表 163 讀入監控視窗 Json 文件進行輸出之功能程式(LCDSensor.h)

讀入監控視窗 Json 文件進行輸出之功能程式(LCDSensor.h)

// 引用 Wire.h 和 LiquidCrystal_I2C.h 程式庫
#include <Wire.h>
#include <LiquidCrystal_I2C.h>
//這段程式碼主要是使用 LiquidCrystal_I2C 函式庫來控制 I2C 介面的 LCD
顯示屏，程式碼內容如下
// 使用 LiquidCrystal_I2C 程式庫初始化 LCD 螢幕
LiquidCrystal_I2C lcd(0x27,20,4); // 設置 LCD 位址為 0x27，顯示 16 個字符和
2 行
//這個程式需要引入 Wire.h 和 LiquidCrystal_I2C.h 兩個庫。然後，定義一個名
為 lcd 的 LiquidCrystal_I2C 類型物件，並且指定 LCD 顯示屏的 I2C 位址、
行數和列數
 	
//LiquidCrystal_I2C lcd(0x3F,20,4); // 設置 LCD 位址為 0x3F，顯示 16 個字符和
2 行（注释掉的代码）
 	
// 清除 LCD 螢幕
void ClearShow()
{
 // ClearShow() 函式會把 LCD 的游標移動到左上角，然後使用 lcd.clear() 函
式清除螢幕內容，最後再把游標移動到左上角。

~ 371 ~

```
lcd.setCursor(0,0); //設置 LCD 螢幕座標
lcd.clear() ; //清除 LCD 螢幕
lcd.setCursor(0,0); //設置 LCD 螢幕座標
}
 // 初始化 LCD 螢幕
void initLCD()
{
debugoutln("Init LCD Screen") ; //调试信息输出
lcd.init(); //初始化 LCD 螢幕
lcd.backlight(); //打开 LCD 背光
lcd.setCursor(0,0); //設置 LCD 螢幕座標
}
/*
 * 接下來是一些顯示字串的函式，例如 ShowLCD1()、ShowLCD2()、
ShowLCD3()、ShowLCD4() 和 ShowString()。這些函式都是用來在 LCD 顯示
屏上顯示不同的字串。以 ShowLCD1() 函式為例，程式碼內容如下
 *
 */
// 在第一行顯示字串 cc
void ShowLCD1(String cc)
{
lcd.setCursor(0,0); //設置 LCD 螢幕座標
lcd.print("                    "); // 清除第一行的内容
lcd.setCursor(0,0); //設置 LCD 螢幕座標
lcd.print(cc); //在第一行顯示字串 cc
}


// 在第一行左邊顯示字串 cc
void ShowLCD1L(String cc)
{
lcd.setCursor(0,0); //設置 LCD 螢幕座標
// lcd.print("                    ");
lcd.setCursor(0,0); //設置 LCD 螢幕座標
lcd.print(cc); //在第一行左邊顯示字串 cc
}

// 在第一行右邊顯示字串 cc
void ShowLCD1M(String cc)
```

```
{
// lcd.setCursor(0,0);
// lcd.print(" ");
lcd.setCursor(13,0); //設置 LCD 螢幕座標
lcd.print(cc); //在第一行右邊顯示字串 cc
}

// 在第二行顯示字串 cc
void ShowLCD2(String cc)
{
lcd.setCursor(0,1); //設置 LCD 螢幕座標
lcd.print("                    ");
lcd.setCursor(0,1); //設置 LCD 螢幕座標
lcd.print(cc); //在目前位置顯示字串 cc
}

void ShowLCD3(String cc)
{
  //ShowLCD3()函數會將字串參數 cc 顯示在 LCD 螢幕的第 3 行上。
  lcd.setCursor(0,2); //設置 LCD 螢幕座標
  lcd.print("                  ");
  lcd.setCursor(0,2); //設置 LCD 螢幕座標
  lcd.print(cc);   //在目前位置顯示字串 cc

}
void ShowLCD4(String cc)
{
  lcd.setCursor(0,3); //設置 LCD 螢幕座標
  lcd.print("                  ");
  lcd.setCursor(0,3); //設置 LCD 螢幕座標
  lcd.print(cc);   //在目前位置顯示字串 cc

}


void ShowString(String ss)
{
  lcd.setCursor(0,3);//設置 LCD 螢幕座標
  lcd.print("                  ");
```

```
   lcd.setCursor(0,3); //設置 LCD 螢幕座標
   lcd.print(ss.substring(0,19));
   //delay(1000);
}


void ShowAPonLCD(String ss)    //顯示熱點
{
   ShowLCD1M(ss) ; //顯示熱點


}
void ShowMAConLCD(String ss)    //顯示網路卡編號
{
   //這個函數顯示所連接的網路卡編號，參數 ss 為網路卡編號。
   ShowLCD1L(ss) ; //顯示網路卡編號


}
void ShowIPonLCD(String ss)    //顯示連接熱點後取得網路編號(IP Address)
{
   //這個函數顯示連接熱點後所取得的網路位址 (IP Address)，參數 ss 為網路
編號。
      ShowLCD2("IP:"+ss) ;    //顯示取得網路編號(IP Address)


}
void ShowInternetonLCD(String s1,String s2,String s3)    //顯示網際網路連接
基本資訊
{
//這個函數顯示網際網路的連接基本資訊，包括網路卡編號、連接的熱點名稱以
及所取得的網路編號，分別由 s1、s2 和 s3 三個參數傳遞。
      ShowMAConLCD(s1)  ;   //顯示熱點
      ShowAPonLCD(s2) ;      //顯示連接熱點名稱
      ShowIPonLCD(s3) ;   //顯示連接熱點後取得網路編號(IP Address)}


}
void ShowSensoronLCD(double s1, double s2)       //顯示溫度與濕度在 LCD 上
{
   //這個函數顯示溫度和濕度數值，參數 s1 為溫度值，s2 為濕度值。顯示的格
式為 "T:溫度值.C H:濕度值.%"
//      ShowLCD3("T:"+Double2Str(TempValue,1)+".C
```

```
"+"T:"+Double2Str(HumidValue,1)+".%" ) ;
    ShowLCD3("T:"+Double2Str(s1,1)+".C "+"H:"+Double2Str(s2,1)+".%" ) ;
}
```

程式下載：https://github.com/brucetsao/ESP6Course_IIOT

表 164 讀入監控視窗 Json 文件進行輸出之功能程式(RS485Lib.h)

讀入監控視窗 Json 文件進行輸出之功能程式(RS485Lib.h)
// 包含 String 函式庫
#include <String.h>
// 設定序列通訊速率為 9600
#define SERIAL_BAUD 9600
// 宣告三個字串型態的變數
String DeviceAddress, RelayStatus, IOStatus;
// 宣告一個長整數型態的變數 DeviceBaud
long DeviceBaud;
// 宣告一個硬體序列通訊的物件 RS485Serial，設定其使用第二個 UART 通訊
HardwareSerial RS485Serial(2);
// 定義第二個 UART 的 RX 腳位為 16
#define RXD2 16
// 定義第二個 UART 的 TX 腳位為 17
#define TXD2 17
// 定義最大反饋時間為 5000 毫秒
#define maxfeekbacktime 5000
// 包含必要的函數庫和定義常數
byte cmd ; // 命令字元
byte receiveddata[250] ; // 接收到的資料陣列
int receivedlen = 0 ; // 接收到的資料長度
// 不同的命令

```
byte cmd_address[] = {0x00,0x03,0x00,0x00,0x00,0x01,0x85,0xDB}  ;
//讀取裝置位址
byte cmd_baud[] = {0xFF,0x03,0x03,0xE8,0x00,0x01,0x11,0xA4 }  ;        //讀
取裝置通訊速度
byte cmd_relay[] = {0xFF,0x01,0x00,0x00,0x00,0x08,0x28,0x12}  ;        //讀
取裝置繼電器狀態
byte cmd_IO[] = {0xFF,0x02,0x00,0x00,0x00,0x08,0x6C,0x12 }  ;        //讀取
裝置 IO 器狀態

int phasestage=1 ;        //控制讀取位址、速率、繼電器狀態、IO 狀態階段
boolean flag1 = false ;        //第一階段讀取成功裝置位址控制旗標
boolean flag2 = false ;        //第二階段讀取成功裝置速率控制旗標
boolean flag3 = false ;        //第三階段讀取成功繼電器狀態控制旗標
boolean flag4 = false ;        //第四階段讀取成功 IO 狀態控制旗標

unsigned int readcrc;        //crc16 計算值暫存變數
uint8_t Hibyte, Lobyte ;        //crc16 計算值 高位元與低位元變數

//這段程式是一個用來控制 Modbus 溫溼度感測器的程式
/*
 其中，initRS485()用來初始化串口，
 requestaddress()、
 requestbaud()和
 requestrelay()
 則是分別用來向溫溼度感測器發送讀取裝置位址、
 通訊速率和繼電器狀態的命令。
 每個函數都會將命令發送出去，
 並印出相應的訊息，
 以便在調試時確定程式是否正常運行。
*/
void initRS485()        //啟動 Modbus 溫溼度感測器
{
    RS485Serial.begin(SERIAL_BAUD,SERIAL_8N1,RXD2,TXD2);
    /*
    初始化串口 2，
    設定通訊速率為 SERIAL_BAUD(9600)
    數據位為 8、
    無校驗位、
    停止位為 1，
```

```
         RX 腳位為 RXD2，
         TX 腳位為 TXD2
         */
}

void requestaddress()    //讀取裝置位址
{
         Serial.println("now send Device Address data to device") ;
         RS485Serial.write(cmd_address,8);  //  送出讀取溫度 str1 字串陣列 長
度為 8
         //  送出讀取裝置位址的命令，cmd_address 是一個 byte 陣列，長度為 8
         Serial.println("end sending") ;
}
void requestbaud()      //讀取裝置通訊速率
{
         Serial.println("now send Communication Baud data to device") ;
         RS485Serial.write(cmd_baud,8);
         //  送出讀取裝置通訊速率的命令，cmd_baud 是一個 byte 陣列，長度為 8
         Serial.println("end sending") ;
}

void requestrelay()       //讀取繼電器狀態
{
         Serial.println("now send Relay request to device") ;
         RS485Serial.write(cmd_relay,8);
         //  送出讀取繼電器狀態的命令，cmd_relay 是一個 byte 陣列，長度為 8
         Serial.println("end sending") ,
}

void requestIO()        //讀取光偶合狀態
{
         Serial.println("now send IO request to device") ;
         RS485Serial.write(cmd_IO,8);    //  送出讀取光偶合狀態 cmd_IO 字串
陣列 長度為 8
         Serial.println("end sending") ;
}

int GetRS485data(byte *dd)
{
```

```cpp
//這是一個函式，接收 RS485 通訊模組傳回的資料，並將其存儲在指定的陣列中。
  int count = 0 ;   // 計數器，用於追蹤已讀取的資料數量
  long strtime= millis() ; // 計數器開始時間
  while ((millis() -strtime) < 2000) // 在兩秒內讀取資料
    {
    if (RS485Serial.available()>0)     // 檢查通訊模組是否有資料傳回
      {
        Serial.println("Controler Respones") ;     //印出有資料嗎
          while (RS485Serial.available()>0)    // 只要還有資料，就持續讀取
            {
              RS485Serial.readBytes(&cmd,1) ;    /// 從 RS485 模組讀取一個 byte 資料，儲存到變數 cmd 中
              Serial.print(count) ;  //印出剛才讀入資料內容，以 16 進位方式印出'
              Serial.print(":") ;  //印出剛才讀入資料內容，以 16 進位方式印出'
              Serial.print("(") ;  //印出剛才讀入資料內容，以 16 進位方式印出'
              Serial.print(print2HEX((int)cmd)) ;  //印出剛才讀入資料內容，以 16 進位方式印出'
              Serial.print("/") ;  //印出剛才讀入資料內容，以 16 進位方式印出'
               *(dd+count) =cmd ;      // 將讀取到的資料存儲到指定的陣列中
              Serial.print(print2HEX((int)*(dd+count))) ;  //印出剛才讀入資料內容，以 16 進位方式印出'
              Serial.print(")\n") ;  //印出剛才讀入資料內容，以 16 進位方式印出'

               count++ ;   // 增加計數器

            }
          Serial.print("\n---------\n") ;
      }
    return count ;  // 返回讀取到的資料量
    }

}
String RS485data2String(byte *dd, int ln)
{// 將 byte 陣列轉換成字串型態，每個 byte 會以 16 進位方式表示
    String tmp ;
    for(int i=0 ; i<ln; i++)
```

```
            {
                tmp= tmp +print2HEX((int)*(dd+i)) ;
            }
        return tmp;
}

long TranBaud(int bb)
{
    // 取得通訊速率的值
        switch (bb)
        {
            case 2:
                return 4800;
                break;
            case 3:
                return 9600;
                break;
            case 4:
                return 19200;
                break;
            default:
                return 9600;
                break;
        }
}

String byte2bitstring(int dd)
{//// 將一個 byte 轉換成 8 個 bit 的字串，其中每個 bit 以 0 或 1 表示
    String tmp;
    int vv=dd;
    int k=0;
    for(int i=0; i <8;i++)      // loop 8 times fot modal values for bit
        {
            k=(dd % 2) ;
            dd = (int)(dd/2) ;
            if (k == 1)
                {
                    tmp = "1"+tmp ;
                }
```

```
        else
        {
            tmp = "0"+tmp ;
        }


    }

  return tmp ;
}
```

程式下載：https://github.com/brucetsao/ESP6Course_IIOT

表 165 讀入監控視窗 Json 文件進行輸出之功能程式(crc16.h)

讀入監控視窗 Json 文件進行輸出之功能程式(crc16.h)
/* 　CRC16 是一種循環冗餘檢查（Cyclic Redundancy Check，CRC）的演算法， 　它通常用於檢查數據在傳輸過程中是否出現錯誤。 　CRC16 通過對原始數據進行多項式除法運算， 　得到一個 16 位的校驗值， 　這個校驗值可以用來檢查數據在傳輸過程中是否被修改。 　當接收方接收到數據時，也可以對數據進行同樣的運算， 　然後比較接收到的校驗值和計算出的校驗值是否相等， 　如果不相等，則說明數據已經被修改， 　需要重新傳輸或採取其他措施來修正錯誤。 　在程式碼中， 　CRC16 被用來檢查讀取到的數據是否正確， 　如果校驗值不正確， 　則需要重新發送請求並重新讀取數據。 */ 　　static const unsigned int wCRCTable[] = { 　　　　0X0000, 0XC0C1, 0XC181, 0X0140, 0XC301, 0X03C0, 0X0280, 0XC241, 　　　　0XC601, 0X06C0, 0X0780, 0XC741, 0X0500, 0XC5C1, 0XC481, 0X0440, 　　　　0XCC01, 0X0CC0, 0X0D80, 0XCD41, 0X0F00, 0XCFC1, 0XCE81, 0X0E40, 　　　　0X0A00, 0XCAC1, 0XCB81, 0X0B40, 0XC901, 0X09C0, 0X0880,

~ 380 ~

0XC841,

0XD801, 0X18C0, 0X1980, 0XD941, 0X1B00, 0XDBC1, 0XDA81, 0X1A40,

0X1E00, 0XDEC1, 0XDF81, 0X1F40, 0XDD01, 0X1DC0, 0X1C80, 0XDC41,

0X1400, 0XD4C1, 0XD581, 0X1540, 0XD701, 0X17C0, 0X1680, 0XD641,

0XD201, 0X12C0, 0X1380, 0XD341, 0X1100, 0XD1C1, 0XD081, 0X1040,

0XF001, 0X30C0, 0X3180, 0XF141, 0X3300, 0XF3C1, 0XF281, 0X3240,

0X3600, 0XF6C1, 0XF781, 0X3740, 0XF501, 0X35C0, 0X3480, 0XF441,

0X3C00, 0XFCC1, 0XFD81, 0X3D40, 0XFF01, 0X3FC0, 0X3E80, 0XFE41,

0XFA01, 0X3AC0, 0X3B80, 0XFB41, 0X3900, 0XF9C1, 0XF881, 0X3840,

0X2800, 0XE8C1, 0XE981, 0X2940, 0XEB01, 0X2BC0, 0X2A80, 0XEA41,

0XEE01, 0X2EC0, 0X2F80, 0XEF41, 0X2D00, 0XEDC1, 0XEC81, 0X2C40,

0XE401, 0X24C0, 0X2580, 0XE541, 0X2700, 0XE7C1, 0XE681, 0X2640,

0X2200, 0XE2C1, 0XE381, 0X2340, 0XE101, 0X21C0, 0X2080, 0XE041,

0XA001, 0X60C0, 0X6180, 0XA141, 0X6300, 0XA3C1, 0XA281, 0X6240,

0X6600, 0XA6C1, 0XA781, 0X6740, 0XA501, 0X65C0, 0X6480, 0XA441,

0X6C00, 0XACC1, 0XAD81, 0X6D40, 0XAF01, 0X6FC0, 0X6E80, 0XAE41,

0XAA01, 0X6AC0, 0X6B80, 0XAB41, 0X6900, 0XA9C1, 0XA881, 0X6840,

0X7800, 0XB8C1, 0XB981, 0X7940, 0XBB01, 0X7BC0, 0X7A80, 0XBA41,

0XBE01, 0X7EC0, 0X7F80, 0XBF41, 0X7D00, 0XBDC1, 0XBC81, 0X7C40,

0XB401, 0X74C0, 0X7580, 0XB541, 0X7700, 0XB7C1, 0XB681, 0X7640,

```
        0X7200, 0XB2C1, 0XB381, 0X7340, 0XB101, 0X71C0, 0X7080,
0XB041,
        0X5000, 0X90C1, 0X9181, 0X5140, 0X9301, 0X53C0, 0X5280,
0X9241,
        0X9601, 0X56C0, 0X5780, 0X9741, 0X5500, 0X95C1, 0X9481,
0X5440,
        0X9C01, 0X5CC0, 0X5D80, 0X9D41, 0X5F00, 0X9FC1, 0X9E81,
0X5E40,
        0X5A00, 0X9AC1, 0X9B81, 0X5B40, 0X9901, 0X59C0, 0X5880,
0X9841,
        0X8801, 0X48C0, 0X4980, 0X8941, 0X4B00, 0X8BC1, 0X8A81,
0X4A40,
        0X4E00, 0X8EC1, 0X8F81, 0X4F40, 0X8D01, 0X4DC0, 0X4C80,
0X8C41,
        0X4400, 0X84C1, 0X8581, 0X4540, 0X8701, 0X47C0, 0X4680,
0X8641,
        0X8201, 0X42C0, 0X4380, 0X8341, 0X4100, 0X81C1, 0X8081,
0X4040 };
//CRC16 計算用對應資料表
unsigned int   ModbusCRC16 (byte *nData, int wLength)
{
// 計算 Modbus RTU 通訊協議中的 CRC16 校驗和

// 輸入參數：
// nData：要進行 CRC16 校驗的數據
// wLength：數據的字節長度

// 返回值：
// unsigned int：計算得到的 CRC16 校驗和

    byte nTemp;
    unsigned int wCRCWord = 0xFFFF;      // 初始 CRC16 校驗和值

    while (wLength--)    // 對每個字節進行計算
    {
        nTemp = *nData++ ^ wCRCWord;       // 將當前字節與 CRC16 校驗和
值進行異或運算
        wCRCWord >>= 8;    // 將 CRC16 校驗和值向右移 8 位
        wCRCWord   ^= wCRCTable[nTemp];      // 從查找表中查找對應的
```

值，並將其與 CRC16 校驗和值進行異或運算

```
    }
    return wCRCWord;      // 返回計算得到的 CRC16 校驗和
} // End: CRC16


boolean CompareCRC16(unsigned int stdvalue, uint8_t Hi, uint8_t Lo)
{
   /*

        CompareCRC16: 比較接收到的 CRC16 校驗碼是否與標準值相同
      參數:
      stdvalue: 標準值 (unsigned int)
      Hi: 接收到的 CRC16 校驗碼高位 (uint8_t)
      Lo: 接收到的 CRC16 校驗碼低位 (uint8_t)
      回傳:
      true: 接收到的 CRC16 校驗碼與標準值相同
      false: 接收到的 CRC16 校驗碼與標準值不同
   */


      if (stdvalue == Hi*256+Lo)
      {
           return true ;
      }
      else
      {
           return false ;
      }
}
```

程式下載：https://github.com/brucetsao/ESP6Course_IIOT

表 166 讀入監控視窗 Json 文件進行輸出之功能程式(initPins.h)

讀入監控視窗 Json 文件進行輸出之功能程式(initPins.h)
#define _Debug 1   //輸出偵錯訊息
#define _debug 1   //輸出偵錯訊息
#define initDelay   6000   //初始化延遲時間
#define loopdelay 60000   //loop 延遲時間

```cpp
//-------------------
#include <String.h>
#define Ledon HIGH      //打開 LED 燈的電位設定
#define Ledoff LOW      //關閉 LED 燈的電位設定
#define WifiLed 2    // 連線 WIFI 成功之指示燈
#define AccessLED 15     // 系統運作之指示燈
#define BeepPin 4     // 控制器之嗶鳴器
/*
   這段程式碼是定義了一些常數，下面是每個常數的註解：

   _Debug 和 _debug：用於控制是否輸出偵錯訊息，因為兩者都設置為 1，所
以輸出偵錯訊息。
   initDelay：初始化延遲時間，設置為 6000 毫秒。
   loopdelay：loop() 函數的延遲時間，設置為 60000 毫秒。
   WifiLed：WiFi 指示燈的引腳號，這裡設置為 2。
   AccessLED：設備狀態指示燈的引腳號，這裡設置為 15。
   BeepPin：蜂鳴器引腳號，這裡設置為 4。
*/


#include <WiFi.h>     //使用網路函式庫
#include <WiFiClient.h>    //使用網路用戶端函式庫
#include <WiFiMulti.h>     //多熱點網路函式庫

WiFiMulti wifiMulti;     //產生多熱點連線物件

 WiFiClient client;     //產生連線物件

String IpAddress2String(const IPAddress& ipAddress)；// 將 IP 位址轉換為字
串
void debugoutln(String ss)；  // 輸出偵錯訊息
void debugout(String ss)   ;// 輸出偵錯訊息




IPAddress ip；     //網路卡取得 IP 位址之原始型態之儲存變數
String IPData；     //網路卡取得 IP 位址之儲存變數
String APname；     //網路熱點之儲存變數
String MacData；     //網路卡取得網路卡編號之儲存變數
long rssi；     //網路連線之訊號強度'之儲存變數
```

```
int status = WL_IDLE_STATUS;   //取得網路狀態之變數
char uartstr[2000] ;
#define SerialReaddelay 500
boolean initWiFi()    //網路連線，連上熱點
{
  //加入連線熱點資料
  wifiMulti.addAP("NCNUIOT", "12345678");   //加入一組熱點
  wifiMulti.addAP("NCNUIOT2", "12345678");   //加入一組熱點
  wifiMulti.addAP("NUKIOT", "iot12345");   //加入一組熱點

  // We start by connecting to a WiFi network

  Serial.println();
  Serial.println();
  Serial.print("Connecting to ");
  //通訊埠印出 "Connecting to "
  wifiMulti.run();   //多網路熱點設定連線
  while (WiFi.status() != WL_CONNECTED)        //還沒連線成功
  {
    // wifiMulti.run() 啟動多熱點連線物件，進行已經紀錄的熱點進行連線，
    // 一個一個連線，連到成功為主，或者是全部連不上
    // WL_CONNECTED 連接熱點成功
    Serial.print(".");   //通訊埠印出
    delay(500) ;  //停 500 ms
     wifiMulti.run();    //多網路熱點設定連線
  }
    Serial.println("WiFi connected");   //通訊埠印出 WiFi connected
    Serial.print("AP Name: ");   //通訊埠印出 AP Name:
    APname = WiFi.SSID();
    Serial.println(APname);    //通訊埠印出 WiFi.SSID()==>從熱點名稱
    Serial.print("IP address: ");   //通訊埠印出 IP address:
    ip = WiFi.localIP();
    IPData = IpAddress2String(ip) ;
    Serial.println(IPData);   //通訊埠印出 WiFi.localIP()==>從熱點取得 IP 位
址
    //通訊埠印出連接熱點取得的 IP 位址


   debugoutln("WiFi connected"); //印出 "WiFi connected"，在終端機中可以看
```

到
```
    debugout("Access Point: "); //印出 "Access Point: "，在終端機中可以看到
    debugoutln(APname); //印出 APname 變數內容，並換行
    debugout("MAC address: "); //印出 "MAC address: "，在終端機中可以看到
    debugoutln(MacData); //印出 MacData 變數內容，並換行
    debugout("IP address: "); //印出 "IP address: "，在終端機中可以看到
    debugoutln(IPData); //印出 IPData 變數內容，並換行
    /*
        這些語句是用於在終端機中顯示一些網路相關的信息，
        例如已連接的 Wi-Fi 網路名稱、MAC 地址和 IP 地址。
        debugout()和 debugoutln()是用於輸出信息的自定義函數，
        這裡的程式碼假定這些函數已經在代碼中定義好了
    */

  return true ;
}
boolean CheckWiFi() //檢查 Wi-Fi 連線狀態的函數
{
    //這些語句是用於檢查 Wi-Fi 連線狀態和顯示網路連線資訊的函數。
CheckWiFi()函數檢查 Wi-Fi 連線狀態是否已連接，如果已連接，則返回 true，否
則返回 false。
    if (WiFi.status() != WL_CONNECTED) //如果 Wi-Fi 未連接
    {
        return false ; //回傳 false 表示未連線
    }
    else //如果 Wi-Fi 已連接
    {
        return true ; //回傳 true 表示已連線
    }
}
void ShowInternet() //顯示網路連線資訊的函數
{
    //ShowInternet()函數則印出 MAC 地址、Wi-Fi 名稱和 IP 地址的值。這些信息
通常用於調試和診斷網路連線問題
    Serial.print("MAC:") ; //印出 "MAC:"
    Serial.print(MacData) ; //印出 MacData 變數的內容
    Serial.print("\n") ; //換行
    Serial.print("SSID:") ; //印出 "SSID:"
    Serial.print(APname) ; //印出 APname 變數的內容
```

```
    Serial.print("\n") ; //換行
    Serial.print("IP:") ; //印出 "IP:"
    Serial.print(IPData) ; //印出 IPData 變數的內容
    Serial.print("\n") ; //換行
}
//--------------------
/*
    這段程式碼中定義了三個函式：
    debugoutln、debugout

    debugoutln 和 debugout 函式的功能，
    都是根據_Debug 標誌來決定是否輸出字串。
    如果_Debug 為 true，
    則分別使用 Serial.println 和 Serial.print 輸出參數 ss。
*/
void debugoutln(String ss)
{
    if (_Debug)
        Serial.println(ss) ;
}
void debugout(String ss)
{
    if (_Debug)
        Serial.print(ss) ;
}


long POW(long num, int expo)
{
    /*
        POW 函式是用來計算一個數的 n 次方的函式。
        函式有兩個參數，
        第一個參數為 num，表示底數，
        第二個參數為 expo，表示指數。
        如果指數為正整數，
        則使用迴圈來進行計算，否則返回 1。
    */
    long tmp = 1 ;
    if (expo > 0)
```

```
  {
    for (int i = 0 ; i < expo ; i++)
      tmp = tmp * num ;
    return tmp ;
  }
  else
  {
    return tmp ;
  }
}

String SPACE(int sp)
{
  /*
      SPACE 函式是用來生成一個包含指定數量空格的字串。
      函式只有一個參數，即空格的數量。
      使用 for 循環生成指定數量的空格，
      然後將它們連接起來形成一個字串，
      最後返回這個字串。
  */
  String tmp = "" ;
  for (int i = 0 ; i < sp; i++)
  {
    tmp.concat(' ')   ;
  }
  return tmp ;
}


// This function converts a long integer to a string with leading zeros (if neces-
sary)
// The function takes in three arguments:
// - num: the long integer to convert
// - len: the length of the resulting string (including leading zeros)
// - base: the base to use for the conversion (e.g., base 16 for hexadecimal)
String strzero(long num, int len, int base)
{
  String retstring = String(""); // Initialize an empty string
  int ln = 1 ;
```

```
  int i = 0 ;
  char tmp[10] ;
  long tmpnum = num ;
  int tmpchr = 0 ;
  char hexcode[] = {'0', '1', '2', '3', '4', '5', '6', '7', '8', '9', 'A', 'B', 'C', 'D', 'E', 'F'} ; //
Character array for hexadecimal digits
  while (ln <= len)
  {
    tmpchr = (int)(tmpnum % base) ; // Compute the remainder of tmpnum
when divided by base
    tmp[ln - 1] = hexcode[tmpchr] ; // Store the corresponding character in tmp
array
    ln++ ;
    tmpnum = (long)(tmpnum / base) ; // Divide tmpnum by base and update
its value
  }
  for (i = len - 1; i >= 0 ; i --) // Iterate through the tmp array in reverse order
  {
    retstring.concat(tmp[i]); // Append each character to the output string
  }
  return retstring; // Return the resulting string
}
// This function converts a string representing a number in the specified base to
an unsigned long integer
// The function takes in two arguments:
// - hexstr: the string to convert
// - base: the base of the number system used in hexstr (e.g., base 16 for
hexadecimal)
unsigned long unstrzero(String hexstr, int base)
{
  String chkstring   ;
  int len = hexstr.length() ; // Compute the length of the input string

  unsigned int i = 0 ;
  unsigned int tmp = 0 ;
  unsigned int tmp1 = 0 ;
  unsigned long tmpnum = 0 ;
  String hexcode = String("0123456789ABCDEF") ; // String containing hexa-
decimal digits
```

```
  for (i = 0 ; i < (len ) ; i++) // Iterate through the input string
  {
    hexstr.toUpperCase() ; // Convert each character in the input string to
uppercase
    tmp = hexstr.charAt(i) ; // Get the ASCII code of the character at position i
    tmp1 = hexcode.indexOf(tmp) ; // Find the index of the character in the
hexcode string
    tmpnum = tmpnum + tmp1 * POW(base, (len - i - 1) )   ; // Update the value
of tmpnum based on the value of the current character
  }
  return tmpnum; // Return the resulting unsigned long integer
}


String    print2HEX(int number)
{
  // 這個函式接受一個整數作為參數
  // 將該整數轉換為 16 進制表示法的字串
  // 如果該整數小於 16，則在字串前面加上一個 0
  // 最後返回 16 進制表示法的字串
  String ttt ;
  if (number >= 0 && number < 16)
  {
    ttt = String("0") + String(number, HEX);
  }
  else
  {
    ttt = String(number, HEX);
  }
  return ttt ;
}



String GetMacAddress()      //取得網路卡編號
{
  // the MAC address of your WiFi shield
  String Tmp = "" ;
  byte mac[6];

  // print your MAC address:
```

```
    WiFi.macAddress(mac);
    for (int i=0; i<6; i++)
      {
          Tmp.concat(print2HEX(mac[i])) ;
      }
      Tmp.toUpperCase() ;
    return Tmp ;
}

void ShowMAC()   //於串列埠印出網路卡號碼
{

    Serial.print("MAC Address:(");    //印出 "MAC Address:("
    Serial.print(MacData) ;    //印出 MacData 變數內容
    Serial.print(")\n");       //印出 ")\n"


}
String IpAddress2String(const IPAddress& ipAddress)
{
    //回傳 ipAddress[0-3]的內容，以 16 進位回傳
    return String(ipAddress[0]) + String(".") +\
    String(ipAddress[1]) + String(".") +\
    String(ipAddress[2]) + String(".") +\
    String(ipAddress[3])   ;
}




//將字元陣列轉換為字串
String chrtoString(char *p)
{
    String tmp ; //宣告一個名為 tmp 的字串
    char c ; //宣告一個名為 c 的字元
    int count = 0 ; //宣告一個名為 count 的整數變數，初始值為 0
    while (count < 100) //當 count 小於 100 時進入迴圈
    {
      c = *p ; //將指標 p 指向的值指派給 c
```

```
        if (c != 0x00) //當 c 不為空值(0x00)時
        {
            tmp.concat(String(c)) ; //將 c 轉換為字串型別並連接到 tmp 字串中
        }
        else //當 c 為空值(0x00)時
        {
            return tmp ; //回傳 tmp 字串
        }
        count++ ; //count 值增加 1
        p++; //將指標 p 指向下一個位置


    }
}


void CopyString2Char(String ss, char *p)    //將字串複製到字元陣列
{
    //將字串複製到字元陣列
    if (ss.length() <= 0) //當 ss 字串長度小於等於 0 時
    {
        p = 0x00 ; //將指標 p 指向的位置設為空值(0x00)
        return ; //直接回傳
    }
    ss.toCharArray(p, ss.length() + 1) ; //將 ss 字串轉換為字元陣列，並存儲到指
標 p 指向的位置
    //(p+ss.length()+1) = 0x00 ;
}
boolean CharCompare(char *p, char *q)
{
    boolean flag = false ; //宣告一個名為 flag 的布林變數，初始值為 false
    int count = 0 ; //宣告一個名為 count 的整數變數，初始值為 0
    int nomatch = 0 ; //宣告一個名為 nomatch 的整數變數，初始值為 0

    while (flag < 100) //當 flag 小於 100 時進入迴圈
    {
        if (*(p+count) == 0x00 or *(q+count) == 0x00) //當指標 p 或指標 q 指向的
值為空值(0x00)時
            break ; //跳出迴圈
        if (*(p+count) != *(q+count) )
```

```
        {
            nomatch ++ ; //nomatch 值增加 1
        }
          count++ ; //count 值增加 1
    }    //end of   while (flag < 100)
    if (nomatch > 0)
    {
       return false ;
    }
    else
    {
       return true ;
    }


}
// This function converts a double number to a String with specified number of
decimal places
// dd: the double number to be converted
// decn: the number of decimal places to be displayed
String Double2Str(double dd, int decn)
{
    // Extract integer part of the double number
    int a1 = (int)dd ;
    int a3 ;

    // If decimal places are specified
    if (decn > 0)
    {
       // Extract decimal part of the double number
       double a2 = dd - a1 ;
       // Multiply decimal part with 10 to the power of specified number of decimal
places
       a3 = (int)(a2 * (10 ^ decn));
    }

    // If decimal places are specified, return the String with decimal places
    if (decn > 0)
    {
```

```
      return String(a1) + "." + String(a3) ;
  }
  // If decimal places are not specified, return the String with only the integer
part
  else
  {
    return String(a1) ;
  }

}

//--------------GPIO Function

void TurnonWifiLed()     //打開 Wifi 連接燈號
{
  digitalWrite(WifiLed, Ledon) ;
}

void TurnoffWifiLed()     //關閉 Wifi 連接燈號
{
  digitalWrite(WifiLed, Ledoff) ;
}

void AccessOn()     //打開動作燈號
{
  digitalWrite(AccessLED, Ledon) ;
}

void AccessOff()     //關閉動作燈號
{
  digitalWrite(AccessLED, Ledoff) ;
}
void BeepOn()     //打開嗡鳴器
{
  digitalWrite(BeepPin, Ledon) ;
}
void BeepOff()     //關閉嗡鳴器
{
  digitalWrite(BeepPin, Ledoff) ;
```

```
}
/*
   GPIO 是 General Purpose Input/Output 的簡稱,
   是微控制器的一種外部接口。
   程式中的 digitalWrite 可以控制 GPIO 的狀態,
   其中 WifiLed、AccessLED、BeepPin 都是 GPIO 的編號,
   Ledon 和 Ledoff 則是表示 GPIO 的狀態,
   通常是高電位或低電位的編號,
   具體的編號會依據使用的裝置而有所不同。
   因此,以上程式碼可以用來控制 Arduino 的 GPIO 狀態,
   從而控制裝置的狀態。
*/
```

程式下載:https://github.com/brucetsao/ESP6Course_IIOT

    如下圖所示,可以看到程式:讀入監控視窗 Json 文件進行輸出之功能程式編

輯畫面:

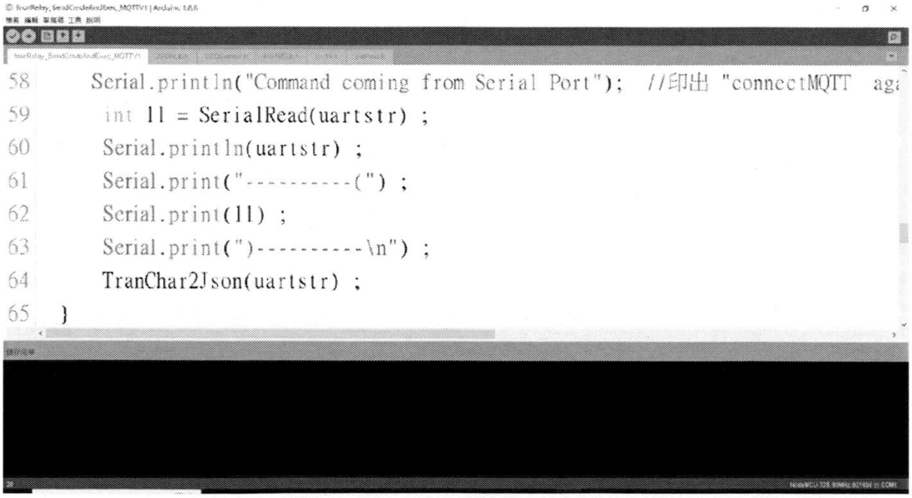

圖 191 讀入監控視窗 Json 文件進行輸出之功能程式之編輯畫面

如下圖所示，編譯完成後，可以看到讀入監控視窗 Json 文件進行輸出之功能程式執行畫面：

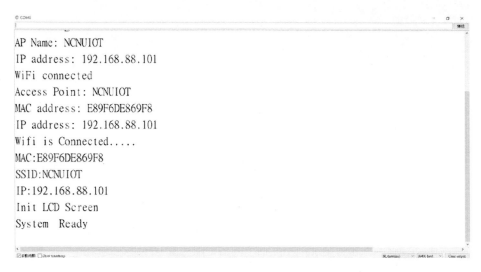

圖 192 讀入監控視窗 Json 文件進行輸出之功能程式執行畫面

首先筆者將下表所示之內容，透過程式的監控視窗，傳送到開發版。

表 167 顯示四路繼電器模組控制命令之 Json 文件檔

```
{
    "DEVICE":"E89F6DE869F8",
    "COMMAND":"STATUS"
}
```

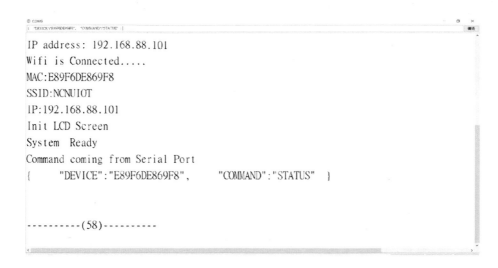

圖 193　開發版讀取 json 文件後回傳到監控視窗

　　由於筆者多次測試後，因為透過監控視窗將資訊輸入到控制板，由於 json 文件內容長度較長，必須加快監控視窗(Serial)的讀取速度，所以本程式需要將讀取數度加快到 38400 bps 以上，但是由於 Serial 通訊埠速度無法達到控制器 CPU 的速度，在讀取外部通訊埠(Serial)時，又必須加上『delayMicroseconds(SerialReaddelay) ;』，=延遲的速度為『#define SerialReaddelay 500』，所以目前大約為 2000 分之 1 秒的延遲指令來當為讀取外部串列埠的延遲時間，方能完整讀取整個 json 文件。

讀入監控視窗 Json 文件進行解譯之功能開發

　　我們遵照前幾章所述，將 ESP 32 開發板的驅動程式安裝好之後，我們打開 ESP 32 開發板的開發工具：Sketch IDE 整合開發軟體(安裝 Arduino 開發環境，請參考本文之『Arduino 開發 IDE 安裝』，安裝 ESP 32 開發板 SDK 請參考本文之『安裝 ESP32 Arduino 整合開發環境』(曹永忠, 2020a, 2020b, 2020c)，攥寫一段程式，如下表所示之讀入監控視窗 Json 文件進行解譯之功能程式

(fourRelay_SendCmdeAndExec_MQTTV2)，透過序列監控視窗輸入 json 文件後，在系統內接收這些文字形的 json 文件後，透過系統，轉成系統內 json 元件型態，進行解譯後，將每一個 json 元件內容，顯示在通訊埠監控程式。

表 168 讀入監控視窗 Json 文件進行解譯之功能程式

讀入監控視窗 Json 文件進行解譯之功能程式
(fourRelay_SendCmdeAndExec_MQTTV2)

#include <String.h>　　//String 使用必備函示庫
#include "initPins.h"　　　//系統共用函數
#include "RS485Lib.h"　　//arduino json 使用必備函示庫
#include "JSONLIB.h"　　//arduino json 使用必備函示庫
#include "LCDSensor.h"　　// LCD 2004 共用函數
//---------------------
void ShowInternetonLCD(String s1, String s2, String s3) ; //顯示網際網路連接基本資訊，這個函式接受三個字串參數，用於在 LCD 上顯示網際網路連線的基本資訊。
void ShowSensoronLCD(double s1, double s2) ;　//顯示溫度與濕度在 LCD 上，這個函式接受兩個雙精度浮點數參數，用於在 LCD 上顯示溫度和濕度。
boolean initWiFi()　; //網路連線，連上熱點，這個函式返回布林值，用於初始化 WiFi 連接。當連接成功時返回 true，否則返回 false。
void initAll() ;　　//這個函式用於初始化整個系統。
//----------------
void connectMQTT() ; //這個函式用於連接 MQTT 代理伺服器。
void mycallback(char* topic, byte* payload, unsigned int length)　;
//這個函式用於處理 MQTT 訂閱時收到的資料。它有三個參數，分別是主題、資料內容和資料長度。
 	
// the setup function runs once when you press reset or power the board
void setup()
{
　// initialize digital pin LED_BUILTIN as an output.
　// initialize digital pin LED_BUILTIN as an output.
　// 將 LED_BUILTIN 腳位設為輸出模式
　initAll() ;　　//系統初始化
　// 執行系統初始化
　initRS485()　;　//啟動 Modbus

```
// 啟動 Modbus 通訊協定
initWiFi(); //網路連線，連上熱點
// 連接 WiFi 熱點

// 網路連線，連上熱點
if (CheckWiFi())
{
    TurnonWifiLed(); //打開 Wifi 連接燈號
    Serial.println("Wifi is Connected.....");
}
else
{
    TurnoffWifiLed(); //打開 Wifi 連接燈號
    Serial.println("Wifi is lost");
}
BeepOff(); //關閉嗡鳴器
// 關閉嗡鳴器
ShowInternet() ; //顯示網際網路連接基本資訊
// 顯示網際網路連接基本資訊

initLCD() ; //初始化 LCD 螢幕
// 初始化 LCD 螢幕
ShowInternetonLCD(MacData, APname, IPData) ; //顯示網際網路連接基本
資訊
// 顯示網際網路連接基本資訊

Serial.println("System   Ready");
// 顯示 System Ready 的文字
delay(initDelay); //等待多少秒，進入 loop()重複執行的程序
// 延遲一段時間進入 loop()重複執行的程序
}
// the loop function runs over and over again forever
void loop()
{
    /*

    本程式碼區塊在判斷序列埠是否有可用的資料，如果有則執行以下動作：
    印出訊息 "Command coming from Serial Port"，表示有從序列埠收到指令
    讀取從序列埠收到的資料到字串 uartstr
```

```
        以 Serial.println() 列印出字串 uartstr
        以 Serial.print() 列印出分隔線，並在分隔線旁邊印出收到的字元數 ll
        呼叫 TranChar2Json(uartstr)，將讀取到的字串轉換為 JSON 格式後存入
全域變數 json_doc 中
        呼叫 Printjson()，解譯得到的 JSON 文件，並列印出每一個元件的內容
    */
    if (Serial.available() > 0) { // 檢查序列埠是否有可用的資料
        Serial.println("Command coming from Serial Port"); // 印出訊息表示有從序
列埠收到指令
        int ll = SerialRead(uartstr); // 讀取從序列埠收到的資料到字串 uartstr
        Serial.println(uartstr); // 列印字串 uartstr
        Serial.print("----------(");
        Serial.print(ll); // 列印讀取到的字元數 ll
        Serial.print(")----------\n");
        TranChar2Json(uartstr); // 將讀取到的字串轉換為 JSON 格式後存入全域
變數 json_doc 中
        Printjson(); // 解譯得到的 JSON 文件，並列印出每一個元件的內容
    }


}

void initAll()        //系統初始化
{
    Serial.begin(38400) ;
    Serial.println("System Start");
    MacData = GetMacAddress() ; //取得網路卡編號
    Serial.print("MAC:(");
    Serial.print(MacData);
    Serial.print(")\n");
}

int SerialRead(char *p)
{
    int cnt = 0 ;
    while (Serial.available() > 0) //如果 Commands from Serial Port
    {
        *(p + cnt) = Serial.read();
        cnt++ ;
        delayMicroseconds(SerialReaddelay) ;
```

```
    }
    *(p + cnt) = '\n' ;
    return cnt ;
}
```

程式下載：https://github.com/brucetsao/ESP6Course_IIOT

表 169 讀入監控視窗 Json 文件進行解譯之功能程式(JSONLib.h)

讀入監控視窗 Json 文件進行解譯之功能程式(JSONLib.h)

```
#include <ArduinoJson.h>    //Json 使用元件
/*
  REQUEST=
  {
    DEVICE:"E89F6DE869F8",
    COMMAND:STATUS
  }


  DOJOB =
  {
  "DEVICE":"E89F6DE869F8",
  "SENSOR":"RELAY" ,(RELAY=繼電器，INPUT=IO 輸入)
  "SET":1 ,           (n=第幾組)
  "OPERATION":"HIGH"      (RELAY=繼電器, HIGHn=第幾組)
  }




  REQUESTSTATUS=
  {
    DEVICE:"E89F6DE869F8",
    RELAY:{0,0,1,1},
    IO:{0,0,0,0}
  }

  EX.
*/
DeserializationError json_error; // 建立一個 DeserializationError 物件，用來儲
```

~ 401 ~

存 JSON 解析過程中的錯誤
StaticJsonDocument<2000> json_doc; // 建立一個容量為 2000 位元組的靜態
JSON 文件(json_doc)
StaticJsonDocument<1000> json_received; // 建立一個容量為 1000 位元組的
靜態 JSON 文件(json_received)
char json_data[1000]; // 建立一個長度為 1000 的字元陣列，用來儲存 JSON 資
料
/*
    其中，靜態 JSON 文件是指在編譯時期就已經固定容量，
    因此可以有效節省動態記憶體使用。
    而 DeserializationError 物件則是
    用來儲存 JSON 解析過程中的錯誤訊息，
    可以在開發和除錯時提供相關資訊。
    至於 char 陣列 json_data 則是用來儲存 JSON 資料，
    這個陣列的長度是 1000 位元組。

*/

/*
    boolean jsoncharstringcompare(const char* s1,String s2)
    {
    char cc;
    int cnt=0;
    int cmpcnt=0 ;
    boolean ret=true;
    cc = *(cnt)s1 ;
    while (cc != '\0')
    {
        if (cnt > s2.length)
        {
            if (cmpcnt >0)
            {
                ret=true;
            }
            else
            {
                ret=false;
            }
            break ;
```
```

```
            }
        if (cc == (char)s2.substring(cnt,cnt))
            {
                cmpcnt++;
                cnt++;
                continue
            }
        else
            {
                ret = false;
                break;
            }
        return ret;
    }
  }
*/
void initjson()
{

}

void setjsondata(String vmac, String vip, String vaddress, long vbaud, String
vrelay, String vIO)
{
    // 建立一個 JSON 物件(json_doc)，用來儲存 JSON 資料
    // 將 vmac、vaddress、vbaud、vrelay、vIO 存放到 json_doc 物件中，對應
的 Key 值為"MAC"、"DeviceAddress"、"DeviceBaud"、"Relay"、"IO"
    json_doc["MAC"] = vmac ;
    json_doc["DeviceAddress"] = vaddress ;
    json_doc["DeviceBaud"] = vbaud ;
    json_doc["Relay"] = vrelay ;
    json_doc["IO"] = vIO ;

    // 使用 ArduinoJSON 函式庫的 serializeJson()方法，將 json_doc 中的 json 物
件序列化成字串，存放在名為 json_data 的 String 物件中
    serializeJson(json_doc, json_data);

    // 在 Serial 埠輸出"Json Data:("字串，以便區分不同的輸出訊息
    Serial.print("Json Data:(\n");
```

```
    // 使用 ArduinoJSON 函式庫的 serializeJsonPretty()方法,將 json_doc 中的
json 物件序列化成可讀性較高的格式,並輸出至 Serial 埠
    serializeJsonPretty(json_doc, Serial);

    // 在 Serial 埠輸出換行字元,以便區分不同的輸出訊息
    Serial.print("\n)\n");
}

void TranChar2Json(char *p)    //轉換讀入的 json document 的字串,轉入 JSON
元件之 json_doc 變數
{
    // 建立一個 String 物件並將 char 指標 p 轉換成字串傳入
    String input = String(p) ;

    // 使用 ArduinoJSON 函式庫的 deserializeJson()方法,將 json 字串轉換成 json
物件,存放在名為 json_doc 的物件中
    deserializeJson(json_doc, input );

    // 使用 ArduinoJSON 函式庫的 serializeJson()方法,將 json_doc 中的 json 物
件序列化成字串,並輸出至 Serial 埠
    serializeJson(json_doc, Serial);
    // 在 Serial 埠輸出換行字元,以便區分不同的輸出訊息
    Serial.println("");
}

void Printjson()      //解譯得到 json 文件,並列印解譯後每一個元件的內容
{
    /*

    Printjson(): 解譯得到 json 文件,並列印解譯後每一個元件的內容
    參數:
    無參數
    回傳值:
    無回傳值
    動作:
    從 json_doc 解譯出 "DEVICE"、"SENSOR"、"SET"、"OPERATION" 的
值
    以 Serial.print() 列印出每個元件的內容
```

說明:
　　本函式會從全域變數 json_doc 解析出指定元件的值，並列印出來。
　　列印的內容包括 "Device Name"、"Sensor Name"、"Which set"、
"OPERATION"。
　　分別對應 json_doc 中的 "DEVICE"、"SENSOR"、"SET"、"OPERATION"。
　　列印完成後，不會有任何回傳值。
*/

```
// 從 json_doc 解譯出 "DEVICE" 的值
const char* devname = json_doc["DEVICE"] ;
// 從 json_doc 解譯出 "SENSOR" 的值
const char* sensorname = json_doc["SENSOR"] ;
// 從 json_doc 解譯出 "SET" 的值
int setnum = json_doc["SET"] ;
// 從 json_doc 解譯出 "OPERATION" 的值
const char* op = json_doc["OPERATION"] ;

// 列印 "Device Name:" 和 "DEVICE" 的值
Serial.print("Device Name:") ;
Serial.print(devname) ;
Serial.print("\n") ;

// 列印 "Sensor Name:" 和 "SENSOR" 的值
Serial.print("Sensor Name:") ;
Serial.print(sensorname) ;
Serial.print("\n") ;

// 列印 "Which set:" 和 "SET" 的值
Serial.print("Which set:") ;
Serial.print(setnum) ;
Serial.print("\n") ;

// 列印 "OPERATION:" 和 "OPERATION" 的值
Serial.print("OPERATION:") ;
Serial.print(op) ;
Serial.print("\n") ;

}
```

程式下載：https://github.com/brucetsao/ESP6Course_IIOT

表 170 讀入監控視窗 Json 文件進行解譯之功能程式(LCDSensor.h)

讀入監控視窗 Json 文件進行解譯之功能程式(LCDSensor.h)

```
// 引用 Wire.h 和 LiquidCrystal_I2C.h 程式庫
#include <Wire.h>
#include <LiquidCrystal_I2C.h>
```
//這段程式碼主要是使用 LiquidCrystal_I2C 函式庫來控制 I2C 介面的 LCD 顯示屏，程式碼內容如下
```
// 使用 LiquidCrystal_I2C 程式庫初始化 LCD 螢幕
LiquidCrystal_I2C lcd(0x27, 20, 4); // 設置 LCD 位址為 0x27，顯示 16 個字符和
2 行
```
//這個程式需要引入 Wire.h 和 LiquidCrystal_I2C.h 兩個庫。然後，定義一個名為 lcd 的 LiquidCrystal_I2C 類型物件，並且指定 LCD 顯示屏的 I2C 位址、行數和列數

//LiquidCrystal_I2C lcd(0x3F,20,4); // 設置 LCD 位址為 0x3F，顯示 16 個字符和
2 行（注释掉的代码）

```
// 清除 LCD 螢幕
void ClearShow()
{
   // ClearShow() 函式會把 LCD 的游標移動到左上角，然後使用 lcd.clear() 函
式清除螢幕內容，最後再把游標移動到左上角。

   lcd.setCursor(0, 0); //設置 LCD 螢幕座標
   lcd.clear() ; //清除 LCD 螢幕
   lcd.setCursor(0, 0); //設置 LCD 螢幕座標
}
// 初始化 LCD 螢幕
void initLCD()
{
   debugoutln("Init LCD Screen") ; //调试信息输出
   lcd.init(); //初始化 LCD 螢幕
   lcd.backlight(); //打开 LCD 背光
   lcd.setCursor(0, 0); //設置 LCD 螢幕座標
}
/*
   接下來是一些顯示字串的函式，例如 ShowLCD1()、ShowLCD2()、
```

ShowLCD3()、ShowLCD4() 和 ShowString()。這些函式都是用來在 LCD 顯示屏上顯示不同的字串。以 ShowLCD1() 函式為例，程式碼內容如下

```
*/
// 在第一行顯示字串 cc
void ShowLCD1(String cc)
{
  lcd.setCursor(0, 0); //設置 LCD 螢幕座標
  lcd.print("                    "); // 清除第一行的內容
  lcd.setCursor(0, 0); //設置 LCD 螢幕座標
  lcd.print(cc); //在第一行顯示字串 cc
}

// 在第一行左邊顯示字串 cc
void ShowLCD1L(String cc)
{
  lcd.setCursor(0, 0); //設置 LCD 螢幕座標
  // lcd.print("                    ");
  lcd.setCursor(0, 0); //設置 LCD 螢幕座標
  lcd.print(cc); //在第一行左邊顯示字串 cc
}

// 在第一行右邊顯示字串 cc
void ShowLCD1M(String cc)
{
  // lcd.setCursor(0,0);
  // lcd.print(" ");
  lcd.setCursor(13, 0); //設置 LCD 螢幕座標
  lcd.print(cc); //在第一行右邊顯示字串 cc
}

// 在第二行顯示字串 cc
void ShowLCD2(String cc)
{
  lcd.setCursor(0, 1); //設置 LCD 螢幕座標
  lcd.print("                 ");
  lcd.setCursor(0, 1); //設置 LCD 螢幕座標
  lcd.print(cc); //在目前位置顯示字串 cc
}
```

```
void ShowLCD3(String cc)
{
  //ShowLCD3()函數會將字串參數 cc 顯示在 LCD 螢幕的第 3 行上。
  lcd.setCursor(0, 2); //設置 LCD 螢幕座標
  lcd.print("                    ");
  lcd.setCursor(0, 2); //設置 LCD 螢幕座標
  lcd.print(cc);   //在目前位置顯示字串 cc


}
void ShowLCD4(String cc)
{
  lcd.setCursor(0, 3); //設置 LCD 螢幕座標
  lcd.print("                    ");
  lcd.setCursor(0, 3); //設置 LCD 螢幕座標
  lcd.print(cc);   //在目前位置顯示字串 cc


}



void ShowString(String ss)
{
  lcd.setCursor(0, 3); //設置 LCD 螢幕座標
  lcd.print("                    ");
  lcd.setCursor(0, 3); //設置 LCD 螢幕座標
  lcd.print(ss.substring(0, 19));
  //delay(1000);
}

void ShowAPonLCD(String ss)   //顯示熱點
{
  ShowLCD1M(ss) ; //顯示熱點


}
void ShowMAConLCD(String ss)   //顯示網路卡編號
{
  //這個函數顯示所連接的網路卡編號，參數 ss 為網路卡編號。
  ShowLCD1L(ss) ; //顯示網路卡編號
```

```
}
void ShowIPonLCD(String ss)   //顯示連接熱點後取得網路編號(IP Address)
{
    //這個函數顯示連接熱點後所取得的網路位址 (IP Address)，參數 ss 為網路
編號。
    ShowLCD2("IP:" + ss) ; //顯示取得網路編號(IP Address)

}
void ShowInternetonLCD(String s1, String s2, String s3) //顯示網際網路連接基
本資訊
{
    //這個函數顯示網際網路的連接基本資訊，包括網路卡編號、連接的熱點名稱
以及所取得的網路編號，分別由 s1、s2 和 s3 三個參數傳遞。
    ShowMAConLCD(s1)   ;   //顯示熱點
    ShowAPonLCD(s2) ;      //顯示連接熱點名稱
    ShowIPonLCD(s3) ;    //顯示連接熱點後取得網路編號(IP Address)}

}
void ShowSensoronLCD(double s1, double s2)       //顯示溫度與濕度在 LCD 上
{
    //這個函數顯示溫度和濕度數值，參數 s1 為溫度值，s2 為濕度值。顯示的格
式為 "T:溫度值.C H:濕度值.%"
    //      ShowLCD3("T:"+Double2Str(TempValue,1)+".C
"+"T:"+Double2Str(HumidValue,1)+".%" ) ;
    ShowLCD3("T:" + Double2Str(s1, 1) + ".C " + "H:" + Double2Str(s2, 1) +
".%" ) ;
}
```

程式下載：https://github.com/brucetsao/ESP6Course_IIOT

表 171 讀入監控視窗 Json 文件進行解譯之功能程式(RS485Lib.h)

讀入監控視窗 Json 文件進行解譯之功能程式(RS485Lib.h)
// 包含 String 函式庫
#include <String.h>
#include "crc16.h"   //arduino json 使用必備函示庫
// 設定序列通訊速率為 9600
#define SERIAL_BAUD 9600

```
// 宣告三個字串型態的變數
String DeviceAddress, RelayStatus, IOStatus;

// 宣告一個長整數型態的變數 DeviceBaud
long DeviceBaud;

// 宣告一個硬體序列通訊的物件 RS485Serial，設定其使用第二個 UART 通訊
HardwareSerial RS485Serial(2);

// 定義第二個 UART 的 RX 腳位為 16
#define RXD2 16

// 定義第二個 UART 的 TX 腳位為 17
#define TXD2 17

// 定義最大反饋時間為 5000 毫秒
#define maxfeekbacktime 5000

// 包含必要的函數庫和定義常數
byte cmd ; // 命令字元
byte receiveddata[250] ; // 接收到的資料陣列
int receivedlen = 0 ; // 接收到的資料長度

// 不同的命令
byte cmd_address[] = {0x00, 0x03, 0x00, 0x00, 0x00, 0x01, 0x85, 0xDB}  ; //
讀取裝置位址
byte cmd_baud[] = {0xFF, 0x03, 0x03, 0xE8, 0x00, 0x01, 0x11, 0xA4 }   ; //讀取
裝置通訊速度
byte cmd_relay[] = {0xFF, 0x01, 0x00, 0x00, 0x00, 0x08, 0x28, 0x12}   ; //讀取
裝置繼電器狀態
byte cmd_IO[] = {0xFF, 0x02, 0x00, 0x00, 0x00, 0x08, 0x6C, 0x12 }   ; //讀取裝
置 IO 器狀態
//-----------------------------
byte cmd_Openrelay[] = {0xFF, 0x05, 0x00, 0x00, 0xFF, 0x00, 0x99, 0xE4} ;
byte cmd_Closerelay[] = {0xFF, 0x05, 0x00, 0x00, 0x00, 0x00, 0xD8, 0x14} ;
byte cmd_Controlrelay[8] = {} ;
```

```
//----------------------------
int phasestage = 1 ;  //控制讀取位址、速率、繼電器狀態、IO 狀態階段
boolean flag1 = false ;    //第一階段讀取成功裝置位址控制旗標
boolean flag2 = false ;    //第二階段讀取成功裝置速率控制旗標
boolean flag3 = false ;    //第三階段讀取成功繼電器狀態控制旗標
boolean flag4 = false ;    //第四階段讀取成功 IO 狀態控制旗標

unsigned int readcrc;    //crc16 計算值暫存變數
uint8_t Hibyte, Lobyte ;    //crc16 計算值 高位元與低位元變數

//這段程式是一個用來控制 Modbus 溫溼度感測器的程式
/*
   其中，initRS485()用來初始化串口，
   requestaddress()、
   requestbaud()和
   requestrelay()
   則是分別用來向溫溼度感測器發送讀取裝置位址、
   通訊速率和繼電器狀態的命令。
   每個函數都會將命令發送出去，
   並印出相應的訊息，
   以便在調試時確定程式是否正常運行。
*/
void initRS485()      //啟動 Modbus 溫溼度感測器
{
  RS485Serial.begin(SERIAL_BAUD, SERIAL_8N1, RXD2, TXD2);
  /*
      初始化串口 2，
      設定通訊速率為 SERIAL_BAUD(9600)
      數據位為 8、
      無校驗位、
      停止位為 1，
      RX 腳位為 RXD2，
      TX 腳位為 TXD2
  */
}

void requestaddress()    //讀取裝置位址
{
  Serial.println("now send Device Address data to device") ;
```

```
    RS485Serial.write(cmd_address, 8); //  送出讀取溫度  str1  字串陣列  長度
為 8
    //  送出讀取裝置位址的命令，cmd_address 是一個 byte 陣列，長度為 8
    Serial.println("end sending") ;
}
void requestbaud()        //讀取裝置通訊速率
{
    Serial.println("now send Communication Baud data to device") ;
    RS485Serial.write(cmd_baud, 8);
    //  送出讀取裝置通訊速率的命令，cmd_baud 是一個 byte 陣列，長度為 8
    Serial.println("end sending") ;
}

void requestrelay()        //讀取繼電器狀態
{
    Serial.println("now send Relay request to device") ;
    RS485Serial.write(cmd_relay, 8);
    //  送出讀取繼電器狀態的命令，cmd_relay 是一個 byte 陣列，長度為 8
    Serial.println("end sending") ;
}

void requestIO()        //讀取光偶合狀態
{
    Serial.println("now send IO request to device") ;
    RS485Serial.write(cmd_IO, 8);  //  送出讀取光偶合狀態  cmd_IO  字串陣列
長度為 8
    Serial.println("end sending") ;
}

int GetRS485data(byte *dd)
{
    //這是一個函式，接收 RS485 通訊模組傳回的資料，並將其存儲在指定的陣
列中。
    int count = 0 ;  // 計數器，用於追蹤已讀取的資料數量
    long strtime = millis() ; // 計數器開始時間
    while ((millis() - strtime) < 2000) // 在兩秒內讀取資料
    {
        if (RS485Serial.available() > 0)  // 檢查通訊模組是否有資料傳回
        {
```

```
        Serial.println("Controler Respones");       //印出有資料嗎
        while (RS485Serial.available() > 0) // 只要還有資料，就持續讀取
        {
            RS485Serial.readBytes(&cmd, 1);       /// 從 RS485 模組讀取一個
byte 資料，儲存到變數 cmd 中
            Serial.print(count);   //印出剛才讀入資料內容，以 16 進位方式印出'
            Serial.print(":");   //印出剛才讀入資料內容，以 16 進位方式印出'
            Serial.print("(");   //印出剛才讀入資料內容，以 16 進位方式印出'
            Serial.print(print2HEX((int)cmd));   //印出剛才讀入資料內容，以 16 進
位方式印出'
            Serial.print("/");   //印出剛才讀入資料內容，以 16 進位方式印出'
            *(dd + count) = cmd;   // 將讀取到的資料存儲到指定的陣列中
            Serial.print(print2HEX((int) * (dd + count)));   //印出剛才讀入資料內
容，以 16 進位方式印出'
            Serial.print(")\n");   //印出剛才讀入資料內容，以 16 進位方式印出'
            count++;     // 增加計數器

        }
        Serial.print("\n---------\n");
    }
    return count;   // 返回讀取到的資料量
}


}
String RS485data2String(byte *dd, int ln)
{ // 將 byte 陣列轉換成字串型態，每個 byte 會以 16 進位方式表示
    String tmp;
    for (int i = 0; i < ln; i++)
    {
        tmp = tmp + print2HEX((int) * (dd + i));
    }
    return tmp;
}


long TranBaud(int bb)
{
    // 取得通訊速率的值
    switch (bb)
    {
```

```
      case 2:
        return 4800;
        break;
      case 3:
        return 9600;
        break;
      case 4:
        return 19200;
        break;
      default:
        return 9600;
        break;
    }
}


String byte2bitstring(int dd)
{ //// 將一個 byte 轉換成 8 個 bit 的字串，其中每個 bit 以 0 或 1 表示
    String tmp;
    int vv = dd;
    int k = 0;
    for (int i = 0; i < 8; i++) // loop 8 times fot modal values for bit
    {
      k = (dd % 2) ;
      dd = (int)(dd / 2) ;
      if (k == 1)
      {
        tmp = "1" + tmp ;
      }
      else
      {
        tmp = "0" + tmp ;
      }

    }

    return tmp ;
}
void Copycmd(byte *src, byte *tar, int lenn ) //複製 bye 陣列
{
```

```
  for (int i = 0; i < lenn; i++)
  {
    *(tar + i) = *(src + i) ;
  }
}
void ShowcmdHex(byte *nData, int wLength)      //用十六進位格式印出 byte 陣
列
{
  //用十六進位格式印出 byte 陣列
  for (int i = 0 ; i < wLength; i++)
  {
    Serial.print(print2HEX(*(nData + i)));
    Serial.print(" ") ;
  }
  Serial.print(" \n") ;

}
void genOpenRelay(int relaynum)      //產生開啟第 relaynum 繼電器開關
{
  Copycmd(cmd_Openrelay, cmd_Controlrelay, 8) ;
  cmd_Controlrelay[3] = (byte)(relaynum) ;
  unsigned int crcdata =   ModbusCRC16 (cmd_Controlrelay, 6) ;
  int c1 = (int)(crcdata / 256) ;
  int c2 = (int)(crcdata % 256) ;
  cmd_Controlrelay[6] = c2;
  cmd_Controlrelay[7] = c1;
}

void genCloseRelay(int relaynum)      //產生開啟第 relaynum 繼電器開關
{
  Copycmd(cmd_Closerelay, cmd_Controlrelay, 8) ;
  cmd_Controlrelay[3] = (byte)(relaynum) ;
  unsigned int crcdata =   ModbusCRC16 (cmd_Controlrelay, 6) ;
  int c1 = (int)(crcdata / 256) ;
  int c2 = (int)(crcdata % 256) ;
  cmd_Controlrelay[6] = c2;
  cmd_Controlrelay[7] = c1;
}
```

程式下載：https://github.com/brucetsao/ESP6Course_IIOT

表 172 讀入監控視窗 Json 文件進行解譯之功能程式(crc16.h)

讀入監控視窗 Json 文件進行解譯之功能程式(crc16.h)

```
/*
CRC16 是一種循環冗餘檢查（Cyclic Redundancy Check，CRC）的演算法，
它通常用於檢查數據在傳輸過程中是否出現錯誤。
CRC16 通過對原始數據進行多項式除法運算，
得到一個 16 位的校驗值，
這個校驗值可以用來檢查數據在傳輸過程中是否被修改。
當接收方接收到數據時，也可以對數據進行同樣的運算，
然後比較接收到的校驗值和計算出的校驗值是否相等，
如果不相等，則說明數據已經被修改，
需要重新傳輸或採取其他措施來修正錯誤。
在程式碼中，
CRC16 被用來檢查讀取到的數據是否正確，
如果校驗值不正確，
則需要重新發送請求並重新讀取數據。
*/
    static const unsigned int wCRCTable[] = {
        0X0000, 0XC0C1, 0XC181, 0X0140, 0XC301, 0X03C0, 0X0280,
0XC241,
        0XC601, 0X06C0, 0X0780, 0XC741, 0X0500, 0XC5C1, 0XC481,
0X0440,
        0XCC01, 0X0CC0, 0X0D80, 0XCD41, 0X0F00, 0XCFC1, 0XCE81,
0X0E40,
        0X0A00, 0XCAC1, 0XCB81, 0X0B40, 0XC901, 0X09C0, 0X0880,
0XC841,
        0XD801, 0X18C0, 0X1980, 0XD941, 0X1B00, 0XDBC1, 0XDA81,
0X1A40,
        0X1E00, 0XDEC1, 0XDF81, 0X1F40, 0XDD01, 0X1DC0, 0X1C80,
0XDC41,
        0X1400, 0XD4C1, 0XD581, 0X1540, 0XD701, 0X17C0, 0X1680,
0XD641,
        0XD201, 0X12C0, 0X1380, 0XD341, 0X1100, 0XD1C1, 0XD081,
0X1040,
        0XF001, 0X30C0, 0X3180, 0XF141, 0X3300, 0XF3C1, 0XF281,
0X3240,
        0X3600, 0XF6C1, 0XF781, 0X3740, 0XF501, 0X35C0, 0X3480,
```

0XF441,

    0X3C00, 0XFCC1, 0XFD81, 0X3D40, 0XFF01, 0X3FC0, 0X3E80, 0XFE41,

    0XFA01, 0X3AC0, 0X3B80, 0XFB41, 0X3900, 0XF9C1, 0XF881, 0X3840,

    0X2800, 0XE8C1, 0XE981, 0X2940, 0XEB01, 0X2BC0, 0X2A80, 0XEA41,

    0XEE01, 0X2EC0, 0X2F80, 0XEF41, 0X2D00, 0XEDC1, 0XEC81, 0X2C40,

    0XE401, 0X24C0, 0X2580, 0XE541, 0X2700, 0XE7C1, 0XE681, 0X2640,

    0X2200, 0XE2C1, 0XE381, 0X2340, 0XE101, 0X21C0, 0X2080, 0XE041,

    0XA001, 0X60C0, 0X6180, 0XA141, 0X6300, 0XA3C1, 0XA281, 0X6240,

    0X6600, 0XA6C1, 0XA781, 0X6740, 0XA501, 0X65C0, 0X6480, 0XA441,

    0X6C00, 0XACC1, 0XAD81, 0X6D40, 0XAF01, 0X6FC0, 0X6E80, 0XAE41,

    0XAA01, 0X6AC0, 0X6B80, 0XAB41, 0X6900, 0XA9C1, 0XA881, 0X6840,

    0X7800, 0XB8C1, 0XB981, 0X7940, 0XBB01, 0X7BC0, 0X7A80, 0XBA41,

    0XBE01, 0X7EC0, 0X7F80, 0XBF41, 0X7D00, 0XBDC1, 0XBC81, 0X7C40,

    0XB401, 0X74C0, 0X7580, 0XB541, 0X7700, 0XB7C1, 0XB681, 0X7640,

    0X7200, 0XB2C1, 0XB381, 0X7340, 0XB101, 0X71C0, 0X7080, 0XB041,

    0X5000, 0X90C1, 0X9181, 0X5140, 0X9301, 0X53C0, 0X5280, 0X9241,

    0X9601, 0X56C0, 0X5780, 0X9741, 0X5500, 0X95C1, 0X9481, 0X5440,

    0X9C01, 0X5CC0, 0X5D80, 0X9D41, 0X5F00, 0X9FC1, 0X9E81, 0X5E40,

    0X5A00, 0X9AC1, 0X9B81, 0X5B40, 0X9901, 0X59C0, 0X5880, 0X9841,

    0X8801, 0X48C0, 0X4980, 0X8941, 0X4B00, 0X8BC1, 0X8A81, 0X4A40,

```
        0X4E00, 0X8EC1, 0X8F81, 0X4F40, 0X8D01, 0X4DC0, 0X4C80,
0X8C41,
        0X4400, 0X84C1, 0X8581, 0X4540, 0X8701, 0X47C0, 0X4680,
0X8641,
        0X8201, 0X42C0, 0X4380, 0X8341, 0X4100, 0X81C1, 0X8081,
0X4040 };
//CRC16 計算用對應資料表
unsigned int    ModbusCRC16 (byte *nData, int wLength)
{
// 計算 Modbus RTU 通訊協議中的 CRC16 校驗和

// 輸入參數：
// nData：要進行 CRC16 校驗的數據
// wLength：數據的字節長度

// 返回值：
// unsigned int：計算得到的 CRC16 校驗和

    byte nTemp;
    unsigned int wCRCWord = 0xFFFF;      // 初始 CRC16 校驗和值

    while (wLength--)     // 對每個字節進行計算
    {
        nTemp = *nData++ ^ wCRCWord;      // 將當前字節與 CRC16 校驗和
值進行異或運算
        wCRCWord >>= 8;    // 將 CRC16 校驗和值向右移 8 位
        wCRCWord   ^= wCRCTable[nTemp];      // 從查找表中查找對應的
值，並將其與 CRC16 校驗和值進行異或運算
    }
    return wCRCWord;      // 返回計算得到的 CRC16 校驗和
} // End: CRC16


boolean CompareCRC16(unsigned int stdvalue, uint8_t Hi, uint8_t Lo)
{
  /*
        CompareCRC16: 比較接收到的 CRC16 校驗碼是否與標準值相同
    參數:
    stdvalue: 標準值 (unsigned int)
```

```
Hi: 接收到的 CRC16 校驗碼高位 (uint8_t)
Lo: 接收到的 CRC16 校驗碼低位 (uint8_t)
回傳:
true: 接收到的 CRC16 校驗碼與標準值相同
false: 接收到的 CRC16 校驗碼與標準值不同
*/


    if (stdvalue == Hi*256+Lo)
    {
        return true ;
    }
    else
    {
        return false ;
    }
}
```

程式下載：https://github.com/brucetsao/ESP6Course_IIOT

表 173 讀入監控視窗 Json 文件進行解譯之功能程式(initPins.h)

讀入監控視窗 Json 文件進行解譯之功能程式(initPins.h)
#define _Debug 1   //輸出偵錯訊息
#define _debug 1   //輸出偵錯訊息
#define initDelay   6000   //初始化延遲時間
#define loopdelay 60000   //loop 延遲時間
//--------------------
#include <String.h>
#define Ledon HIGH   //打開 LED 燈的電位設定
#define Ledoff LOW   //關閉 LED 燈的電位設定
#define WifiLed 2   // 連線 WIFI 成功之指示燈
#define AccessLED 15   // 系統運作之指示燈
#define BeepPin 4   // 控制器之嗡鳴器
/*
這段程式碼是定義了一些常數，下面是每個常數的註解：
_Debug 和 _debug：用於控制是否輸出偵錯訊息，因為兩者都設置為 1，所以輸出偵錯訊息。

```
    initDelay：初始化延遲時間，設置為 6000 毫秒。
    loopdelay：loop() 函數的延遲時間，設置為 60000 毫秒。
    WifiLed：WiFi 指示燈的引腳號，這裡設置為 2。
    AccessLED：設備狀態指示燈的引腳號，這裡設置為 15。
    BeepPin：蜂鳴器引腳號，這裡設置為 4。
*/

#include <WiFi.h>      //使用網路函式庫
#include <WiFiClient.h>    //使用網路用戶端函式庫
#include <WiFiMulti.h>     //多熱點網路函式庫

WiFiMulti wifiMulti;      //產生多熱點連線物件

 WiFiClient client;     //產生連線物件

String IpAddress2String(const IPAddress& ipAddress)；// 將 IP 位址轉換為字
串
void debugoutln(String ss)；// 輸出偵錯訊息
void debugout(String ss)   ；// 輸出偵錯訊息




IPAddress ip；      //網路卡取得 IP 位址之原始型態之儲存變數
String IPData；    //網路卡取得 IP 位址之儲存變數
String APname；    //網路熱點之儲存變數
String MacData；     //網路卡取得網路卡編號之儲存變數
long rssi；    //網路連線之訊號強度'之儲存變數
int status = WL_IDLE_STATUS；  //取得網路狀態之變數
char uartstr[2000]；
#define SerialReaddelay 800
boolean initWiFi()      //網路連線，連上熱點
{
  //加入連線熱點資料
  wifiMulti.addAP("NCNUIOT", "12345678"); //加入一組熱點
  wifiMulti.addAP("NCNUIOT2", "12345678");  //加入一組熱點
  wifiMulti.addAP("NUKIOT", "iot12345"); //加入一組熱點

  // We start by connecting to a WiFi network
```

```
   Serial.println();
   Serial.println();
   Serial.print("Connecting to ");
   //通訊埠印出 "Connecting to "
   wifiMulti.run();   //多網路熱點設定連線
 while (WiFi.status() != WL_CONNECTED)      //還沒連線成功
 {
    // wifiMulti.run() 啟動多熱點連線物件,進行已經紀錄的熱點進行連線,
    // 一個一個連線,連到成功為主,或者是全部連不上
    // WL_CONNECTED 連接熱點成功
    Serial.print(".");     //通訊埠印出
    delay(500) ;   //停 500 ms
     wifiMulti.run();      //多網路熱點設定連線
 }
    Serial.println("WiFi connected");    //通訊埠印出 WiFi connected
    Serial.print("AP Name: ");     //通訊埠印出 AP Name:
    APname = WiFi.SSID();
    Serial.println(APname);     //通訊埠印出 WiFi.SSID()==>從熱點名稱
    Serial.print("IP address: ");      //通訊埠印出 IP address:
    ip = WiFi.localIP();
    IPData = IpAddress2String(ip) ;
    Serial.println(IPData);     //通訊埠印出 WiFi.localIP()==>從熱點取得 IP 位
址
    //通訊埠印出連接熱點取得的 IP 位址


   debugoutln("WiFi connected"); //印出 "WiFi connected",在終端機中可以看
到
   debugout("Access Point: "); //印出 "Access Point: ",在終端機中可以看到
   debugoutln(APname); //印出 APname 變數內容,並換行
   debugout("MAC address: "); //印出 "MAC address: ",在終端機中可以看到
   debugoutln(MacData); //印出 MacData 變數內容,並換行
   debugout("IP address: "); //印出 "IP address: ",在終端機中可以看到
   debugoutln(IPData); //印出 IPData 變數內容,並換行
   /*
      這些語句是用於在終端機中顯示一些網路相關的信息,
      例如已連接的 Wi-Fi 網路名稱、MAC 地址和 IP 地址。
      debugout()和 debugoutln()是用於輸出信息的自定義函數,
      這裡的程式碼假定這些函數已經在代碼中定義好了
```

```
    */

  return true ;
}
boolean CheckWiFi() //檢查 Wi-Fi 連線狀態的函數
{
  //這些語句是用於檢查 Wi-Fi 連線狀態和顯示網路連線資訊的函數。
CheckWiFi()函數檢查 Wi-Fi 連線狀態是否已連接，如果已連接，則返回 true，否
則返回 false。
  if (WiFi.status() != WL_CONNECTED) //如果 Wi-Fi 未連接
  {
    return false ; //回傳 false 表示未連線
  }
  else //如果 Wi-Fi 已連接
  {
    return true ; //回傳 true 表示已連線
  }
}
void ShowInternet() //顯示網路連線資訊的函數
{
  //ShowInternet()函數則印出 MAC 地址、Wi-Fi 名稱和 IP 地址的值。這些信息
通常用於調試和診斷網路連線問題
  Serial.print("MAC:") ; //印出 "MAC:"
  Serial.print(MacData) ; //印出 MacData 變數的內容
  Serial.print("\n") ; //換行
  Serial.print("SSID:") ; //印出 "SSID:"
  Serial.print(APname) ; //印出 APname 變數的內容
  Serial.print("\n") ; //換行
  Serial.print("IP:") ; //印出 "IP:"
  Serial.print(IPData) ; //印出 IPData 變數的內容
  Serial.print("\n") ; //換行
}
//--------------------
/*
  這段程式碼中定義了三個函式：
  debugoutln、debugout

  debugoutln 和 debugout 函式的功能，
  都是根據_Debug 標誌來決定是否輸出字串。
```

```
    如果 _Debug 為 true,
    則分別使用 Serial.println 和 Serial.print 輸出參數 ss。
*/
void debugoutln(String ss)
{
  if (_Debug)
    Serial.println(ss) ;
}
void debugout(String ss)
{
  if (_Debug)
    Serial.print(ss) ;
}


long POW(long num, int expo)
{
  /*
    POW 函式是用來計算一個數的 n 次方的函式。
    函式有兩個參數,
    第一個參數為 num,表示底數,
    第二個參數為 expo,表示指數。
    如果指數為正整數,
    則使用迴圈來進行計算,否則返回 1。
  */
  long tmp = 1 ;
  if (expo > 0)
  {
    for (int i = 0 ; i < expo ; i++)
      tmp = tmp * num ;
    return tmp ;
  }
  else
  {
    return tmp ;
  }
}

String SPACE(int sp)
```

```
{
  /*
     SPACE 函式是用來生成一個包含指定數量空格的字串。
     函式只有一個參數，即空格的數量。
     使用 for 循環生成指定數量的空格，
     然後將它們連接起來形成一個字串，
     最後返回這個字串。
  */
  String tmp = "" ;
  for (int i = 0 ; i < sp; i++)
  {
     tmp.concat(' ')   ;
  }
  return tmp ;
}



// This function converts a long integer to a string with leading zeros (if neces-
sary)
// The function takes in three arguments:
// - num: the long integer to convert
// - len: the length of the resulting string (including leading zeros)
// - base: the base to use for the conversion (e.g., base 16 for hexadecimal)
String strzero(long num, int len, int base)
{
  String retstring = String(""); // Initialize an empty string
  int ln = 1 ;
  int i = 0 ;
  char tmp[10] ;
  long tmpnum = num ;
  int tmpchr = 0 ;
  char hexcode[] = {'0', '1', '2', '3', '4', '5', '6', '7', '8', '9', 'A', 'B', 'C', 'D', 'E', 'F'} ; //
Character array for hexadecimal digits
  while (ln <= len)
  {
     tmpchr = (int)(tmpnum % base) ; // Compute the remainder of tmpnum
when divided by base
     tmp[ln - 1] = hexcode[tmpchr] ; // Store the corresponding character in tmp
array
```

```c
        ln++ ;
        tmpnum = (long)(tmpnum / base) ; // Divide tmpnum by base and update
its value
    }
    for (i = len - 1; i >= 0 ; i --) // Iterate through the tmp array in reverse order
    {
        retstring.concat(tmp[i]); // Append each character to the output string
    }
    return retstring; // Return the resulting string
}
// This function converts a string representing a number in the specified base to
an unsigned long integer
// The function takes in two arguments:
// - hexstr: the string to convert
// - base: the base of the number system used in hexstr (e.g., base 16 for
hexadecimal)
unsigned long unstrzero(String hexstr, int base)
{
    /*
    上述函式的作用是
    將一個十六進位的字串轉換為對應的 unsigned long 整數。
    程式碼的主要部分是 for 迴圈,
    它會迭代輸入字串中的每個字符,
    將其轉換為大寫字母,
    並根據其在十六進位數字字串中的索引值更新 tmpnum 變數的值
    。最後,該函式會回傳 unsigned long 整數的結果
    */
String chkstring; // 儲存檢查字串
int len = hexstr.length(); // 計算輸入字串的長度

unsigned int i = 0;
unsigned int tmp = 0;
unsigned int tmp1 = 0;
unsigned long tmpnum = 0; // 宣告變數

String hexcode = String("0123456789ABCDEF"); // 包含十六進位數字的字串

for (i = 0; i < len; i++) // 迭代輸入字串
{
```

```
hexstr.toUpperCase(); // 將輸入字串中的每個字符轉換為大寫字母
tmp = hexstr.charAt(i); // 取得位於 i 處的字符的 ASCII 碼
tmp1 = hexcode.indexOf(tmp); // 在 hexcode 字串中查找字符的索引值
tmpnum = tmpnum + tmp1 * POW(base, (len - i - 1)); // 根據當前字符的值更新
tmpnum 變數的值
}
return tmpnum; // 回傳 unsigned long 整數的結果
}


String   print2HEX(int number)
{
  // 這個函式接受一個整數作為參數
  // 將該整數轉換為 16 進制表示法的字串
  // 如果該整數小於 16，則在字串前面加上一個 0
  // 最後返回 16 進制表示法的字串
  String ttt ;
  if (number >= 0 && number < 16)
  {
    ttt = String("0") + String(number, HEX);
  }
  else
  {
    ttt = String(number, HEX);
  }
  ttt.toUpperCase() ;    //轉成大寫
  return ttt ;
}



String GetMacAddress()      //取得網路卡編號
{
  // the MAC address of your WiFi shield
  String Tmp = "" ;
  byte mac[6];

  // print your MAC address:
  WiFi.macAddress(mac);
  for (int i=0; i<6; i++)
    {
```

```
        Tmp.concat(print2HEX(mac[i])) ;
    }
    Tmp.toUpperCase() ;
  return Tmp ;
}

void ShowMAC()   //於串列埠印出網路卡號碼
{

  Serial.print("MAC Address:(");   //印出 "MAC Address:("
  Serial.print(MacData) ;    //印出 MacData 變數內容
  Serial.print(")\n");      //印出 ")\n"



}
String IpAddress2String(const IPAddress& ipAddress)
{
  //回傳 ipAddress[0-3]的內容，以 16 進位回傳
  return String(ipAddress[0]) + String(".") +\
  String(ipAddress[1]) + String(".") +\
  String(ipAddress[2]) + String(".") +\
  String(ipAddress[3])    ;
}



//將字元陣列轉換為字串
String chrtoString(char *p)
{
  String tmp ; //宣告一個名為 tmp 的字串
  char c ; //宣告一個名為 c 的字元
  int count = 0 ; //宣告一個名為 count 的整數變數，初始值為 0
  while (count < 100) //當 count 小於 100 時進入迴圈
  {
    c = *p ; //將指標 p 指向的值指派給 c
    if (c != 0x00) //當 c 不為空值(0x00)時
    {
      tmp.concat(String(c)) ; //將 c 轉換為字串型別並連接到 tmp 字串中
```

```
        }
        else //當 c 為空值(0x00)時
        {
            return tmp ; //回傳 tmp 字串
        }
        count++ ; //count 值增加 1
        p++; //將指標 p 指向下一個位置


    }
}


void CopyString2Char(String ss, char *p)    //將字串複製到字元陣列
{
    //將字串複製到字元陣列
    if (ss.length() <= 0) //當 ss 字串長度小於等於 0 時
    {
        p = 0x00 ; //將指標 p 指向的位置設為空值(0x00)
        return ; //直接回傳
    }
    ss.toCharArray(p, ss.length() + 1) ; //將 ss 字串轉換為字元陣列，並存儲到指
標 p 指向的位置
    //(p+ss.length()+1) = 0x00 ;
}
boolean CharCompare(char *p, char *q)
{
    boolean flag = false ; //宣告一個名為 flag 的布林變數，初始值為 false
    int count = 0 ; //宣告一個名為 count 的整數變數，初始值為 0
    int nomatch = 0 ; //宣告一個名為 nomatch 的整數變數，初始值為 0

    while (flag < 100) //當 flag 小於 100 時進入迴圈
    {
        if (*(p+count) == 0x00 or *(q+count) == 0x00) //當指標 p 或指標 q 指向的
值為空值(0x00)時
            break ; //跳出迴圈
        if (*(p+count) != *(q+count) )
        {
            nomatch ++ ; //nomatch 值增加 1
        }
```

```
          count++ ; //count 值增加 1
   }     //end of   while (flag < 100)
   if (nomatch > 0)
   {
      return false ;
   }
   else
   {
      return true ;
   }


}
// This function converts a double number to a String with specified number of
decimal places
// dd: the double number to be converted
// decn: the number of decimal places to be displayed
String Double2Str(double dd, int decn)
{
   // Extract integer part of the double number
   int a1 = (int)dd ;
   int a3 ;

   // If decimal places are specified
   if (decn > 0)
   {
      // Extract decimal part of the double number
      double a2 = dd - a1 ;
      // Multiply decimal part with 10 to the power of specified number of decimal
places
      a3 = (int)(a2 * (10 ^ decn));
   }

   // If decimal places are specified, return the String with decimal places
   if (decn > 0)
   {
      return String(a1) + "." + String(a3) ;
   }
   // If decimal places are not specified, return the String with only the integer
```

```
part
  else
  {
    return String(a1) ;
  }

}

//------------GPIO Function

void TurnonWifiLed()      //打開 Wifi 連接燈號
{
  digitalWrite(WifiLed, Ledon) ;
}

void TurnoffWifiLed()      //關閉 Wifi 連接燈號
{
  digitalWrite(WifiLed, Ledoff) ;
}

void AccessOn()      //打開動作燈號
{
  digitalWrite(AccessLED, Ledon) ;
}

void AccessOff()      //關閉動作燈號
{
  digitalWrite(AccessLED, Ledoff) ;
}
void BeepOn()      //打開嗡鳴器
{
  digitalWrite(BeepPin, Ledon) ;
}
void BeepOff()      //關閉嗡鳴器
{
  digitalWrite(BeepPin, Ledoff) ;
}
/*
  GPIO 是 General Purpose Input/Output 的簡稱,
```

是微控制器的一種外部接口。

程式中的 digitalWrite 可以控制 GPIO 的狀態,

其中 WifiLed、AccessLED、BeepPin 都是 GPIO 的編號,

Ledon 和 Ledoff 則是表示 GPIO 的狀態,

通常是高電位或低電位的編號,

具體的編號會依據使用的裝置而有所不同。

因此,以上程式碼可以用來控制 Arduino 的 GPIO 狀態,

從而控制裝置的狀態。

*/

程式下載:https://github.com/brucetsao/ESP6Course_IIOT

如下圖所示,可以看到程式:讀入監控視窗 Json 文件進行解譯之功能程式編輯畫面:

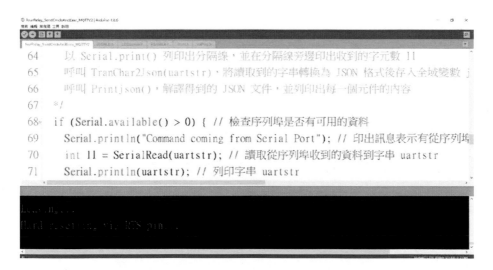

圖 194 讀入監控視窗 Json 文件進行解譯之功能程式之編輯畫面

如下圖所示，編譯完成後，可以看到讀入監控視窗 Json 文件進行解譯之功能程式執行畫面：

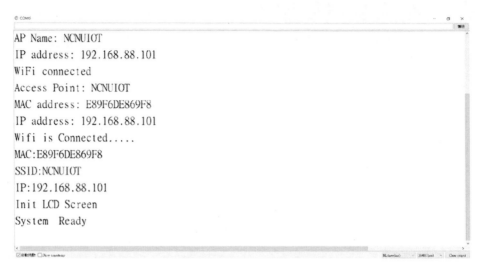

圖 195 讀入監控視窗 Json 文件進行解譯之功能程式執行畫面

　　首先筆者將下表所示之控制一號繼電器命令之 Json 文件內容，透過程式的監控視窗，傳送到開發版。

表 174 四路繼電器模組控制一號繼電器命令之 Json 文件檔

```
{
  "DEVICE":"E89F6DE869F8",
  "SENSOR":"RELAY" ,
  "SET":1 ,
  "OPERATION":"HIGH"
}
```

圖 196　開發版讀取 json 文件後回傳到監控視窗

　　由上圖所示，透過監控視窗將資訊輸入上表文字到開發控制板，透過 38400 bps 的通訊速度上，取得上表所有的文字，透過 JSONLib.h 內部函數的之 TranChar2Json(char *p)，將讀入的文字轉成 JSON 型態的元件，並透過 Printjson() 函式，把 JSON 型態的元件一一解出後，列出出來，完成本章節的目的。

單一控制繼電器開啟關閉與讀取輸入點訊號

　　我們遵照前幾章所述，將 ESP 32 開發板的驅動程式安裝好之後，我們打開 ESP 32 開發板的開發工具：Sketch IDE 整合開發軟體(安裝 Arduino 開發環境，請參考本文之『Arduino 開發 IDE 安裝』，安裝 ESP 32 開發板 SDK 請參考本文之『安裝 ESP32 Arduino 整合開發環境』(曹永忠，2020a, 2020b, 2020c)，攥寫一段程式，如下表所示之單一控制繼電器開啟關閉與讀取輸入點訊號程式 (fourRelay_SendCmdeAndExec_UART)，循序產生第一號到四號繼電器開啟與關閉的命令，在進而將所有命令一一透過開發的控制器，傳送到 Modbus Device 的控制器，進而驅動這些繼電器開啟與關閉狀態，並在每一個命令成功啟動後，將 Modbus Device 的控制器的所有感測器的狀態，回傳到系統，並顯示在通訊埠監控程式。

表 175 單一控制繼電器開啟關閉與讀取輸入點訊號程式

單一控制繼電器開啟關閉與讀取輸入點訊號程式 (fourRelay_SendCmdeAndExec_UART)

```
#include <String.h>     //String 使用必備函示庫
#include "initPins.h"       //系統共用函數
#include "RS485Lib.h"     //arduino json 使用必備函示庫
#include "JSONLIB.h"     //arduino json 使用必備函示庫
#include "LCDSensor.h"     // LCD 2004 共用函數
#include "MQTTLib.h"     // M Q T T   B r o k e r 共用函數
//--------------------
void ShowInternetonLCD(String s1, String s2, String s3) ; //顯示網際網路連接
基本資訊，這個函式接受三個字串參數，用於在 LCD 上顯示網際網路連線的基
本資訊。
void ShowSensoronLCD(double s1, double s2) ;     //顯示溫度與濕度在 LCD
上，這個函式接受兩個雙精度浮點數參數，用於在 LCD 上顯示溫度和濕度。
boolean initWiFi()  ; //網路連線，連上熱點，這個函式返回布林值，用於初始化
WiFi 連接。當連接成功時返回 true，否則返回 false。
void initAll() ;     //這個函式用於初始化整個系統。
//----------------
void connectMQTT() ; //這個函式用於連接 MQTT 代理伺服器。
void mycallback(char* topic, byte* payload, unsigned int length)   ;
//這個函式用於處理 MQTT 訂閱時收到的資料。它有三個參數，分別是主題、資
料內容和資料長度。


// the setup function runs once when you press reset or power the board
void setup()
{
  // initialize digital pin LED_BUILTIN as an output.
  // initialize digital pin LED_BUILTIN as an output.
  // 將 LED_BUILTIN 腳位設為輸出模式
  initAll() ;     //系統初始化
  // 執行系統初始化
  initRS485()   ;   //啟動 Modbus
  // 啟動 Modbus 通訊協定
  initWiFi() ;   //網路連線，連上熱點
  // 連接 WiFi 熱點

  // 網路連線，連上熱點
  if (CheckWiFi())
```

```
    {
        TurnonWifiLed() ;    //打開 Wifi 連接燈號
        Serial.println("Wifi is Connected.....");
    }
    else
    {
        TurnoffWifiLed() ;    //打開 Wifi 連接燈號
        Serial.println("Wifi is lost");
    }
    BeepOff() ;    //關閉嗡鳴器
    // 關閉嗡鳴器
    ShowInternet()    ; //顯示網際網路連接基本資訊
    // 顯示網際網路連接基本資訊

    initLCD()    ;    //初始化 LCD 螢幕
    // 初始化 LCD 螢幕
    ShowInternetonLCD(MacData, APname, IPData)    ; //顯示網際網路連接基本
資訊
    // 顯示網際網路連接基本資訊

    Serial.println("System    Ready");
    // 顯示 System Ready 的文字
    delay(initDelay) ;        //等待多少秒，進入 loop()重複執行的程序
    // 延遲一段時間進入 loop()重複執行的程序
}
// the loop function runs over and over again forever
void loop()
{
    for (int i = 0; i < 4; i++)
    {
        genOpenRelay(i) ; //產生第 n 號繼電器 開啟之命令內容
        ShowcmdHex(cmd_Controlrelay, 8) ;    //用 16 進位方式顯示
cmd_Controlrelay 內容
        SendModbusCommand(cmd_Controlrelay, 8);    //送 cmd_Controlrelay 到
modbus device 內
        delay(2000) ;
        ReadModbusDeviceAllStatus() ;        //讀取所有 Modbus Device 所有感測器
之狀態資料，並顯示
        delay(1000);
```

```cpp
  }
  for (int i = 0; i < 4; i++)
  {
    genCloseRelay(i) ;    //產生第 n 號繼電器 關閉之命令內容
    ShowcmdHex(cmd_Controlrelay, 8) ;   //用 16 進位方式顯示
cmd_Controlrelay 內容
    SendModbusCommand(cmd_Controlrelay, 8) ;   //送 cmd_Controlrelay 到
modbus device 內
    delay(2000);
    ReadModbusDeviceAllStatus() ;    //讀取所有 Modbus Device 所有感測器
之狀態資料，並顯示
    delay(1000);
  }
  delay(10000) ;
}

void initAll()       //系統初始化
{
  Serial.begin(38400) ;
  Serial.println("System Start");
  MacData = GetMacAddress() ; //取得網路卡編號
  Serial.print("MAC:(");
  Serial.print(MacData);
  Serial.print(")\n");
}

int SerialRead(char *p)
{
  int cnt = 0 ;
  while (Serial.available() > 0) //如果 Commands from Serial Port
  {
    *(p + cnt) = Serial.read();
    cnt++ ;
    delayMicroseconds(SerialReaddelay) ;
  }
  *(p + cnt) = '\n' ;
  return cnt ;
}
```

程式下載：https://github.com/brucetsao/ESP6Course_IIOT

表 176 單一控制繼電器開啟關閉與讀取輸入點訊號程式(JSONLib.h)

單一控制繼電器開啟關閉與讀取輸入點訊號程式(JSONLib.h)

```
#include <ArduinoJson.h>    //Json 使用元件
/*
  REQUEST=
  {
    DEVICE:"E89F6DE869F8",
    COMMAND:STATUS
  }

  DOJOB =
{
  "DEVICE":"E89F6DE869F8",
  "SENSOR":"RELAY" ,(RELAY=繼電器，INPUT=IO 輸入)
  "SET":1 ,             (n=第幾組)
  "OPERATION":"HIGH"      (RELAY=繼電器, HIGHn=第幾組)
}




  REQUESTSTATUS=
  {
    DEVICE:"E89F6DE869F8",
    RELAY:{0,0,1,1},
    IO:{0,0,0,0}
  }

  EX.
*/
DeserializationError json_error; // 建立一個 DeserializationError 物件，用來儲
存 JSON 解析過程中的錯誤
StaticJsonDocument<2000> json_doc; // 建立一個容量為 2000 位元組的靜態
JSON 文件(json_doc)
StaticJsonDocument<1000> json_received; // 建立一個容量為 1000 位元組的
靜態 JSON 文件(json_received)
char json_data[1000]; // 建立一個長度為 1000 的字元陣列，用來儲存 JSON 資
料
/*
```

其中，靜態 JSON 文件是指在編譯時期就已經固定容量，
因此可以有效節省動態記憶體使用。
而 DeserializationError 物件則是
用來儲存 JSON 解析過程中的錯誤訊息，
可以在開發和除錯時提供相關資訊。
至於 char 陣列 json_data 則是用來儲存 JSON 資料，
這個陣列的長度是 1000 位元組。

```
*/

/*
boolean jsoncharstringcompare(const char* s1,String s2)
{
char cc;
int cnt=0;
int cmpcnt=0 ;
boolean ret=true;
cc = *(cnt)s1 ;
while (cc != '\0')
{
    if (cnt > s2.length)
    {
        if (cmpcnt >0)
          {
             ret=true;
          }
          else
          {
             ret=false;
          }
          break ;
    }
    if (cc == (char)s2.substring(cnt,cnt))
      {
          cmpcnt++;
          cnt++;
          continue
      }
      else
```

```
            {
                ret = false;
                break;
            }
        return ret;
    }
    }
*/
void initjson()
{

}

void setjsondata(String vmac, String vip, String vaddress, long vbaud, String
vrelay, String vIO)
{
    // 建立一個 JSON 物件(json_doc)，用來儲存 JSON 資料
    // 將 vmac、vaddress、vbaud、vrelay、vIO 存放到 json_doc 物件中，對應
    的 Key 值為"MAC"、"DeviceAddress"、"DeviceBaud"、"Relay"、"IO"
    json_doc["MAC"] = vmac ;
    json_doc["DeviceAddress"] = vaddress ;
    json_doc["DeviceBaud"] = vbaud ;
    json_doc["Relay"] = vrelay ;
    json_doc["IO"] = vIO ;

    // 使用 ArduinoJSON 函式庫的 serializeJson()方法，將 json_doc 中的 json 物
    件序列化成字串，存放在名為 json_data 的 String 物件中
    serializeJson(json_doc, json_data);

    // 在 Serial 埠輸出"Json Data:("字串，以便區分不同的輸出訊息
    Serial.print("Json Data:(\n");

    // 使用 ArduinoJSON 函式庫的 serializeJsonPretty()方法，將 json_doc 中的
    json 物件序列化成可讀性較高的格式，並輸出至 Serial 埠
    serializeJsonPretty(json_doc, Serial);

    // 在 Serial 埠輸出換行字元，以便區分不同的輸出訊息
    Serial.print("\n)\n");
}
```

```
void TranChar2Json(char *p)   //轉換讀入的 json document 的字串,轉入 JSON
元件之 json_doc 變數
{
  // 建立一個 String 物件並將 char 指標 p 轉換成字串傳入
  String input = String(p) ;

  // 使用 ArduinoJSON 函式庫的 deserializeJson()方法,將 json 字串轉換成 json
物件,存放在名為 json_doc 的物件中
  deserializeJson(json_doc, input );

  // 使用 ArduinoJSON 函式庫的 serializeJson()方法,將 json_doc 中的 json 物
件序列化成字串,並輸出至 Serial 埠
  serializeJson(json_doc, Serial);
  // 在 Serial 埠輸出換行字元,以便區分不同的輸出訊息
  Serial.println("");
}

void Printjson()       //解譯得到 json 文件,並列印解譯後每一個元件的內容
{
  /*

    Printjson():解譯得到 json 文件,並列印解譯後每一個元件的內容
    參數:
    無參數
    回傳值:
    無回傳值
    動作:
    從 json_doc 解譯出 "DEVICE"、"SENSOR"、"SET"、"OPERATION" 的
值
    以 Serial.print() 列印出每個元件的內容
    說明:
    本函式會從全域變數 json_doc 解析出指定元件的值,並列印出來。
    列印的內容包括 "Device Name"、"Sensor Name"、"Which set"、
"OPERATION",
    分別對應 json_doc 中的 "DEVICE"、"SENSOR"、"SET"、"OPERATION"。
    列印完成後,不會有任何回傳值。
  */
```

```
// 從 json_doc 解譯出 "DEVICE" 的值
const char* devname = json_doc["DEVICE"] ;
// 從 json_doc 解譯出 "SENSOR" 的值
const char* sensorname = json_doc["SENSOR"] ;
// 從 json_doc 解譯出 "SET" 的值
int setnum = json_doc["SET"] ;
// 從 json_doc 解譯出 "OPERATION" 的值
const char* op = json_doc["OPERATION"] ;

// 列印 "Device Name:" 和 "DEVICE" 的值
Serial.print("Device Name:") ;
Serial.print(devname) ;
Serial.print("\n") ;

// 列印 "Sensor Name:" 和 "SENSOR" 的值
Serial.print("Sensor Name:") ;
Serial.print(sensorname) ;
Serial.print("\n") ;

// 列印 "Which set:" 和 "SET" 的值
Serial.print("Which set:") ;
Serial.print(setnum) ;
Serial.print("\n") ;

// 列印 "OPERATION:" 和 "OPERATION" 的值
Serial.print("OPERATION:") ;
Serial.print(op) ;
Serial.print("\n") ;

}
```

程式下載：https://github.com/brucetsao/ESP6Course_IIOT

表 177 單一控制繼電器開啟關閉與讀取輸入點訊號程式(LCDSensor.h)

單一控制繼電器開啟關閉與讀取輸入點訊號程式(LCDSensor.h)
// 引用 Wire.h 和 LiquidCrystal_I2C.h 程式庫 #include <Wire.h> #include <LiquidCrystal_I2C.h>

//這段程式碼主要是使用 LiquidCrystal_I2C 函式庫來控制 I2C 介面的 LCD 顯示屏，程式碼內容如下
// 使用 LiquidCrystal_I2C 程式庫初始化 LCD 螢幕
LiquidCrystal_I2C lcd(0x27,20,4); // 設置 LCD 位址為 0x27，顯示 16 個字符和 2 行
//這個程式需要引入 Wire.h 和 LiquidCrystal_I2C.h 兩個庫。然後，定義一個名為 lcd 的 LiquidCrystal_I2C 類型物件，並且指定 LCD 顯示屏的 I2C 位址、行數和列數

//LiquidCrystal_I2C lcd(0x3F,20,4); // 設置 LCD 位址為 0x3F，顯示 16 個字符和 2 行 (注释掉的代码)

// 清除 LCD 螢幕
void ClearShow()
{
 // ClearShow() 函式會把 LCD 的游標移動到左上角，然後使用 lcd.clear() 函式清除螢幕內容，最後再把游標移動到左上角。

lcd.setCursor(0,0); //設置 LCD 螢幕座標
lcd.clear() ; //清除 LCD 螢幕
lcd.setCursor(0,0); //設置 LCD 螢幕座標
}
 // 初始化 LCD 螢幕
void initLCD()
{
debugoutln("Init LCD Screen") ; //调试信息输出
lcd.init(); //初始化 LCD 螢幕
lcd.backlight(); //打开 LCD 背光
lcd.setCursor(0,0); //設置 LCD 螢幕座標
}
/*
 * 接下來是一些顯示字串的函式，例如 ShowLCD1()、ShowLCD2()、
ShowLCD3()、ShowLCD4() 和 ShowString()。這些函式都是用來在 LCD 顯示屏上顯示不同的字串。以 ShowLCD1() 函式為例，程式碼內容如下
 *
 */
// 在第一行顯示字串 cc
void ShowLCD1(String cc)
{

~ 442 ~

```
lcd.setCursor(0,0); //設置 LCD 螢幕座標
lcd.print("                    "); // 清除第一行的內容
lcd.setCursor(0,0); //設置 LCD 螢幕座標
lcd.print(cc); //在第一行顯示字串 cc
}

// 在第一行左邊顯示字串 cc
void ShowLCD1L(String cc)
{
lcd.setCursor(0,0); //設置 LCD 螢幕座標
// lcd.print("                   ");
lcd.setCursor(0,0); //設置 LCD 螢幕座標
lcd.print(cc); //在第一行左邊顯示字串 cc
}

// 在第一行右邊顯示字串 cc
void ShowLCD1M(String cc)
{
// lcd.setCursor(0,0);
// lcd.print(" ");
lcd.setCursor(13,0); //設置 LCD 螢幕座標
lcd.print(cc); //在第一行右邊顯示字串 cc
}

// 在第二行顯示字串 cc
void ShowLCD2(String cc)
{
lcd.setCursor(0,1); //設置 LCD 螢幕座標
lcd.print("                   ");
lcd.setCursor(0,1); //設置 LCD 螢幕座標
lcd.print(cc); //在目前位置顯示字串 cc
}

void ShowLCD3(String cc)
{
   //ShowLCD3()函數會將字串參數 cc 顯示在 LCD 螢幕的第 3 行上。
   lcd.setCursor(0,2); //設置 LCD 螢幕座標
   lcd.print("                   ");
   lcd.setCursor(0,2); //設置 LCD 螢幕座標
```

```
    lcd.print(cc);   //在目前位置顯示字串 cc


}
void ShowLCD4(String cc)
{
    lcd.setCursor(0,3); //設置 LCD 螢幕座標
    lcd.print("                    ");
    lcd.setCursor(0,3); //設置 LCD 螢幕座標
    lcd.print(cc);   //在目前位置顯示字串 cc


}



void ShowString(String ss)
{
    lcd.setCursor(0,3);//設置 LCD 螢幕座標
    lcd.print("                    ");
    lcd.setCursor(0,3); //設置 LCD 螢幕座標
    lcd.print(ss.substring(0,19));
    //delay(1000);
}

void ShowAPonLCD(String ss)   //顯示熱點
{
    ShowLCD1M(ss) ; //顯示熱點


}
void ShowMAConLCD(String ss)   //顯示網路卡編號
{
    //這個函數顯示所連接的網路卡編號,參數 ss 為網路卡編號。
    ShowLCD1L(ss) ; //顯示網路卡編號


}
void ShowIPonLCD(String ss)   //顯示連接熱點後取得網路編號(IP Address)
{
    //這個函數顯示連接熱點後所取得的網路位址 (IP Address),參數 ss 為網路
編號。
    ShowLCD2("IP:"+ss) ;   //顯示取得網路編號(IP Address)
```

```
}
void ShowInternetonLCD(String s1,String s2,String s3)      //顯示網際網路連接
基本資訊
{
//這個函數顯示網際網路的連接基本資訊，包括網路卡編號、連接的熱點名稱以
及所取得的網路編號，分別由 s1、s2 和 s3 三個參數傳遞。
    ShowMAConLCD(s1)   ;   //顯示熱點
    ShowAPonLCD(s2) ;      //顯示連接熱點名稱
    ShowIPonLCD(s3) ;   //顯示連接熱點後取得網路編號(IP Address)}


}


void ShowSensoronLCD(double s1, double s2)      //顯示溫度與濕度在 LCD 上
{
   //這個函數顯示溫度和濕度數值，參數 s1 為溫度值，s2 為濕度值。顯示的格
式為 "T:溫度值.C H:濕度值.%"
//     ShowLCD3("T:"+Double2Str(TempValue,1)+".C
"+"T:"+Double2Str(HumidValue,1)+".%" ) ;
    ShowLCD3("T:"+Double2Str(s1,1)+".C "+"H:"+Double2Str(s2,1)+".%" ) ;
}
```

程式下載：https://github.com/brucetsao/ESP6Course_IIOT

表 178 單一控制繼電器開啟關閉與讀取輸入點訊號程式(MQTTLib.h)

單一控制繼電器開啟關閉與讀取輸入點訊號程式(MQTTLib.h)

#include <PubSubClient.h> // 匯入 MQTT 函式庫
#include <ArduinoJson.h> // 匯入 Json 使用元件
 	
WiFiClient WifiClient; // 建立 WiFi 客戶端元件
PubSubClient mqttclient(WifiClient) ; // 建立一個 MQTT 物件，名稱為
mqttclient，使用 WifiClient 的網路連線端
#define mytopic "/ncnu/controller" // 設定 MQTT 主題
#define sendtopic "/ncnu/controller/status"   //這是老師用的，同學請要改
 	
#define MQTTServer "broker.emqx.io" // 設定 MQTT Broker 的 IP
#define MQTTPort 1883 // 設定 MQTT Broker 的 Port
char* MQTTUser = ""; // 設定 MQTT 使用者帳號，這裡不需要

```cpp
char* MQTTPassword = ""; // 設定 MQTT 使用者密碼，這裡不需要


char buffer[400];// 設定緩衝區大小

String SubTopic = String("/ncnu/relay/"); // 設定訂閱主題字串的前半部份
String FullTopic ; // 完整主題字串的字串變數
char fullTopic[35] ; // 完整主題字串的字元陣列

char clintid[20]; // 設定 MQTT 客戶端 ID
void mycallback(char* topic, byte* payload, unsigned int length)    ;// 設定
MQTT 接收訊息的回調函式
void connectMQTT() ; // 設定 MQTT 連線函式


void fillCID(String mm)
{
  /*
    // 這個函式將從傳入的字串(mm)中產生一個隨機的 client id，
    // 先將第一個字元設為 't'，第二個字元設為 'w'，
    // 接著將 mm 複製到 clintid 陣列中，並在最後面補上換行符號 '\n'
  */
  //將第一個字元設為 't'
  clintid[0] = 't' ;
  //將第二個字元設為 'w'
  clintid[1] = 'w' ;
  //將 mm 轉換為字元陣列，複製到 clintid 陣列中
  mm.toCharArray(&clintid[2], mm.length() + 1) ;
  //在 clintid 陣列的最後一個位置加上換行符號 '\n'
  clintid[2 + mm.length() + 1] = '\n' ;
}



void initMQTT()     //這段程式主要是用來初始化 MQTT Broker 的連線
{
  mqttclient.setServer(MQTTServer, MQTTPort);
  // 設定要連接的 MQTT Server 的 URL 和 Port，變數 MQTTServer 存放
Server 的 URL，MQTTPort 存放 Server 的 Port
```

```
mqttclient.setCallback(mycallback);
// 設定回呼函式，當訂閱的主題有訊息時，會呼叫 mycallback 函式

fillCID(MacData);    // 呼叫 fillCID 函式，產生一個隨機的 client id，並儲存在
全域變數 clintid 中

Serial.print("MQTT ClientID is :(") ;
Serial.print(clintid) ;
Serial.print(")\n") ;
// 在序列埠中顯示 clintid

mqttclient.setServer(MQTTServer, MQTTPort);
// 再次設定要連接的 MQTT Server 的 URL 和 Port，以防有未設定到的情
況

mqttclient.setCallback(mycallback);
// 再次設定回呼函式

connectMQTT();    // 呼叫 connectMQTT 函式，連接到 MQTT Server
}

void connectMQTT()    //這個函數主要是用來連接 MQTT Broker
{
//這個函數主要是用來連接 MQTT Broker
Serial.print("MQTT ClientID is :(") ;
Serial.print(clintid) ;
Serial.print(")\n") ;
// 印出 MQTT Client 基本訊息，例如 Client ID
while (!mqttclient.connect(clintid, MQTTUser, MQTTPassword))
{
  Serial.print("-");    // 顯示連接狀態
  delay(1000);
}
Serial.print("\n");
Serial.print("String Topic:[") ;
Serial.print(mytopic) ;
Serial.print("]\n") ;
mqttclient.subscribe(mytopic); // 訂閱我們的主旨
```

```
   Serial.println("\n MQTT connected!");
   // 連接 MQTT Broker 成功,印出訊息
}

boolean ReadModbusDeviceStatus()   //讀取 Modbus Device 內所有感測裝置
之狀態,並送到 MQTT Broker 上
{
   boolean ststusret = false;   //是否讀取成功
   int loopcnt = 1;   //讀取次數計數器
   phasestage = 1 ;   //控制讀取位址、速率、繼電器狀態、IO 狀態階段
   flag1 = false ;      //讀取成功裝置位址控制旗標
   flag2 = false ;     //讀取成功裝置速率控制旗標
   flag3 = false ;      //讀取成功繼電器狀態控制旗標
   flag4 = false ;     //讀取成功 IO 狀態控制旗標
   boolean loopin = true;   //產生並設定讀取資料迴圈控制旗標
   while (loopin)      //loop for read device all information completely
   {
      if (phasestage == 5 ) //到第五階段代表讀取所有資料完成
      {
         Serial.println("Pass stage 5") ;      //印出第五階段
         //setjsondata(String vmac, String vaddress, long vbaud, String vrelay,
String vIO)
         setjsondata(MacData, IPData, DeviceAddress, DeviceBaud, Re-
layStatus, IOStatus) ; //combine all sensor data into json document
         mqttclient.publish(sendtopic, json_data);      //傳送 buffer 變數到 MQTT
Broker,指定 mytopic 傳送
         ststusret = true ;   //資料完全讀取成功
         loopin = false ; //跳出讀取資料迴圈
         break;

      }
      if (phasestage == 1 && !flag1 ) //第一階段讀取溫度階段,且未讀取成功溫
度值
      {
         requestaddress() ;      //讀取裝置位址
      }
      if (phasestage == 2   && !flag2) //第二階段讀取濕度階段,且未讀取成功濕
度值
      {
```

```
        requestbaud() ;     //讀取裝置通訊速率
    }
    if (phasestage == 3 && !flag3 ) //第三階段讀取溫度階段，且未讀取成功溫
度值
    {
        requestrelay() ;        //讀取繼電器狀態
    }
    if (phasestage == 4   && !flag4) //第四階段讀取濕度階段，且未讀取成功濕
度值
    {
        requestIO() ;     //讀取光偶合狀態
    }
    delay(200);     //延遲 0.2 秒
    receivedlen = GetRS485data(&receiveddata[0]) ;   //資料長度
    if (receivedlen > 2)    //如果資料長度大於二
    {
        loopcnt++ ;        //讀取次數計數器加一
        readcrc = ModbusCRC16(&receiveddata[0], receivedlen - 2) ; //read
crc16 of readed data
        //計算資料之 crc16 資料
        Hibyte = receiveddata[receivedlen - 1]    ; //計算資料之 crc16 資料之高位
元
        Lobyte = receiveddata[receivedlen - 2]    ; //計算資料之 crc16 資料之低位
元
        Serial.print("Return Data Len:") ;      //印出訊息
        Serial.print(receivedlen) ;     //印出資料長度
        Serial.print("\n") ;     //印出訊息
        Serial.print("CRC:") ;      //印出訊息
        Serial.print(readcrc) ;     //印出 CRC16 資料
        Serial.print("\n") ;      //印出訊息
        Serial.print("Return Data is:(");     //印出訊息
        Serial.print(RS485data2String(&receiveddata[0], receivedlen)) ;
        Serial.print(")\n");      //印出訊息
        if (!CompareCRC16(readcrc, Hibyte, Lobyte) ) //使用 crc16 判斷讀取資料
是否不正確
        {
            // error happen and resend request and re-read again
            continue;      //失敗
        }
```

```
//------------------------------------------------
if (phasestage == 1 && !flag1 ) //第一階段讀取裝置位址，且未讀取成功
裝置位址
{
    Serial.println("Pass stage 1") ;
    DeviceAddress = print2HEX((int)receiveddata[4]) ; //讀取裝置位址
    phasestage = 2;      //下次進入第二階段
    flag1 = true ;       //成功讀取裝置位址
    continue;
}
if (phasestage == 2    && !flag2) //第二階段讀取裝置速率，且未讀取成功
裝置速率
{
    Serial.println("Pass stage 2") ;
    DeviceBaud = TranBaud((int)receiveddata[4]) ; //讀取裝置位址
    phasestage = 3; //下次進入第三階段
    flag2 = true ;       //成功讀取裝置位址
    continue;
}
if (phasestage == 3 && !flag3 ) //第三階段讀取繼電器狀態，且未讀取成
功繼電器狀態
{
    Serial.println("Pass stage 3") ;
    RelayStatus = byte2bitstring((int)receiveddata[3]) ; //讀取繼電器狀態
    phasestage = 4 ;     //下次進入第四階段
    flag3 = true ;       //成功讀取繼電器狀態
    continue;
}
if (phasestage == 4    && !flag4) //第四階段讀取 IO 光耦合，且未讀取成
功 IO 光耦合值
{
    Serial.println("Pass stage 4") ;
    IOStatus = byte2bitstring((int)receiveddata[3]) ; //讀取 IO 光耦合值
    phasestage = 5 ;     //下次進入第五階段
    flag4 = true ;       //成功讀取繼電器狀態
    continue;
}

}
```

```
    loopcnt++ ;        //讀取次數計數器加一
    if (loopcnt > 20)   //讀取次數計數器超過 20
    {
      ststusret = false;   //讀取失敗，讀取成功之旗標設定 false
      loopin = false ;   //不再進入迴圈
      Serial.println("Exceed max loop and break out") ;
      break;

    }
  }  //end of while for read modbus
  return ststusret;      //回傳讀取成功之旗標
}

void mycallback(char* topic, byte* payload, unsigned int length)    //這段程式碼
是用來處理 MQTT 訊息的回呼函式
{
  //這段程式碼是用來處理 MQTT 訊息的回呼函式

  // 這是 MQTT 的回呼函式，參數格式固定，勿更改
  // 它會在有新訊息到達時被呼叫

  String payloadString; // 宣告一個字串來存放 payload
  // 顯示訂閱內容
  Serial.print("Incoming:(") ;
  for (int i = 0; i < length; i++)
  {
    payloadString = payloadString + (char)payload[i];
    // 將 payload 轉成字串並儲存到 payloadString 中
    Serial.print(payload[i], HEX) ;
    // 顯示 payload 的十六進位表示
  }
  Serial.print(")\n") ;

  payloadString = payloadString + '\0';
  // 在字串最後加上結束符號
  Serial.print("Message arrived [");
  Serial.print(topic);
  Serial.print("] \n");
```

```
//-------------------------
Serial.print("Content [");
Serial.print(payloadString);
Serial.print("] \n");
// 顯示收到的訊息內容

deserializeJson(json_received, payloadString);
// 解析收到的 JSON 資料

const char* mc = json_received["DEVICE"] ;
const char* rq = json_received["COMMAND"] ;
const char* st = String("STATUS").c_str() ;
// 取出 DEVICE 和 COMMAND 屬性的值

if (strcmp(rq, st) )
{
  // 如果收到的 COMMAND 不是 "STATUS"
  Serial.println("decoding sensor data");
  ReadModbusDeviceStatus() ;
  // 處理 Modbus 設備的資料
}
else
{
  Serial.println("Error Command");
  // 如果收到的 COMMAND 是 "STATUS"
  // 顯示錯誤訊息

}

}
```

程式下載：https://github.com/brucetsao/ESP6Course_IIOT

表 179 單一控制繼電器開啟關閉與讀取輸入點訊號程式(RS485Lib.h)

單一控制繼電器開啟關閉與讀取輸入點訊號程式(RS485Lib.h)
// 包含 String 函式庫
#include <String.h>
#include "crc16.h"   //arduino json 使用必備函示庫

```cpp
// 設定序列通訊速率為 9600
#define SERIAL_BAUD 9600

// 宣告三個字串型態的變數
String DeviceAddress, RelayStatus, IOStatus;

// 宣告一個長整數型態的變數 DeviceBaud
long DeviceBaud;

// 宣告一個硬體序列通訊的物件 RS485Serial，設定其使用第二個 UART 通訊
HardwareSerial RS485Serial(2);

// 定義第二個 UART 的 RX 腳位為 16
#define RXD2 16

// 定義第二個 UART 的 TX 腳位為 17
#define TXD2 17

// 定義最大反饋時間為 5000 毫秒
#define maxfeekbacktime 5000

// 包含必要的函數庫和定義常數
byte cmd ; // 命令字元
byte receiveddata[250] ; // 接收到的資料陣列
int receivedlen = 0 ; // 接收到的資料長度

// 不同的命令
byte cmd_address[] = {0x00, 0x03, 0x00, 0x00, 0x00, 0x01, 0x85, 0xDB}   ; //
讀取裝置位址
byte cmd_baud[] = {0xFF, 0x03, 0x03, 0xE8, 0x00, 0x01, 0x11, 0xA4 }   ; //讀取
裝置通訊速度
byte cmd_relay[] = {0xFF, 0x01, 0x00, 0x00, 0x00, 0x08, 0x28, 0x12}   ; //讀取
裝置繼電器狀態
byte cmd_IO[] = {0xFF, 0x02, 0x00, 0x00, 0x00, 0x08, 0x6C, 0x12 }   ; //讀取裝
置 IO 器狀態
//----------------------------
byte cmd_Openrelay[] = {0xFF, 0x05, 0x00, 0x00, 0xFF, 0x00, 0x99, 0xE4} ;
byte cmd_Closerelay[] = {0xFF, 0x05, 0x00, 0x00, 0x00, 0x00, 0xD8, 0x14} ;
byte cmd_Controlrelay[8] = {} ;
```

```
//--------------------------
int phasestage = 1 ;   //控制讀取位址、速率、繼電器狀態、IO 狀態階段
boolean flag1 = false ;     //第一階段讀取成功裝置位址控制旗標
boolean flag2 = false ;     //第二階段讀取成功裝置速率控制旗標
boolean flag3 = false ;      //第三階段讀取成功繼電器狀態控制旗標
boolean flag4 = false ;      //第四階段讀取成功 IO 狀態控制旗標

unsigned int readcrc;    //crc16 計算值暫存變數
uint8_t Hibyte, Lobyte ;       //crc16 計算值 高位元與低位元變數

//這段程式是一個用來控制 Modbus 溫溼度感測器的程式
/*
   其中，initRS485()用來初始化串口，
   requestaddress()、
   requestbaud()和
   requestrelay()
   則是分別用來向溫溼度感測器發送讀取裝置位址、
   通訊速率和繼電器狀態的命令。
   每個函數都會將命令發送出去，
   並印出相應的訊息，
   以便在調試時確定程式是否正常運行。
*/
//------------------------
void setjsondata(String vmac, String vip, String vaddress, long vbaud, String
vrelay, String vIO) ;



void SendModbusCommand(byte *pp, int ll)
{
   RS485Serial.write(pp, ll);
}
void initRS485()       //啟動 Modbus 溫溼度感測器
{
   RS485Serial.begin(SERIAL_BAUD, SERIAL_8N1, RXD2, TXD2);
   /*
      初始化串口 2，
      設定通訊速率為 SERIAL_BAUD(9600)
```

```
        數據位為 8、
        無校驗位、
        停止位為 1,
        RX 腳位為 RXD2,
        TX 腳位為 TXD2
    */
}


void requestaddress()    //讀取裝置位址
{
    Serial.println("now send Device Address data to device") ;
    RS485Serial.write(cmd_address, 8); //  送出讀取溫度 str1 字串陣列 長度
為 8
    //  送出讀取裝置位址的命令,cmd_address 是一個 byte 陣列,長度為 8
    Serial.println("end sending") ;
}
void requestbaud()    //讀取裝置通訊速率
{
    Serial.println("now send Communication Baud data to device") ;
    RS485Serial.write(cmd_baud, 8);
    //  送出讀取裝置通訊速率的命令,cmd_baud 是一個 byte 陣列,長度為 8
    Serial.println("end sending") ;
}


void requestrelay()    //讀取繼電器狀態
{
    Serial.println("now send Relay request to device") ;
    RS485Serial.write(cmd_relay, 8);
    //  送出讀取繼電器狀態的命令,cmd_relay 是一個 byte 陣列,長度為 8
    Serial.println("end sending") ;
}


void requestIO()    //讀取光偶合狀態
{
    Serial.println("now send IO request to device") ;
    RS485Serial.write(cmd_IO, 8);  //  送出讀取光偶合狀態 cmd_IO 字串陣列
長度為 8
    Serial.println("end sending") ;
}
```

```cpp
int GetRS485data(byte *dd)
{
   //這是一個函式，接收 RS485 通訊模組傳回的資料，並將其存儲在指定的陣
列中。
   int count = 0 ;   // 計數器，用於追蹤已讀取的資料數量
   long strtime = millis() ; // 計數器開始時間
   while ((millis() - strtime) < 2000) // 在兩秒內讀取資料
   {
      if (RS485Serial.available() > 0)   // 檢查通訊模組是否有資料傳回
      {
         Serial.println("Controler Respones") ;     //印出有資料嗎
         while (RS485Serial.available() > 0) // 只要還有資料，就持續讀取
         {
            RS485Serial.readBytes(&cmd, 1) ;    /// 從 RS485 模組讀取一個
byte 資料，儲存到變數 cmd 中
            Serial.print(count) ; //印出剛才讀入資料內容，以 16 進位方式印出'
            Serial.print(":") ; //印出剛才讀入資料內容，以 16 進位方式印出'
            Serial.print("(") ; //印出剛才讀入資料內容，以 16 進位方式印出'
            Serial.print(print2HEX((int)cmd)) ; //印出剛才讀入資料內容，以 16 進
位方式印出'
            Serial.print("/") ; //印出剛才讀入資料內容，以 16 進位方式印出'
            *(dd + count) = cmd ; // 將讀取到的資料存儲到指定的陣列中
            Serial.print(print2HEX((int) * (dd + count))) ; //印出剛才讀入資料內
容，以 16 進位方式印出'
            Serial.print(")\n") ; //印出剛才讀入資料內容，以 16 進位方式印出'
            count++ ;   // 增加計數器

         }
         Serial.print("\n---------\n") ;
      }
      return count ;   // 返回讀取到的資料量
   }

}
String RS485data2String(byte *dd, int ln)
{
   // 將 byte 陣列轉換成字串型態，每個 byte 會以 16 進位方式表示
   String tmp ;
```

```
    for (int i = 0 ; i < ln; i++)
    {
       // 將 byte 轉換成 16 進位格式的字串,並加入 tmp 字串中
       tmp = tmp + print2HEX((int) * (dd + i)) ;
    }
    return tmp;
}



long TranBaud(int bb)
{
   /*
      函式接收一個整數 bb,表示通訊速率,
      根據傳入的值,
      使用 switch 語句回傳對應的通訊速率值,
      如果傳入的值沒有對應的速率值,就回傳預設值 9600。
*/
   // 根據傳入的參數 `bb`,回傳對應的通訊速率值
   switch (bb)
   {
      case 2:
         return 4800;
         break;
      case 3:
         return 9600;
         break;
      case 4:
         return 19200;
         break;
      default:
         return 9600;
         break;
   }
}



String byte2bitstring(int dd) //將一個 byte 轉換成 8 個 bit 的字串,其中每個
bit 以 0 或 1 表示
```

```
{
  //將一個 byte 轉換成 8 個 bit 的字串，其中每個 bit 以 0 或 1 表示
  String tmp;
  int vv = dd;
  int k = 0;
  for (int i = 0; i < 8; i++) //迴圈 8 次，處理每個 bit
  {
    k = (dd % 2) ; //取出最後一個 bit
    dd = (int)(dd / 2) ; //除以 2，相當於將二進制右移一位
    if (k == 1)
    {
      tmp = "1" + tmp ; //若為 1，將"1"接在字串前面
    }
    else
    {
      tmp = "0" + tmp ; //若為 0，將"0"接在字串前面
    }
  }
  return tmp ; //回傳轉換後的字串
}
void Copycmd(byte *src, byte *tar, int lenn ) // 複製 bye 陣列
{
  /*
    這個函數接受三個參數：
    一個是源陣列（指向一個 byte 類型的指標），
    另一個是目標陣列（同樣指向一個 byte 類型的指標），
    還有一個是要複製的元素個數 lenn。

    這個函數用迴圈將源陣列的前 lenn 個元素複製到目標陣列中。
    對於每一個元素，
    使用指標方式 * 取出它的值，
    然後將它賦值給目標陣列的對應位置。
  */
  for (int i = 0; i < lenn; i++) // 迴圈執行複製，從 0 開始，到 lenn-1 結束
  {
    *(tar + i) = *(src + i) ; // 複製 src 陣列的第 i 個元素到 tar 陣列的第 i 個
元素
  }
}
```

```
void ShowcmdHex(byte *nData, int wLength)      // 用十六進位格式印出 byte 陣
列
{
  // nData：要印出的 byte 陣列
  // wLength：byte 陣列的長度
  /*
     此函式是用來印出 byte 陣列中每個元素的十六進位格式，
     其中 nData 是要印出的 byte 陣列，
     wLength 是 byte 陣列的長度。
     在函式中，
     使用 for 迴圈將 byte 陣列中每個元素的十六進位格式印出，
     並在每個元素的後面加上空格。
     最後，
     使用 Serial.print 印出換行符號，
     使印出的結果換行

  */
  for (int i = 0 ; i < wLength; i++)
  {
    // 印出 byte 陣列中每個元素的十六進位格式
    Serial.print(print2HEX(*(nData + i)));
    Serial.print(" ") ;
  }
  Serial.print(" \n") ; // 印出換行符號
}

void genOpenRelay(int relaynum)      //產生開啟第 relaynum 繼電器開關
{
  Copycmd(cmd_Openrelay, cmd_Controlrelay, 8) ;
  cmd_Controlrelay[3] = (byte)(relaynum) ;
  unsigned int crcdata =   ModbusCRC16 (cmd_Controlrelay, 6) ;
  int c1 = (int)(crcdata / 256) ;
  int c2 = (int)(crcdata % 256) ;
  cmd_Controlrelay[6] = c2;
  cmd_Controlrelay[7] = c1;
}

void genCloseRelay(int relaynum)      //產生開啟第 relaynum 繼電器開關
```

```
{
  Copycmd(cmd_Closerelay, cmd_Controlrelay, 8) ;
  cmd_Controlrelay[3] = (byte)(relaynum) ;
  unsigned int crcdata =   ModbusCRC16 (cmd_Controlrelay, 6) ;
  int c1 = (int)(crcdata / 256) ;
  int c2 = (int)(crcdata % 256) ;
  cmd_Controlrelay[6] = c2;
  cmd_Controlrelay[7] = c1;
}

boolean ReadModbusDeviceAllStatus() //讀取 Modbus Device 內所有感測裝置
之狀態
{
  boolean ststusret = false;   //是否讀取成功
  int loopcnt = 1;   //讀取次數計數器
  phasestage = 1 ;   //控制讀取位址、速率、繼電器狀態、IO 狀態階段
  flag1 = false ;      //讀取成功裝置位址控制旗標
  flag2 = false ;      //讀取成功裝置速率控制旗標
  flag3 = false ;      //讀取成功繼電器狀態控制旗標
  flag4 = false ;      //讀取成功 IO 狀態控制旗標
  boolean loopin = true;   //產生並設定讀取資料迴圈控制旗標
  while (loopin)      //loop for read device all information completely
  {
    if (phasestage == 5 ) //到第五階段代表讀取所有資料完成
    {
      Serial.println("Pass stage 5") ;      //印出第五階段
      //setjsondata(String vmac, String vaddress, long vbaud, String vrelay,
String vIO)
      setjsondata(MacData, IPData, DeviceAddress, DeviceBaud, Re-
layStatus, IOStatus) ; //combine all sensor data into json document
      ststusret = true ;   //資料完全讀取成功
      loopin = false ; //跳出讀取資料迴圈
      break;

    }
    if (phasestage == 1 && !flag1 ) //第一階段讀取溫度階段，且未讀取成功溫
度值
    {
      requestaddress() ;      //讀取裝置位址
```

```
    }
    if (phasestage == 2    && !flag2) //第二階段讀取濕度階段，且未讀取成功濕
度值
    {
        requestbaud() ;    //讀取裝置通訊速率
    }
    if (phasestage == 3 && !flag3 ) //第三階段讀取溫度階段，且未讀取成功溫
度值
    {
        requestrelay() ;    //讀取繼電器狀態
    }
    if (phasestage == 4    && !flag4) //第四階段讀取濕度階段，且未讀取成功濕
度值
    {
        requestIO() ;    //讀取光偶合狀態
    }
    delay(200);    //延遲 0.2 秒
    receivedlen = GetRS485data(&receiveddata[0]) ;    //資料長度
    if (receivedlen > 2)    //如果資料長度大於二
    {
        loopcnt++ ;        //讀取次數計數器加一
        readcrc = ModbusCRC16(&receiveddata[0], receivedlen - 2) ; //read
crc16 of readed data
        //計算資料之 crc16 資料
        Hibyte = receiveddata[receivedlen - 1]    ; //計算資料之 crc16 資料之高位
元
        Lobyte = receiveddata[receivedlen - 2]    ; //計算資料之 crc16 資料之低位
元
        Serial.print("Return Data Len:") ;    //印出訊息
        Serial.print(receivedlen) ;    //印出資料長度
        Serial.print("\n") ;    //印出訊息
        Serial.print("CRC:") ;    //印出訊息
        Serial.print(readcrc) ;    //印出 CRC16 資料
        Serial.print("\n") ;    //印出訊息
        Serial.print("Return Data is:(");    //印出訊息
        Serial.print(RS485data2String(&receiveddata[0], receivedlen));
        Serial.print(")\n");    //印出訊息
        if (!CompareCRC16(readcrc, Hibyte, Lobyte) ) //使用 crc16 判斷讀取資料
是否不正確
```

```
        {
            // error happen and resend request and re-read again
            continue;        //失敗
        }
        //-----------------------------------------------------
        if (phasestage == 1 && !flag1 ) //第一階段讀取裝置位址，且未讀取成功
裝置位址
        {
            Serial.println("Pass stage 1") ;
            DeviceAddress = print2HEX((int)receiveddata[4]) ; //讀取裝置位址
            phasestage = 2;     //下次進入第二階段
            flag1 = true ;      //成功讀取裝置位址
            continue;
        }
        if (phasestage == 2   && !flag2) //第二階段讀取裝置速率，且未讀取成功
裝置速率
        {
            Serial.println("Pass stage 2") ;
            DeviceBaud = TranBaud((int)receiveddata[4]) ; //讀取裝置位址
            phasestage = 3; //下次進入第三階段
            flag2 = true ;      //成功讀取裝置位址
            continue;
        }
        if (phasestage == 3 && !flag3 ) //第三階段讀取繼電器狀態，且未讀取成
功繼電器狀態
        {
            Serial.println("Pass stage 3") ;
            RelayStatus = byte2bitstring((int)receiveddata[3]) ; //讀取繼電器狀態
            phasestage = 4 ;      //下次進入第四階段
            flag3 = true ;      //成功讀取繼電器狀態
            continue;
        }
        if (phasestage == 4   && !flag4) //第四階段讀取 IO 光耦合，且未讀取成
功 IO 光耦合值
        {
            Serial.println("Pass stage 4") ;
            IOStatus = byte2bitstring((int)receiveddata[3]) ; //讀取 IO 光耦合值
            phasestage = 5 ;      //下次進入第五階段
            flag4 = true ;      //成功讀取繼電器狀態
```

```
          continue;
      }


      }



    loopcnt++ ;      //讀取次數計數器加一
    if (loopcnt > 20)   //讀取次數計數器超過 20
    {
      ststusret = false;   //讀取失敗,讀取成功之旗標設定 false
      loopin = false ;   //不再進入迴圈
      Serial.println("Exceed max loop and break out") ;
      break;
    }
  }  //end of while for read modbus
  return ststusret;     //回傳讀取成功之旗標
}
```

程式下載:https://github.com/brucetsao/ESP6Course_IIOT

表 180 單一控制繼電器開啟關閉與讀取輸入點訊號程式(crc16.h)

單一控制繼電器開啟關閉與讀取輸入點訊號程式(crc16.h)
/* CRC16 是一種檢查和校驗(Cyclic Redundancy Check)的方法, 用於檢查一段資料是否有被修改或傳輸中出現錯誤。 CRC16 會產生一個 16 位元的校驗碼(checksum), 並與原始資料一起傳送或儲存。 接收端在接收到資料後, 重新計算 CRC16, 若與接收到的 CRC16 相符, 就表示接收到的資料是正確的。 若不符,則需要重新傳輸或重新計算。 CRC16 的計算方式是將資料當做二進位位元串,再用除法演算法進行計算。計算過程中需要一個稱為「生成多項式」的參數,其值會影響 CRC16 的運算結果。常見的 CRC16 生成多項式有 CCITT、XMODEM、MODBUS 等。CRC16 被廣泛應用於通訊、存儲系統、電子設備等領域,可以提高資料的可靠性。 需要重新傳輸或採取其他措施來修正錯誤。

在程式碼中，
CRC16 被用來檢查讀取到的數據是否正確，
如果校驗值不正確，
則需要重新發送請求並重新讀取數據。
當進行資料通訊時，
傳送方會將資料加上 CRC（Cyclic Redundancy Check）檢查碼，
接收方在接收到資料後會檢查 CRC 檢查碼，
以確保資料在傳輸過程中是否有發生錯誤。

CRC16 是一種檢查碼演算法，
它使用 16 位元的二進位位元組（byte）作為輸入，
並輸出一個 16 位元的二進位檢查碼。
CRC16 演算法是一種循環冗餘檢查（Cyclic Redundancy Check，CRC）的一種，
它通過除法運算得出校驗碼，
是一種效率高、可靠性強的錯誤檢查演算法。

CRC16 演算法的運作原理是通過對輸入資料進行除法運算，
得到 CRC16 檢查碼。
具體地，
CRC16 演算法將輸入資料看作一個二進位位元組序列，
通過將資料依次除以一個特定的多項式，
得到最終的 CRC16 檢查碼。

CRC16 演算法的實現有多種不同的方式，
其中最常用的是基於表格查找的方法。
此方法先預先計算出一個 CRC16 表格，
當需要計算一個新的 CRC16 檢查碼時，
通過查表的方式進行計算，
從而達到高效的計算速度。

總的來說，CRC16 演算法是一種可靠性高、
效率高的檢查碼演算法，
廣泛應用於資料通訊、
數據儲存等領域中，
能夠有效地檢測資料在傳輸或儲存過程中是否發生了錯誤。
CRC16 是一種 CRC 校驗的演算法，
其使用的多項式為 $x^{16} + x^{15} + x^2 + 1$，
稱為 CRC-16-CCITT，

它將一個長度為 n 的資料块，
生成一個 16 位的校驗和。
具體實現過程如下：

1.將 CRC 初值設置為 0xFFFF。
2.將資料逐位進行移位運算，將每個位上的值依次加入 CRC 計算中，
   每次運算結束後，
   CRC 值再進行一次移位操作。
3.當所有資料的位都進行過上述運算後，
   最後得到的 CRC 值就是校驗和。
需要注意的是，
接收端也需要使用同樣的 CRC 演算法對資料進行校驗，
如果接收到的 CRC 值不等於計算出的 CRC 值，
就說明資料在傳輸過程中出現了錯誤。
在實際應用中，
CRC 校驗常用於串口通訊、
網絡通訊等場合，
可以有效地檢測傳輸過程中出現的錯誤，
從而保障資料的完整性。

```
*/
    static const unsigned int wCRCTable[] = {
        0X0000, 0XC0C1, 0XC181, 0X0140, 0XC301, 0X03C0, 0X0280,
0XC241,
        0XC601, 0X06C0, 0X0780, 0XC741, 0X0500, 0XC5C1, 0XC481,
0X0440,
        0XCC01, 0X0CC0, 0X0D80, 0XCD41, 0X0F00, 0XCFC1, 0XCE81,
0X0E40,
        0X0A00, 0XCAC1, 0XCB81, 0X0B40, 0XC901, 0X09C0, 0X0880,
0XC841,
        0XD801, 0X18C0, 0X1980, 0XD941, 0X1B00, 0XDBC1, 0XDA81,
0X1A40,
        0X1E00, 0XDEC1, 0XDF81, 0X1F40, 0XDD01, 0X1DC0, 0X1C80,
0XDC41,
        0X1400, 0XD4C1, 0XD581, 0X1540, 0XD701, 0X17C0, 0X1680,
0XD641,
        0XD201, 0X12C0, 0X1380, 0XD341, 0X1100, 0XD1C1, 0XD081,
0X1040,
        0XF001, 0X30C0, 0X3180, 0XF141, 0X3300, 0XF3C1, 0XF281,
```

0X3240,

0X3600, 0XF6C1, 0XF781, 0X3740, 0XF501, 0X35C0, 0X3480,
0XF441,

0X3C00, 0XFCC1, 0XFD81, 0X3D40, 0XFF01, 0X3FC0, 0X3E80,
0XFE41,

0XFA01, 0X3AC0, 0X3B80, 0XFB41, 0X3900, 0XF9C1, 0XF881,
0X3840,

0X2800, 0XE8C1, 0XE981, 0X2940, 0XEB01, 0X2BC0, 0X2A80,
0XEA41,

0XEE01, 0X2EC0, 0X2F80, 0XEF41, 0X2D00, 0XEDC1, 0XEC81,
0X2C40,

0XE401, 0X24C0, 0X2580, 0XE541, 0X2700, 0XE7C1, 0XE681,
0X2640,

0X2200, 0XE2C1, 0XE381, 0X2340, 0XE101, 0X21C0, 0X2080,
0XE041,

0XA001, 0X60C0, 0X6180, 0XA141, 0X6300, 0XA3C1, 0XA281,
0X6240,

0X6600, 0XA6C1, 0XA781, 0X6740, 0XA501, 0X65C0, 0X6480,
0XA441,

0X6C00, 0XACC1, 0XAD81, 0X6D40, 0XAF01, 0X6FC0, 0X6E80,
0XAE41,

0XAA01, 0X6AC0, 0X6B80, 0XAB41, 0X6900, 0XA9C1, 0XA881,
0X6840,

0X7800, 0XB8C1, 0XB981, 0X7940, 0XBB01, 0X7BC0, 0X7A80,
0XBA41,

0XBE01, 0X7EC0, 0X7F80, 0XBF41, 0X7D00, 0XBDC1, 0XBC81,
0X7C40,

0XB401, 0X74C0, 0X7580, 0XB541, 0X7700, 0XB7C1, 0XB681,
0X7640,

0X7200, 0XB2C1, 0XB381, 0X7340, 0XB101, 0X71C0, 0X7080,
0XB041,

0X5000, 0X90C1, 0X9181, 0X5140, 0X9301, 0X53C0, 0X5280,
0X9241,

0X9601, 0X56C0, 0X5780, 0X9741, 0X5500, 0X95C1, 0X9481,
0X5440,

0X9C01, 0X5CC0, 0X5D80, 0X9D41, 0X5F00, 0X9FC1, 0X9E81,
0X5E40,

0X5A00, 0X9AC1, 0X9B81, 0X5B40, 0X9901, 0X59C0, 0X5880,
0X9841,

```
        0X8801, 0X48C0, 0X4980, 0X8941, 0X4B00, 0X8BC1, 0X8A81,
0X4A40,
        0X4E00, 0X8EC1, 0X8F81, 0X4F40, 0X8D01, 0X4DC0, 0X4C80,
0X8C41,
        0X4400, 0X84C1, 0X8581, 0X4540, 0X8701, 0X47C0, 0X4680,
0X8641,
        0X8201, 0X42C0, 0X4380, 0X8341, 0X4100, 0X81C1, 0X8081,
0X4040 };
//CRC16 計算用對應資料表
unsigned int   ModbusCRC16 (byte *nData, int wLength)
{
// 計算 Modbus RTU 通訊協議中的 CRC16 校驗和

// 輸入參數：
// nData：要進行 CRC16 校驗的數據
// wLength：數據的字節長度

// 返回值：
// unsigned int：計算得到的 CRC16 校驗和

    byte nTemp;
    unsigned int wCRCWord = 0xFFFF;     // 初始 CRC16 校驗和值

    while (wLength--)     // 對每個字節進行計算
    {
        nTemp = *nData++ ^ wCRCWord;     // 將當前字節與 CRC16 校驗和
值進行異或運算
        wCRCWord >>= 8;    // 將 CRC16 校驗和值向右移 8 位
        wCRCWord   ^= wCRCTable[nTemp];     // 從查找表中查找對應的
值，並將其與 CRC16 校驗和值進行異或運算
    }
    return wCRCWord;     // 返回計算得到的 CRC16 校驗和
} // End: CRC16


boolean CompareCRC16(unsigned int stdvalue, uint8_t Hi, uint8_t Lo)
{
  /*
        CompareCRC16: 比較接收到的 CRC16 校驗碼是否與標準值相同
```

```
    參數:
    stdvalue: 標準值 (unsigned int)
    Hi: 接收到的 CRC16 校驗碼高位 (uint8_t)
    Lo: 接收到的 CRC16 校驗碼低位 (uint8_t)
    回傳:
    true: 接收到的 CRC16 校驗碼與標準值相同
    false: 接收到的 CRC16 校驗碼與標準值不同
  */


    if (stdvalue == Hi*256+Lo)
      {
          return true ;
      }
      else
      {
          return false ;
      }
}
```

程式下載：https://github.com/brucetsao/ESP6Course_IIOT

表 181 單一控制繼電器開啟關閉與讀取輸入點訊號程式(initPins.h)

單一控制繼電器開啟關閉與讀取輸入點訊號程式(initPins.h)
#define _Debug 1   //輸出偵錯訊息 #define _debug 1   //輸出偵錯訊息 #define initDelay   6000   //初始化延遲時間 #define loopdelay 60000   //loop 延遲時間 //-------------------- #include <String.h> #define Ledon HIGH   //打開 LED 燈的電位設定 #define Ledoff LOW   //關閉 LED 燈的電位設定 #define WifiLed 2   // 連線 WIFI 成功之指示燈 #define AccessLED 15   // 系統運作之指示燈 #define BeepPin 4   // 控制器之嗡鳴器 /*   這段程式碼是定義了一些常數，下面是每個常數的註解：

    _Debug 和 _debug：用於控制是否輸出偵錯訊息，因為兩者都設置為 1，所以輸出偵錯訊息。

    initDelay：初始化延遲時間，設置為 6000 毫秒。

    loopdelay：loop() 函數的延遲時間，設置為 60000 毫秒。

    WifiLed：WiFi 指示燈的引腳號，這裡設置為 2。

    AccessLED：設備狀態指示燈的引腳號，這裡設置為 15。

    BeepPin：蜂鳴器引腳號，這裡設置為 4。

*/


```
#include <WiFi.h>     //使用網路函式庫
#include <WiFiClient.h>    //使用網路用戶端函式庫
#include <WiFiMulti.h>     //多熱點網路函式庫

WiFiMulti wifiMulti;     //產生多熱點連線物件

 WiFiClient client;     //產生連線物件

String IpAddress2String(const IPAddress& ipAddress)；// 將 IP 位址轉換為字串
void debugoutln(String ss)；  // 輸出偵錯訊息
void debugout(String ss)   ; // 輸出偵錯訊息




IPAddress ip；      //網路卡取得 IP 位址之原始型態之儲存變數
String IPData；    //網路卡取得 IP 位址之儲存變數
String APname；   //網路熱點之儲存變數
String MacData；    //網路卡取得網路卡編號之儲存變數
long rssi；   //網路連線之訊號強度'之儲存變數
int status = WL_IDLE_STATUS；  //取得網路狀態之變數
char uartstr[2000]；
#define SerialReaddelay 800
boolean initWiFi()    //網路連線，連上熱點
{
  //加入連線熱點資料
  wifiMulti.addAP("NCNUIOT", "12345678");   //加入一組熱點
  wifiMulti.addAP("NCNUIOT2", "12345678");   //加入一組熱點
  wifiMulti.addAP("NUKIOT", "iot12345");   //加入一組熱點
```

```
// We start by connecting to a WiFi network

Serial.println();
Serial.println();
Serial.print("Connecting to ");
//通訊埠印出 "Connecting to "
wifiMulti.run();   //多網路熱點設定連線
while (WiFi.status() != WL_CONNECTED)       //還沒連線成功
{
   // wifiMulti.run() 啟動多熱點連線物件，進行已經紀錄的熱點進行連線，
   // 一個一個連線，連到成功為主，或者是全部連不上
   // WL_CONNECTED 連接熱點成功
   Serial.print(".");     //通訊埠印出
   delay(500) ;   //停 500 ms
    wifiMulti.run();     //多網路熱點設定連線
}
   Serial.println("WiFi connected");    //通訊埠印出 WiFi connected
   Serial.print("AP Name: ");    //通訊埠印出 AP Name:
   APname = WiFi.SSID();
   Serial.println(APname);    //通訊埠印出 WiFi.SSID()==>從熱點名稱
   Serial.print("IP address: ");    //通訊埠印出 IP address:
   ip = WiFi.localIP();
   IPData = IpAddress2String(ip) ;
   Serial.println(IPData);    //通訊埠印出 WiFi.localIP()==>從熱點取得 IP 位
址
   //通訊埠印出連接熱點取得的 IP 位址


   debugoutln("WiFi connected"); //印出 "WiFi connected"，在終端機中可以看
到
   debugout("Access Point: "); //印出 "Access Point: "，在終端機中可以看到
   debugoutln(APname); //印出 APname 變數內容，並換行
   debugout("MAC address: "); //印出 "MAC address: "，在終端機中可以看到
   debugoutln(MacData); //印出 MacData 變數內容，並換行
   debugout("IP address: "); //印出 "IP address: "，在終端機中可以看到
   debugoutln(IPData); //印出 IPData 變數內容，並換行
   /*
      這些語句是用於在終端機中顯示一些網路相關的信息，
      例如已連接的 Wi-Fi 網路名稱、MAC 地址和 IP 地址。
```

```
    debugout()和 debugoutln()是用於輸出信息的自定義函數,
    這裡的程式碼假定這些函數已經在代碼中定義好了
  */

 return true ;
}
boolean CheckWiFi() //檢查 Wi-Fi 連線狀態的函數
{
  //這些語句是用於檢查 Wi-Fi 連線狀態和顯示網路連線資訊的函數。
CheckWiFi()函數檢查 Wi-Fi 連線狀態是否已連接,如果已連接,則返回 true,否
則返回 false。
  if (WiFi.status() != WL_CONNECTED) //如果 Wi-Fi 未連接
  {
    return false ; //回傳 false 表示未連線
  }
  else //如果 Wi-Fi 已連接
  {
    return true ; //回傳 true 表示已連線
  }
}
void ShowInternet() //顯示網路連線資訊的函數
{
  //ShowInternet()函數則印出 MAC 地址、Wi-Fi 名稱和 IP 地址的值。這些信息
通常用於調試和診斷網路連線問題
  Serial.print("MAC:") ; //印出 "MAC:"
  Serial.print(MacData) ; //印出 MacData 變數的內容
  Serial.print("\n") ; //換行
  Serial.print("SSID:") ; //印出 "SSID:"
  Serial.print(APname) ; //印出 APname 變數的內容
  Serial.print("\n") ; //換行
  Serial.print("IP:") ; //印出 "IP:"
  Serial.print(IPData) ; //印出 IPData 變數的內容
  Serial.print("\n") ; //換行
}
//-------------------
/*
    這段程式碼中定義了三個函式:
    debugoutln、debugout
```

```
    debugoutln 和 debugout 函式的功能，
    都是根據_Debug 標誌來決定是否輸出字串。
    如果_Debug 為 true，
    則分別使用 Serial.println 和 Serial.print 輸出參數 ss。
*/
void debugoutln(String ss)
{
    /*
    debugoutln(String ss)：印出一行字串，
    如果 _Debug 這個變數的值為真（即非零），
    則使用 Serial.println() 函式印出，
    否則不做任何事情。

    其中， _Debug 是一個全域變數，
    用來控制是否要印出除錯訊息。
    如果程式中有許多除錯訊息要印出，
    但在正式運作時不需要這些訊息，
    可以把 _Debug 設為零，
    這樣就不會有任何印出動作。
    而在除錯時，
    只需要把 _Debug 設為非零值，
    就可以印出所有的除錯訊息
    */
    if (_Debug)
        Serial.println(ss) ;
}
void debugout(String ss)
{
    /*
    debugout(String ss)：印出一個字串，
    如果 _Debug 這個變數的值為真，
    則使用 Serial.print() 函式印出，
    否則不做任何事情

    其中， _Debug 是一個全域變數，
    用來控制是否要印出除錯訊息。
    如果程式中有許多除錯訊息要印出，
    但在正式運作時不需要這些訊息，
    可以把 _Debug 設為零，
```

```
        這樣就不會有任何印出動作。
        而在除錯時，
        只需要把 _Debug 設為非零值，
        就可以印出所有的除錯訊息
        */
    if (_Debug)
        Serial.print(ss) ;
}


long POW(long num, int expo)
{
    /*
        POW 函式是用來計算一個數的 n 次方的函式。
        函式有兩個參數，
        第一個參數為 num，表示底數，
        第二個參數為 expo，表示指數。
        如果指數為正整數，
        則使用迴圈來進行計算，否則返回 1。
    */
    long tmp = 1 ;
    if (expo > 0)
    {
        for (int i = 0 ; i < expo ; i++)
            tmp = tmp * num ;
        return tmp ;
    }
    else
    {
        return tmp ;
    }
}


String SPACE(int sp)
{
    /*
        SPACE 函式是用來生成一個包含指定數量空格的字串。
        函式只有一個參數，即空格的數量。
        使用 for 循環生成指定數量的空格，
```

```
    然後將它們連接起來形成一個字串,
    最後返回這個字串。
*/
String tmp = "" ;
for (int i = 0 ; i < sp; i++)
{
    tmp.concat(' ')   ;
}
return tmp ;
}


// This function converts a long integer to a string with leading zeros (if neces-
sary)
// The function takes in three arguments:
// - num: the long integer to convert
// - len: the length of the resulting string (including leading zeros)
// - base: the base to use for the conversion (e.g., base 16 for hexadecimal)
String strzero(long num, int len, int base)
{
    String retstring = String(""); // Initialize an empty string
    int ln = 1 ;   // Initialize the length counter to 1
    int i = 0 ; // Initialize the iteration variable to 0
    char tmp[10] ;   // Declare a character array to store the converted digits
    long tmpnum = num ; // Initialize a temporary variable to the value of num
    int tmpchr = 0 ;   // Initialize a temporary variable to store the converted digit
    char hexcode[] = {'0', '1', '2', '3', '4', '5', '6', '7', '8', '9', 'A', 'B', 'C', 'D', 'E', 'F'} ; //
Character array for hexadecimal digits
    // Character array for hexadecimal digits
    while (ln <= len) // Loop until the length of the string reaches the desired
length
    {
        tmpchr = (int)(tmpnum % base) ; // Compute the remainder of tmpnum
when divided by base
        tmp[ln - 1] = hexcode[tmpchr] ; // Store the corresponding character in tmp
array
        ln++ ;
        tmpnum = (long)(tmpnum / base) ; // Divide tmpnum by base and update
its value
```

```
    }
    for (i = len - 1; i >= 0 ; i --) // Iterate through the tmp array in reverse order
    {
        retstring.concat(tmp[i]); // Append each character to the output string
    }
    return retstring; // Return the resulting string
}
// This function converts a string representing a number in the specified base to
an unsigned long integer
// The function takes in two arguments:
// - hexstr: the string to convert
// - base: the base of the number system used in hexstr (e.g., base 16 for
hexadecimal)
unsigned long unstrzero(String hexstr, int base)
{
    /*
    上述函式的作用是
    將一個十六進位的字串轉換為對應的 unsigned long 整數。
    程式碼的主要部分是 for 迴圈,
    它會迭代輸入字串中的每個字符,
    將其轉換為大寫字母,
    並根據其在十六進位數字字串中的索引值更新 tmpnum 變數的值
     。最後,該函式會回傳 unsigned long 整數的結果
    */
String chkstring; // 儲存檢查字串
int len = hexstr.length(); // 計算輸入字串的長度

unsigned int i = 0;
unsigned int tmp = 0;
unsigned int tmp1 = 0;
unsigned long tmpnum = 0; // 宣告變數

String hexcode = String("0123456789ABCDEF"); // 包含十六進位數字的字串

for (i = 0; i < len; i++) // 迭代輸入字串
{
hexstr.toUpperCase(); // 將輸入字串中的每個字符轉換為大寫字母
tmp = hexstr.charAt(i); // 取得位於 i 處的字符的 ASCII 碼
tmp1 = hexcode.indexOf(tmp); // 在 hexcode 字串中查找字符的索引值
```

```
tmpnum = tmpnum + tmp1 * POW(base, (len - i - 1)); // 根據當前字符的值更新
tmpnum 變數的值
}
return tmpnum; // 回傳 unsigned long 整數的結果
}


String    print2HEX(int number)
{
  // 這個函式接受一個整數作為參數
  // 將該整數轉換為 16 進制表示法的字串
  // 如果該整數小於 16，則在字串前面加上一個 0
  // 最後返回 16 進制表示法的字串
  String ttt ;
  if (number >= 0 && number < 16)
  {
    ttt = String("0") + String(number, HEX);
  }
  else
  {
    ttt = String(number, HEX);
  }
  ttt.toUpperCase() ;    //轉成大寫
  return ttt ;
}



String GetMacAddress()      //取得網路卡編號
{
  // the MAC address of your WiFi shield
  String Tmp = "" ;
  byte mac[6];

  // print your MAC address:
  WiFi.macAddress(mac);
  for (int i=0; i<6; i++)
    {
        Tmp.concat(print2HEX(mac[i])) ; //連接每一個 MAC Address 的 byte
    }
    Tmp.toUpperCase() ;    //轉成大寫英文字
```

```cpp
  return Tmp ;   //回傳網路卡編號
}

void ShowMAC()   //於串列埠印出網路卡號碼
{

  Serial.print("MAC Address:(");   //印出 "MAC Address:("
  Serial.print(MacData) ;    //印出 MacData 變數內容
  Serial.print(")\n");      //印出 ")\n"



}
String IpAddress2String(const IPAddress& ipAddress)
{
    //回傳 ipAddress[0-3]的內容，以 16 進位回傳
    // The function returns a string containing the IP address in the format
"x.x.x.x", where x is a number between 0 and 255 representing each segment
of the IP address.

    return String(ipAddress[0]) + String(".") +\
    String(ipAddress[1]) + String(".") +\
    String(ipAddress[2]) + String(".") +\
    String(ipAddress[3])   ;
}




//將字元陣列轉換為字串
String chrtoString(char *p)
{
    String tmp ; //宣告一個名為 tmp 的字串
    char c ; //宣告一個名為 c 的字元
    int count = 0 ; //宣告一個名為 count 的整數變數，初始值為 0
    while (count < 100) //當 count 小於 100 時進入迴圈
    {
      c = *p ; //將指標 p 指向的值指派給 c
      if (c != 0x00) //當 c 不為空值(0x00)時
      {
```

```
          tmp.concat(String(c)) ; //將 c 轉換為字串型別並連接到 tmp 字串中
      }
      else //當 c 為空值(0x00)時
      {
          return tmp ; //回傳 tmp 字串
      }
      count++ ; //count 值增加 1
      p++; //將指標 p 指向下一個位置


  }
}


void CopyString2Char(String ss, char *p)    //將字串複製到字元陣列
{
  //將字串複製到字元陣列
  if (ss.length() <= 0) //當 ss 字串長度小於等於 0 時
  {
      p = 0x00 ; //將指標 p 指向的位置設為空值(0x00)
      return ; //直接回傳
  }
  ss.toCharArray(p, ss.length() + 1) ; //將 ss 字串轉換為字元陣列，並存儲到指
標 p 指向的位置
  //(p+ss.length()+1) = 0x00 ;
}
boolean CharCompare(char *p, char *q)
{
  boolean flag = false ; //宣告一個名為 flag 的布林變數，初始值為 false
  int count = 0 ; //宣告一個名為 count 的整數變數，初始值為 0
  int nomatch = 0 ; //宣告一個名為 nomatch 的整數變數，初始值為 0

  while (flag < 100) //當 flag 小於 100 時進入迴圈
  {
      if (*(p+count) == 0x00 or *(q+count) == 0x00) //當指標 p 或指標 q 指向的
值為空值(0x00)時
          break ; //跳出迴圈
      if (*(p+count) != *(q+count) )
          {
              nomatch ++ ; //nomatch 值增加 1
```

```
            }
            count++ ; //count 值增加 1
    }    //end of   while (flag < 100)
    if (nomatch > 0)
    {
       return false ;
    }
    else
    {
       return true ;
    }


}
// This function converts a double number to a String with specified number of
decimal places
// dd: the double number to be converted
// decn: the number of decimal places to be displayed
String Double2Str(double dd, int decn)
{
    // Extract integer part of the double number
    int a1 = (int)dd ;
    int a3 ;

    // If decimal places are specified
    if (decn > 0)
    {
       // Extract decimal part of the double number
       double a2 = dd - a1 ;
       // Multiply decimal part with 10 to the power of specified number of decimal
places
       a3 = (int)(a2 * (10 ^ decn));
    }

    // If decimal places are specified, return the String with decimal places
    if (decn > 0)
    {
       return String(a1) + "." + String(a3) ;
    }
```

```cpp
  // If decimal places are not specified, return the String with only the integer
part
  else
  {
    return String(a1) ;
  }

}

//--------------GPIO Function

void TurnonWifiLed()     //打開 Wifi 連接燈號
{
  digitalWrite(WifiLed, Ledon) ;
}

void TurnoffWifiLed()    //關閉 Wifi 連接燈號
{
  digitalWrite(WifiLed, Ledoff) ;
}

void AccessOn()     //打開動作燈號
{
  digitalWrite(AccessLED, Ledon) ;
}

void AccessOff()      //關閉動作燈號
{
  digitalWrite(AccessLED, Ledoff) ;
}
void BeepOn()     //打開嗡鳴器
{
  digitalWrite(BeepPin, Ledon) ;
}
void BeepOff()    //關閉嗡鳴器
{
  digitalWrite(BeepPin, Ledoff) ;
}
/*
```

上面的程式碼是定義了幾個控制 LED 和蜂鳴器的函數，
這些函數都是透過 Arduino 的 digitalWrite() 函數來控制 LED 或蜂鳴器輸出的狀態，
其中 Ledon 和 Ledoff 是定義高低電位狀的常數。

GPIO 是 General Purpose Input/Output 的簡稱，
是微控制器的一種外部接口。
程式中的 digitalWrite 可以控制 GPIO 的狀態，
其中 WifiLed、AccessLED、BeepPin 都是 GPIO 的編號，
Ledon 和 Ledoff 則是表示 GPIO 的狀態，
通常是高電位或低電位的編號，
具體的編號會依據使用的裝置而有所不同。
因此，以上程式碼可以用來控制 Arduino 的 GPIO 狀態，
從而控制裝置的狀態。
*/

程式下載：https://github.com/brucetsao/ESP6Course_IIOT

如下圖所示，可以看到程式：單一控制繼電器開啟關閉與讀取輸入點訊號程式編輯畫面：

圖 197 單一控制繼電器開啟關閉與讀取輸入點訊號程式之編輯畫面

如下圖所示，編譯完成後，可以看到單一控制繼電器開啟關閉與讀取輸入點訊號程式執行畫面：

圖 198 單一控制繼電器開啟關閉與讀取輸入點訊號程式執行畫面

開始執行之後，系統會進入二段程式，第一段就是一個迴圈，從第一個到第四個繼電器產生開啟命令後，再傳送給 Modbus Device 裝置，進而循序驅動每一個繼電器開啟後，再傳送命令讀回 Modbus Device 裝置所有感測裝置的狀態，以下表 JSON 文件方式顯示。

第二段也是一個迴圈，從第一個到第四個繼電器產生關閉命令後，再傳送給 Modbus Device 裝置，進而循序驅動每一個繼電器關閉後，再傳送命令讀回 Modbus Device 裝置所有感測裝置的狀態，以下表 JSON 文件方式顯示。

圖 199　單一控制繼電器開啟關閉與讀取輸入點訊號程式運行監控視窗

筆者上述程式，會一一傳送命令到 Modbus Device 裝置，進而循序驅動每一個繼電器開啟或關閉後，再傳送命令讀回 Modbus Device 裝置所有感測裝置的狀態，以下表 JSON 文件方式顯示，透過程式的監控視窗，其下表為一個過程產生的。

表 182 四路繼電器模組與 IO 狀之狀態表示之 Json 文件檔

```
{
  "MAC": "E89F6DE869F8",
  "DeviceAddress": "FF",
  "DeviceBaud": 9600,
  "Relay": "00000111",
  "IO": "00000000"
}
```

由下表所示，一一解釋操控四路繼電器模組與 IO 狀之狀態 Json 文件檔的內容：

● DEVICE:裝置控制器的網路卡編號

● SENSOR: RELAY=繼電器，INPUT=IO 輸入

● SET: n=第幾組的編號，因為繼電器與 IO 輸入共有 N 組，實驗的機種為四

- OPERATION: 繼電器或 IO 輸入目前的狀態，HIGH 為繼電器開啟或 IO 輸入狀態為高電位，LOW 為繼電器關閉或 IO 輸入狀態為低電位

表 183 控制驅動四路繼電器模組與 IO 狀之狀態之 Json 文件檔解說示意表

```
{
  "DEVICE":"E89F6DE869F8",
  "SENSOR":"RELAY" ,(RELAY=繼電器，INPUT=IO 輸入)
  "SET":1 ,           (n=第幾組)
  "OPERATION":"HIGH"      (RELAY=繼電器, HIGHn=第幾組)
}
```

接下來筆者解釋，當傳送操控四路繼電器模組與 IO 狀之狀態 Json 文件檔到系統之後，當驅動 Modbus Device 裝置完畢後，會根據上表的內容驅動繼電器，在改變 Modbus Device 裝置內第 n 個繼電器內容後，會進行查詢 Modbus Device 裝置之所有感測器狀態後，回傳其下表 json 文件檔。

接下來解釋，回傳裝置狀態之 json 文件檔：

- DEVICE:裝置控制器的網路卡編號
- DeviceAddress: 控制器 Modbus 通訊埠號位值(唯一 byte 值，16 進位表示)
- DeviceBaud: 控制器 Modbus 通訊速率值(9600 表 9600 bps)
- Relay: 為八個"0"或'1"表示之，由右起為第 1 個繼電器狀態，"0"表關閉、'1"表開啟，共八個繼電器狀態
- IO: 為八個"0"或'1"表示之，由右起為第 1 個 IO 輸入點的狀態，"0"表低電位、'1"表高電位，共八個 IO 輸入點的狀態

表 184 四路繼電器模組與 IO 狀之狀態 Json 文件檔解說示意表

```
{
  "MAC": "E89F6DE869F8",
  "DeviceAddress": "FF",
  "DeviceBaud": 9600,
  "Relay": "00000111",
  "IO": "00000000"
}
```

透過 MQTT Broker 傳送控制裝置並回傳裝置狀態

本節將要介紹我們將要使用 MQTT Publish/Subscribe 的機制，將本文設計的裝置，用 RS-485 連接接受 RS-485 通訊的 Modbus RTU 四路繼電器模組的繼電器模組與 IO 模組的狀態資料，透過訂閱 MQTT Broker 伺服器，固定訂閱特定的主題(Topic)，可以接收到這個主題所有相關的內容(Payload)，攥寫其控制其繼電器狀態之命令，如下表所示，透過 JSON 文件方式，，傳送到固定訂閱特定的主題(Topic)，當本文設計的裝置因訂閱特定的主題(Topic)後，接收到所有對應的資料(Payload)，本文設計的裝置會針對內容之裝置辨識 ID，就是裝置的網路卡編號(MAC Address)進行比對，如果內容之裝置辨識 ID 與裝置的網路卡編號(MAC Address)相同時，進而進行解譯接收到的資料(Payload)，讀出如下表所示的內容，再針對要驅動的繼電器，辨別其組別(1~4)與動作(HIGH/LOW)，進行 Modbus RTU 四路繼電器模組之控制命令取得後，傳送到 Modbus RTU 四路繼電器模組進行控制對應之第 n 組繼電器之對應開啟或關閉，完成所有硬體動作之後，在透過查詢 Modbus RTU 四路繼電器模組所有狀態的命令，進行收集 Modbus RTU 四路繼電器模組所有感測器之狀態，在針對內容進行如表 184 格式，產生 Modbus RTU 四路繼電器模組狀態 json 格式文件後，再透過 MQTT Broker 伺服器，傳送到指定特定的 Topic(本文為 /ncnu/controller/status)，完成整個流程。

表 185 控制驅動四路繼電器之 Json 文件檔解說示意表

```
{
    "DEVICE":"E89F6DE869F8",
    "SENSOR":"RELAY" ,(RELAY=繼電器，INPUT=IO 輸入)
    "SET":1 ,              (n=第幾組)
    "OPERATION":"HIGH"      (RELAY=繼電器, HIGHn=第幾組)
}
```

回饋控制器狀態之功能開發

如下圖所示，這個實驗我們需要用到的實驗硬體有下圖.(a)的 ESP 32 開發板、下圖.(b) MicroUSB 下載線：

(a). NodeMCU 32S 開發板

(b). MicroUSB 下載線

(c). TTL 轉 RS485 模組

(d). LCD 2004　I2C

(e). Modbus RTU 四路繼電器模組

圖 200 接收/發送端實驗材料表

讀者也可以參考下表之發送端實驗材料表，進行電路組立。

表 186 接收/發送端實驗材料接腳表

接腳	接腳說明	開發板接腳
1a	麵包板 Vcc(紅線)	接電源正極(5V)
1b	麵包板 GND(藍線)	接電源負極
2a	四路繼電器模組(+/VCC)	接電源正極(12V)
2b	四路繼電器模組(-/GND)	接電源負極
2c	四路繼電器模組(A+)	TTL 轉 RS485 模組(A+)
2d	四路繼電器模組(B-)	TTL 轉 RS485 模組(B-)
3a	TTL 轉 RS485 模組(VCC)	接電源正極(5V)
3b	TTL 轉 RS485 模組(GND)	接電源負極
3c	TTL 轉 RS485 模組(TX)	NodeMCU 32S 開發板 GPIO16
3d	TTL 轉 RS485 模組(RX)	NodeMCU 32S 開發板 GPIO17
4a	LCD 2004　I2C (VCC)	接電源正極(5V)
4b	LCD 2004　I2C (GND)	接電源負極
4c	LCD 2004　I2C (SDA)	NodeMCU 32S 開發板 GPIO21
4d	LCD 2004　I2C (SCL)	NodeMCU 32S 開發板 GPIO22

接腳	接腳說明	開發板接腳

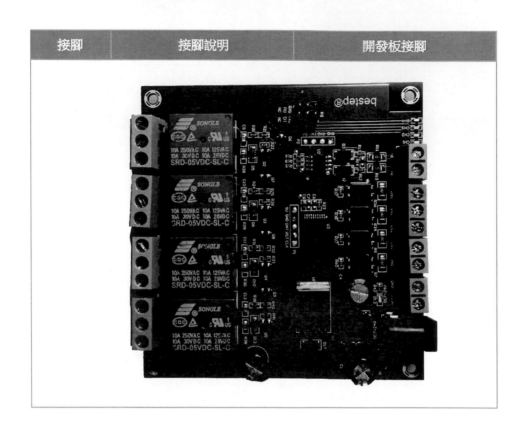

讀者可以參考下圖所示之發送端實驗材料連接電路圖，進行電路組立。

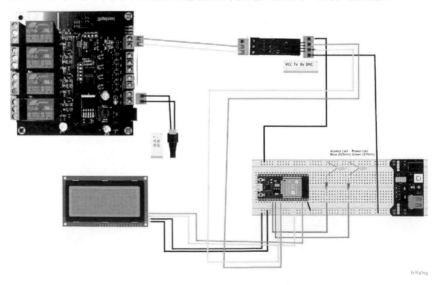

圖 201 接收/發送端實驗材料實驗電路圖

讀者可以參考下圖所示之發送端實驗材料實驗電路圖，參考後進行電路組立。

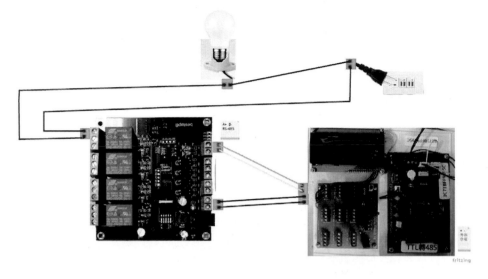

圖 202 接收/發送端實驗材料實驗電路實體圖

我們遵照前幾章所述，將 ESP 32 開發板的驅動程式安裝好之後，我們打開 ESP 32 開發板的開發工具：Sketch IDE 整合開發軟體(安裝 Arduino 開發環境，請參考本文之『Arduino 開發 IDE 安裝』，安裝 ESP 32 開發板 SDK 請參考本文之『安裝 ESP32 Arduino 整合開發環境』(曹永忠, 2020a, 2020b, 2020c)，攥寫一段程式，如下 表 所 示 之 透 過 MQTT 傳 送 控 制 繼 電 器 開 啟 或 關 閉 之 控 制 程 式 (fourRelay_SendCmdeAndExec_MQTT_Send)，透過 MQTT Broker 取得來自***訂閱的 TOPIC*** 的控制命令，進而解譯後控制其感測裝置(如繼電器等)之動作(本文為開啟或關閉)，在驅動 Modbus RTU 四路繼電器模組之感測器完成動作之後，在查詢 Modbus RTU 四路繼電器模組所有狀態並將其狀態，以 json 文件方式，回傳到透過 MQTT Broker 伺服器之特定 ***TOPIC***(本文為/ncnu/controller/status)，所有過程資訊也顯示在監控視窗內。

表 187 透過 MQTT 傳送控制繼電器開啟或關閉之控制程式

透過 MQTT 傳送控制繼電器開啟或關閉之控制程式 (fourRelay_SendCmdeAndExec_MQTT_Send)

```cpp
#include <String.h>     //String 使用必備函示庫
#include "initPins.h"        //系統共用函數
#include "RS485Lib.h"     //arduino json 使用必備函示庫
#include "JSONLIB.h"     //arduino json 使用必備函示庫
#include "LCDSensor.h"     // LCD 2004 共用函數
#include "MQTTLib.h"        // M Q T T   B r o k e r 共用函數
//--------------------
void ShowInterneton LCD(String s1, String s2, String s3) ; //顯示網際網路連接
基本資訊，這個函式接受三個字串參數，用於在 LCD 上顯示網際網路連線的基
本資訊。
void ShowSensoron LCD(double s1, double s2) ;     //顯示溫度與濕度在 LCD
上，這個函式接受兩個雙精度浮點數參數，用於在 LCD 上顯示溫度和濕度。
boolean initWiFi() ;//網路連線，連上熱點，這個函式返回布林值，用於初始化
WiFi 連接。當連接成功時返回 true，否則返回 false。
void initAll() ;        //這個函式用於初始化整個系統。
//-----------------
void connectMQTT() ; //這個函式用於連接 MQTT 代理伺服器。
void mycallback(char* topic, byte* payload, unsigned int length)   ;
//這個函式用於處理 MQTT 訂閱時收到的資料。它有三個參數，分別是主題、資
料內容和資料長度。


// the setup function runs once when you press reset or power the board
void setup()
{
  // initialize digital pin LED_BUILTIN as an output.
  // initialize digital pin LED_BUILTIN as an output.
  // 將 LED_BUILTIN 腳位設為輸出模式
  initAll() ;    //系統初始化
  // 執行系統初始化
  initRS485()   ;   //啟動 Modbus
  // 啟動 Modbus 通訊協定
  initWiFi() ;   //網路連線，連上熱點
  // 連接 WiFi 熱點

  // 網路連線，連上熱點
  if (CheckWiFi())
  {
    TurnonWifiLed() ;   //打開 Wifi 連接燈號
    Serial.println("Wifi is Connected.....");
```

```
    }
    else
    {
        TurnoffWifiLed() ;    //打開 Wifi 連接燈號
        Serial.println("Wifi is lost");
    }
    initMQTT()    ;//MQTT Broker 初始化連線
    // 初始化 MQTT Broker 連線

    BeepOff() ;      //關閉嗡鳴器
    // 關閉嗡鳴器
    ShowInternet()    ; //顯示網際網路連接基本資訊
    // 顯示網際網路連接基本資訊

    initLCD()    ;    //初始化 LCD 螢幕
    // 初始化 LCD 螢幕
    ShowInternetonLCD(MacData, APname, IPData)    ; //顯示網際網路連接基本
資訊
    // 顯示網際網路連接基本資訊

    Serial.println("System    Ready");
    // 顯示 System Ready 的文字
    delay(initDelay) ;       //等待多少秒，進入 loop()重複執行的程序
    // 延遲一段時間進入 loop()重複執行的程序
}
// the loop function runs over and over again forever
void loop()
{
    if (!mqttclient.connected())      //如果 MQTT 斷線(沒有連線)
    {
        Serial.println("connectMQTT    again"); //印出 "connectMQTT    again"
        connectMQTT();      //重新與 MQTT Server 連線
    }

    mqttclient.loop();        //處理 MQTT 通訊處理程序
    //給作業系統處理多工程序的機會

}
```

```
void initAll()        //系統初始化
{
    Serial.begin(38400) ;
    Serial.println("System Start");
    MacData = GetMacAddress() ; //取得網路卡編號
    Serial.print("MAC:(");
    Serial.print(MacData);
    Serial.print(")\n");
}
```

程式下載：https://github.com/brucetsao/ESP6Course_IIOT

表 188 透過 MQTT 傳送控制繼電器開啟或關閉之控制程式(JSONLib.h)

透過 MQTT 傳送控制繼電器開啟或關閉之控制程式(JSONLib.h)

```
#include <ArduinoJson.h>    //Json 使用元件
/*
   REQUEST=
   {
     DEVICE:"E89F6DE869F8",
     COMMAND:STATUS
   }

   DOJOB =
{
   "DEVICE":"E89F6DE869F8",
   "SENSOR":"RELAY" ,(RELAY=繼電器，INPUT=IO 輸入)
   "SET":1 ,            (n=第幾組)
   "OPERATION":"HIGH"      (RELAY=繼電器, HIGHn=第幾組)
}




   REQUESTSTATUS=
   {
     DEVICE:"E89F6DE869F8",
```

~ 492 ~

```
    RELAY:{0,0,1,1},
    IO:{0,0,0,0}
  }

  EX.
*/
DeserializationError json_error; // 建立一個 DeserializationError 物件，用來儲
存 JSON 解析過程中的錯誤
StaticJsonDocument<2000> json_doc; // 建立一個容量為 2000 位元組的靜態
JSON 文件(json_doc)
StaticJsonDocument<2000> json_received; // 建立一個容量為 2000 位元組的
靜態 JSON 文件(json_received)
char json_data[2000]; // 建立一個長度為 2000 的字元陣列，用來儲存 JSON 資
料

/*
  其中，靜態 JSON 文件是指在編譯時期就已經固定容量，
  因此可以有效節省動態記憶體使用。
  而 DeserializationError 物件則是
  用來儲存 JSON 解析過程中的錯誤訊息，
  可以在開發和除錯時提供相關資訊。
  至於 char 陣列 json_data 則是用來儲存 JSON 資料，
  這個陣列的長度是 1000 位元組。

*/

/*
  boolean jsoncharstringcompare(const char* s1,String s2)
  {
  char cc;
  int cnt=0;
  int cmpcnt=0 ;
  boolean ret=true;
  cc = *(cnt)s1 ;
  while (cc != '\0')
  {
      if (cnt > s2.length)
      {
          if (cmpcnt >0)
```

```
                {
                    ret=true;
                }
                else
                {
                    ret=false;
                }
                break ;
        }
        if (cc == (char)s2.substring(cnt,cnt))
          {
                cmpcnt++;
                cnt++;
                continue
          }
          else
          {
            ret = false;
            break;
          }
      return ret;
  }
  }
*/
void initjson()
{


}

void setjsondata(String vmac, String vip, String vaddress, long vbaud, String
vrelay, String vIO)
{
  json_doc.clear() ;       //重設空值
  // 建立一個 JSON 物件(json_doc)，用來儲存 JSON 資料
  // 將 vmac、vaddress、vbaud、vrelay、vIO 存放到 json_doc 物件中，對應
的 Key 值為"MAC"、"DeviceAddress"、"DeviceBaud"、"Relay"、"IO"
  json_doc["MAC"] = vmac ;
  json_doc["DeviceAddress"] = vaddress ;
  json_doc["DeviceBaud"] = vbaud ;
```

```
    json_doc["Relay"] = vrelay ;
    json_doc["IO"] = vIO ;

    // 使用 ArduinoJSON 函式庫的 serializeJson()方法，將 json_doc 中的 json 物
件序列化成字串，存放在名為 json_data 的 String 物件中
    serializeJson(json_doc, json_data);

    // 在 Serial 埠輸出"Json Data:("字串，以便區分不同的輸出訊息
    Serial.print("Json Data:(\n");

    // 使用 ArduinoJSON 函式庫的 serializeJsonPretty()方法，將 json_doc 中的
json 物件序列化成可讀性較高的格式，並輸出至 Serial 埠
    serializeJsonPretty(json_doc, Serial);

    // 在 Serial 埠輸出換行字元，以便區分不同的輸出訊息
    Serial.print("\n)\n");
}

void TranChar2Json(char *p)   //轉換讀入的 json document 的字串，轉入 JSON
元件之 json_doc 變數
{
    // 建立一個 String 物件並將 char 指標 p 轉換成字串傳入
    String input = String(p) ;

    // 使用 ArduinoJSON 函式庫的 deserializeJson()方法，將 json 字串轉換成 json
物件，存放在名為 json_doc 的物件中
    deserializeJson(json_doc, input );

    // 使用 ArduinoJSON 函式庫的 serializeJson()方法，將 json_doc 中的 json 物
件序列化成字串，並輸出至 Serial 埠
    serializeJson(json_doc, Serial);
    // 在 Serial 埠輸出換行字元，以便區分不同的輸出訊息
    Serial.println("");
}

void Printjson()       //解譯得到 json 文件，並列印解譯後每一個元件的內容
{
    /*
```

Printjson() : 解譯得到 json 文件，並列印解譯後每一個元件的內容
參數:
無參數
回傳值:
無回傳值
動作:
從 json_doc 解譯出 "DEVICE"、"SENSOR"、"SET"、"OPERATION" 的
值
以 Serial.print() 列印出每個元件的內容
說明:
本函式會從全域變數 json_doc 解析出指定元件的值，並列印出來。
列印的內容包括 "Device Name"、"Sensor Name"、"Which set"、
"OPERATION"，
分別對應 json_doc 中的 "DEVICE"、"SENSOR"、"SET"、"OPERATION"。
列印完成後，不會有任何回傳值。
*/

```
// 從 json_doc 解譯出 "DEVICE" 的值
const char* devname = json_doc["DEVICE"] ;
// 從 json_doc 解譯出 "SENSOR" 的值
const char* sensorname = json_doc["SENSOR"] ;
// 從 json_doc 解譯出 "SET" 的值
int setnum = json_doc["SET"] ;
// 從 json_doc 解譯出 "OPERATION" 的值
const char* op = json_doc["OPERATION"] ;

// 列印 "Device Name:" 和 "DEVICE" 的值
Serial.print("Device Name:") ;
Serial.print(devname) ;
Serial.print("\n") ;

// 列印 "Sensor Name:" 和 "SENSOR" 的值
Serial.print("Sensor Name:") ;
Serial.print(sensorname) ;
Serial.print("\n") ;

// 列印 "Which set:" 和 "SET" 的值
Serial.print("Which set:") ;
Serial.print(setnum) ;
```

```
  Serial.print("\n") ;

  // 列印 "OPERATION:" 和 "OPERATION" 的值
  Serial.print("OPERATION:") ;
  Serial.print(op) ;
  Serial.print("\n") ;

} // 引用 Wire.h 和 LiquidCrystal_I2C.h 程式庫
#include <Wire.h>
#include <LiquidCrystal_I2C.h>
//這段程式碼主要是使用 LiquidCrystal_I2C 函式庫來控制 I2C 介面的 LCD
顯示屏，程式碼內容如下
// 使用 LiquidCrystal_I2C 程式庫初始化 LCD 螢幕
LiquidCrystal_I2C lcd(0x27,20,4); // 設置 LCD 位址為 0x27，顯示 16 個字符和
2 行
//這個程式需要引入 Wire.h 和 LiquidCrystal_I2C.h 兩個庫。然後，定義一個名
為 lcd 的 LiquidCrystal_I2C 類型物件，並且指定 LCD 顯示屏的 I2C 位址、
行數和列數

//LiquidCrystal_I2C lcd(0x3F,20,4); // 設置 LCD 位址為 0x3F，顯示 16 個字符和
2 行（注釋掉的代码）

// 清除 LCD 螢幕
void ClearShow()
{
 // ClearShow() 函式會把 LCD 的游標移動到左上角，然後使用 lcd.clear() 函
式清除螢幕內容，最後再把游標移動到左上角。

lcd.setCursor(0,0); //設置 LCD 螢幕座標
lcd.clear() ; //清除 LCD 螢幕
lcd.setCursor(0,0); //設置 LCD 螢幕座標
}
 // 初始化 LCD 螢幕
void initLCD()
{
debugoutln("Init LCD Screen") ; //调试信息输出
lcd.init(); //初始化 LCD 螢幕
lcd.backlight(); //打开 LCD 背光
lcd.setCursor(0,0); //設置 LCD 螢幕座標
```

```
}
/*
 * 接下來是一些顯示字串的函式，例如 ShowLCD1()、ShowLCD2()、
ShowLCD3()、ShowLCD4() 和 ShowString()。這些函式都是用來在 LCD 顯示
屏上顯示不同的字串。以 ShowLCD1() 函式為例，程式碼內容如下
 *
 */
// 在第一行顯示字串 cc
void ShowLCD1(String cc)
{
lcd.setCursor(0,0); //設置 LCD 螢幕座標
lcd.print("                    "); // 清除第一行的內容
lcd.setCursor(0,0); //設置 LCD 螢幕座標
lcd.print(cc); //在第一行顯示字串 cc
}

// 在第一行左邊顯示字串 cc
void ShowLCD1L(String cc)
{
lcd.setCursor(0,0); //設置 LCD 螢幕座標
// lcd.print("                  ");
lcd.setCursor(0,0); //設置 LCD 螢幕座標
lcd.print(cc); //在第一行左邊顯示字串 cc
}

// 在第一行右邊顯示字串 cc
void ShowLCD1M(String cc)
{
// lcd.setCursor(0,0);
// lcd.print(" ");
lcd.setCursor(13,0); //設置 LCD 螢幕座標
lcd.print(cc); //在第一行右邊顯示字串 cc
}

// 在第二行顯示字串 cc
void ShowLCD2(String cc)
{
lcd.setCursor(0,1); //設置 LCD 螢幕座標
lcd.print("                  ");
```

```
lcd.setCursor(0,1); //設置 LCD 螢幕座標
lcd.print(cc); //在目前位置顯示字串 cc
}


void ShowLCD3(String cc)
{
   //ShowLCD3()函數會將字串參數 cc 顯示在 LCD 螢幕的第 3 行上。
   lcd.setCursor(0,2); //設置 LCD 螢幕座標
   lcd.print("                    ");
   lcd.setCursor(0,2); //設置 LCD 螢幕座標
   lcd.print(cc);   //在目前位置顯示字串 cc

}
void ShowLCD4(String cc)
{
   lcd.setCursor(0,3); //設置 LCD 螢幕座標
   lcd.print("                    ");
   lcd.setCursor(0,3); //設置 LCD 螢幕座標
   lcd.print(cc);   //在目前位置顯示字串 cc

}



void ShowString(String ss)
{
   lcd.setCursor(0,3);//設置 LCD 螢幕座標
   lcd.print("                    ");
   lcd.setCursor(0,3); //設置 LCD 螢幕座標
   lcd.print(ss.substring(0,19));
   //delay(1000);
}

void ShowAPonLCD(String ss)    //顯示熱點
{
   ShowLCD1M(ss) ; //顯示熱點

}
void ShowMAConLCD(String ss)   //顯示網路卡編號
{
```

```
    //這個函數顯示所連接的網路卡編號，參數 ss 為網路卡編號。
    ShowLCD1L(ss) ; //顯示網路卡編號


}
void ShowIPonLCD(String ss)   //顯示連接熱點後取得網路編號(IP Address)
{
    //這個函數顯示連接熱點後所取得的網路位址 (IP Address)，參數 ss 為網路
編號。
        ShowLCD2("IP:"+ss) ;   //顯示取得網路編號(IP Address)


}
void ShowInternetonLCD(String s1,String s2,String s3)    //顯示網際網路連接
基本資訊
{
//這個函數顯示網際網路的連接基本資訊，包括網路卡編號、連接的熱點名稱以
及所取得的網路編號，分別由 s1、s2 和 s3 三個參數傳遞。
        ShowMAConLCD(s1)  ;   //顯示熱點
        ShowAPonLCD(s2) ;      //顯示連接熱點名稱
        ShowIPonLCD(s3) ;   //顯示連接熱點後取得網路編號(IP Address)}


}
void ShowSensoronLCD(double s1, double s2)      //顯示溫度與濕度在 LCD 上
{
    //這個函數顯示溫度和濕度數值，參數 s1 為溫度值，s2 為濕度值。顯示的格
式為 "T:溫度值.C H:濕度值.%"
//      ShowLCD3("T:"+Double2Str(TempValue,1)+".C
"+"T:"+Double2Str(HumidValue,1)+".%" ) ;
        ShowLCD3("T:"+Double2Str(s1,1)+".C "+"H:"+Double2Str(s2,1)+".%" ) ;
}
```

程式下載：https://github.com/brucetsao/ESP6Course_IIOT

表 189 透過 MQTT 傳送控制繼電器開啟或關閉之控制程式(LCDSensor.h)

透過 MQTT 傳送控制繼電器開啟或關閉之控制程式(LCDSensor.h)
#include <PubSubClient.h> // 匯入 MQTT 函式庫
#include <ArduinoJson.h> // 匯入 Json 使用元件

```
WiFiClient WifiClient; // 建立 WiFi 客戶端元件
PubSubClient mqttclient(WifiClient) ; // 建立一個 MQTT 物件，名稱為
mqttclient，使用 WifiClient 的網路連線端
#define mytopic "/ncnu/controller" // 設定 MQTT 主題
#define sendtopic "/ncnu/controller/status"      //這是老師用的，同學請要改


#define MQTTServer "broker.emqx.io" // 設定 MQTT Broker 的 IP
#define MQTTPort 1883 // 設定 MQTT Broker 的 Port
char* MQTTUser = ""; // 設定 MQTT 使用者帳號，這裡不需要
char* MQTTPassword = ""; // 設定 MQTT 使用者密碼，這裡不需要


char buffer[400];// 設定緩衝區大小

String SubTopic = String("/ncnu/relay/"); // 設定訂閱主題字串的前半部份
String FullTopic ; // 完整主題字串的字串變數
char fullTopic[35] ; // 完整主題字串的字元陣列

char clintid[20]; // 設定 MQTT 客戶端 ID
void mycallback(char* topic, byte* payload, unsigned int length)    ;// 設定
MQTT 接收訊息的回調函式
void connectMQTT() ; // 設定 MQTT 連線函式


void fillCID(String mm)
{
  /*
    // 這個函式將從傳入的字串(mm)中產生一個隨機的 client id，
    // 先將第一個字元設為 't'，第二個字元設為 'w'，
    // 接著將 mm 複製到 clintid 陣列中，並在最後面補上換行符號 '\n'
  */
  //將第一個字元設為 't'
  clintid[0] = 't' ;
  //將第二個字元設為 'w'
  clintid[1] = 'w' ;
  //將 mm 轉換為字元陣列，複製到 clintid 陣列中
  mm.toCharArray(&clintid[2], mm.length() + 1) ;
  //在 clintid 陣列的最後一個位置加上換行符號 '\n'
```

```
    clintid[2 + mm.length() + 1] = '\n' ;
}




void initMQTT()     //這段程式主要是用來初始化 MQTT Broker 的連線
{
    mqttclient.setServer(MQTTServer, MQTTPort);
    // 設定要連接的 MQTT Server 的 URL 和 Port，變數 MQTTServer 存放
Server 的 URL，MQTTPort 存放 Server 的 Port

    mqttclient.setCallback(mycallback);
    // 設定回呼函式，當訂閱的主題有訊息時，會呼叫 mycallback 函式

    fillCID(MacData);   // 呼叫 fillCID 函式，產生一個隨機的 client id，並儲存在
全域變數 clintid 中

    Serial.print("MQTT ClientID is :(") ;
    Serial.print(clintid) ;
    Serial.print(")\n") ;
    // 在序列埠中顯示 clintid

    mqttclient.setServer(MQTTServer, MQTTPort);
    // 再次設定要連接的 MQTT Server 的 URL 和 Port，以防有未設定到的情
況

    mqttclient.setCallback(mycallback);
    // 再次設定回呼函式

    connectMQTT();    // 呼叫 connectMQTT 函式，連接到 MQTT Server
}

void connectMQTT()   //這個函數主要是用來連接 MQTT Broker
{
    //這個函數主要是用來連接 MQTT Broker
    Serial.print("MQTT ClientID is :(") ;
    Serial.print(clintid) ;
    Serial.print(")\n") ;
    // 印出 MQTT Client 基本訊息，例如 Client ID
```

```
  while (!mqttclient.connect(clintid, MQTTUser, MQTTPassword))
  {
     Serial.print("-");      // 顯示連接狀態
     delay(1000);
  }
  Serial.print("\n");
  Serial.print("String Topic:[") ;
  Serial.print(mytopic) ;
  Serial.print("]\n") ;
  mqttclient.subscribe(mytopic); // 訂閱我們的主旨
  Serial.println("\n MQTT connected!");
  // 連接 MQTT Broker 成功，印出訊息
}

boolean ReadModbusDeviceStatus()    //讀取 Modbus Device 內所有感測裝置
之狀態，並送到 MQTT Broker 上
{
  boolean ststusret = false;   //是否讀取成功
  int loopcnt = 1;  //讀取次數計數器
  phasestage = 1 ;   //控制讀取位址、速率、繼電器狀態、IO 狀態階段
  flag1 = false ;        //讀取成功裝置位址控制旗標
  flag2 = false ;        //讀取成功裝置速率控制旗標
  flag3 = false ;        //讀取成功繼電器狀態控制旗標
  flag4 = false ;        //讀取成功 IO 狀態控制旗標
  boolean loopin = true;   //產生並設定讀取資料迴圈控制旗標
  while (loopin)        //loop for read device all information completely
  {
     if (phasestage == 5 ) //到第五階段代表讀取所有資料完成
     {
       Serial.println("Pass stage 5") ;      //印出第五階段
       //setjsondata(String vmac, String vaddress, long vbaud, String vrelay,
String vIO)
       setjsondata(MacData, IPData, DeviceAddress, DeviceBaud, Re-
layStatus, IOStatus) ; //combine all sensor data into json document
     // mqttclient.publish(sendtopic, json_data);      //傳送 buffer 變數到 MQTT
Broker，指定 mytopic 傳送
       ststusret = true ;   //資料完全讀取成功
       loopin = false ; //跳出讀取資料迴圈
       break;
```

```
    }
    if (phasestage == 1 && !flag1 ) //第一階段讀取溫度階段，且未讀取成功溫
度值
    {
      requestaddress();      //讀取裝置位址
    }
    if (phasestage == 2   && !flag2) //第二階段讀取濕度階段，且未讀取成功濕
度值
    {
      requestbaud();    //讀取裝置通訊速率
    }
    if (phasestage == 3 && !flag3 ) //第三階段讀取溫度階段，且未讀取成功溫
度值
    {
      requestrelay();     //讀取繼電器狀態
    }
    if (phasestage == 4   && !flag4) //第四階段讀取濕度階段，且未讀取成功濕
度值
    {
      requestIO();     //讀取光偶合狀態
    }
    delay(200);     //延遲 0.2 秒
    receivedlen = GetRS485data(&receiveddata[0]);   //資料長度
    if (receivedlen > 2)   //如果資料長度大於二
    {
      loopcnt++;       //讀取次數計數器加一
      readcrc = ModbusCRC16(&receiveddata[0], receivedlen - 2); //read
crc16 of readed data
      //計算資料之 crc16 資料
      Hibyte = receiveddata[receivedlen - 1]   //計算資料之 crc16 資料之高位
元
      Lobyte = receiveddata[receivedlen - 2]   //計算資料之 crc16 資料之低位
元
      Serial.print("Return Data Len:");    //印出訊息
      Serial.print(receivedlen);    //印出資料長度
      Serial.print("\n");   //印出訊息
      Serial.print("CRC:");     //印出訊息
      Serial.print(readcrc);    //印出 CRC16 資料
```

```
        Serial.print("\n") ;        //印出訊息
        Serial.print("Return Data is:");        //印出訊息
        Serial.print(RS485data2String(&receiveddata[0], receivedlen)) ;
        Serial.print(")\n");        //印出訊息
        if (!CompareCRC16(readcrc, Hibyte, Lobyte) ) //使用 crc16 判斷讀取資料
是否不正確
        {
            // error happen and resend request and re-read again
            continue;        //失敗
        }
        //-----------------------------------------------------
        if (phasestage == 1 && !flag1 ) //第一階段讀取裝置位址，且未讀取成功
裝置位址
        {
            Serial.println("Pass stage 1") ;
            DeviceAddress = print2HEX((int)receiveddata[4]) ; //讀取裝置位址
            phasestage = 2;        //下次進入第二階段
            flag1 = true ;        //成功讀取裝置位址
            continue;
        }
        if (phasestage == 2   && !flag2) //第二階段讀取裝置速率，且未讀取成功
裝置速率
        {
            Serial.println("Pass stage 2") ;
            DeviceBaud = TranBaud((int)receiveddata[4]) ; //讀取裝置位址
            phasestage = 3; //下次進入第三階段
            flag2 = true ;        //成功讀取裝置位址
            continue;
        }
        if (phasestage == 3 && !flag3 ) //第三階段讀取繼電器狀態，且未讀取成
功繼電器狀態
        {
            Serial.println("Pass stage 3") ;
            RelayStatus = byte2bitstring((int)receiveddata[3]) ; //讀取繼電器狀態
            phasestage = 4 ;        //下次進入第四階段
            flag3 = true ;        //成功讀取繼電器狀態
            continue;
        }
        if (phasestage == 4   && !flag4) //第四階段讀取 IO 光耦合，且未讀取成
```

功 IO 光耦合值

```
      {
        Serial.println("Pass stage 4") ;
        IOStatus = byte2bitstring((int)receiveddata[3]) ; //讀取 IO 光耦合值
        phasestage = 5 ;      //下次進入第五階段
        flag4 = true ;      //成功讀取繼電器狀態
        continue;
      }


    }



    loopcnt++ ;      //讀取次數計數器加一
    if (loopcnt > 20)  //讀取次數計數器超過 20
    {
      ststusret = false;  //讀取失敗，讀取成功之旗標設定 false
      loopin = false ;  //不再進入迴圈
      Serial.println("Exceed max loop and break out") ;
      break;
    }
  }  //end of while for read modbus
  return ststusret;     //回傳讀取成功之旗標
}

void mycallback(char* topic, byte* payload, unsigned int length)  //這段程式碼
是用來處理 MQTT 訊息的回呼函式
{
  //這段程式碼是用來處理 MQTT 訊息的回呼函式

  // 這是 MQTT 的回呼函式，參數格式固定，勿更改
  // 它會在有新訊息到達時被呼叫

  String payloadString; // 宣告一個字串來存放 payload
  // 顯示訂閱內容
  Serial.print("Incoming:(") ;
  for (int i = 0; i < length; i++)
  {
    payloadString = payloadString + (char)payload[i];
    // 將 payload 轉成字串並儲存到 payloadString 中
```

```
    Serial.print(payload[i], HEX) ;
    // 顯示 payload 的十六進位表示
  }
Serial.print(")\n") ;

payloadString = payloadString + '\0';
// 在字串最後加上結束符號
Serial.print("Message arrived [");
Serial.print(topic);
Serial.print("] \n");

//--------------------
Serial.print("Content [");
Serial.print(payloadString);
Serial.print("] \n");
// 顯示收到的訊息內容
json_doc.clear() ;     //重設空值
deserializeJson(json_doc, payloadString);
// 解析收到的 JSON 資料
// 從 json_doc 解譯出 "DEVICE" 的值
const char* devname = json_doc["DEVICE"] ;
// 從 json_doc 解譯出 "SENSOR" 的值
const char* sensorname = json_doc["SENSOR"] ;
// 從 json_doc 解譯出 "SET" 的值
int setnum = json_doc["SET"] ;
// 從 json_doc 解譯出 "OPERATION" 的值
const char* op = json_doc["OPERATION"] ;

// 列印 "Device Name:" 和 "DEVICE" 的值
Serial.print("Device Name:") ;
Serial.print(devname) ;
Serial.print("\n") ;

// 列印 "Sensor Name:" 和 "SENSOR" 的值
Serial.print("Sensor Name:") ;
Serial.print(sensorname) ;
Serial.print("\n") ;

// 列印 "Which set:" 和 "SET" 的值
```

```
Serial.print("Which set:") ;
Serial.print(setnum) ;
Serial.print("\n") ;

// 列印 "OPERATION:" 和 "OPERATION" 的值
Serial.print("OPERATION:") ;
Serial.print(op) ;
Serial.print("\n") ;

const char* st = "RELAY" ;
const char* c1 = "HIGH" ;
const char* c2 = "LOW" ;
const char* macadd = MacData.c_str() ;
if (strcmp(devname, macadd) !=0)      //為 驅動裝置不同
  {
      Serial.println("MAC Address is not belong this device") ;
      return ;
  }
// 取出 DEVICE 和 COMMAND 屬性的值
Serial.print("OP=");
Serial.print(op);
Serial.print("/c1=");
Serial.print(c1);
  Serial.print("/c2=");
Serial.print(c2);
  Serial.print("/=====\n");
if (strcmp(sensorname, st)==0)      //為 "RELAY"
{
   if (strcmp(op, c1)==0)      //為 "HIGH"
   {
     Serial.println("NOW -----is   HIGH------------");
     genOpenRelay(setnum-1) ; //產生第 n 號繼電器 開啟之命令內容
     ShowcmdHex(cmd_Controlrelay, 8) ;   //用 16 進位方式顯示
cmd_Controlrelay 內容
     SendModbusCommand(cmd_Controlrelay, 8);   //送 cmd_Controlrelay
到 modbus device 內
      delay(200);     //延遲 0.2 秒
     receivedlen = GetRS485data(&receiveddata[0]) ;   //資料長度
     delay(2000) ;
```

```
        ReadModbusDeviceAllStatus() ;    //讀取所有 Modbus Device 所有感測
器之狀態資料,並顯示
        mqttclient.publish(sendtopic, json_data);        //傳送 buffer 變數到 MQTT
Broker,指定 mytopic 傳送
    }

    if (strcmp(op, c2)==0)      //為 "LOW"
    {
            Serial.println("NOW -----is   LOW------------");
        genCloseRelay(setnum-1) ;    //產生第 n 號繼電器 關閉之命令內容
        ShowcmdHex(cmd_Controlrelay, 8) ;   //用 16 進位方式顯示
cmd_Controlrelay 內容
        SendModbusCommand(cmd_Controlrelay, 8);   //送 cmd_Controlrelay
到 modbus device 內
        delay(200);     //延遲 0.2 秒
        receivedlen = GetRS485data(&receiveddata[0]) ;   //資料長度
        delay(2000) ;
        ReadModbusDeviceAllStatus() ;      //讀取所有 Modbus Device 所有感測
器之狀態資料,並顯示
        mqttclient.publish(sendtopic, json_data);        //傳送 buffer 變數到 MQTT
Broker,指定 mytopic 傳送
    }


  }
  else
  {
    Serial.println("Error Command");
    // 如果收到的 COMMAND 不是驅動開啟或關閉感測器
    // 顯示錯誤訊息
  }

}
```

程式下載:https://github.com/brucetsao/ESP6Course_IIOT

表 190 透過 MQTT 傳送控制繼電器開啟或關閉之控制程式(RS485Lib.h)

透過 MQTT 傳送控制繼電器開啟或關閉之控制程式(RS485Lib.h)
// 包含 String 函式庫

```
#include <String.h>
#include "crc16.h"        //arduino json  使用必備函示庫
// 設定序列通訊速率為 9600
#define SERIAL_BAUD 9600

// 宣告三個字串型態的變數
String DeviceAddress, RelayStatus, IOStatus;

// 宣告一個長整數型態的變數 DeviceBaud
long DeviceBaud;

// 宣告一個硬體序列通訊的物件 RS485Serial，設定其使用第二個 UART 通訊
HardwareSerial RS485Serial(2);

// 定義第二個 UART 的 RX 腳位為 16
#define RXD2 16

// 定義第二個 UART 的 TX 腳位為 17
#define TXD2 17

// 定義最大反饋時間為 5000 毫秒
#define maxfeekbacktime 5000

// 包含必要的函數庫和定義常數
byte cmd ; // 命令字元
byte receiveddata[250] ; // 接收到的資料陣列
int receivedlen = 0 ; // 接收到的資料長度

// 不同的命令
byte cmd_address[] = {0x00, 0x03, 0x00, 0x00, 0x00, 0x01, 0x85, 0xDB}    ; //
讀取裝置位址
byte cmd_baud[] = {0xFF, 0x03, 0x03, 0xE8, 0x00, 0x01, 0x11, 0xA4 }    ; //讀取
裝置通訊速度
byte cmd_relay[] = {0xFF, 0x01, 0x00, 0x00, 0x00, 0x08, 0x28, 0x12}    ; //讀取
裝置繼電器狀態
byte cmd_IO[] = {0xFF, 0x02, 0x00, 0x00, 0x00, 0x08, 0x6C, 0x12 }    ; //讀取裝
置 IO 器狀態
//-----------------------------
byte cmd_Openrelay[] = {0xFF, 0x05, 0x00, 0x00, 0xFF, 0x00, 0x99, 0xE4} ;
```

```
byte cmd_Closerelay[] = {0xFF, 0x05, 0x00, 0x00, 0x00, 0x00, 0xD8, 0x14} ;
byte cmd_Controlrelay[8] = {} ;


//------------------------------
int phasestage = 1 ;   //控制讀取位址、速率、繼電器狀態、IO 狀態階段
boolean flag1 = false ;        //第一階段讀取成功裝置位址控制旗標
boolean flag2 = false ;        //第二階段讀取成功裝置速率控制旗標
boolean flag3 = false ;        //第三階段讀取成功繼電器狀態控制旗標
boolean flag4 = false ;        //第四階段讀取成功 IO 狀態控制旗標

unsigned int readcrc;     //crc16 計算值暫存變數
uint8_t Hibyte, Lobyte ;       //crc16 計算值 高位元與低位元變數

//這段程式是一個用來控制 Modbus 溫溼度感測器的程式
/*
   其中，initRS485()用來初始化串口，
   requestaddress()、
   requestbaud()和
   requestrelay()
   則是分別用來向溫溼度感測器發送讀取裝置位址、
   通訊速率和繼電器狀態的命令。
   每個函數都會將命令發送出去，
   並印出相應的訊息，
   以便在調試時確定程式是否正常運行。
*/
//------------------------------
void setjsondata(String vmac, String vip, String vaddress, long vbaud, String
vrelay, String vIO) ;


void SendModbusCommand(byte *pp, int ll)
{
  RS485Serial.write(pp, ll);
}
void initRS485()       //啟動 Modbus 溫溼度感測器
{
  RS485Serial.begin(SERIAL_BAUD, SERIAL_8N1, RXD2, TXD2);
  /*
```

```
    初始化串口 2,
    設定通訊速率為 SERIAL_BAUD(9600)
    數據位為 8、
    無校驗位、
    停止位為 1,
    RX 腳位為 RXD2,
    TX 腳位為 TXD2
  */
}

void requestaddress()    //讀取裝置位址
{
  Serial.println("now send Device Address data to device") ;
  RS485Serial.write(cmd_address, 8); //  送出讀取溫度 str1 字串陣列 長度
為 8
  //  送出讀取裝置位址的命令,cmd_address 是一個 byte 陣列,長度為 8
  Serial.println("end sending") ;
}
void requestbaud()    //讀取裝置通訊速率
{
  Serial.println("now send Communication Baud data to device") ;
  RS485Serial.write(cmd_baud, 8);
  //  送出讀取裝置通訊速率的命令,cmd_baud 是一個 byte 陣列,長度為 8
  Serial.println("end sending") ;
}

void requestrelay()    //讀取繼電器狀態
{
  Serial.println("now send Relay request to device") ;
  RS485Serial.write(cmd_relay, 8);
  //  送出讀取繼電器狀態的命令,cmd_relay 是一個 byte 陣列,長度為 8
  Serial.println("end sending") ;
}

void requestIO()    //讀取光偶合狀態
{
  Serial.println("now send IO request to device") ;
  RS485Serial.write(cmd_IO, 8);  //  送出讀取光偶合狀態 cmd_IO 字串陣列
長度為 8
```

```
      Serial.println("end sending");
}

int GetRS485data(byte *dd)
{
   //這是一個函式，接收 RS485 通訊模組傳回的資料，並將其存儲在指定的陣
列中。
   int count = 0;   // 計數器，用於追蹤已讀取的資料數量
   long strtime = millis(); // 計數器開始時間
   while ((millis() - strtime) < 2000) // 在兩秒內讀取資料
   {
      if (RS485Serial.available() > 0)   // 檢查通訊模組是否有資料傳回
      {
         Serial.println("Controler Respones");     //印出有資料嗎
         while (RS485Serial.available() > 0) // 只要還有資料，就持續讀取
         {
            RS485Serial.readBytes(&cmd, 1);     /// 從 RS485 模組讀取一個
byte 資料，儲存到變數 cmd 中
            Serial.print(count);   //印出剛才讀入資料內容，以 16 進位方式印出'
            Serial.print(":");   //印出剛才讀入資料內容，以 16 進位方式印出'
            Serial.print("(");   //印出剛才讀入資料內容，以 16 進位方式印出'
            Serial.print(print2HEX((int)cmd));   //印出剛才讀入資料內容，以 16 進
位方式印出'
            Serial.print("/");   //印出剛才讀入資料內容，以 16 進位方式印出'
            *(dd + count) = cmd;   // 將讀取到的資料存儲到指定的陣列中
            Serial.print(print2HEX((int) * (dd + count))); //印出剛才讀入資料內
容，以 16 進位方式印出'
            Serial.print(")\n");   //印出剛才讀入資料內容，以 16 進位方式印出'
            count++;   // 增加計數器

         }
         Serial.print("\n---------\n");
      }
      return count;   // 返回讀取到的資料量
   }

}
String RS485data2String(byte *dd, int ln)
{
```

```
  // 將 byte 陣列轉換成字串型態，每個 byte 會以 16 進位方式表示
  String tmp ;
  for (int i = 0 ; i < ln; i++)
  {
    // 將 byte 轉換成 16 進位格式的字串，並加入 tmp 字串中
    tmp = tmp + print2HEX((int) * (dd + i)) ;
  }
  return tmp;
}



long TranBaud(int bb)
{
  /*
    函式接收一個整數 bb，表示通訊速率，
    根據傳入的值，
    使用 switch 語句回傳對應的通訊速率值，
    如果傳入的值沒有對應的速率值，就回傳預設值 9600。
  */
  // 根據傳入的參數 `bb`，回傳對應的通訊速率值
  switch (bb)
  {
    case 2:
      return 4800;
      break;
    case 3:
      return 9600;
      break;
    case 4:
      return 19200;
      break;
    default:
      return 9600;
      break;
  }
}
```

```
String byte2bitstring(int dd) //將一個 byte 轉換成 8 個 bit 的字串，其中每個
bit 以 0 或 1 表示
{
    //將一個 byte 轉換成 8 個 bit 的字串，其中每個 bit 以 0 或 1 表示
    String tmp;
    int vv = dd;
    int k = 0;
    for (int i = 0; i < 8; i++) //迴圈 8 次，處理每個 bit
    {
        k = (dd % 2) ; //取出最後一個 bit
        dd = (int)(dd / 2) ; //除以 2，相當於將二進制右移一位
        if (k == 1)
        {
            tmp = "1" + tmp ; //若為 1，將"1"接在字串前面
        }
        else
        {
            tmp = "0" + tmp ; //若為 0，將"0"接在字串前面
        }
    }
    return tmp ; //回傳轉換後的字串
}
void Copycmd(byte *src, byte *tar, int lenn ) // 複製 bye 陣列
{
    /*
    這個函數接受三個參數：
    一個是源陣列（指向一個 byte 類型的指標），
    另一個是目標陣列（同樣指向一個 byte 類型的指標），
    還有一個是要複製的元素個數 lenn。

    這個函數用迴圈將源陣列的前 lenn 個元素複製到目標陣列中。
    對於每一個元素，
    使用指標方式 * 取出它的值，
    然後將它賦值給目標陣列的對應位置。
    */
    for (int i = 0; i < lenn; i++) // 迴圈執行複製，從 0 開始，到 lenn-1 結束
    {
        *(tar + i) = *(src + i) ; // 複製 src 陣列的第 i 個元素到 tar 陣列的第 i 個
元素
```

```
  }
}

void ShowcmdHex(byte *nData, int wLength)     // 用十六進位格式印出 byte 陣
列
{
  // nData：要印出的 byte 陣列
  // wLength：byte 陣列的長度
  /*
      此函式是用來印出 byte 陣列中每個元素的十六進位格式，
      其中 nData 是要印出的 byte 陣列，
      wLength 是 byte 陣列的長度。
      在函式中，
      使用 for 迴圈將 byte 陣列中每個元素的十六進位格式印出，
      並在每個元素的後面加上空格。
      最後，
      使用 Serial.print 印出換行符號，
      使印出的結果換行

  */
  for (int i = 0 ; i < wLength; i++)
  {
      // 印出 byte 陣列中每個元素的十六進位格式
      Serial.print(print2HEX(*(nData + i)));
      Serial.print(" ") ;
  }
  Serial.print(" \n") ; // 印出換行符號
}

void genOpenRelay(int relaynum)     //產生開啟第 relaynum 繼電器開關
{
  Copycmd(cmd_Openrelay, cmd_Controlrelay, 8) ;
  cmd_Controlrelay[3] = (byte)(relaynum) ;
  unsigned int crcdata =   ModbusCRC16 (cmd_Controlrelay, 6) ;
  int c1 = (int)(crcdata / 256) ;
  int c2 = (int)(crcdata % 256) ;
  cmd_Controlrelay[6] = c2;
  cmd_Controlrelay[7] = c1;
}
```

```
void genCloseRelay(int relaynum)      //產生開啟第 relaynum 繼電器開關
{
    Copycmd(cmd_Closerelay, cmd_Controlrelay, 8) ;
    cmd_Controlrelay[3] = (byte)(relaynum) ;
    unsigned int crcdata =   ModbusCRC16 (cmd_Controlrelay, 6) ;
    int c1 = (int)(crcdata / 256) ;
    int c2 = (int)(crcdata % 256) ;
    cmd_Controlrelay[6] = c2;
    cmd_Controlrelay[7] = c1;
}

boolean ReadModbusDeviceAllStatus() //讀取 Modbus Device 內所有感測裝置
之狀態
{
    boolean ststusret = false;   //是否讀取成功
    int loopcnt = 1;   //讀取次數計數器
    phasestage = 1 ;   //控制讀取位址、速率、繼電器狀態、IO 狀態階段
    flag1 = false ;      //讀取成功裝置位址控制旗標
    flag2 = false ;      //讀取成功裝置速率控制旗標
    flag3 = false ;      //讀取成功繼電器狀態控制旗標
    flag4 = false ;      //讀取成功 IO 狀態控制旗標
    boolean loopin = true;   //產生並設定讀取資料迴圈控制旗標
    while (loopin)      //loop for read device all information completely
    {
        if (phasestage == 5 ) //到第五階段代表讀取所有資料完成
        {
            Serial.println("Pass stage 5") ;      //印出第五階段
            //setjsondata(String vmac, String vaddress, long vbaud, String vrelay,
String vIO)
            setjsondata(MacData, IPData, DeviceAddress, DeviceBaud, Re-
layStatus, IOStatus) ; //combine all sensor data into json document
            ststusret = true ;   //資料完全讀取成功
            loopin = false ; //跳出讀取資料迴圈
            break;

        }
        if (phasestage == 1 && !flag1 ) //第一階段讀取溫度階段，且未讀取成功溫
度值
```

```
    {
        requestaddress();        //讀取裝置位址
    }
    if (phasestage == 2   && !flag2) //第二階段讀取濕度階段，且未讀取成功濕
度值
    {
        requestbaud();      //讀取裝置通訊速率
    }
    if (phasestage == 3 && !flag3 ) //第三階段讀取溫度階段，且未讀取成功溫
度值
    {
        requestrelay();        //讀取繼電器狀態
    }
    if (phasestage == 4   && !flag4) //第四階段讀取濕度階段，且未讀取成功濕
度值
    {
        requestIO();      //讀取光偶合狀態
    }
    delay(200);     //延遲 0.2 秒
    receivedlen = GetRS485data(&receiveddata[0]);   //資料長度
    if (receivedlen > 2)   //如果資料長度大於二
    {
        loopcnt++;        //讀取次數計數器加一
        readcrc = ModbusCRC16(&receiveddata[0], receivedlen - 2) ; //read
crc16 of readed data
        //計算資料之 crc16 資料
        Hibyte = receiveddata[receivedlen - 1]   ; //計算資料之 crc16 資料之高位
元
        Lobyte = receiveddata[receivedlen - 2]   ; //計算資料之 crc16 資料之低位
元
        Serial.print("Return Data Len:") ;      //印出訊息
        Serial.print(receivedlen) ;   //印出資料長度
        Serial.print("\n") ;     //印出訊息
        Serial.print("CRC:") ;     //印出訊息
        Serial.print(readcrc) ;    //印出 CRC16 資料
        Serial.print("\n") ;     //印出訊息
        Serial.print("Return Data is:(");    //印出訊息
        Serial.print(RS485data2String(&receiveddata[0], receivedlen)) ;
        Serial.print(")\n");      //印出訊息
```

```cpp
        if (!CompareCRC16(readcrc, Hibyte, Lobyte) ) //使用 crc16 判斷讀取資料
是否不正確
        {
            // error happen and resend request and re-read again
            continue;     //失敗
        }
        //------------------------------------------------------
        if (phasestage == 1 && !flag1 ) //第一階段讀取裝置位址，且未讀取成功
裝置位址
        {
            Serial.println("Pass stage 1") ;
            DeviceAddress = print2HEX((int)receiveddata[4]) ; //讀取裝置位址
            phasestage = 2;     //下次進入第二階段
            flag1 = true ;      //成功讀取裝置位址
            continue;
        }
        if (phasestage == 2   && !flag2) //第二階段讀取裝置速率，且未讀取成功
裝置速率
        {
            Serial.println("Pass stage 2") ;
            DeviceBaud = TranBaud((int)receiveddata[4]) ; //讀取裝置位址
            phasestage = 3; //下次進入第三階段
            flag2 = true ;      //成功讀取裝置位址
            continue;
        }
        if (phasestage == 3 && !flag3 ) //第三階段讀取繼電器狀態，且未讀取成
功繼電器狀態
        {
            Serial.println("Pass stage 3") ;
            RelayStatus = byte2bitstring((int)receiveddata[3]) ; //讀取繼電器狀態
            phasestage = 4 ;     //下次進入第四階段
            flag3 = true ;      //成功讀取繼電器狀態
            continue;
        }
        if (phasestage == 4   && !flag4) //第四階段讀取 IO 光耦合，且未讀取成
功 IO 光耦合值
        {
            Serial.println("Pass stage 4") ;
            IOStatus = byte2bitstring((int)receiveddata[3]) ; //讀取 IO 光耦合值
```

```
      phasestage = 5 ;       //下次進入第五階段
      flag4 = true ;      //成功讀取繼電器狀態
      continue;

    }


  }


  loopcnt++ ;      //讀取次數計數器加一
  if (loopcnt > 20)   //讀取次數計數器超過 20
  {
    ststusret = false;   //讀取失敗‧讀取成功之旗標設定 false
    loopin = false ;   //不再進入迴圈
    Serial.println("Exceed max loop and break out") ;
    break;
  }
} //end of while for read modbus
return ststusret;    //回傳讀取成功之旗標
}
```

程式下載：https://github.com/brucetsao/ESP6Course_IIOT

表 191 透過 MQTT 傳送控制繼電器開啟或關閉之控制程式(crc16.h)

透過 MQTT 傳送控制繼電器開啟或關閉之控制程式(crc16.h)
/* CRC16 是一種檢查和校驗（Cyclic Redundancy Check）的方法‧ 用於檢查一段資料是否有被修改或傳輸中出現錯誤。 CRC16 會產生一個 16 位元的校驗碼（checksum）‧ 並與原始資料一起傳送或儲存。 接收端在接收到資料後‧ 重新計算 CRC16‧ 若與接收到的 CRC16 相符‧ 就表示接收到的資料是正確的。 若不符‧則需要重新傳輸或重新計算。 CRC16 的計算方式是將資料當做二進位位元串‧再用除法演算法進行計算。計算過程中需要一個稱為「生成多項式」的參數‧其值會影響 CRC16 的運算結果。常見的 CRC16 生成多項式有 CCITT、XMODEM、MODBUS 等。CRC16 被

廣泛應用於通訊、存儲系統、電子設備等領域，可以提高資料的可靠性。
需要重新傳輸或採取其他措施來修正錯誤。
在程式碼中，
CRC16 被用來檢查讀取到的數據是否正確，
如果校驗值不正確，
則需要重新發送請求並重新讀取數據。
當進行資料通訊時，
傳送方會將資料加上 CRC（Cyclic Redundancy Check）檢查碼，
接收方在接收到資料後會檢查 CRC 檢查碼，
以確保資料在傳輸過程中是否有發生錯誤。

CRC16 是一種檢查碼演算法，
它使用 16 位元的二進位位元組（byte）作為輸入，
並輸出一個 16 位元的二進位檢查碼。
CRC16 演算法是一種循環冗餘檢查（Cyclic Redundancy Check，CRC）的一種，
它通過除法運算得出校驗碼，
是一種效率高、可靠性強的錯誤檢查演算法。

CRC16 演算法的運作原理是通過對輸入資料進行除法運算，
得到 CRC16 檢查碼。
具體地，
CRC16 演算法將輸入資料看作一個二進位位元組序列，
通過將資料依次除以一個特定的多項式，
得到最終的 CRC16 檢查碼。

CRC16 演算法的實現有多種不同的方式，
其中最常用的是基於表格查找的方法。
此方法先預先計算出一個 CRC16 表格，
當需要計算一個新的 CRC16 檢查碼時，
通過查表的方式進行計算，
從而達到高效的計算速度。

總的來說，CRC16 演算法是一種可靠性高、
效率高的檢查碼演算法，
廣泛應用於資料通訊、
數據儲存等領域中，
能夠有效地檢測資料在傳輸或儲存過程中是否發生了錯誤。
CRC16 是一種 CRC 校驗的演算法，

其使用的多項式為 x^16 + x^15 + x^2 + 1，

稱為 CRC-16-CCITT，

它將一個長度為 n 的資料块，

生成一個 16 位的校驗和。

具體實現過程如下：

1.將 CRC 初值設置為 0xFFFF。

2.將資料逐位進行移位運算，將每個位上的值依次加入 CRC 計算中，

　　每次運算結束後，

　　CRC 值再進行一次移位操作。

3.當所有資料的位都進行過上述運算後，

　　最後得到的 CRC 值就是校驗和。

需要注意的是，

接收端也需要使用同樣的 CRC 演算法對資料進行校驗，

如果接收到的 CRC 值不等於計算出的 CRC 值，

就說明資料在傳輸過程中出現了錯誤。

在實際應用中，

CRC 校驗常用於串口通訊、

網絡通訊等場合，

可以有效地檢測傳輸過程中出現的錯誤，

從而保障資料的完整性。


```
    */
    static const unsigned int wCRCTable[] = {
        0X0000, 0XC0C1, 0XC181, 0X0140, 0XC301, 0X03C0, 0X0280,
0XC241,
        0XC601, 0X06C0, 0X0780, 0XC741, 0X0500, 0XC5C1, 0XC481,
0X0440,
        0XCC01, 0X0CC0, 0X0D80, 0XCD41, 0X0F00, 0XCFC1, 0XCE81,
0X0E40,
        0X0A00, 0XCAC1, 0XCB81, 0X0B40, 0XC901, 0X09C0, 0X0880,
0XC841,
        0XD801, 0X18C0, 0X1980, 0XD941, 0X1B00, 0XDBC1, 0XDA81,
0X1A40,
        0X1E00, 0XDEC1, 0XDF81, 0X1F40, 0XDD01, 0X1DC0, 0X1C80,
0XDC41,
        0X1400, 0XD4C1, 0XD581, 0X1540, 0XD701, 0X17C0, 0X1680,
0XD641,
        0XD201, 0X12C0, 0X1380, 0XD341, 0X1100, 0XD1C1, 0XD081,
```

0X1040,

0XF001, 0X30C0, 0X3180, 0XF141, 0X3300, 0XF3C1, 0XF281, 0X3240,

0X3600, 0XF6C1, 0XF781, 0X3740, 0XF501, 0X35C0, 0X3480, 0XF441,

0X3C00, 0XFCC1, 0XFD81, 0X3D40, 0XFF01, 0X3FC0, 0X3E80, 0XFE41,

0XFA01, 0X3AC0, 0X3B80, 0XFB41, 0X3900, 0XF9C1, 0XF881, 0X3840,

0X2800, 0XE8C1, 0XE981, 0X2940, 0XEB01, 0X2BC0, 0X2A80, 0XEA41,

0XEE01, 0X2EC0, 0X2F80, 0XEF41, 0X2D00, 0XEDC1, 0XEC81, 0X2C40,

0XE401, 0X24C0, 0X2580, 0XE541, 0X2700, 0XE7C1, 0XE681, 0X2640,

0X2200, 0XE2C1, 0XE381, 0X2340, 0XE101, 0X21C0, 0X2080, 0XE041,

0XA001, 0X60C0, 0X6180, 0XA141, 0X6300, 0XA3C1, 0XA281, 0X6240,

0X6600, 0XA6C1, 0XA781, 0X6740, 0XA501, 0X65C0, 0X6480, 0XA441,

0X6C00, 0XACC1, 0XAD81, 0X6D40, 0XAF01, 0X6FC0, 0X6E80, 0XAE41,

0XAA01, 0X6AC0, 0X6B80, 0XAB41, 0X6900, 0XA9C1, 0XA881, 0X6840,

0X7800, 0XB8C1, 0XB981, 0X7940, 0XBB01, 0X7BC0, 0X7A80, 0XBA41,

0XBE01, 0X7EC0, 0X7F80, 0XBF41, 0X7D00, 0XBDC1, 0XBC81, 0X7C40,

0XB401, 0X74C0, 0X7580, 0XB541, 0X7700, 0XB7C1, 0XB681, 0X7640,

0X7200, 0XB2C1, 0XB381, 0X7340, 0XB101, 0X71C0, 0X7080, 0XB041,

0X5000, 0X90C1, 0X9181, 0X5140, 0X9301, 0X53C0, 0X5280, 0X9241,

0X9601, 0X56C0, 0X5780, 0X9741, 0X5500, 0X95C1, 0X9481, 0X5440,

0X9C01, 0X5CC0, 0X5D80, 0X9D41, 0X5F00, 0X9FC1, 0X9E81, 0X5E40,

```
        0X5A00, 0X9AC1, 0X9B81, 0X5B40, 0X9901, 0X59C0, 0X5880,
0X9841,
        0X8801, 0X48C0, 0X4980, 0X8941, 0X4B00, 0X8BC1, 0X8A81,
0X4A40,
        0X4E00, 0X8EC1, 0X8F81, 0X4F40, 0X8D01, 0X4DC0, 0X4C80,
0X8C41,
        0X4400, 0X84C1, 0X8581, 0X4540, 0X8701, 0X47C0, 0X4680,
0X8641,
        0X8201, 0X42C0, 0X4380, 0X8341, 0X4100, 0X81C1, 0X8081,
0X4040 };
//CRC16 計算用對應資料表
unsigned int   ModbusCRC16 (byte *nData, int wLength)
{
// 計算 Modbus RTU 通訊協議中的 CRC16 校驗和

// 輸入參數：
// nData：要進行 CRC16 校驗的數據
// wLength：數據的字節長度

// 返回值：
// unsigned int：計算得到的 CRC16 校驗和

    byte nTemp;
    unsigned int wCRCWord = 0xFFFF;     // 初始 CRC16 校驗和值

    while (wLength--)     // 對每個字節進行計算
    {
        nTemp = *nData++ ^ wCRCWord;     // 將當前字節與 CRC16 校驗和
值進行異或運算
        wCRCWord >>= 8;     // 將 CRC16 校驗和值向右移 8 位
        wCRCWord  ^= wCRCTable[nTemp];     // 從查找表中查找對應的
值，並將其與 CRC16 校驗和值進行異或運算
    }
    return wCRCWord;     // 返回計算得到的 CRC16 校驗和
} // End: CRC16


boolean CompareCRC16(unsigned int stdvalue, uint8_t Hi, uint8_t Lo)
{
```

```
/*
    CompareCRC16: 比較接收到的 CRC16 校驗碼是否與標準值相同
參數:
stdvalue: 標準值 (unsigned int)
Hi: 接收到的 CRC16 校驗碼高位 (uint8_t)
Lo: 接收到的 CRC16 校驗碼低位 (uint8_t)
回傳:
true: 接收到的 CRC16 校驗碼與標準值相同
false: 接收到的 CRC16 校驗碼與標準值不同
*/

    if (stdvalue == Hi*256+Lo)
    {
        return true ;
    }
    else
    {
        return false ;
    }
}
```

程式下載：https://github.com/brucetsao/ESP6Course_IIOT

表 192 透過 MQTT 傳送控制繼電器開啟或關閉之控制程式(initPins.h)

透過 MQTT 傳送控制繼電器開啟或關閉之控制程式(initPins.h)
#define _Debug 1   //輸出偵錯訊息
#define _debug 1   //輸出偵錯訊息
#define initDelay   6000   //初始化延遲時間
#define loopdelay 60000   //loop 延遲時間
//-------------------
#include <String.h>
#define Ledon HIGH   //打開 LED 燈的電位設定
#define Ledoff LOW   //關閉 LED 燈的電位設定
#define WifiLed 2   // 連線 WIFI 成功之指示燈
#define AccessLED 15   // 系統運作之指示燈
#define BeepPin 4   // 控制器之嗡鳴器
/*

這段程式碼是定義了一些常數，下面是每個常數的註解：

_Debug 和 _debug：用於控制是否輸出偵錯訊息，因為兩者都設置為 1，所以輸出偵錯訊息。
　　initDelay：初始化延遲時間，設置為 6000 毫秒。
　　loopdelay：loop() 函數的延遲時間，設置為 60000 毫秒。
　　WifiLed：WiFi 指示燈的引腳號，這裡設置為 2。
　　AccessLED：設備狀態指示燈的引腳號，這裡設置為 15。
　　BeepPin：蜂鳴器引腳號，這裡設置為 4。
*/

```
#include <WiFi.h>      //使用網路函式庫
#include <WiFiClient.h>     //使用網路用戶端函式庫
#include <WiFiMulti.h>      //多熱點網路函式庫


WiFiMulti wifiMulti;      //產生多熱點連線物件


 WiFiClient client;      //產生連線物件


String IpAddress2String(const IPAddress& ipAddress) ; //  將 IP 位址轉換為字串
void debugoutln(String ss) ;   //  輸出偵錯訊息
void debugout(String ss)   ; //  輸出偵錯訊息




IPAddress ip ;      //網路卡取得 IP 位址之原始型態之儲存變數
String IPData ;      //網路卡取得 IP 位址之儲存變數
String APname ;      //網路熱點之儲存變數
String MacData ;      //網路卡取得網路卡編號之儲存變數
long rssi ;      //網路連線之訊號強度'之儲存變數
int status = WL_IDLE_STATUS;   //取得網路狀態之變數
char uartstr[2000] ;
#define SerialReaddelay 800
boolean initWiFi()      //網路連線，連上熱點
{
  //加入連線熱點資料
  wifiMulti.addAP("NCNUIOT", "12345678");   //加入一組熱點
  wifiMulti.addAP("NCNUIOT2", "12345678");   //加入一組熱點
```

```
    wifiMulti.addAP("NUKIOT", "iot12345");   //加入一組熱點

    // We start by connecting to a WiFi network

    Serial.println();
    Serial.println();
    Serial.print("Connecting to ");
    //通訊埠印出 "Connecting to "
    wifiMulti.run();  //多網路熱點設定連線
   while (WiFi.status() != WL_CONNECTED)      //還沒連線成功
    {
      // wifiMulti.run() 啟動多熱點連線物件，進行已經紀錄的熱點進行連線，
      // 一個一個連線，連到成功為主，或者是全部連不上
      // WL_CONNECTED 連接熱點成功
      Serial.print(".");     //通訊埠印出
      delay(500) ;  //停 500 ms
       wifiMulti.run();     //多網路熱點設定連線
    }
      Serial.println("WiFi connected");   //通訊埠印出 WiFi connected
      Serial.print("AP Name: ");    //通訊埠印出 AP Name:
      APname = WiFi.SSID();
      Serial.println(APname);    //通訊埠印出 WiFi.SSID()==>從熱點名稱
      Serial.print("IP address: ");    //通訊埠印出 IP address:
      ip = WiFi.localIP();
      IPData = IpAddress2String(ip) ;
      Serial.println(IPData);    //通訊埠印出 WiFi.localIP()==>從熱點取得 IP 位
址
      //通訊埠印出連接熱點取得的 IP 位址


    debugoutln("WiFi connected"); //印出 "WiFi connected"，在終端機中可以看
到
    debugout("Access Point: "); //印出 "Access Point: "，在終端機中可以看到
    debugoutln(APname); //印出 APname 變數內容，並換行
    debugout("MAC address: "); //印出 "MAC address: "，在終端機中可以看到
    debugoutln(MacData); //印出 MacData 變數內容，並換行
    debugout("IP address: "); //印出 "IP address: "，在終端機中可以看到
    debugoutln(IPData); //印出 IPData 變數內容，並換行
    /*
```

```
          這些語句是用於在終端機中顯示一些網路相關的信息,
          例如已連接的 Wi-Fi 網路名稱、MAC 地址和 IP 地址。
          debugout()和 debugoutln()是用於輸出信息的自定義函數,
          這裡的程式碼假定這些函數已經在代碼中定義好了
    */


  return true ;
}
boolean CheckWiFi() //檢查 Wi-Fi 連線狀態的函數
{
    //這些語句是用於檢查 Wi-Fi 連線狀態和顯示網路連線資訊的函數。
CheckWiFi()函數檢查 Wi-Fi 連線狀態是否已連接,如果已連接,則返回 true,否
則返回 false。
    if (WiFi.status() != WL_CONNECTED) //如果 Wi-Fi 未連接
    {
        return false ; //回傳 false 表示未連線
    }
    else //如果 Wi-Fi 已連接
    {
        return true ; //回傳 true 表示已連線
    }
}
void ShowInternet() //顯示網路連線資訊的函數
{
    //ShowInternet()函數則印出 MAC 地址、Wi-Fi 名稱和 IP 地址的值。這些信息
通常用於調試和診斷網路連線問題
    Serial.print("MAC:") ; //印出 "MAC:"
    Serial.print(MacData) ; //印出 MacData 變數的內容
    Serial.print("\n") ; //換行
    Serial.print("SSID:") ; //印出 "SSID:"
    Serial.print(APname) ; //印出 APname 變數的內容
    Serial.print("\n") ; //換行
    Serial.print("IP:") ; //印出 "IP:"
    Serial.print(IPData) ; //印出 IPData 變數的內容
    Serial.print("\n") ; //換行
}
//--------------------
/*
    這段程式碼中定義了三個函式:
```

```
    debugoutln、debugout

    debugoutln 和 debugout 函式的功能,
    都是根據_Debug 標誌來決定是否輸出字串。
    如果_Debug 為 true,
    則分別使用 Serial.println 和 Serial.print 輸出參數 ss。
*/
void debugoutln(String ss)
{
  /*
    debugoutln(String ss):印出一行字串,
    如果 _Debug 這個變數的值為真(即非零),
    則使用 Serial.println() 函式印出,
    否則不做任何事情。

    其中, _Debug 是一個全域變數,
    用來控制是否要印出除錯訊息。
    如果程式中有許多除錯訊息要印出,
    但在正式運作時不需要這些訊息,
    可以把 _Debug 設為零,
    這樣就不會有任何印出動作。
    而在除錯時,
    只需要把 _Debug 設為非零值,
    就可以印出所有的除錯訊息
    */
  if (_Debug)
    Serial.println(ss) ;
}
void debugout(String ss)
{
    /*
    debugout(String ss):印出一個字串,
    如果 _Debug 這個變數的值為真,
    則使用 Serial.print() 函式印出,
    否則不做任何事情

    其中, _Debug 是一個全域變數,
    用來控制是否要印出除錯訊息。
    如果程式中有許多除錯訊息要印出,
```

```
      但在正式運作時不需要這些訊息，
      可以把 _Debug 設為零，
      這樣就不會有任何印出動作。
      而在除錯時，
      只需要把 _Debug 設為非零值，
      就可以印出所有的除錯訊息
      */
   if (_Debug)
      Serial.print(ss) ;
}


long POW(long num, int expo)
{
   /*
      POW 函式是用來計算一個數的 n 次方的函式。
      函式有兩個參數，
      第一個參數為 num，表示底數，
      第二個參數為 expo，表示指數。
      如果指數為正整數，
      則使用迴圈來進行計算，否則返回 1。
   */
   long tmp = 1 ;
   if (expo > 0)
   {
      for (int i = 0 ; i < expo ; i++)
         tmp = tmp * num ;
      return tmp ;
   }
   else
   {
      return tmp ;
   }
}

String SPACE(int sp)
{
   /*
      SPACE 函式是用來生成一個包含指定數量空格的字串。
```

```
      函式只有一個參數，即空格的數量。
      使用 for 循環生成指定數量的空格，
      然後將它們連接起來形成一個字串，
      最後返回這個字串。
    */
    String tmp = "" ;
    for (int i = 0 ; i < sp; i++)
    {
        tmp.concat(' ')   ;
    }
    return tmp ;
}


// This function converts a long integer to a string with leading zeros (if neces-
sary)
// The function takes in three arguments:
// - num: the long integer to convert
// - len: the length of the resulting string (including leading zeros)
// - base: the base to use for the conversion (e.g., base 16 for hexadecimal)
String strzero(long num, int len, int base)
{
    String retstring = String(""); // Initialize an empty string
    int ln = 1 ;    // Initialize the length counter to 1
    int i = 0 ; // Initialize the iteration variable to 0
    char tmp[10] ;   // Declare a character array to store the converted digits
    long tmpnum = num ; // Initialize a temporary variable to the value of num
    int tmpchr = 0 ;    // Initialize a temporary variable to store the converted digit
    char hexcode[] = {'0', '1', '2', '3', '4', '5', '6', '7', '8', '9', 'A', 'B', 'C', 'D', 'E', 'F'} ; //
Character array for hexadecimal digits
    // Character array for hexadecimal digits
    while (ln <= len) // Loop until the length of the string reaches the desired
length
    {
        tmpchr = (int)(tmpnum % base) ; // Compute the remainder of tmpnum
when divided by base
        tmp[ln - 1] = hexcode[tmpchr] ; // Store the corresponding character in tmp
array
        ln++ ;
```

```
        tmpnum = (long)(tmpnum / base) ; // Divide tmpnum by base and update
its value
    }
    for (i = len - 1; i >= 0 ; i --) // Iterate through the tmp array in reverse order
    {
        retstring.concat(tmp[i]); // Append each character to the output string
    }
    return retstring; // Return the resulting string
}
// This function converts a string representing a number in the specified base to
an unsigned long integer
// The function takes in two arguments:
// - hexstr: the string to convert
// - base: the base of the number system used in hexstr (e.g., base 16 for
hexadecimal)
unsigned long unstrzero(String hexstr, int base)
{
    /*
    上述函式的作用是
    將一個十六進位的字串轉換為對應的 unsigned long 整數。
    程式碼的主要部分是 for 迴圈,
    它會迭代輸入字串中的每個字符,
    將其轉換為大寫字母,
    並根據其在十六進位數字字串中的索引值更新 tmpnum 變數的值
    。最後,該函式會回傳 unsigned long 整數的結果
    */
String chkstring; // 儲存檢查字串
int len = hexstr.length(); // 計算輸入字串的長度

unsigned int i = 0;
unsigned int tmp = 0;
unsigned int tmp1 = 0;
unsigned long tmpnum = 0; // 宣告變數

String hexcode = String("0123456789ABCDEF"); // 包含十六進位數字的字串

for (i = 0; i < len; i++) // 迭代輸入字串
{
hexstr.toUpperCase(); // 將輸入字串中的每個字符轉換為大寫字母
```

```
tmp = hexstr.charAt(i); // 取得位於 i 處的字符的 ASCII 碼
tmp1 = hexcode.indexOf(tmp); // 在 hexcode 字串中查找字符的索引值
tmpnum = tmpnum + tmp1 * POW(base, (len - i - 1)); // 根據當前字符的值更新
tmpnum 變數的值
}
return tmpnum; // 回傳 unsigned long 整數的結果
}

String   print2HEX(int number)
{
  // 這個函式接受一個整數作為參數
  // 將該整數轉換為 16 進制表示法的字串
  // 如果該整數小於 16，則在字串前面加上一個 0
  // 最後返回 16 進制表示法的字串
  String ttt ;
  if (number >= 0 && number < 16)
  {
    ttt = String("0") + String(number, HEX);
  }
  else
  {
    ttt = String(number, HEX);
  }
  ttt.toUpperCase() ;    //轉成大寫
  return ttt ;
}


String GetMacAddress()      //取得網路卡編號
{
  // the MAC address of your WiFi shield
  String Tmp = "" ;
  byte mac[6];

  // print your MAC address:
  WiFi.macAddress(mac);
  for (int i=0; i<6; i++)
    {
        Tmp.concat(print2HEX(mac[i])) ; //連接每一個 MAC Address 的 byte
```

```
        }
        Tmp.toUpperCase() ;      //轉成大寫英文字
    return Tmp ;   //回傳網路卡編號
}


void ShowMAC()    //於串列埠印出網路卡號碼
{

    Serial.print("MAC Address:(");   //印出 "MAC Address:("
    Serial.print(MacData) ;    //印出 MacData 變數內容
    Serial.print(")\n");       //印出 ")\n"



}
String IpAddress2String(const IPAddress& ipAddress)
{
    //回傳 ipAddress[0-3]的內容,以 16 進位回傳
    // The function returns a string containing the IP address in the format
"x.x.x.x", where x is a number between 0 and 255 representing each segment
of the IP address.

    return String(ipAddress[0]) + String(".") +\
    String(ipAddress[1]) + String(".") +\
    String(ipAddress[2]) + String(".") +\
    String(ipAddress[3])   ;
}




//將字元陣列轉換為字串
String chrtoString(char *p)
{
    String tmp ; //宣告一個名為 tmp 的字串
    char c ; //宣告一個名為 c 的字元
    int count = 0 ; //宣告一個名為 count 的整數變數,初始值為 0
    while (count < 100) //當 count 小於 100 時進入迴圈
    {
        c = *p ; //將指標 p 指向的值指派給 c
```

```
        if (c != 0x00) //當 c 不為空值(0x00)時
        {
            tmp.concat(String(c)) ; //將 c 轉換為字串型別並連接到 tmp 字串中
        }
        else //當 c 為空值(0x00)時
        {
            return tmp ; //回傳 tmp 字串
        }
        count++ ; //count 值增加 1
        p++; //將指標 p 指向下一個位置


    }
}


void CopyString2Char(String ss, char *p)   //將字串複製到字元陣列
{
    //將字串複製到字元陣列
    if (ss.length() <= 0) //當 ss 字串長度小於等於 0 時
    {
        p = 0x00 ; //將指標 p 指向的位置設為空值(0x00)
        return ; //直接回傳
    }
    ss.toCharArray(p, ss.length() + 1) ; //將 ss 字串轉換為字元陣列，並存儲到指
標 p 指向的位置
    //(p+ss.length()+1) = 0x00 ;
}
boolean CharCompare(char *p, char *q)
{
    boolean flag = false ; //宣告一個名為 flag 的布林變數，初始值為 false
    int count = 0 ; //宣告一個名為 count 的整數變數，初始值為 0
    int nomatch = 0 ; //宣告一個名為 nomatch 的整數變數，初始值為 0

    while (flag < 100) //當 flag 小於 100 時進入迴圈
    {
        if (*(p+count) == 0x00 or *(q+count) == 0x00) //當指標 p 或指標 q 指向的
值為空值(0x00)時
            break ; //跳出迴圈
        if (*(p+count) != *(q+count) )
```

```
        {
          nomatch ++ ; //nomatch 值增加 1
        }
        count++ ; //count 值增加 1
    }    //end of   while (flag < 100)
    if (nomatch > 0)
    {
      return false ;
    }
    else
    {
      return true ;
    }


}
// This function converts a double number to a String with specified number of
decimal places
// dd: the double number to be converted
// decn: the number of decimal places to be displayed
String Double2Str(double dd, int decn)
{
  // Extract integer part of the double number
  int a1 = (int)dd ;
  int a3 ;

  // If decimal places are specified
  if (decn > 0)
  {
    // Extract decimal part of the double number
    double a2 = dd - a1 ;
    // Multiply decimal part with 10 to the power of specified number of decimal
places
    a3 = (int)(a2 * (10 ^ decn));
  }

  // If decimal places are specified, return the String with decimal places
  if (decn > 0)
  {
```

```
    return String(a1) + "." + String(a3) ;
  }
  // If decimal places are not specified, return the String with only the integer
part
  else
  {
    return String(a1) ;
  }

}

//-------------GPIO Function

void TurnonWifiLed()     //打開 Wifi 連接燈號
{
  digitalWrite(WifiLed, Ledon) ;
}

void TurnoffWifiLed()    //關閉 Wifi 連接燈號
{
  digitalWrite(WifiLed, Ledoff) ;
}

void AccessOn()    //打開動作燈號
{
  digitalWrite(AccessLED, Ledon) ;
}

void AccessOff()      //關閉動作燈號
{
  digitalWrite(AccessLED, Ledoff) ;
}
void BeepOn()    //打開嗡鳴器
{
  digitalWrite(BeepPin, Ledon) ;
}
void BeepOff()    //關閉嗡鳴器
{
  digitalWrite(BeepPin, Ledoff) ;
```

```
}
/*
    上面的程式碼是定義了幾個控制 LED 和蜂鳴器的函數,
    這些函數都是透過 Arduino 的 digitalWrite() 函數來控制 LED 或蜂鳴器輸
出的狀態,
    其中 Ledon 和 Ledoff 是定義高低電位狀的常數,


    GPIO 是 General Purpose Input/Output 的簡稱,
    是微控制器的一種外部接口。
    程式中的 digitalWrite 可以控制 GPIO 的狀態,
    其中 WifiLed、AccessLED、BeepPin 都是 GPIO 的編號,
    Ledon 和 Ledoff 則是表示 GPIO 的狀態,
    通常是高電位或低電位的編號,
    具體的編號會依據使用的裝置而有所不同。
    因此,以上程式碼可以用來控制 Arduino 的 GPIO 狀態,
    從而控制裝置的狀態。
*/
```

程式下載:https://github.com/brucetsao/ESP6Course_IIOT

如下圖所示,可以看到程式:透過 MQTT 傳送控制繼電器開啟或關閉之控制程式
編輯畫面:

圖 203 透過 MQTT 傳送控制繼電器開啟或關閉之控制程式之編輯畫面

如下圖所示，編譯完成後，可以看到透過 MQTT 傳送控制繼電器開啟或關閉之控制程式執行畫面：

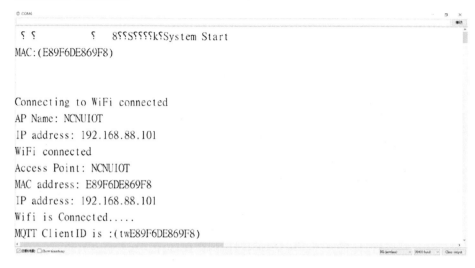

圖 204 透過 MQTT 傳送控制繼電器開啟或關閉之控制程式執行畫面

接下來筆者使用 MQTT BOX，對於 MQTT BOX 軟體不熟的讀者，可以參閱拙作：ESP32物聯網基礎10門課:The Ten Basic Courses to IoT Programming Based on ESP32(曹永忠 et al., 2023a, 2023b)。

筆者輸入下表所示之ＪＳＯＮ命令，將這個內容使用 ＭＱＴＴ ＢＯＸ 內。

表 193 控制第四組繼電器開啟之ＪＳＯＮ文件內容

```
{
  "DEVICE":"E89F6DE869F8",
  "SENSOR":"RELAY" ,
  "SET":4 ,
  "OPERATION":"HIGH"
}
```

筆者利用 MQTT BOX，連接網址：broker.emqx.io，使用者：無、密碼：無，健行連接 MQTT Broker 伺服器，進行連接，再把上表所示之內容，傳送到 TOPIC(/ncnu/controller)主題上。

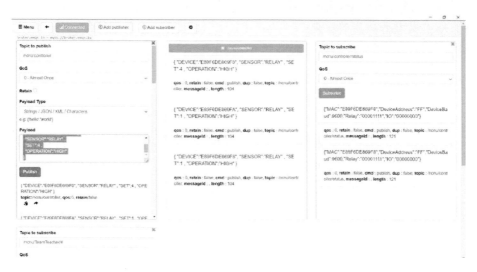

圖 205 MQTT BOX 傳送控制第四組繼電器開啟之ＪＳＯＮ文件內容

　　筆者將上圖所示之內容，彙整下表所示之 MQTT BOX 上傳送與接收內容比對表，可以看到傳送的命令可以正常被驅動，或因不同裝置號碼(MAC Address)不同，不會驅動。

表 194 MQTT BOX 上傳送與接收內容比對表

序	傳送 json 內容	回傳 json 內容	解釋

1	{
	
	"DEVICE":"E89F6DE869F8",
	　"SENSOR":"RELAY"　,
	"SET":4 ,
	　"OPERATION":"HIGH"
	　　}
		{
		"MAC":"E89F6DE869F8"
		,
		"DeviceAddress":"FF",
		"DeviceBaud":9600,
		"Relay":"00001111",
		"IO":"00000000"
		}
			驅動開啟第四組繼電器成功

2	{
	
	"DEVICE":"E89F6DE869FA",
	
	"SENSOR":"RELAY",
	"SET":1,
	"OPERATION":"HIGH"
	}
		無	裝置
			DEVIC(E89F6DE869FA)與裝置
			(E89F6DE869F8)不合，無法驅動

3	{
	
	"DEVICE":"E89F6DE869F8",
	"SENSOR":"RELAY",
	"SET":1,
	"OPERATION":"HIGH"
	}
		{
		"MAC":"E89F6DE869F8",
		"DeviceAddress":"FF",
		"DeviceBaud":9600,
		"Relay":"00001111",
		"IO":"00000000"
		}
			驅動開啟第一組繼電器成功

如下圖所示，筆者開發的裝置，可以透過監控視窗，可以看到所有過程對應的過程訊息與回傳的 json 文件內容。

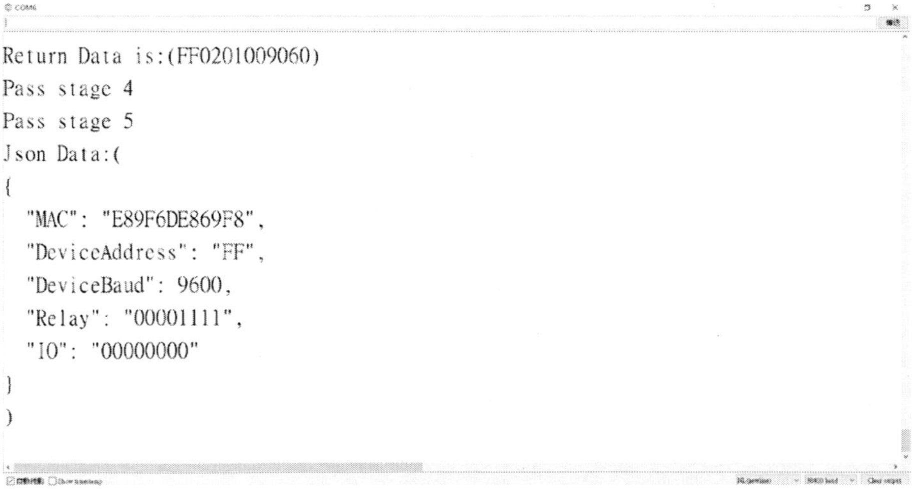

圖 206 透過 MQTT 傳送控制繼電器開啟或關閉之控制程式執行畫面

章節小結

本章主要介紹透過 MQTT (Message Queuing Telemetry Transport) Broker 伺服器，最終透過 MQTT Broker 伺服器之發佈/訂閱 (Publish/Subscribe) 機制上，筆者介紹透過 MQTT Publish/Subscribe 的機制，可以在遠端或不同平台或簡單工具，就可以輕鬆讀取 Modbus RTU 四路繼電器模組的繼電器模組與 IO 模組的狀態資料，進而可以透過 MQTT Broker Publish TOPIC 控制命令，可以驅動 Modbus RTU 四路繼電器模組的繼電器模組開啟與關閉。透過這樣的講解，相信讀者也可以使用相同的機制，觸類旁通之下設計連接其他感測器達到相同結果。

CHAPTER

第六門課 使用 Python 控制工業裝置

本章主要介紹讀者如何使用 Python 等電腦語言，攥寫具有網際網路通訊功能的程式，透過連接 MQTT Broker 伺服器，採用 MQTT 發布(Publish)與訂閱(Scribe)之機制 ESP 32 開發板，整合 Apache WebServer(網頁伺服器)，搭配 Php 互動式程式設計與 mySQL 資料庫，建立一個商業資料庫平台，透過 ESP 32 開發板連接溫溼度 (本文使用 DHT22 溫濕度感測模組)(曹永忠, 2016a, 2017b, 2017c; 曹永忠, 吳佳駿, 許智誠, & 蔡英德, 2017a, 2017b, 2017c; 曹永忠, 許智誠, & 蔡英德, 2015a, 2015b, 2016a, 2016d)，轉成為一個物聯網中溫濕度感測裝置，透過無線網路(Wifi Access Point)，將資料溫溼度感測資料，透過網頁資料傳送，將資料送入 mySQL 資料庫。

透過 MQTT Broker 控制開發裝置

連接 MQTT Broker 伺服器

由於 Python 是一個高度依賴第三方套件(Package)的軟體，所以我們使用 Python 的 MQTT 套件 paho-mqtt 來連接 MQTT Broker 伺服器。由於使用 Python 重新連接網路的底層程式，一般來說並不容易攥寫，筆者採用市面上 Paho 套見，Paho 是一個用於在 Python 中實現 MQTT 通訊協定的開源軟件套件。它是 Eclipse Paho 專案的一部分，該專案主要提供適用於各種平台和程式語言來連接 MQTT Broker 伺服器之客戶端函式庫(Client Function Libriary)。

基本上來說，MQTT（Message Queuing Telemetry Transport）是一種基於發布/訂閱模式的輕量級通訊協議，主要是適用於輕量級設備之間的通訊。該通訊協議是一種簡單、快速、可靠且具有低延遲的通訊協議，適用於物聯網和其他低頻寬、通訊狀況較不穩定網絡環境。

此外 Paho 套件提供了一個簡單易用的 API，使得 Python 開發人員能夠輕鬆地使用 MQTT 通訊協議進行通訊。使用 Paho，您可以建立 MQTT 客戶端連線端通訊能力，進而可以訂閱主題，發布訊息，設定 call back 函示來接收訂閱主題所傳送處理函數等等。它還提供了多種不同的 MQTT 客戶端連線端通訊能力，包括基於 TCP[6]、TLS[7]、WebSocket[8]等協議的客戶端。

總體來說，Paho 套件是一個非常有用的工具，可以幫助 Python 程式設計人員在物聯網相關開發中，快速、簡單、方便來在應用程序中建立可靠的訊息傳遞之能力。

由於本文要採用 Python 語言開發，如果讀者的 Python 還未安裝者，請參考網路作者：航宇教育團隊於網址：https://www.codingspace.school/blog/2021-04-07，發表之『【安裝教學】新手踏入 Python 第零步-安裝 Python3.9』之教學文(航宇教育團隊, 2022; 曹永忠 et al., 2023a, 2023b)。

由於本文要採用 Python 語言開發，並且需要安裝許多外加套件，如果讀者對於 Python 安裝外加套件不熟悉者，請參考網路作者：11th 鐵人賽(iT 邦幫忙)於網址：

---

[6] TCP（Transmission Control Protocol）是一種可靠的傳輸層協議，用於在電腦網絡中傳輸數據。它提供了端點到端點的可靠性的通訊能力，確保端點到端點通訊時，數據傳輸時不會遺失、重複、順序或損壞。TCP 是因網際網路協議族中最重要、最廣泛使用的協議之一。總體來說，TCP 通訊協議是一種非常可靠、穩定的協議，適用於需要高可靠性和順序保證的應用，例如網絡傳輸大文件、數據庫操作、網絡電話等

[7] TLS（Transport Layer Security）是一種安全的傳輸層之通訊協議，用於在電腦網絡中傳輸數據。它是 SSL（Secure Sockets Layer）通訊協議的後起之者，為網絡通訊提供了安全性、隱私保護和數據完整性。TLS 通訊協議的應用非常廣泛，例如在 Web 應用程序中，TLS 通常用於在客戶端和伺服器之間建立安全的 HTTP 通道（HTTPS）。TLS 還可以用於電子郵件、即時通訊和虛擬私人網絡通道（VPN）等應用程序中，以提供安全的通信和數據保護機制。

[8] WebSocket 是一種在單個 TCP 網路連接上實現全雙工通信的網絡通訊協議。它允許客戶端和伺服器之間進行即時、互動式的數據通訊傳輸，且不需要在每個 Connection Request & Response 之間建立新的通訊連接。WebSocket 協議能夠有效地減少數據傳輸的耗損，同時提供更快的即時數據傳輸速度。

https://ithelp.ithome.com.tw/articles/10222485，發表之『Day15 - Python 套件』之教學文(曹永忠 et al., 2023a, 2023b)。

　　所以筆者採用 Python 的 MQTT 套件 paho-mqtt 來連接 MQTT Broker 伺服器。進行程式開發請注意，您需要安裝 paho-mqtt 套件我們遵照前幾章所述，我們打開 Pycharm 整合開發軟體，攥寫一段程式，如下表所示之連接 MQTT 伺服器程式，進行連接 MQTT Broker 伺服器，並訂閱主題(TOPIC)，接收所有傳到到這個主題之所有資料(Payload)。

表 195 連接 MQTT 伺服器程式

連接 MQTT 伺服器程式(connectMQTT.py)
| ```
import paho.mqtt.client as mqtt

# 使用 paho 套件，將 paho.mqtt.client 套件下連線的物件 import 進來更名為 mqtt

# 設定 MQTT Broker 伺服器詳細資訊
broker_address = "broker.emqx.io"  # 設計 MQTT Broker 伺服器網址
port = 1883   # 設計 MQTT Broker 伺服器 通訊埠
username = ""   # 設計 MQTT Broker 伺服器 登錄使用者名稱
password = ""   # 設計 MQTT Broker 伺服器 登錄使用者密碼
topic = "/ncnu/controller"   # 訂閱 MQTT Broker 伺服器 主題


# 定義連接回調函數
def on_connect(client, userdata, flags, rc):
    # MQTT 連接處理程序
    print("Connected with result code " + str(rc))
    # 訂閱主題
    client.subscribe(topic)   # 連接主題


# 定義訂閱回調函數
def on_message(client, userdata, msg):
``` |
```

```
        # call back function  處理程序
        print(msg.topic + " " + str(msg.payload))



# 建立 MQTT 客戶端物件
client = mqtt.Client()

# 設定帳戶名稱和密碼
client.username_pw_set(username, password)

# 設定伺服器連線之函數和訂閱之 call back 函數
client.on_connect = on_connect   # 設定伺服器連線之函數
client.on_message = on_message   # 設定訂閱之 call back 函數

# 連接到 MQTT Broker 伺服器
client.connect(broker_address, port, 60)
# client.connect(broker_address, port, keepalive=60) 各個參數的意義如下：
broker_address：需要連接的 MQTT broker 伺服器的地址，可以是 IP 地址或主
機名稱。
# port：需要連接的 MQTT broker 伺服器的通訊埠，預設值為 1883，可以是其
他通訊埠。 keepalive：保持活動狀態的時間間隔（秒），預設為 60 秒。在這個
時間內，如果客戶端沒有向 MQTT
# broker 伺服器發送任何消息，broker 伺服器會向客戶端發送一個 PING 消息來
維持連接狀態。如果 keepalive 設置為 0，表示不啟用伺服器保持活動狀態功能。
簡單來說，這行程式碼的作用是使用指定的地址和端口，建立與 MQTT
# broker 的連接，並設置 60 秒的 keepalive 時間間隔。這個連接可以用於發布和
訂閱 MQTT 消息，並在完成後使用 client.disconnect()方法關閉連接。'

# 進入循環模式，等待 MQTT Broker 伺服器針對主題傳送之訊息後，接收訊息
client.loop_forever()
```

程式下載：https://github.com/brucetsao/ESP6Course_IIOT

如下圖所示，可以看到連接 MQTT 伺服器程式程式編輯畫面：

圖 207 連接 MQTT 伺服器程式之編輯畫面

如下圖所示，我們可以看到連接 MQTT 伺服器程式之結果畫面。

圖 208 連接 MQTT 伺服器程式之結果畫面

接下來筆者使用 MQTT BOX，對於 MQTT BOX 軟體不熟的讀者，可以參閱拙作：ESP32物聯網基礎10門課:The Ten Basic Courses to IoT Programming Based on ESP32(曹永忠 et al., 2023a, 2023b)。

筆者輸入下表所示之ＪＳＯＮ命令，將這個內容使用ＭＱＴＴ　ＢＯＸ　內。

表 196 控制第四組繼電器開啟之ＪＳＯＮ文件內容

```
{
  "DEVICE":"E89F6DE869F8",
  "SENSOR":"RELAY" ,
  "SET":4 ,
  "OPERATION":"HIGH"
}
```

筆者利用 MQTT BOX，連接網址：broker.emqx.io，使用者：無、密碼：無，健行連接 MQTT Broker 伺服器，進行連接，再把上表所示之內容，傳送到 TOPIC(/ncnu/controller)主題上。

圖 209 MQTT BOX 傳送控制第四組繼電器開啟之ＪＳＯＮ文件內容

如下圖所示，可以在 pycharm 的編輯器畫面下，可以透過 Console 視窗，可以看到連接 MQTT 伺服器程式可以捕抓到傳送到訂閱 MQTT Broker 伺服器 (broker.emqx.io)之主題(/ncnu/controller) 所有過程 json 文件內容或訊息(Payload)。

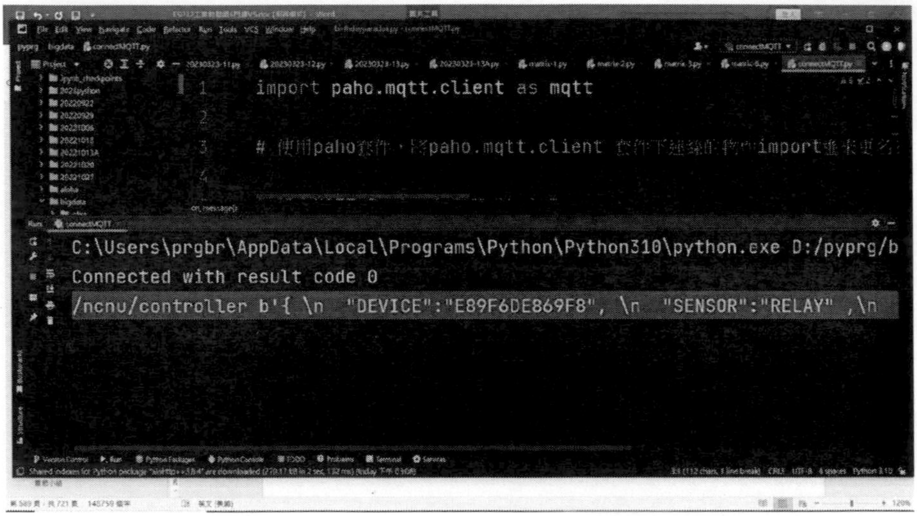

圖 210 連接 MQTT 伺服器程式得到訂閱主題回傳資料之執行畫面

解譯 Json 文件為資料元件

由於 Python 是一個高度依賴第三方套件(Package)的軟體，所以我們使用 json 套件來操控 json 文件。

JSON（JavaScript Object Notation，JSON）是一種常用的輕量級數據交換格式，常用於跨平台數據傳輸和存儲。

一般而言，JSON 文件由鍵值對組成，並使用大括號{}將這些鍵值對括起來，多個鍵值對之間使用逗號(，)分隔。每個鍵值對的鍵和值之間使用冒號(:)分隔。

表 197 簡單ＪＳＯＮ文件內容

```
{
    "name": "Tom",
    "age": 30,
    "address": {
        "city": "New York",
        "state": "NY",
        "country": "USA"
    },
    "languages": ["English", "Spanish"]
}
```

上表所示之 JSON 文件中，有四個鍵值對：

- "name"：鍵為"name"，值為" Tom "，表示名字是 Tom。

- "age"：鍵為"age"，值為 30，表示年齡是 30 歲。

- " address "：鍵為" address "，值為另外一個完整的 json 文件

    - 在" address "的值為 json 文件中，可以見到下列內容

        ◆ " city "：鍵為" city "，值為" New York "，表示都市是 New York。

        ◆ " state "：鍵為" state "，值為" NY "，表示州是 NY。

        ◆ " country "：鍵為" country "，值為" USA "，表示國家是 USA。

- " languages "：鍵為" languages "，值為一個文字陣列：["English", "Spanish"]，有" English "與" Spanish "兩個元素。

根據 JSON 文件規範中，JSON 文件規範由以下幾部分組成：

- ■ JSON 數據類型：定義了 JSON 中使用的數據類型，包括字串、數字、布爾值、null 值、陣列和另一個 json 文件。

- ■ JSON 文件：定義了 JSON 文件的結構和語法，包括文件的開始和結束符號、鍵值對的格式等。

- ■ JSON 陣列：定義了 JSON 陣列的結構和語法，包括陣列的開始([ )和結束符號( ])、元素之間的分隔符號 (,)等。

- JSON 值：定義了 JSON 值的語法和格式，包括字符串的引號(")、數字的格式、布爾值和 null 值的表示方法等。

- JSON 替代字符：定義了在 JSON 字符串中使用的替代字符，例如反斜杠 \、雙引號"等。

- JSON 註解：JSON 文件不支持註解，但是可以在 JSON 對象中使用一個特殊的鍵值對來儲存註解。

- JSON 文件規範通過這些規則確保了 JSON 數據的格式和語法的一致性，並且讓 JSON 文件可以被多種不同的程式語言解析和處理。在使用 JSON 文件時，必須遵循這些規範，以確保數據的正確性和可讀性。

在 JSON 中，值可以是字符串、數字、布爾值、null 值、數組或對象。以下是幾種常見的 JSON 數據型態：

- 字符串：用引號括起來的字元串列，例如"John"、"New York"。

- 數字：表示整數或浮點數，例如 30、3.14。

- 布爾值：表示 true 或 false，例如 true、false。

- null 值：表示空值，例如 null。

- 陣列：用中括號[]括起來的值的有序集合，例如[1, 2, 3]、["John", 30, true]。

- JSON 文件：可以說是另一個 JSON 文件內容，在 json 文件中，每一個鍵值對應的值內容，可以用另外一個 json 文件的內容，並且其 json 文件內容的鍵的內容，亦可以為另外一個 json 文件的內容，但是式有限的子集合。

表 198 Python 練習用的ＪＳＯＮ文件內容

```
{
  "DEVICE":"E89F6DE869F8",
  "SENSOR":"RELAY" ,
  "SET":4 ,
  "OPERATION":"HIGH"
}
```

所以筆者採用 Python 的 JSON 套件 import json 操控 json 元件。

若讀者開發環境沒有 JSON 套件，請參考上節內容先行安裝 JSON 套件。我們打開 Pycharm 整合開發軟體，攥寫一段程式，如下表所示之解譯 json 文件內容程式，將上表所示之 json 文件內容，寫入程式之中，再透過 json 套件，逐一解譯所有鍵值的內容並顯示出來。

表 199 解譯 json 文件內容程式，

解譯 json 文件內容程式，(decodeJson.py)

```
# 在此範例中，
# 我們首先使用 json.dumps()函數
# 將 my_variable 字典轉換為 JSON 格式的字串，
# 然後使用 json.loads()函數
# 將其解析為 JSON 物件（即 Python 中的字典）。
# 接下來，
# 我們使用 for 迴圈遍歷該 JSON 物件的所有鍵（key），
# 並使用 print()函數
# 來印出每個鍵值對（key-value pair）的內容，
# 其中 str()函數用於將值轉換為字串。

import json
json_data = {
    "DEVICE":"E89F6DE869F8",
    "SENSOR":"RELAY" ,
    "SET":4 ,
    "OPERATION":"HIGH"
}
my_json = json.dumps(json_data, indent=4)

print(my_json)

# 解析 JSON 物件
```

```
parsed_json = json.loads(my_json)

# 使用迴圈印出每一個鍵值對
for key in parsed_json:
    print(key + ': ' + str(parsed_json[key]))
```

程式下載：https://github.com/brucetsao/ESP6Course_IIOT

如下圖所示，可以看到連接 MQTT 伺服器程式程式編輯畫面：

圖 211 解譯 json 文件內容程式之編輯畫面

如下圖所示，我們可以看到解譯 json 文件內容程式之結果畫面。

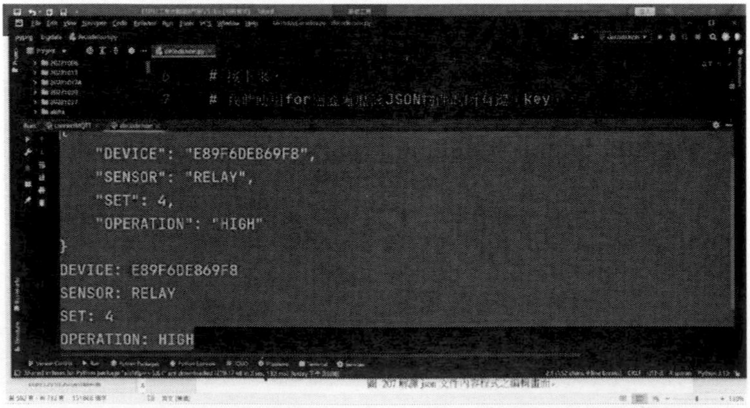

圖 212 解譯 json 文件內容程式之結果畫面

傳送到 MQTT Broker 伺服器

我們打開 Pycharm 整合開發軟體，攥寫一段程式，如下表所示之傳送 json 文件到 MQTT 程式(SendJson2MQTT.py)，將下表所示之 json 文件內容，寫入程式之中，再透過 MQTT 套件，將這個 json 文件內容傳送到 MQTT Broker 伺服器(broker.emqx.io)的主題(/ncnu/controller)上，透過 MQTT BOX 軟體監控傳送結果。

表 200　練習傳送用的 ＪＳＯＮ文件內容

```
{
  "DEVICE":"E89F6DE869F8",
  "SENSOR":"RELAY" ,
  "SET":4 ,
  "OPERATION":"HIGH"
}
```

表 201 傳送 json 文件到 MQTT 程式

解譯 json 文件為單一元件列印程式(SendJson2MQTT.py)

```
import paho.mqtt.client as mqtt
# 使用 paho 套件，將 paho.mqtt.client 套件下連線的物件 import 進來更名為 mqtt
import json
json_data = {
  "DEVICE":"E89F6DE869F8",
  "SENSOR":"RELAY" ,
  "SET":4 ,
  "OPERATION":"HIGH"
}

# 設定 MQTT Broker 伺服器詳細資訊
broker_address = "broker.emqx.io"   # 設計 MQTT Broker 伺服器網址
port = 1883   # 設計 MQTT Broker 伺服器 通訊埠
username = ""   # 設計 MQTT Broker 伺服器 登錄使用者名稱
```

```
password = ""   # 設計 MQTT Broker 伺服器 登錄使用者密碼
pubtopic = "/ncnu/controller"   # 傳送到 MQTT Broker 伺服器 主題



# 建立 MQTT 客戶端物件
client = mqtt.Client()

# 設定帳戶名稱和密碼
client.username_pw_set(username, password)

# 連接到 MQTT Broker 伺服器
client.connect(broker_address, port, 60)
# client.connect(broker_address, port, keepalive=60) 各個參數的意義如下：
broker_address：需要連接的 MQTT broker 伺服器的地址，可以是 IP 地址或主
機名稱。
# port：需要連接的 MQTT broker 伺服器的通訊埠，預設值為 1883，可以是其
他通訊埠。 keepalive：保持活動狀態的時間間隔（秒），預設為 60 秒。在這個
時間內，如果客戶端沒有向 MQTT
# broker 伺服器發送任何消息，broker 伺服器會向客戶端發送一個 PING 消息來
維持連接狀態。如果 keepalive 設置為 0，表示不啟用伺服器保持活動狀態功能。
簡單來說，這行程式碼的作用是使用指定的地址和端口，建立與 MQTT
# broker 的連接，並設置 60 秒的 keepalive 時間間隔。這個連接可以用於發布和
訂閱 MQTT 消息，並在完成後使用 client.disconnect()方法關閉連接。'

# 將 JSON 變數轉換為 JSON 格式字串
payload = json.dumps(json_data)

# 發佈 JSON 資料
client.publish(pubtopic, payload)

# 結束 MQTT 連線
client.disconnect()
```

程式下載：https://github.com/brucetsao/ESP6Course_IIOT

如下圖所示，可以看到傳送 json 文件到 MQTT 程式編輯畫面：

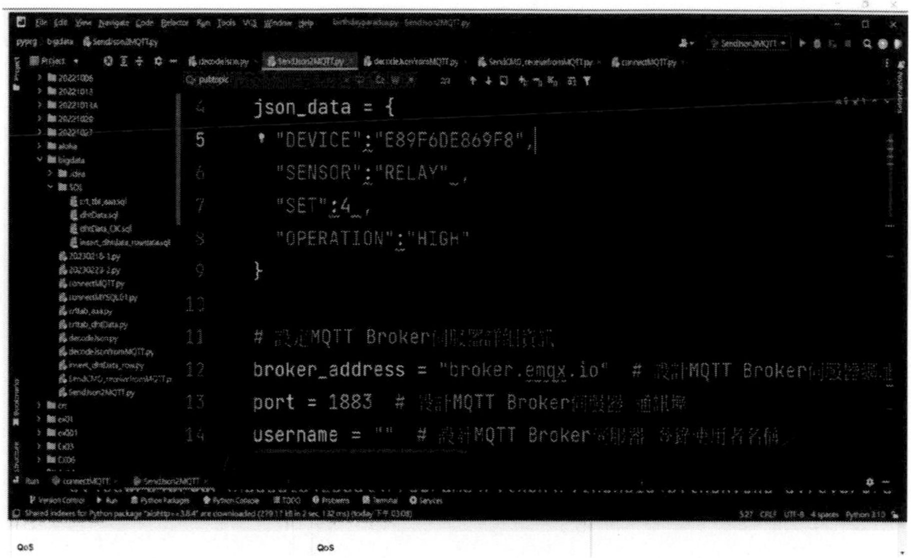

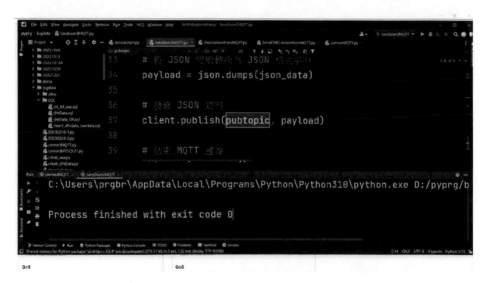

圖 213 傳送 json 文件到 MQTT 程式之編輯畫面

如下圖所示，我們可以看到傳送 json 文件到 MQTT 程式之結果畫面。

圖 214 傳送 json 文件到 MQTT 程式執行畫面

接下來筆者使用 MQTT BOX，對於 MQTT BOX 軟體不熟的讀者，可以參閱拙作：ESP32 物聯網基礎 10 門課:The Ten Basic Courses to IoT Programming Based on ESP32(曹永忠 et al., 2023a, 2023b)。

筆者利用 MQTT BOX，連接網址：broker.emqx.io，使用者：無、密碼：無，健行連接 MQTT Broker 伺服器，進行連接，再把上表所示之內容，傳送到 TOPIC(/ncnu/controller)主題上。

圖 215 測試傳送 json 文件到 MQTT 程式之傳送ＪＳＯＮ文件內容

解譯 MQTT Broker 伺服器傳送之內容

我們打開 Pycharm 整合開發軟體，攥寫一段程式，如下表所示之解譯 json 文件為單一元件列印程式，將上表所示之 json 文件內容，寫入程式之中，再透過 json 套件，逐一解譯所有鍵值的內容並顯示出來。

表 202 解譯 json 文件為單一元件列印程式

解譯 json 文件為單一元件列印程式(decodeJsonfromMQTT.py)

```python
import paho.mqtt.client as mqtt
# 使用 paho 套件，將 paho.mqtt.client 套件下連線的物件 import 進來更名為
mqtt
import json


# 設定 MQTT Broker 伺服器詳細資訊
broker_address = "broker.emqx.io"  # 設計 MQTT Broker 伺服器網址
port = 1883   # 設計 MQTT Broker 伺服器 通訊埠
username = ""   # 設計 MQTT Broker 伺服器 登錄使用者名稱
password = ""   # 設計 MQTT Broker 伺服器 登錄使用者密碼
topic = "/ncnu/controller"  # 訂閱 MQTT Broker 伺服器 主題



# 定義連接伺服器函數
def on_connect(client, userdata, flags, rc):
    # MQTT 連接處理程序
    print("Connected with result code " + str(rc))
    # 訂閱主題
    client.subscribe(topic)  # 連接主題



# 定義訂閱 Call Back 函數
def on_message(client, userdata, msg):
    # call back function 處理程序
    # print(msg.topic + " " + str(msg.payload))
    # 然後使用 json.loads()函數
    # 將其解析為 JSON 物件（即 Python 中的字典）。
    parsed_json = json.loads(msg.payload)

    # 我們首先使用 json.dumps()函數
    # 將 my_variable 字典轉換為 JSON 格式的字串，
    # 使用 indent 參數進行美化輸出
    payload_str = json.dumps(parsed_json, indent=4)
    # 處理程序
    print(msg.topic + "\n" + payload_str)
```

```
        # --------------process each component

        # 接下來,
        # 我們使用 for 迴圈遍歷該 JSON 物件的所有鍵(key),
        # 並使用 print()函數
        # 來印出每個鍵值對(key-value pair)的內容,
        # 其中 str()函數用於將值轉換為字串。
        for key in parsed_json:
            print(key + ': ' + str(parsed_json[key]))


# 建立 MQTT 客戶端物件
client = mqtt.Client()

# 設定帳戶名稱和密碼
client.username_pw_set(username, password)

# 設定伺服器連線之函數和訂閱之 call back 函數
client.on_connect = on_connect   # 設定伺服器連線之函數
client.on_message = on_message   # 設定訂閱之 call back 函數


# 連接到 MQTT Broker 伺服器
client.connect(broker_address, port, 60)
# client.connect(broker_address, port, keepalive=60) 各個參數的意義如下:
broker_address:需要連接的 MQTT broker 伺服器的地址,可以是 IP 地址或主
機名稱。
# port:需要連接的 MQTT broker 伺服器的通訊埠,預設值為 1883,可以是其
他通訊埠。 keepalive:保持活動狀態的時間間隔(秒),預設為 60 秒。在這個
時間內,如果客戶端沒有向 MQTT
# broker 伺服器發送任何消息,broker 伺服器會向客戶端發送一個 PING 消息來
維持連接狀態。如果 keepalive 設置為 0,表示不啟用伺服器保持活動狀態功能。
簡單來說,這行程式碼的作用是使用指定的地址和端口,建立與 MQTT
# broker 的連接,並設置 60 秒的 keepalive 時間間隔。這個連接可以用於發布和
訂閱 MQTT 消息,並在完成後使用 client.disconnect()方法關閉連接。'

# 進入循環模式,等待 MQTT Broker 伺服器針對主題傳送之訊息後,接收訊息
client.loop_forever()
```

程式下載:https://github.com/brucetsao/ESP6Course_IIOT

如下圖所示，可以看到解譯 json 文件為單一元件列印程式編輯畫面：

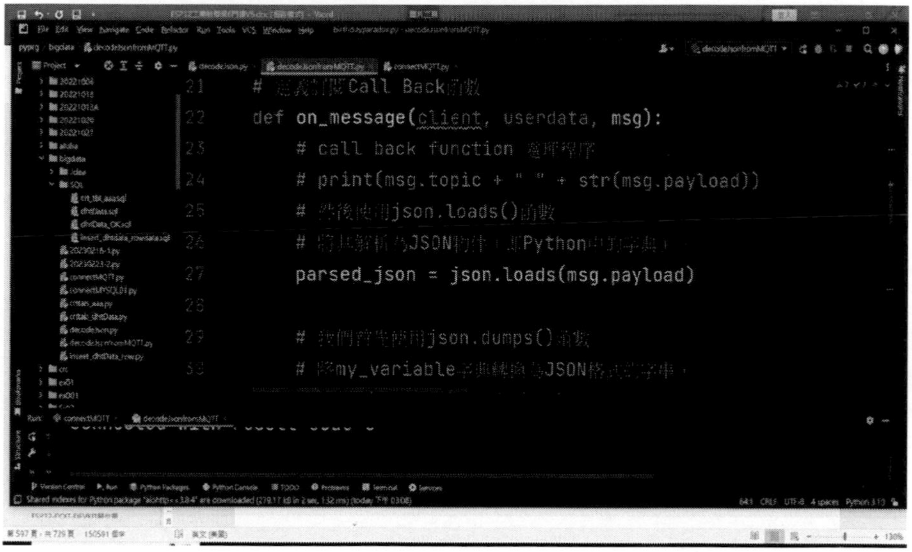

圖 216 解譯 json 文件為單一元件列印程式之編輯畫面

如下圖所示，我們可以看到解譯 json 文件為單一元件列印程式之結果畫面。

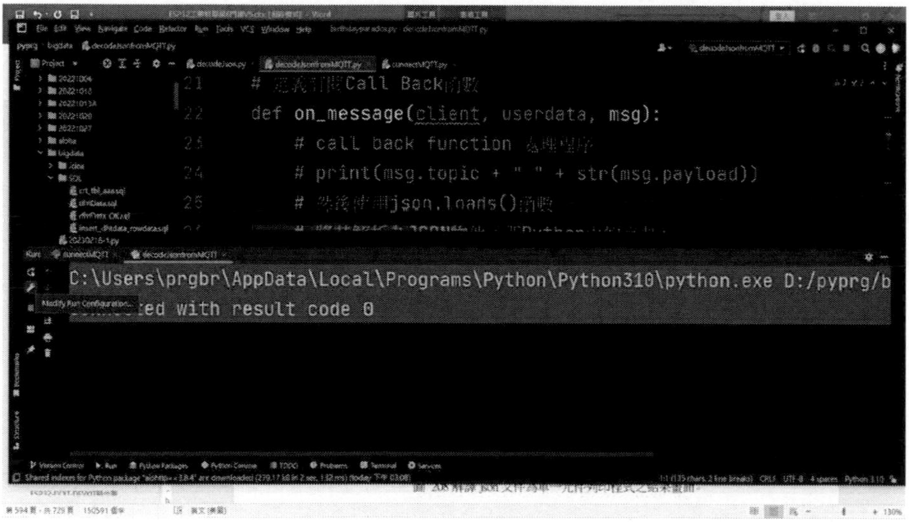

圖 217 解譯 json 文件為單一元件列印程式之開始執行畫面

接下來筆者使用 MQTT BOX，對於 MQTT BOX 軟體不熟的讀者，可以參閱拙作：ESP32 物聯網基礎10門課:The Ten Basic Courses to IoT Programming Based on ESP32(曹永忠 et al., 2023a, 2023b)。

筆者輸入下表所示之ＪＳＯＮ命令，將這個內容使用ＭＱＴＴ　ＢＯＸ　內。

表 203 控制第四組繼電器開啟之ＪＳＯＮ文件內容

```
{
  "DEVICE":"E89F6DE869F8",
  "SENSOR":"RELAY" ,
  "SET":4 ,
  "OPERATION":"HIGH"
}
```

筆者利用 MQTT BOX，連接網址：broker.emqx.io，使用者：無、密碼：無，健行連接 MQTT Broker 伺服器，進行連接，再把上表所示之內容，傳送到 TOPIC(/ncnu/controller)主題上。

圖 218 MQTT BOX 傳送控制第四組繼電器開啟之ＪＳＯＮ文件內容

如下圖所示，可以在 pycharm 的編輯器畫面下，可以透過 Console 視窗，可以看到連接 MQTT 伺服器程式可以捕抓到傳送到訂閱 MQTT Broker 伺服器(broker.emqx.io)之主題(/ncnu/controller) 所有過程 json 文件內容或訊息(Payload)。

圖 219 解譯 json 文件為單一元件列印程式之接收訂閱後資料執行畫面

傳送開啟繼電器命令與接收控制器執行後回送之內容

我們打開 Pycharm 整合開發軟體，攥寫一段程式，如下表所示之傳送開啟繼電器命令與接收控制器執行後回送之內容程式(SendJson2MQTT.py)，將下表所示之 json 文件內容，寫入程式之中，再透過 MQTT 套件，將這個 json 文件內容傳送到 MQTT Broker 伺服器(broker.emqx.io)的主題(/ncnu/controller)上，等本書設計之控制器，在接收到傳送開啟繼電器命令與接收控制器執行後回送之內容程式傳送下表所示之 json 文件後，解析該 json 文件後，驅動其連接的繼電器開啟，在開啟完畢後，

~ 563 ~

再透過 RS-485 之 Modbus 通訊協定，查詢全部感測器狀態後，將所有狀態包裝成對應的 json 文件後，再傳送到 MQTT Broker 伺服器(broker.emqx.io)的主題(/ncnu/controller/status)，所以本程式可以取代 MQTT BOX 軟體傳送與回傳接收的功能。

表 204　練習傳送用的ＪＳＯＮ文件內容

```
{
  "DEVICE":"E89F6DE869F8",
  "SENSOR":"RELAY" ,
  "SET":4 ,
  "OPERATION":"HIGH"
}
```

表 205 傳送開啟繼電器命令與接收控制器執行後回送之內容程式

```
傳送開啟繼電器命令與接收控制器執行後回送之內容程式(SendJson2MQTT.py)
import paho.mqtt.client as mqtt
# 使用 paho 套件，將 paho.mqtt.client 套件下連線的物件 import 進來更名為
mqtt
import json
json_data = {
  "DEVICE":"E89F6DE869F8",
  "SENSOR":"RELAY" ,
  "SET":4 ,
  "OPERATION":"HIGH"
}


# 設定 MQTT Broker 伺服器詳細資訊
broker_address = "broker.emqx.io"  # 設計 MQTT Broker 伺服器網址
port = 1883   # 設計 MQTT Broker 伺服器 通訊埠
username = ""  # 設計 MQTT Broker 伺服器 登錄使用者名稱
password = ""   # 設計 MQTT Broker 伺服器 登錄使用者密碼
pubtopic = "/ncnu/controller"  # 傳送到 MQTT Broker 伺服器 主題
subtopic = "/ncnu/controller/status"  # 訂閱 MQTT Broker 伺服器 主題
```

```python
# 定義連接伺服器函數
def on_connect(client, userdata, flags, rc):
    # MQTT 連接處理程序
    print("Connected with result code " + str(rc))
    # 訂閱主題
    client.subscribe(subtopic)   # 連接主題


# 定義訂閱 Call Back 函數
def on_message(client, userdata, msg):
    # call back function 處理程序
    # print(msg.topic + " " + str(msg.payload))
    # 然後使用 json.loads()函數
    # 將其解析為 JSON 物件（即 Python 中的字典）。
    parsed_json = json.loads(msg.payload)

    # 我們首先使用 json.dumps()函數
    # 將 my_variable 字典轉換為 JSON 格式的字串，
    # 使用 indent 參數進行美化輸出
    payload_str = json.dumps(parsed_json, indent=4)
    # 處理程序
    print(msg.topic + "\n" + payload_str)
    # --------------process each component

    # 接下來，
    # 我們使用 for 迴圈遍歷該 JSON 物件的所有鍵（key），
    # 並使用 print()函數
    # 來印出每個鍵值對（key-value pair）的內容，
    # 其中 str()函數用於將值轉換為字串。
    for key in parsed_json:
        print(key + ': ' + str(parsed_json[key]))

# 建立 MQTT 客戶端物件
client = mqtt.Client()

# 設定帳戶名稱和密碼
client.username_pw_set(username, password)

# 設定伺服器連線之函數和訂閱之 call back 函數
```

```
client.on_connect = on_connect    # 設定伺服器連線之函數
client.on_message = on_message    # 設定訂閱之 call back 函數

# 連接到 MQTT Broker 伺服器
client.connect(broker_address, port, 60)
# client.connect(broker_address, port, keepalive=60) 各個參數的意義如下：
broker_address：需要連接的 MQTT broker 伺服器的地址，可以是 IP 地址或主
機名稱。
# port：需要連接的 MQTT broker 伺服器的通訊埠，預設值為 1883，可以是其
他通訊埠。 keepalive：保持活動狀態的時間間隔（秒），預設為 60 秒。在這個
時間內，如果客戶端沒有向 MQTT
# broker 伺服器發送任何消息，broker 伺服器會向客戶端發送一個 PING 消息來
維持連接狀態。如果 keepalive 設置為 0，表示不啟用伺服器保持活動狀態功能。
簡單來說，這行程式碼的作用是使用指定的地址和端口，建立與 MQTT
# broker 的連接，並設置 60 秒的 keepalive 時間間隔。這個連接可以用於發布和
訂閱 MQTT 消息，並在完成後使用 client.disconnect()方法關閉連接。'
# 將 JSON 變數轉換為 JSON 格式字串
payload = json.dumps(json_data)

# 發佈 JSON 資料
client.publish(pubtopic, payload)

# 進入循環模式，等待 MQTT Broker 伺服器針對主題傳送之訊息後，接收訊息
client.loop_forever()
```

程式下載：https://github.com/brucetsao/ESP6Course_IIOT

如下圖所示，可以看到傳送開啟繼電器命令與接收控制器執行後回送之內容程
式編輯畫面：

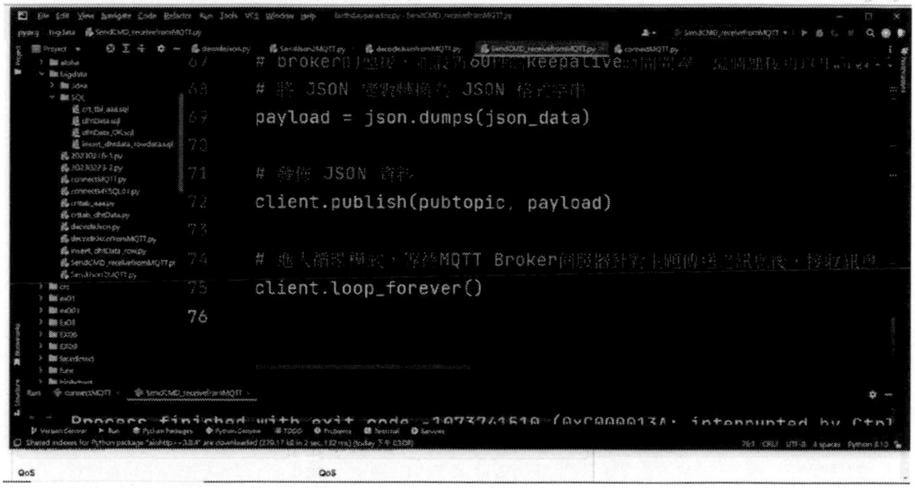

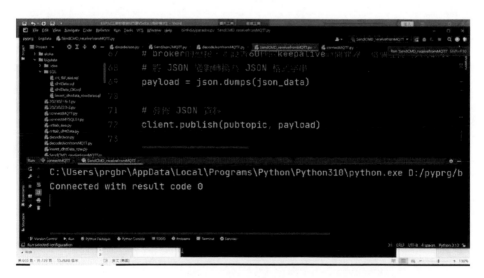

圖 220 傳送開啟繼電器命令與接收控制器執行後回送之內容程式編輯畫面

如下圖所示，我們可以看到傳送開啟繼電器命令與接收控制器執行後回送之內
容程式之結果畫面。

圖 221 傳送開啟繼電器命令與接收控制器執行後回送之內容程執行畫面

接下來筆者使用 MQTT BOX，對於 MQTT BOX 軟體不熟的讀者，可以參閱拙作：ESP32物聯網基礎10門課:The Ten Basic Courses to IoT Programming Based on ESP32(曹永忠 et al., 2023a, 2023b)。

筆者利用 MQTT BOX，連接網址：broker.emqx.io，使用者：無、密碼：無，健行連接 MQTT Broker 伺服器，進行連接，再把上表所示之內容，傳送到 TOPIC(/ncnu/controller)主題上。

圖 222 MQTT BOX 監控送出命令與回傳控制器結果

表 206 控制器執行ＪＳＯＮ文件後回應感測器狀態之 json 內容

```
{
    "MAC": "E89F6DE869F8",
    "DeviceAddress": "FF",
    "DeviceBaud": 9600,
    "Relay": "00001111",
    "IO": "00000000"
}
```

如下圖所示，可以在 pycharm 的編輯器畫面下，可以透過 Console 視窗，可以看到傳送開啟繼電器命令與接收控制器執行後回送之內容程式送出驅動命令後，帶本書開發的控制器完成開啟繼電器功能後，將查詢連接裝置之狀態取得後轉成上表所示之狀態 json 文件後，回傳到 MQTT Broker 伺服器之主題(/ncnu/controller/status)後，再經由" 傳送開啟繼電器命令與接收控制器執行後回送之內容程式"訂閱 MQTT Broker 伺服器之主題(/ncnu/controller/status)後，得到本書開發的控制之查詢連接裝置之狀態轉譯成的 json 文件讀回後，進行解譯成每一個單一元件並印出。

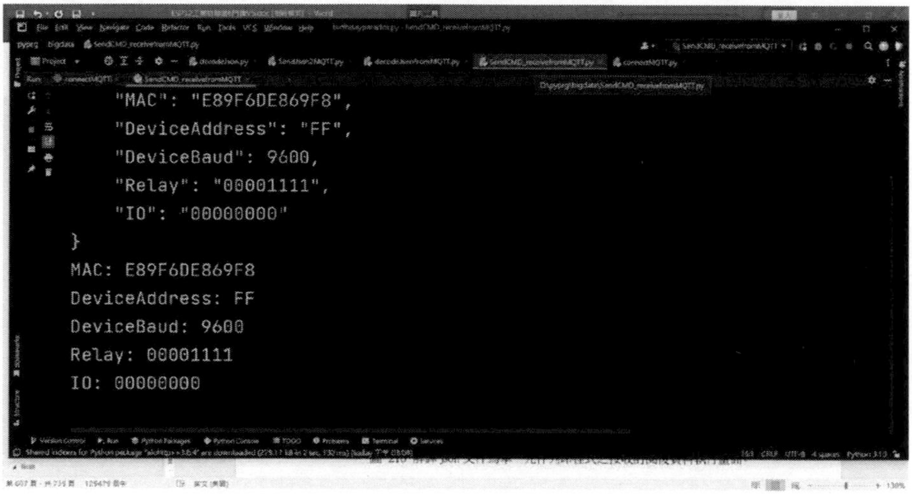

圖 223 傳送開啟繼電器命令與接收控制器執行後最後執行畫面

安裝與設定 Python 開發視覺化界面

接下來我們安裝與設定 Python 程式語言的 PyQT 的視覺化工具，方便筆者與讀者往後的系統開發。

安裝 Qt Designer

由於 Python 是一個以文字介面編輯的程式開發工具，不像微軟的 Visual Studio9一樣，可以透過大量的圖形化、視覺化的設計工具，同步開發與設計程式，然而 Python 有非常強大的圖形化套件：Tinker 與 PyQT5/6。

PyQt 是一個基於 Qt 框架(Frame)的 Python 套件函式庫，使得 Python 開發人員可以使用 Python 語言編寫 Qt 應用程式。此外 PyQt 提供了 Qt 的所有特性和功能，包括圖形介面、繪圖、事件處理、動畫、資料庫操作、多線程處理、網路通訊等等。

目前 PyQt 有兩個主要版本，即 PyQt5 和 PyQt6，它們分別對應 Qt 5 和 Qt 6 版本的功能和特性。

以下是 PyQt5/6 的主要功能和特點：

■ GUI 設計工具：PyQt 提供了 Qt Designer，一個圖形化的介面設計工具，可以幫助開發人員快速設計和設計頁面排版圖形介面，而且設計的介面可以直接導入 PyQt 的程式碼。

■ 多平台支援：PyQt 支援多種平台，包括 Windows、MacOS 和 Linux 等等。

■ 事件處理：PyQt 提供了方便易用的事件(Event)處理機制，可以輕鬆地捕抓與處理滑鼠游標、鍵盤和其他事件。

■ 動畫效果：PyQt 提供了豐富的動畫效果，例如淡入淡出、移動、旋轉和縮放等等，可以讓介面更加生動有趣。

---

9 Microsoft Visual Studio 是一個綜合性的整合開發環境（Integrated Develop Environment, IDE），可支援多種程式語言，例如 C＃、VB.NET、F＃、C++、Python 等等，也支援多種應用程式類型，例如桌面應用程式、Web 應用程式、行動應用程式和遊戲等等。Visual Studio 提供了一個完整的開發環境，包括程式編輯器、除錯器、設計工具、版本控制、自動化測試和部署工具等等，使開發人員能夠更快、更輕鬆地建立高品質的應用程式。

■ 資料庫操作：PyQt 支援多種資料庫，例如 SQLite、MySQL 和 PostgreSQL
等等，可以方便地進行資料庫操作。

■ 多語言支援：PyQt 支援多種語言，包括 Python、C++和 Java 等等。

總之，PyQt 是一個功能豐富且易於使用的 Python 第三方程式庫，可以方便地
開發各種 Qt 應用程式，特別是圖形介面應用程式。使用 PyQt 可以快速開發出美
觀、易用的應用程式，同時也可以享受到 Qt 框架的所有特性和功能。

所以本章節主要介紹 Qt Designer 工具，透過一步一步講解與說明，導引讀者
學習使用 Qt Designer 工具開發視覺化視窗應用程式。

第一步要先行下載 Qt Designer 工具，筆者經由網址：https://build-system.fma
n.io/qt-designer-download，由於筆者是 window 作業系統，所以下載 windows 版本，
讀者可以根據自行電腦與作業系統版本，選擇對應的版本下載，讀者可以參閱:iT
邦幫忙之實戰 Python x PyQt5 軟體介面設計系列 第 2 篇-（Day 2）使用 Qt
Designer，網址：https://ithelp.ithome.com.tw/articles/10289916?sc=rss.qu，自行參
考該篇文章後，自行安裝。

圖 224 Qt Designer 下載網站畫面

安裝完成後，第一次執行後，可以看到如下圖所示之執行畫面。

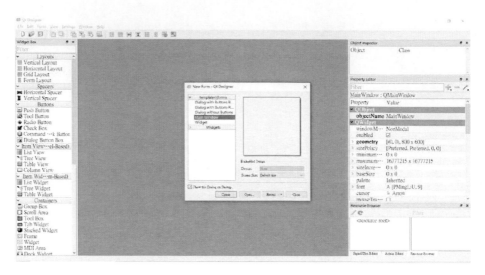

圖 225 Qt Designer 安裝好之執行畫面

由於 Qt Designer 只是一個視覺化視窗介面設計工具，本身設計出來的檔案為 UI 檔，可以透過不同轉換程式，轉換成不同的程式語言。

由於筆者採用 Python 進行開發，所以本文建議安裝 PyQt，目前 PyQt 有兩個主要版本，即 PyQt5 和 PyQt6，

下列介紹安裝方法，由於本文安裝許多外加套件，如果讀者對於 Python 安裝外加套件不熟悉者，請參考網路作者：11th 鐵人賽(iT 邦幫忙)於網址：https://ithelp.ithome.com.tw/articles/10222485，發表之『Day15 - Python 套件』之教學文(曹永忠 et al., 2023a, 2023b)。

安裝語法：

PyQt5： pip install PyQt5

PyQt6： pip install PyQt6

筆者由於應用較廣，所以上面兩種版本都安裝，不熟悉安裝的讀者，可以參考網路達人：HOWARD WENG 於 2021 年 8 月 5 日之嗡嗡的隨手筆記-【PyQt5】

Day 1 – 安裝 PyQt，建立自己的第一支 PyQt5 程式，網址：https://www.wong wonggoods.com/all-posts/python/pyqt5/pyqt5-1/，相信很快就能安裝完畢。

Qt Designer 與 PyQt5/6 與 Pycharm IDE 工具互動

如下圖所示，由於筆者習慣使用 Pycharm IDE 工具撰寫 Python 程式，所以往後會使用 Pycharm IDE 工具，筆者使用的是 Pycharm Community Windows 版本。

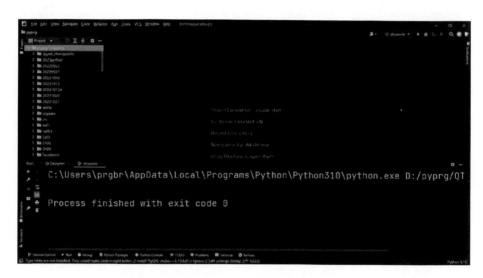

圖 226 PyCharm IDE 工具執行主畫面

未安裝 Pycharm IDE 工具之讀者，如下圖所示，可以先到網址：https://www.j etbrains.com/pycharm/，根據讀者電腦與作業系統版本，選擇正確版本，自行下載即可。

圖 227 PyCharm IDE 下載網站

由於筆者使用的是 Pycharm Community Windows 版本，所以到網址：
https://www.jetbrains.com/pycharm/download/#section=windows ，下載 Pycharm
Community Windows 版本進行安裝，較不熟悉軟體安裝的讀者可以參閱:網路達
人：紀凡所寫之【安裝教學】新手踏入 Python 第一步-PyCharm 安裝-2021，網址：
https://www.codingspace.school/blog/2021-01-22，自行參考該篇文章後，自行安裝
PyCharm IDE 工具軟體。

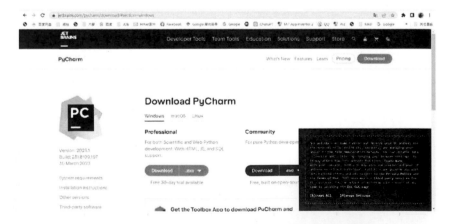

圖 228 PyCharm IDE community Window 版本下載網站

由於我們使用 Qt Designer 進行示視窗介面程式開發，由於 Qt Designer 會由其 UI 的框架，進行繪製視窗介面，但是 Qt Designer 開發之視窗介面可以提供 window、MAC、Linux…等不同作業系統，甚至可以支援不同開發語言，所以 Qt Designer 進行示視窗介面程式開發時，只會有設計之 UI 檔，並沒有任何程式語言在其中，所以必須安裝對應的開發語言 UI 介面解譯程式，將 UI 檔轉換成對應所需要的程式語言方可以。

　　所以筆者採用 PyQt，它是一個基於 Qt 框架(Frame)的 Python 套件函式庫，使得 Python 開發人員可以使用 Python 語言編寫 Qt 應用程式。所以筆者安裝 PyQt5/ PyQt6 兩種版本。

　　接下來我們使用 Qt Designer 進行示視窗介面程式開發，最後只會產生出 UI 介面檔，由於該程式並非屬於任何一種程式語言，所以必須使用 yQt5/ PyQt6 的 UI 轉換工具，將之轉換成 Python 程式碼，方可透過 Python 語言進行編譯後，方能執行出設計視窗介面程式。

　　轉換方法步驟如下

　　第一步：用 Qt Designer，如下圖所示，設計好一個視窗介面程式

圖 229 這是我第一個視窗程式

第二步：如下圖所示，將這個視窗介面程式，儲存為 mywin.ui。

圖 230 儲存第一隻視窗程式為 mywin

第三步：如下圖所示，用命令提示單元開啟 mywin.ui 儲存路徑。

```
D:\pyprg\QTGUI>dir
 磁碟區 D 中的磁碟沒有標籤
 磁碟區序號： D2DC-13B7

 D:\pyprg\QTGUI 的目錄

2023/04/06  上午 08:27    <DIR>          .
2023/04/06  上午 08:27    <DIR>          ..
2023/04/06  上午 01:33                49 22.py
2023/04/06  上午 02:34               182 genjson01.py
2023/04/06  上午 08:27             1,291 mywin.ui
2023/04/06  上午 02:42             1,749 showwin.py
2023/04/05  下午 11:46             1,548 win01.py
2023/04/05  下午 11:44               723 win01.ui
2023/04/06  上午 03:20             5,671 win02.py
2023/04/06  上午 02:05             5,311 win02.ui
2023/04/06  上午 12:25             3,001 win02a.py
               9 個檔案          19,525 位元組
               2 個目錄  444,486,586,368 位元組可用

D:\pyprg\QTGUI>
```

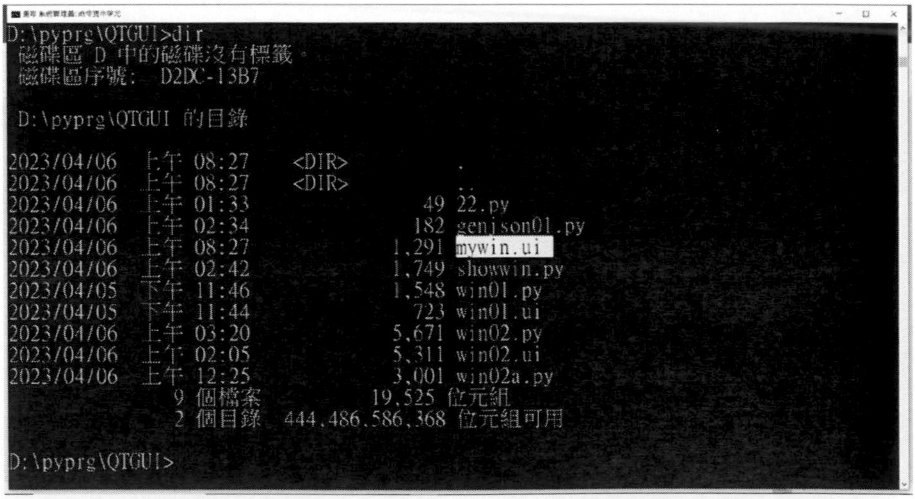

圖 231 用命令提示單元開啟 mywin.ui 儲存路徑

第四步：如下圖所示，用命令『pyuic5 -x mywin.ui -o mywin.py』語法，轉換 .ui 檔案為 .py 程式碼檔案。

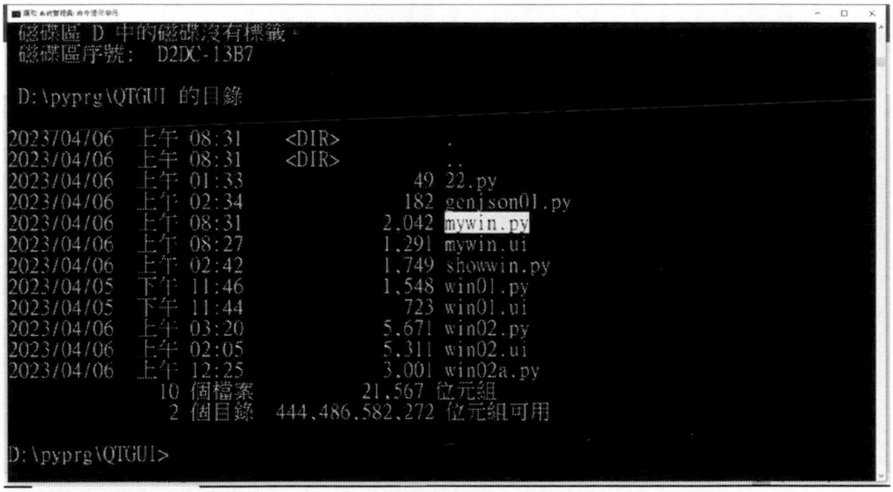

圖 232 轉換 .ui 檔案為 .py 程式碼檔案

第五步：如下圖所示，檢查是否產生『mywin.py』之 Python 程式碼檔案。

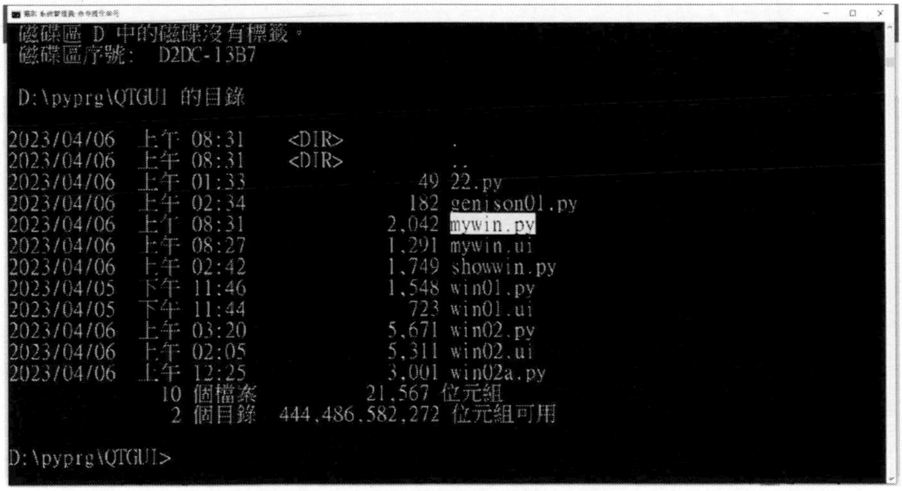

圖 233 檢查是否產生 mywin.py 之 Python 程式碼檔案

如上圖所示，如果已經產生 mywin.py 之 Python 程式碼檔案，可以接續下一步。

第六步：用 pycharm 開啟 mywin.py 之 Python 程式碼檔案。

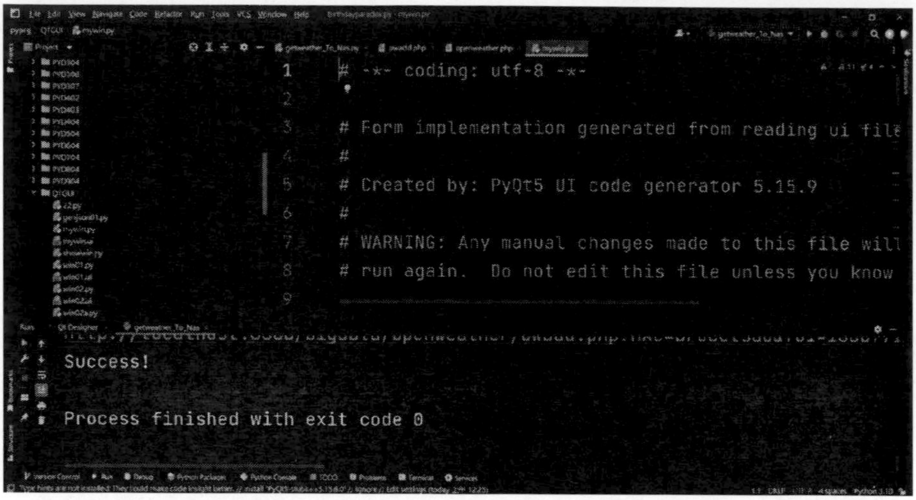

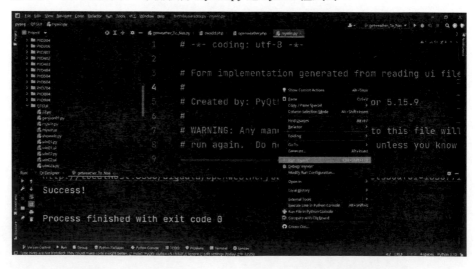

圖 234 檢查是否產生 mywin.py 之 Python 程式碼檔案

第七步：如下圖所示，準備執行 mywin.py 之 Python 程式碼。

圖 235 檢查是否產生 mywin.py 之 Python 程式碼檔案

第八步：看到 mywin.py 之 Python 程式碼檔案執行後，產生 Qt Designer 設計
工具一樣的畫面。

圖 236 執行 mywin.py 之 Python 程式碼結果畫面

綜述上面八個步驟，筆者都快要被這麼多的步驟累死，如果為了設計一個畫
面，修改了 100 次，這樣的流程，需要 800 次查詢結果，不但累死開發者，還讓許
多的入門者望而卻步，這真是極大的門檻阿。

整合 Qt Designer 與 PyQt5/6 於 Pycharm IDE 工具方式開發

鑒於上節筆者所述，這樣繁瑣的步驟與流程，往往讓許多入門者望而卻步，所
以筆者透過 Pycharm IDE 工具，如下圖所示，筆者使用外部工具來操控設計工具，
可以任意切換 Qt Designer 與 PyQt5/6 之間，將是如何幸福的一件事。

圖 237 檢查是否產生 mywin.py 之 Python 程式碼檔案

整合後的第一步：專案內驅動 QrDesigner

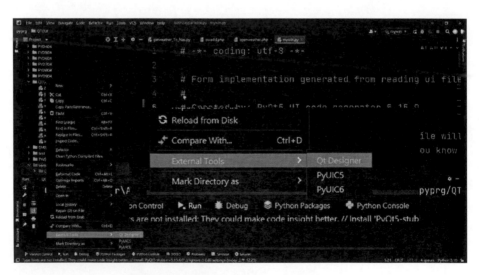

圖 238 檢專案內驅動 QrDesigner

整合後的第二步：進入 QrDesigner 工具畫面

圖 239 進入 QrDesigner 工具畫面

整合後的第三步：設計視窗畫面

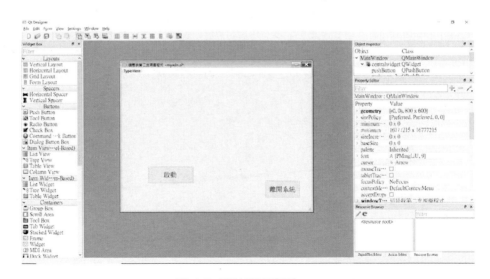

圖 240 設計視窗畫面

整合後的第四步：設計視窗畫面存檔，本次儲存檔名為『mywin02.ui』。

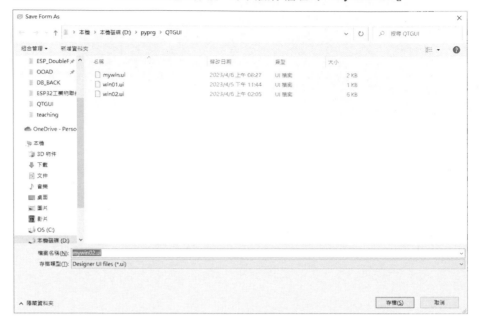

圖 241 設計視窗畫面存檔

整合後的第五步：回到 Pycharm IDE 工具。

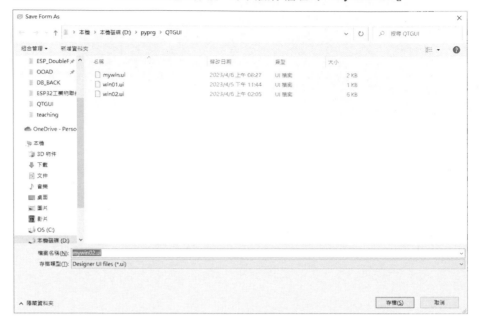

圖 242 回到 Pycharm IDE 工具

整合後的第六步：我們可以發現 mywin02.ui 畫面檔已產生。

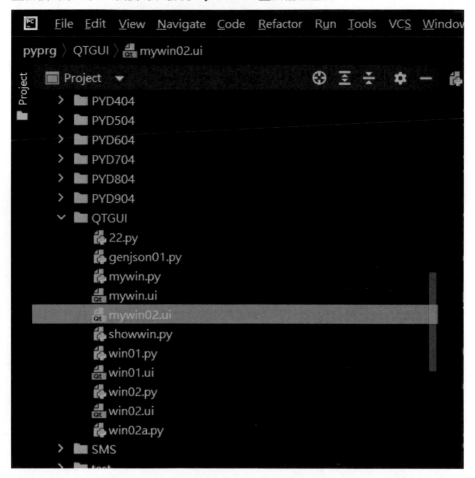

圖 243 發現 mywin02.ui 畫面檔已產生

整合後的第七步：使用外部工具方式，讓 mywin02.ui 畫面檔快速產生 Python

程式碼

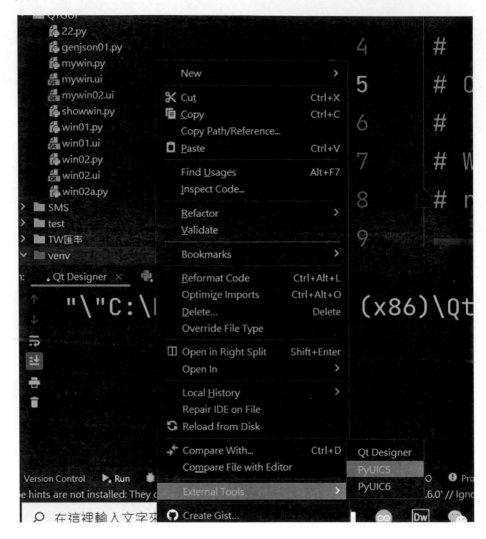

圖 244 運用外部工具方式快速產生 Python 程式碼

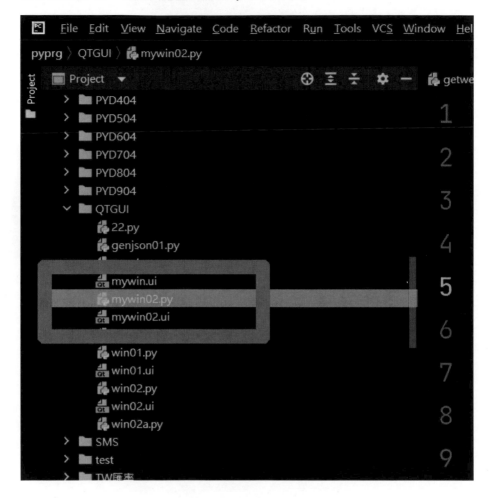

圖 245 產生對應畫面檔之 Python 程式碼

整合後的第九步：開啟產生對應畫面檔之 Python 程式碼。

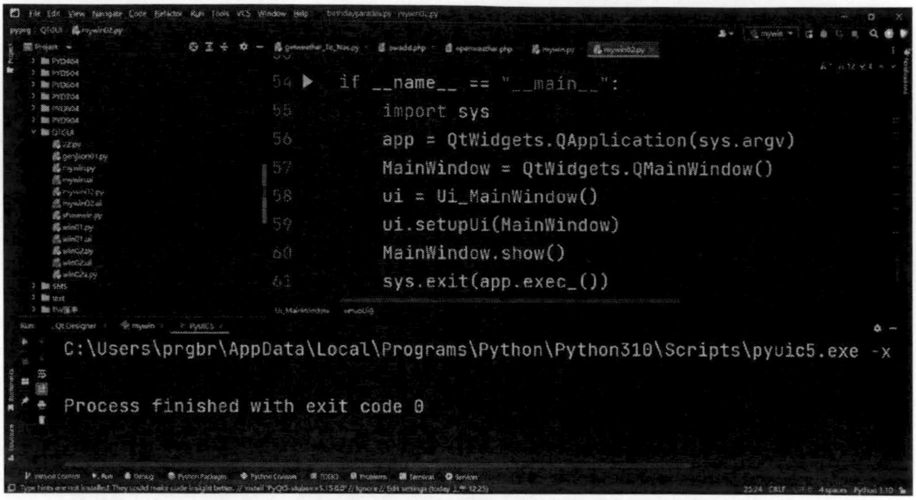

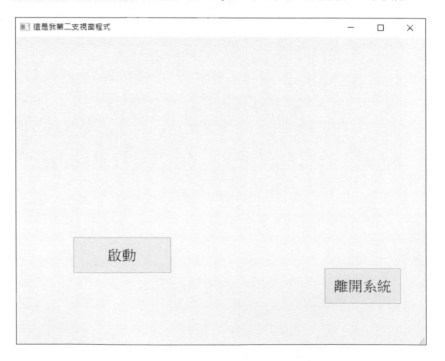

```
54 ▶   if __name__ == "__main__":
55         import sys
56         app = QtWidgets.QApplication(sys.argv)
57         MainWindow = QtWidgets.QMainWindow()
58         ui = Ui_MainWindow()
59         ui.setupUi(MainWindow)
60         MainWindow.show()
61         sys.exit(app.exec_())
```

C:\Users\prgbr\AppData\Local\Programs\Python\Python310\Scripts\pyuic5.exe -x

Process finished with exit code 0

圖 246 產生對應畫面檔之 Python 程式碼

整合後的第十步：執行對應畫面檔之 Python 程式碼，查看是否正確執行。

圖 247 執行對應畫面檔之 Python 程式碼

雖然看似示步驟很多，但是我們可以看到都在同一工具內快速切換，並且不用再到命令提示單元內，切換到對應畫面檔 mywin02.ui 對應的資料夾，然後在該目錄資料夾中，再輸入『pyuic5 -x mywin02.ui -o mywin02.py』等繁瑣的命令。

所以接下來筆者一步一步帶領讀者進行設定這樣的外部工具。

設定外部工具去整合 Qt Designer 與 PyQt5/6 於 Pycharm IDE

鑑於上節筆者所述，筆者一步一步帶領讀者進行設定這樣的外部工具。首先，第一步請開啟 Pycharm IDE 工具，進到專案管理的視窗內。

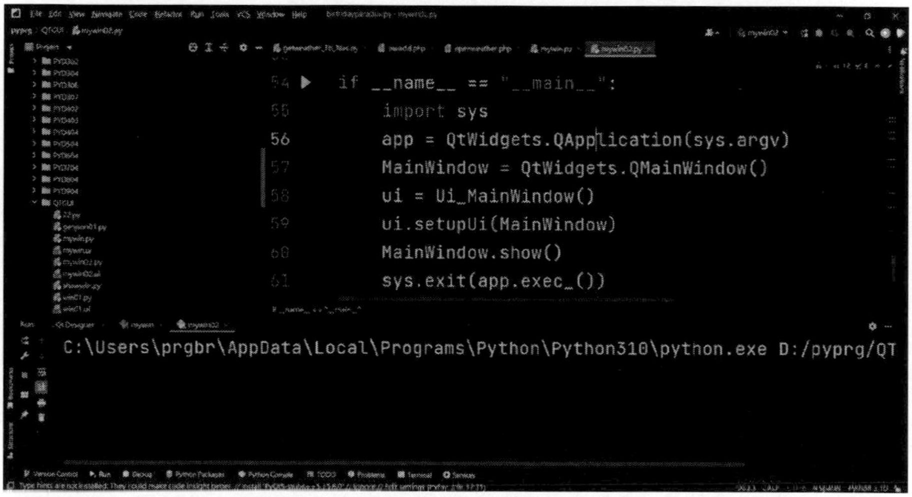

圖 248 開啟 Pycharm IDE 工具

第二步：進入 Pycharm IDE 工具設定選項。

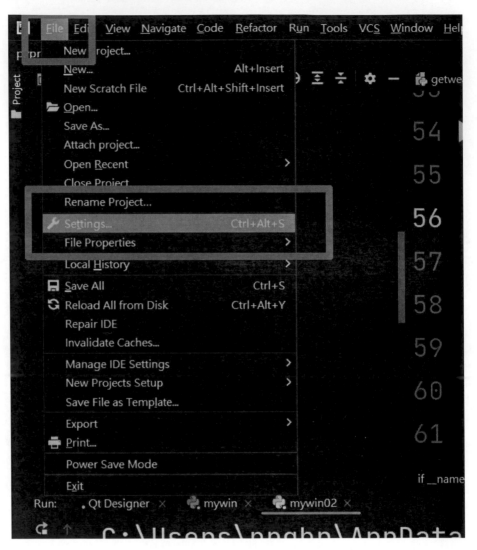

圖 249 進入設定選項

第三步：進入設定外部工具視窗

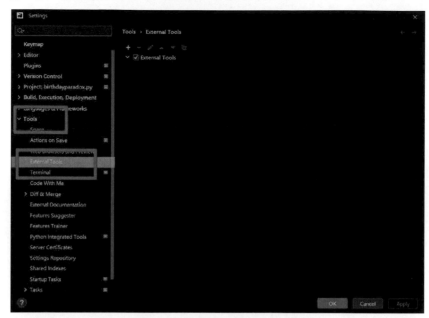

圖 250 進入設定外部工具視窗

第四步：增加外部工具(Qt Designer)

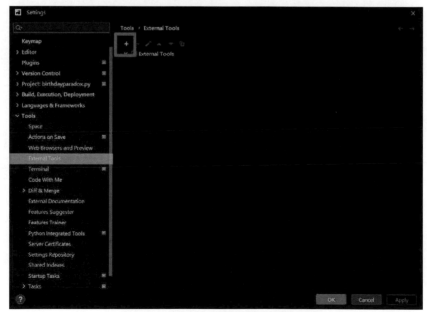

圖 251 增加外部工具(Qt Designer)

第五步：設定 Qt Designer 外部工具

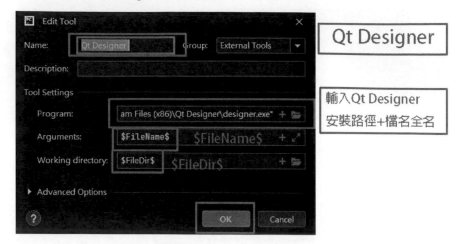

圖 252 設定 Qt Designer 外部工具

第六步：增加外部工具(PyQT5)

圖 253 增加外部工具(PyQt5)

第七步：設定 PyQt5 外部工具

圖 254 設定 PyQt5 外部工具

第八步：增加外部工具(PyQt6)

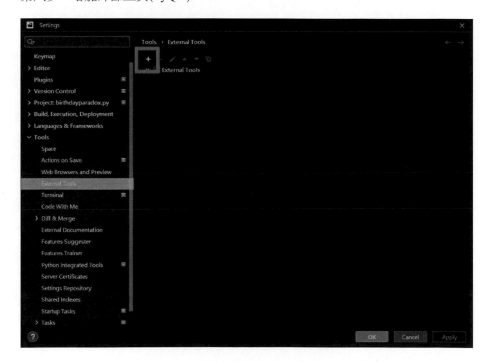

圖 255 增加外部工具(PyQt6)

第九步：設定 PyQt6 外部工具

圖 256 設定 PyQt6 外部工具

第十步：完成外部工具設定

圖 257 完成外部工具設定

接下來檢核外部工具設定是否完成，如下圖所示，先點選左側專案視窗，所攢寫專案目錄下，滑鼠點選後，按下滑鼠右鍵後，會出現選項視窗，在選擇『External Tools』選項後，會出現下圖所示之紅框，會出現剛才安裝的外部工具：Qt Designer、PyUIC5、PyUIC6 等工具(如讀者之前或多設計其他工具，會出現更多的外部工具選項)。

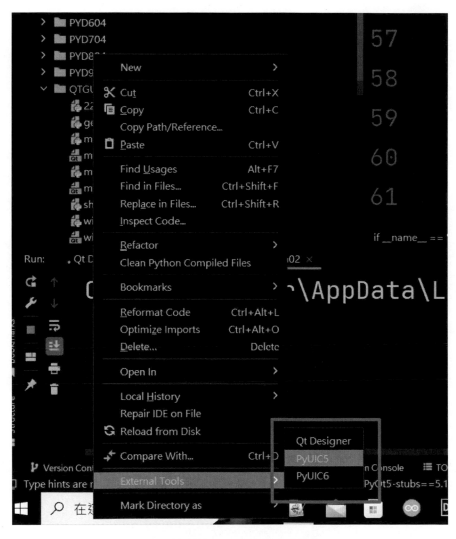

圖 258 檢測外部工具是否完成設定

到此我們可以看到，Pycharm IDE 工具完成這樣的外部工具設定。

開發控制 Modbus 控制器之 Python 開發視覺化界面

接下來我們安裝與設定 Python 程式語言的 PyQT 的視覺化工具，方便筆者與讀者往後的系統開發。

欲完成的畫面元件

如下圖所示，是本次開發要完成之畫面，需要設計的元件如下：

- QLabel 物件：有三個 QLabel 物件，顯示文字為：裝置號碼、繼電器編號、動作三個元件。

- QCombo BOX 物件：有三個 QCombo BOX 物件，用來乘載裝置號碼(MAC Address)、繼電器編號(1~4)、動作(開啟/關閉) 三個可選內容之 QCombo BOX 物件。

- Q Text Edit 物件：有一個 Q Text Edit 物件，用來顯示產生欲傳送命令之 json 文件內容(參考表 196 之控制繼電器內容)。

- Q Push Button 物件：有二個 Q Push Button 物件，一個是執行，用來執行整個視窗主要的功能，另一個是離開系統，主要是關閉程式。

圖 259 目標設計之畫面

創建新視窗

如下圖所示,進入 Qt Designer 之後,可以看到創建視窗的功能,先選擇創建

『Main Window』型態的視窗,在按下下方紅框處的『Create』的按鈕。

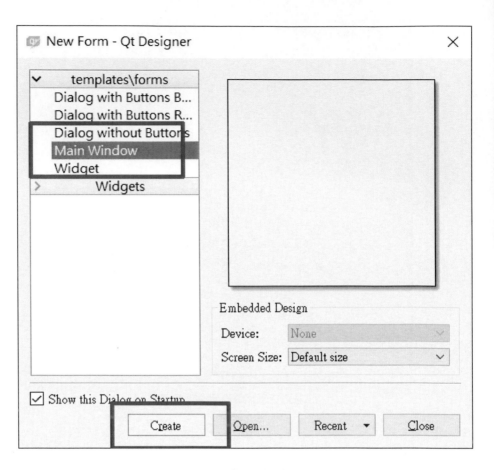

圖 260 建立新視窗

如下圖所示，可以看到 Qt Designer 已經邦我們建立一個空白新視窗。

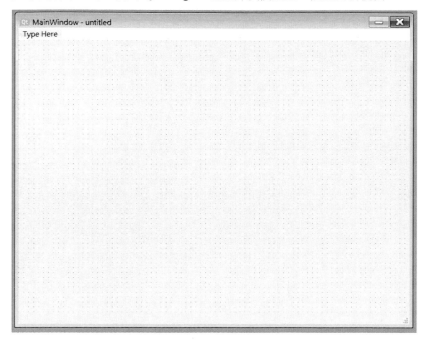

圖 261 空白新視窗

如下圖所示，可以透過空白新視窗右下角紅框處，用滑鼠點選後，拖拉至合適的大
小。

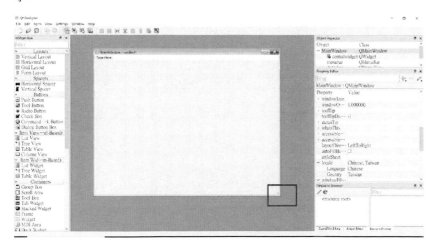

圖 262 調整新視窗大小

如下圖所示，可以在 Qt Designer 右方屬性視窗，看到右方紅框處，輸入『透過 MQTT Broker 伺服器控制繼電器開啟欲關閉』之文字，按下 enter 鍵後，可以看到左上方紅框處的視窗抬頭已變成『透過 MQTT Broker 伺服器控制繼電器開啟欲關閉』之文字。

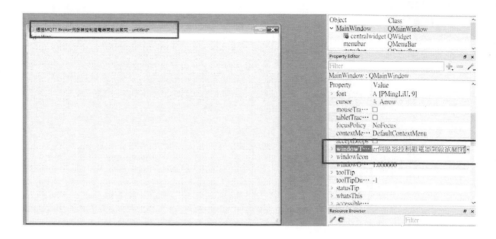

圖 263 設定視窗抬頭文字

Label 元件設計

如下圖所示，可以在 Qt Designer 左邊『Widget Box』元件視窗，在其下方『Display Widget』的『Lable』元件，點選之後，壓住滑鼠左鍵不放，拖拉到右方空白視窗之正確擺放 Lable 元件的地方，由於我們需要三個 Lable 元件，請重複三次一樣的動作。完成後如下圖所示會有三個 Label 元件。

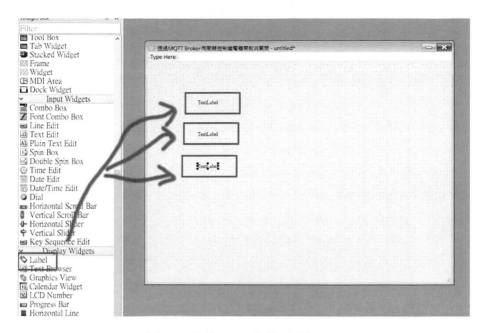

圖 264 拖拉 Label 物件到視窗

如下圖所示，可以在 Qt Designer 右邊『Property Editor』，在右方紅框處，輸入『裝置號碼』後，按下 Enter 後，可以看到左方紅框處，第一個『Lable』元件顯示的文字就變成『裝置號碼』的文字。

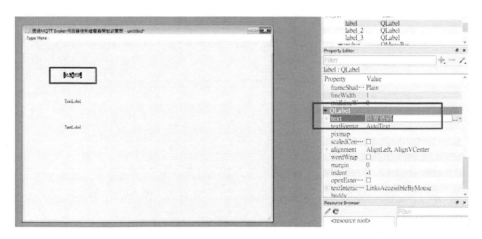

圖 265 設定第一個 Label 元件顯示文字

如下圖所示，可以在 Qt Designer 右邊『Property Editor』，在『Font』處右方，滑鼠點選選擇自行選項，進行第一個『Lable』的文字型態。

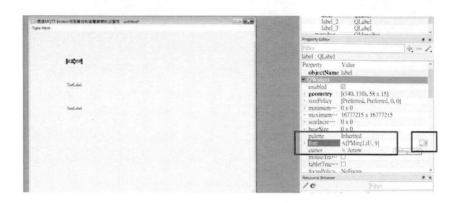

圖 266 設定 label 元件文字顯示字形狀態

如下圖所示，完成顯示文字的字形為『細明體』、Font Style 設定為『Regular』、字形大小：Size 設定為『16』後，在『Select Font』的對話窗下方紅框處按下『OK』完成設定第一個 Label 元件文字型態。

圖 267 完成設定第一個 Label 元件文字型態

如下圖所示，可以看到設計視窗中，紅框處為第一個第一個 Label 元件，文字無法完全顯示，請讀者使用滑鼠點選與拖曳，自行調整其第一個 Label 元件的大小到合適的狀態。

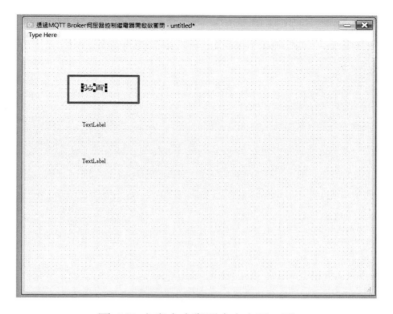

圖 268 文字大小與原來大小不一至

如下圖所示，可以看到設計的視窗，已完成第一個 Label 元件設定。

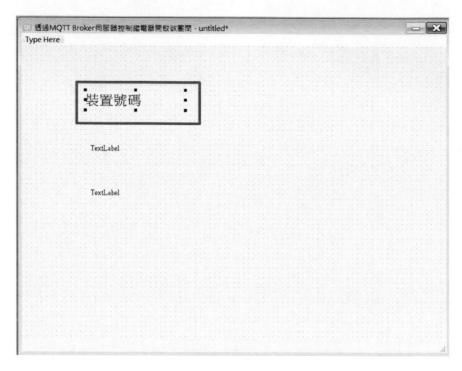

圖 269 完成第一個 Label 元件設定

如下圖所示，可以看到我們設計的視窗，仍有二個 Lable 元件未設計完成，根據上方所述，必將第二個 Label 元件設定為繼電器編號，第三個 Label 元件設定動作，由於只差在顯示文字內容不同，其他都相同，所以請讀者運用上述教學與思維重複其於二個 Lable 元件的設計。

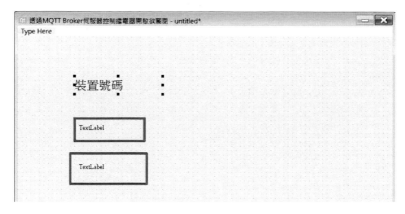

圖 270 進行修正第二三個 Label 元件內容與文字型態

如下圖所示，可以在 Qt Designer 左邊『Widget Box』元件視窗，在其下方『Display Widget』的『Lable』元件，點選之後，壓住滑鼠左鍵不放，拖拉到右方空白視窗之正確擺放 Lable 元件的地方，由於我們需要三個 Lable 元件，請重複三次一樣的動作。完成後如下圖所示會有三個 Label 元件。

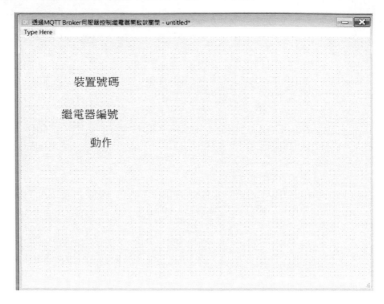

圖 271 完成所有 Label 元件設計

Combo Box 元件設計

如下圖所示，可以在 Qt Designer 左邊『Widget Box』元件視窗，在其下方『Input Widgets』的『Q Combo Box』元件，點選之後，壓住滑鼠左鍵不放，拖拉到右方空白視窗之正確擺放 Combo Box 元件的地方，由於我們需要三個 Combo Box 元件，請重複三次一樣的動作。完成後如下圖所示會有三個 Combo Box 元件。

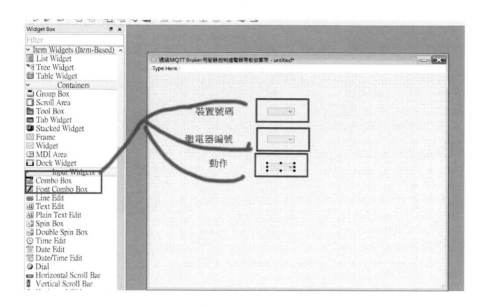

圖 272 拖拉 Combo Box 物件到視窗

第一個 Combo Box 元件設計

如下圖所示，可以在 Qt Designer 右邊『Property Editor』，在右方紅框處『object Name』，輸入『macnum』後，按下 Enter 後，修改第一個 Combo Box 物件名稱為『macnum』。

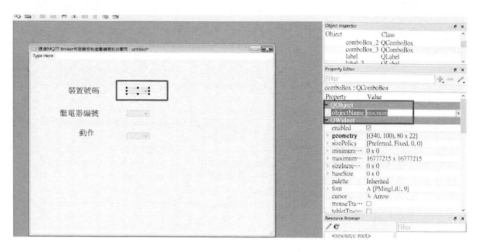

圖 273 修改第一個 ComboBox 元件名稱

如下圖所示，可以在 Qt Designer 右邊『Property Editor』，在『Font』處右方，滑鼠點選選擇自行選項，進行第一個『ComboBox』元件的文字型態。

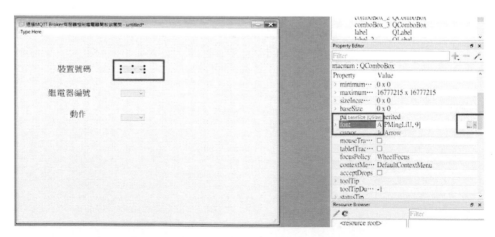

圖 274 設定第一個 ComboBox 元件之字型

如下圖所示，完成顯示文字的字形為『細明體』、Font Style 設定為『Regular』、
字形大小：Size 設定為『16』後，在『Select Font』的對話窗下方紅框處按下
『OK』完成設定第一個 ComboBox 元件文字型態。

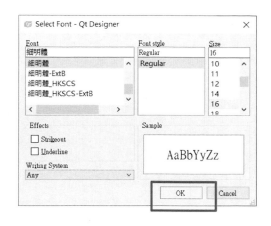

圖 275 完成設定第一個 Combo Box 元件文字型態

如下圖所示，可以看到設計視窗中，紅框處為第一個 Combo Box 元件，文字
無法完全顯示，請讀者使用滑鼠點選與拖曳，自行調整其 Combo Box 元件的大小
到合適的狀態。

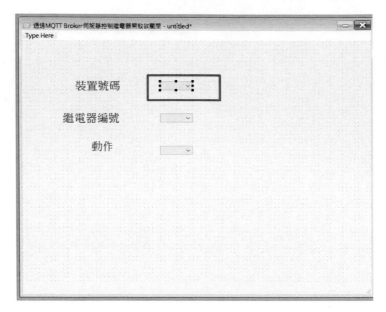

圖 276 第一個 ComboBox 元件文字大小與原來大小不一至

如下圖所示，可以看到設計的視窗，已完成第一個 ComboBox 元件設定。

圖 277 完成第一個 ComboBox 元件基本設定

如下圖所示，我們必須 ComboBox 元件欲先顯示可以選擇的內容進行設定，所以，請用滑鼠雙擊下圖所示之紅框處。

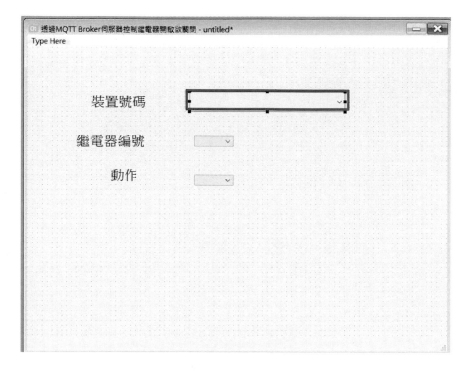

圖 278 點選第一個 ComboBox 元件

如下圖所示，在原來 Combo Box 元件上方，出現出現 Editcombobox 操作視窗。

圖 279 出現 Editcombobox 操作視窗

如下圖所示,我們點選下圖所示之紅框處之+號符號。。

圖 280 新增 Editcombobox Items 內容

如下圖所示，在 Editcombobox 操作視窗，出現一筆 Item 的內容，請在雙擊下圖所示之紅框處。

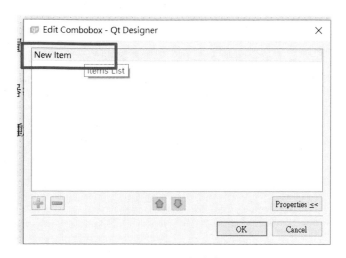

圖 281 出現一個新的 Item

如下圖所示，在 Editcombobox 操作視窗下，產生的 New Items 處出現反白，代表可以輸入/變更其內容值。

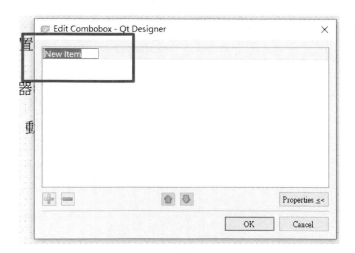

圖 282 新 Item 處出現反白

如下圖所示,在 Editcombobox 操作視窗上,New Items 處,請輸入繼電器控制器控制板的 MAC 網路卡編號。

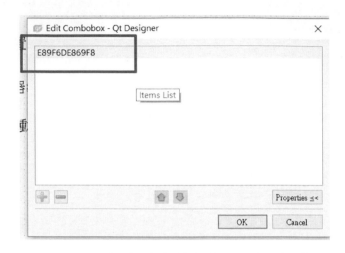

圖 283 請輸入繼電器控制器控制板的 MAC 網路卡編號

如下圖所示,在 Editcombobox 操作視窗上,New Items 處,根據要控制的控制板數量, 依序輸入每一個控制卡的 MAC 網路卡編號,讀起注意,這裡請實際依照讀者擁有的控制的控制板數量與其每一個控制卡的 MAC 網路卡編號,這個畫面依不同開發者與用有設備,進行對應的變更。

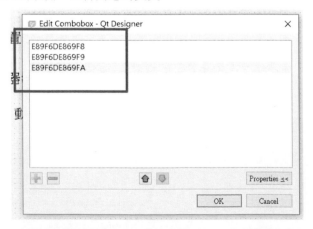

圖 284 根據要控制的控制板數量依序輸入 MAC 網路卡編號

如下圖所示，在 Editcombobox 操作視窗上，New Items 處下方『OK』按鈕，在下圖所示之紅框處，按下『OK』按鈕，完成本 Combo Box 元件的預設顯示內容與可選擇的內容設定。

圖 285 完成第一個 ComboBox 元件之 Items 設定

如下圖所示，筆者完成第一個 ComboBox 元件之需求設定

圖 286 完成第一個 ComboBox 元件之需求設定

第二個 Combo Box 元件設計

如下圖所示，可以在 Qt Designer 右邊『Property Editor』，在右方紅框處『object Name』，輸入『relaynum』後，按下 Enter 後，修改第一個 Combo Box 物件名稱為『relaynum』。

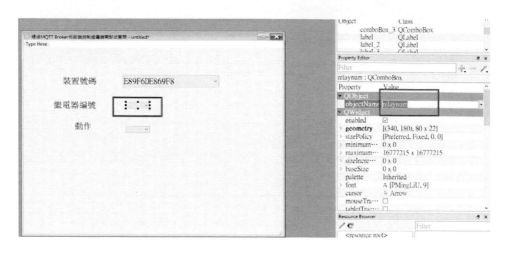

圖 287 修改第二個 ComboBox 元件名稱

如下圖所示，可以在 Qt Designer 右邊『Property Editor』，在『Font』處右方，滑鼠點選選擇自行選項，進行第二個『ComboBox』元件的文字型態。

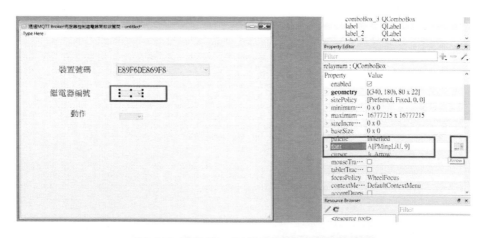

圖 288 設定第二個 ComboBox 元件之字型

如下圖所示，完成顯示文字的字形為『細明體』、Font Style 設定為『Regular』、字形大小：Size 設定為『16』後，在『Select Font』的對話窗下方紅框處按下『OK』完成設定第二個 ComboBox 元件文字型態。

圖 289 完成設定第二個 Combo Box 元件文字型態

如下圖所示，可以看到設計視窗中，紅框處為第二個 Combo Box 元件，文字無法完全顯示，請讀者使用滑鼠點選與拖曳，自行調整其 Combo Box 元件的大小到合適的狀態。

圖 290 第二個 ComboBox 元件文字大小與原來大小不一至

如下圖所示，可以看到設計的視窗，已完成第二個 ComboBox 元件。

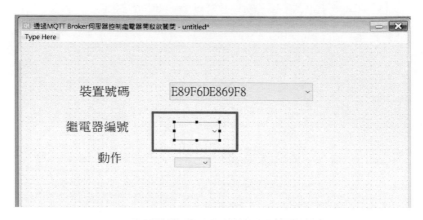

圖 291 完成第二個 ComboBox 元件基本設定

如下圖所示，我們必須 ComboBox 元件欲先顯示可以選擇的內容進行設定，所以，請用滑鼠雙擊下圖所示之紅框處。

圖 292 點選第二個 ComboBox 元件

如下圖所示，在原來 Combo Box 元件上方，出現 Editcombobox 操作視窗。

圖 293 出現 Editcombobox 操作視窗

如下圖所示，我們點選下圖所示之紅框處之+號符號。

圖 294 新增 Editcombobox Items 內容

如下圖所示，在 Editcombobox 操作視窗，出現一筆 Item 的內容，請在雙擊下圖所示之紅框處。

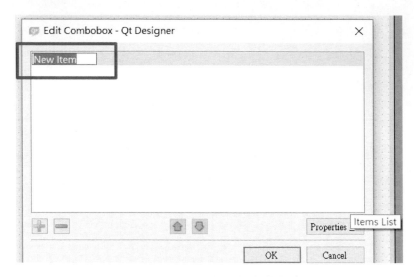

圖 295 出現一個新的 Item

如下圖所示，在 Editcombobox 操作視窗下，產生的 New Items 處出現反白，代表可以輸入/變更其內容值。

圖 296 新 Item 處出現反白

如下圖所示，在 Editcombobox 操作視窗上，New Items 處，請輸入繼電器控制器控制板的繼電器編號。

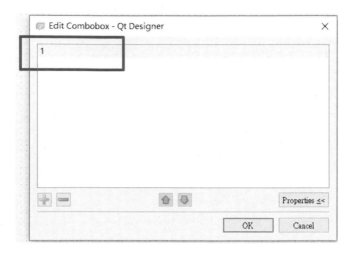

圖 297 請輸入繼電器控制器繼電器的編號

如下圖所示，在 Editcombobox 操作視窗上，New Items 處，根據要控制的繼電器數量，本文使用著繼電器數量為四個， 依序輸入 1~4 的編號，進行編號的新增。

圖 298 根據要控制的控制板輸入四組繼電器數量

如下圖所示，在 Editcombobox 操作視窗上，New Items 處下方『OK』按鈕，在下圖所示之紅框處，按下『OK』按鈕，完成本 Combo Box 元件的預設顯示內容與可選擇的內容設定。

圖 299 完成第二個 ComboBox 元件之 Items 設定

如下圖所示，筆者完成第二個 ComboBox 元件之需求設定

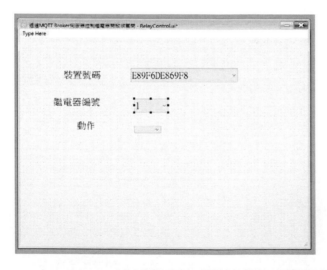

圖 300 完成第二個 ComboBox 元件之需求設定

第三個 **Combo Box** 元件設計

如下圖所示，可以在 Qt Designer 右邊『Property Editor』，在右方紅框處『object Name』，輸入『relayop』後，按下 Enter 後，修改第一個 Combo Box 物件名稱為『relayop』。

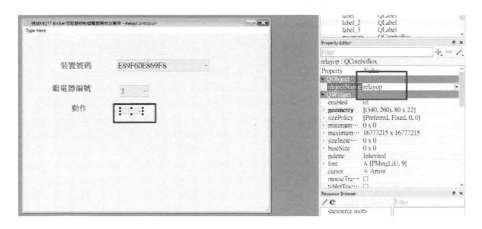

圖 301 修改第三個 ComboBox 元件名稱

如下圖所示，可以在 Qt Designer 右邊『Property Editor』，在『Font』處右方，滑鼠點選選擇自行選項，進行第三個『ComboBox』元件的文字型態。

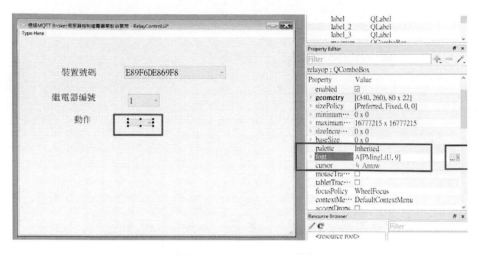

圖 302 設定第三個 ComboBox 元件之字型

如下圖所示，完成顯示文字的字形為『細明體』、Font Style 設定為『Regular』、字形大小：Size 設定為『16』後，在『Select Font』的對話窗下方紅框處按下『OK』完成設定第三個 ComboBox 元件文字型態。

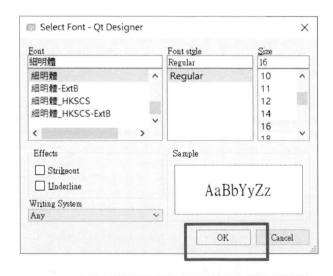

圖 303 完成設定第三個 Combo Box 元件文字型態

如下圖所示，可以看到設計視窗中，紅框處為第三個 Combo Box 元件，文字無法完全顯示，請讀者使用滑鼠點選與拖曳，自行調整其 Combo Box 元件的大小到合適的狀態。

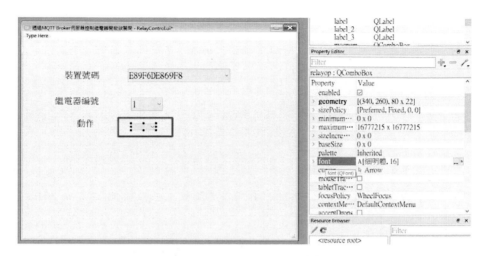

圖 304 第三個 ComboBox 元件文字大小與原來大小不一至

如下圖所示，可以看到設計的視窗，已完成第三個 ComboBox 元件設定。

圖 305 完成第三個 ComboBox 元件基本設定

如下圖所示，我們必須 ComboBox 元件欲先顯示可以選擇的內容進行設定，所以，請用滑鼠雙擊下圖所示之紅框處。

圖 306 點選第三個 ComboBox 元件

如下圖所示，在原來 Combo Box 元件上方，出現出現 Editcombobox 操作視窗。

圖 307 出現 Editcombobox 操作視窗

如下圖所示，我們點選下圖所示之紅框處之+號符號。

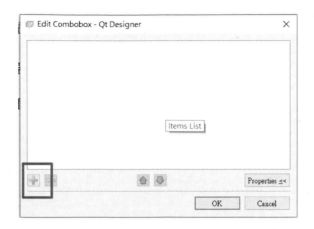

圖 308 新增 Editcombobox Items 內容

如下圖所示，在 Editcombobox 操作視窗，出現一筆 Item 的內容，請在雙擊下圖所示之紅框處。

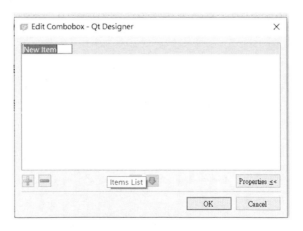

圖 309 出現一個新的 Item

如下圖所示，在 Editcombobox 操作視窗下，產生的 New Items 處出現反白，代表可以輸入/變更其內容值。

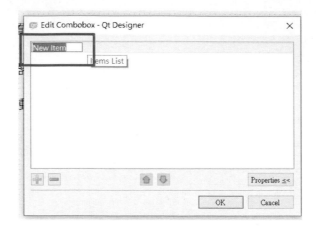

圖 310 新 Item 處出現反白

如下圖所示，在 Editcombobox 操作視窗上，New Items 處，請輸入繼電器控制器之繼電器控制方法-開啟與關閉。

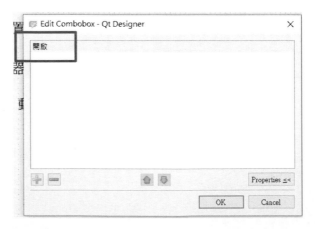

圖 311 請輸入繼電器控制器控制板之繼電器控制方法-開啟

如下圖所示，在 Editcombobox 操作視窗上，New Items 處，根據要控制的控制板之繼電器控制方法， 依序輸入-開啟與關閉。

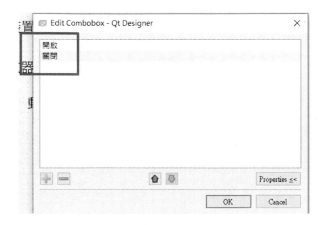

圖 312 根據要控制的控制板依序輸入-開啟與關閉

如下圖所示，在 Editcombobox 操作視窗上，New Items 處下方『OK』按鈕，在下圖所示之紅框處，按下『OK』按鈕，完成本 Combo Box 元件的預設顯示內容與可選擇的內容設定。

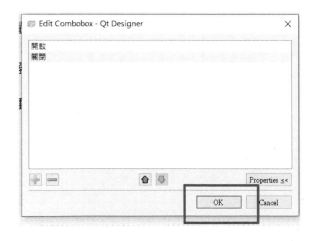

圖 313 完成第三個 ComboBox 元件之 Items 設定

如下圖所示，筆者完成第一個 ComboBox 元件之需求設定

圖 314 完成第三個 ComboBox 元件之需求設定

Text Edit 元件設計

　　如下圖所示，可以在 Qt Designer 左邊『Widget Box』元件視窗，在其下方『Input Widgets』的『Text Edit』元件，點選之後，壓住滑鼠左鍵不放，拖拉到右方空白視窗之正確擺放 Text Edit 元件的地方，由於我們需要一個 Text Edit 元件，完成後如下圖所示會有一個 Text Edit 元件。

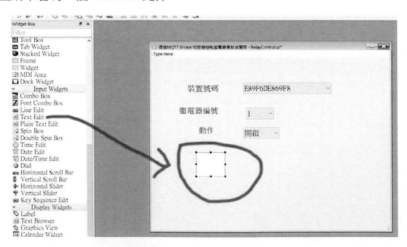

圖 315 拖拉 Text Edit 元件到視窗

如下圖所示，由於 Text Edit 元件會顯示許多文字，就是欲傳送控制器命令的內容，所以我們必須設定 Text Edit 元件為正確大小。

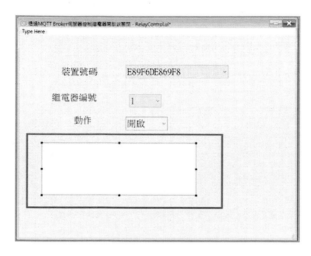

圖 316 設定 Text Edit 元件為正確大小

如下圖所示，可以在 Qt Designer 右邊『Property Editor』，在右方紅框處『object Name』，輸入『out』後，按下 Enter 後，修改 Text Edit 元件名稱為『out』。

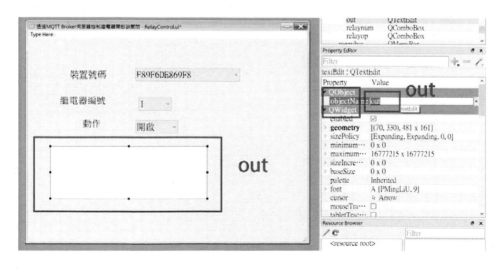

圖 317 修改 Text Edit 元件名稱

如下圖所示，可以在 Qt Designer 右邊『Property Editor』，在『Font』處右方，滑鼠點選選擇自行選項，進行 Text Edit 元件的文字型態。

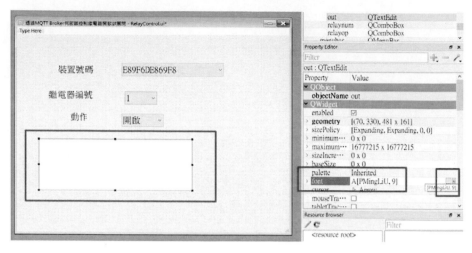

圖 318 設定 Text Edit 元件之字形

如下圖所示，完成顯示文字的字形為『細明體』、Font Style 設定為『Regular』、字形大小：Size 設定為『16』後，在『Select Font』的對話窗下方紅框處按下『OK』完成設定第一個 ComboBox 元件文字型態。

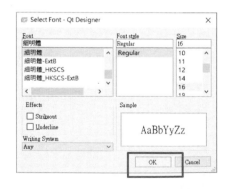

圖 319 完成 Text Edit 元件文字型態

如下圖所示，可以看到設計視窗中，紅框處為 Text Edit 元件，文字無法完全顯示，請讀者使用滑鼠點選與拖曳，自行調整其 Text Edit 元件的大小到合適的狀態。

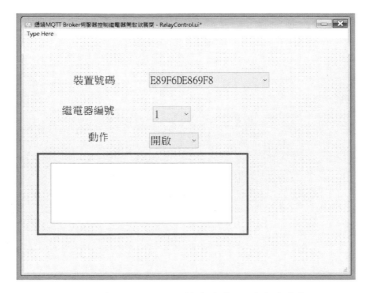

圖 320 調整 Text Edit 元件大小為正確大小與位置

建立按鈕 Button 元件設計

如下圖所示，可以在 Qt Designer 左邊『Widget Box』元件視窗，在其下方『Button』的『Push Button』元件，點選之後，壓住滑鼠左鍵不放，拖拉到右方空白視窗之正確擺放 Push Button 元件的地方，由於我們需要二個 Push Button 元件，請重複二次一樣的動作。完成後如下圖所示會有二個 Push Button 元件。

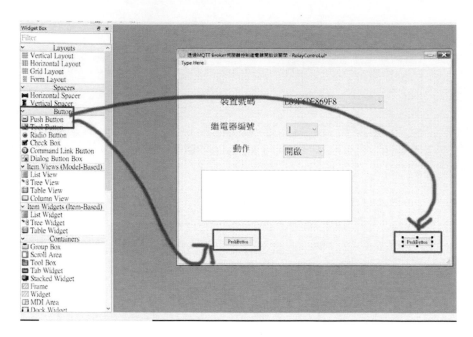

圖 321 建立兩個 Push Buttonx 元件

如下圖所示，由於這兩個按鈕，我們必須調整兩個 Push Buttonx 元件大小與位置，請依序將這兩個 Push Buttonx 元件調整至下圖所示之大小與位置，若讀者有其他想法或需求，也可自行變更兩個 Push Buttonx 元件為不同的大小與位置。

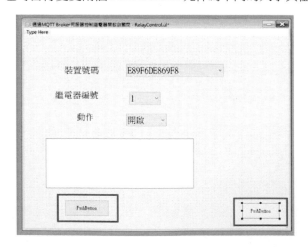

圖 322 調整兩個 Push Buttonx 元件大小與位置

第一個 Push Buttonx 元件設計

如下圖所示，可以在 Qt Designer 右邊『Property Editor』，在右方紅框處『object Name』，輸入『cmd1』後，按下 Enter 後，修改第一個 Push Buttonx 元件名稱為『cmd1』。

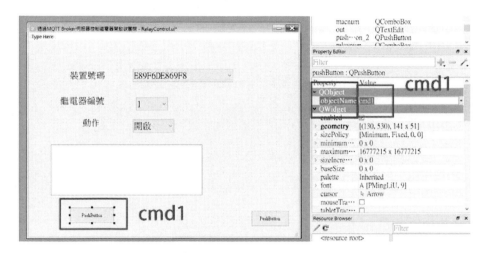

圖 323 修改第一個 Push Buttonx 元件名稱

如下圖所示，可以在 Qt Designer 右邊『Property Editor』，在『Text』處右方，滑鼠點選選擇自行選項，進行第一個 Push Buttonx 元件的顯示文字的內容為『執行』。

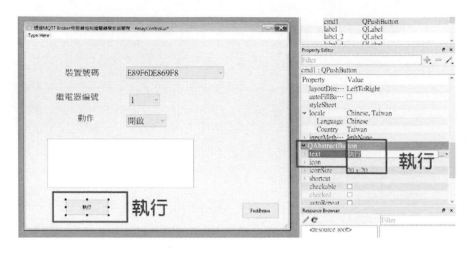

圖 324 設定第一個 Push Buttonx 元件顯示文字

如下圖所示，可以在 Qt Designer 右邊『Property Editor』，在『Font』處右方，滑鼠點選選擇自行選項，進行第一個 Push Buttonx 元件的文字型態。

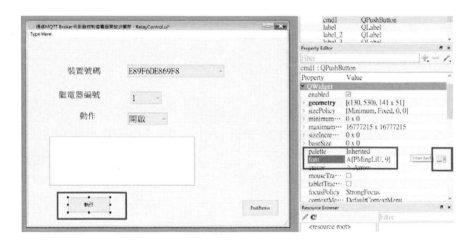

圖 325 設定第一個 Push Buttonx 元件之字形

如下圖所示，完成顯示文字的字形為『細明體』、Font Style 設定為『Regular』、字形大小：Size 設定為『16』後，在『Select Font』的對話窗下方紅框處按下『OK』完成設定第一個 Push Buttonx 元件文字型態。

圖 326 完成設定第一個 Push Buttonx 元件文字型態

如下圖所示，可以看到設計視窗中，紅框處為第一個 Push Buttonx 元件，文字無法完全顯示，請讀者使用滑鼠點選與拖曳，自行調整其 Push Buttonx 元件的大小到合適的狀態。

圖 327 第一個 Push Buttonx 元件文字大小與原來大小不一至

如下圖所示，可以看到設計的視窗，已完成第一個 Push Buttonx 元件設定。

圖 328 完成第一個 Push Buttonx 元件基本設定

第二個 Push Buttonx 元件設計

如下圖所示，可以在 Qt Designer 右邊『Property Editor』，在右方紅框處『object Name』，輸入『sysexit』後，按下 Enter 後，修改第二個 Push Buttonx 元件名稱為『sysexit』。

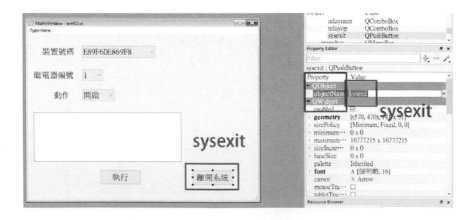

圖 329 修改第二個 Push Buttonx 元件名稱

如下圖所示，可以在 Qt Designer 右邊『Property Editor』，在『Text』處右方，滑鼠點選選擇自行選項，進行第二個 Push Buttonx 元件的顯示文字的內容為『離開系統』。

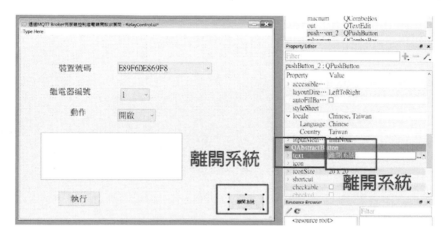

圖 330 設定第二個 Push Buttonx 元件顯示文字

如下圖所示，可以在 Qt Designer 右邊『Property Editor』，在『Font』處右方，滑鼠點選選擇自行選項，進行第二個 Push Buttonx 元件的文字型態。

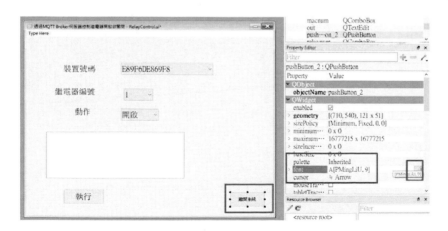

圖 331 設定第二個 Push Buttonx 元件之字形

如下圖所示，完成顯示文字的字形為『細明體』、Font Style 設定為『Regular』、字形大小：Size 設定為『16』後，在『Select Font』的對話窗下方紅框處按下『OK』完成設定第二個 Push Buttonx 元件文字型態。

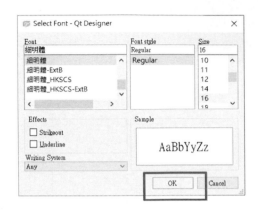

圖 332 完成設定第二個 Push Buttonx 元件文字型態

如下圖所示，可以看到設計視窗中，紅框處為第二個 Push Buttonx 元件，文字無法完全顯示，請讀者使用滑鼠點選與拖曳，自行調整其 Push Buttonx 元件的大小到合適的狀態。

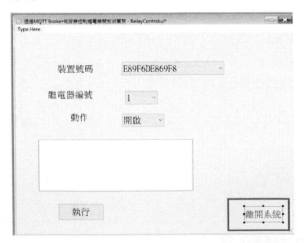

圖 333 第二個 Push Buttonx 元件文字大小與原來大小不一致

如下圖所示，可以看到設計的視窗，已完成第二個 Push Buttonx 元件設定。

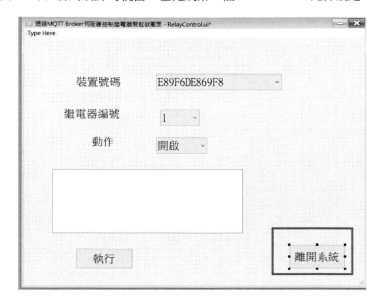

圖 334 完成第二個 Push Buttonx 元件基本設定

儲存設計之視窗設計

如下圖所示，可以在 Qt Designer 選項菜單下，選擇『File』，在下方紅框處『Save
As』，點選『Save As』選項後，進入下一個步驟。

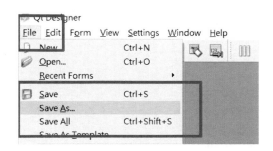

圖 335 另存新檔

如下圖所示，可以先選擇存檔的路徑，筆者的開發路徑為『D:\pyprg\QTGUI』，存檔的名稱為『RelayControl.ui』，讀者可以依自己開發環境不同而字型更正對應正確內容。

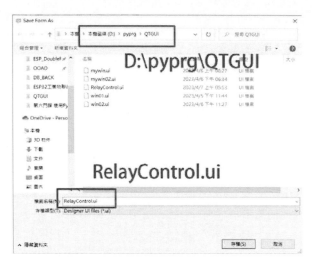

圖 336 選擇存檔路徑與輸入檔名

　　如下圖所示，可以點選『存檔』或『OK』或『Save』後，將我們設計的檔案進行存檔。

圖 337 完成存檔

回到 Pycharm IDE 整合環境

如下圖所示，切換軟體到回到 Pycharm IDE 整合環境。

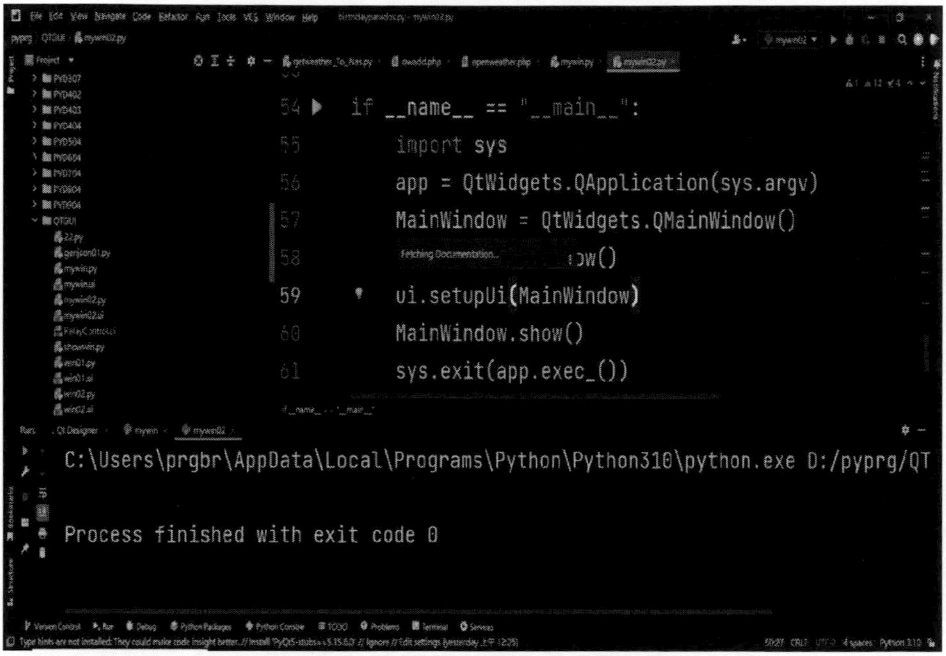

圖 338 回到 Pycharm IDE 整合環境

如下圖所示，回到 Pycharm IDE 整合環境後，點選左方的專案總管，查看剛剛存檔的目錄下(本文為：D:\pyprg\QTGUI)，是否有檔案：『RelayControl.ui』存在，如果沒有的話，可能就是剛剛在 Qt Designer 設計後有問題，或在 Qt Designer 設計時存檔的路徑或檔名有差異，致使找不到。

圖 339 檢查 RelayControl 是否存在

如下圖所示，我們點選專案目錄下的視窗設計檔：『RelayControl.ui』，按下滑鼠右鍵呼叫出快捷選單，再點選到『External Tools』，出現下一階快捷選單，可以看到之前設定的『Qt Designer』、『PyUIC5』、『PyUIC6』等外部工具之選項菜單，我們選擇『PyUIC5』，進行編譯『RelayControl.ui』視窗設計檔為 Python 程式檔。

圖 340 啟動 PyUIC5 進行轉化視窗設計檔為 Python 程式檔

如下圖所示，可以看到 Pycharm IDE 程式中，其專案管理下，於『RelayControl.ui』檔案同路徑下，出現『RelayControl.py』之 RelayControl.py 之 Python 程式檔。

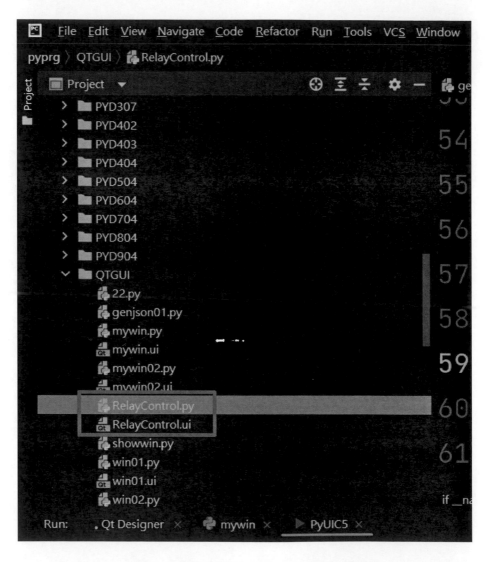

圖 341 產生 RelayControl.py 之 Python 程式檔

如下圖所示，可以 Pycharm IDE 程式已經開啟 RelayControl_py 程式檔，並在下圖所示之大紅框中可以看到對應產生設計視窗內容的對應程式。

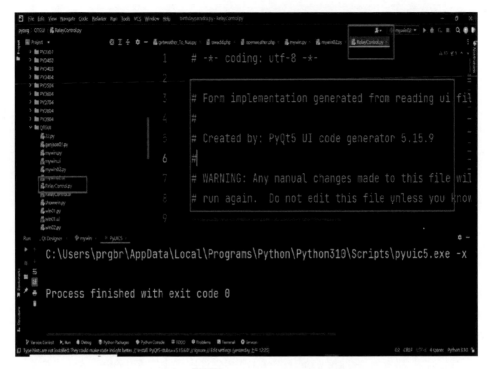

圖 342 開啟 RelayControl.py 程式內容

　　如下圖所示，我們在上圖所示的大紅框任意處或下圖所示之小紅框處，點選滑鼠後，按下滑鼠右鍵，呼叫出快捷選單，可以在下圖所示之執行 RelayControl.py 程式中，其紅框處出現『Run RelayControl.py』的選項，請用滑鼠點選『Run RelayControl.py』的選項，執行 RelayControl.py 程式。

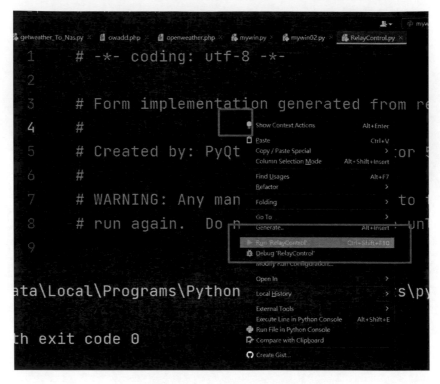

圖 343 執行 RelayControl.py 程式

如下圖所示，在原來 Combo Box 元件上方，出現出現 Editcombobox 操作視窗。

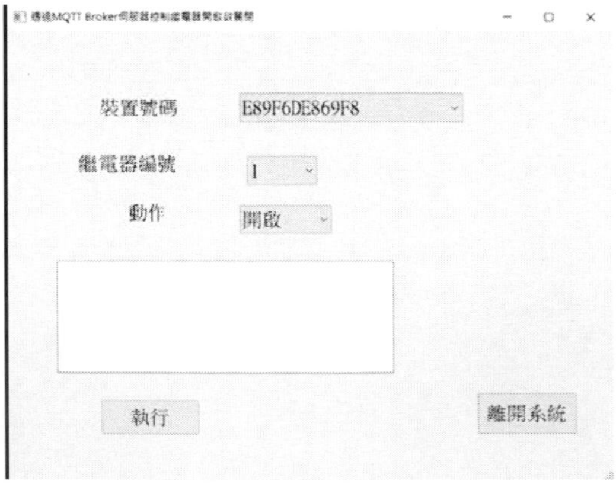

圖 344 執行 RelayControl.py 程式正確無誤後出現對應視窗

本節到此，我們發現已經可以正確產生設計的視窗主體，並且可以執行 RelayControl.py 程式正確無誤後出現對應視窗

開發控制 Modbus 控制器之功能問題

接下來我們要開發控制 Modbus 控制器之功能。

檢核視窗功能

如下圖所示，RelayControl.py 程式可以正確執行。

圖 345 執行 RelayControl.py 程式正確無誤後出現對應視窗

檢核功能

如下圖所示，我們檢核裝置號碼下拉功能與點選功能，可以發現 Qt Designer 視窗設計工具可以達到我們想要的功能。

圖 346 裝置號碼下拉功能與點選

如下圖所示，我們檢核裝繼電器編號下拉功能與點選功能，可以發現 Qt De-
signer 視窗設計工具可以達到我們想要的功能。

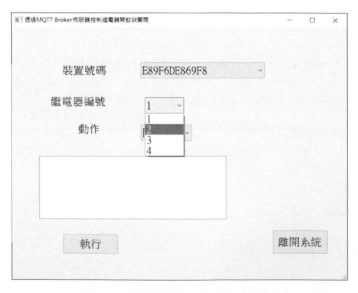

圖 347 繼電器編號下拉功能與點選

如下圖所示，我們檢核繼電器動作下拉功能與點選功能，可以發現 Qt Designer 視窗設計工具可以達到我們想要的功能。

圖 348 繼電器動作下拉功能與點選

如下圖所示，我們檢核按下執行按鈕功能，可以發現沒有動作，沒有甚麼事情發生。

圖 349 按下執行按鈕沒有動作

如下圖所示，我們檢核按下離開系統按鈕功能，可以發現沒有動作，沒有甚麼事情發生，也沒有關閉系統、程式或次視窗。

圖 350 按下離開系統按鈕沒有動作

回到 Qt Designer 視窗工具

如下圖所示，我們回到 Qt Designer 視窗工具，筆者找 Qt Designer 視窗工具很久後，發現並沒有任何地方可以攥寫任何程式的地方或功能。

圖 351 回到 Qt Designer 視窗工具

如下圖所示，回到 **Qt Designer** 官網後，進入 Qt Designer 官網手冊進行了解後，可以發現 Qt Designer 是一個使用者界面設計工具，它是 Qt 開發框架的一部分，可用於創建 Python，C++，Java 和其他 Qt 支持的程式設計語言的 視覺化人機介面(Graphical User Interface, GUI)的設計工具。**Qt Designer** 允許您輕鬆地創建和編輯圖形界面，並且可以透過 Python，C++，Java 等工具產生對應的程式碼。

Qt Designer 提供了一個視覺化的環境，讓您可以輕鬆地拖放和開發各種小部件，如按鈕，文本框和下拉式選單等。您可以使用它來設計 視覺化人機介面(Graphical User Interface, GUI)的外觀和式樣，添加和調整視窗元件的佈局，設置視窗元件的屬性和內容等，以及創建和編輯 Qt Designer 提供的預設對話框、視窗的常見的視窗元件。

圖 352 Qt Designer 官網手冊

但是筆者發現，Qt Designer 視窗設計工具，最大的功能是協助快述設計與開發視窗介面，但是由於是視窗內所有元件的人機互動會產生不同的電腦程序，Qt Designer 視窗設計工具設計之視窗設計檔本身不含程式，而是透過不同語言對於 Qt Designer 的支持，進而產生各自對應的視窗程式，而人機互動之產生不同的電腦程序並非視窗內所有元件的功能，也因為 Qt Designer 視窗設計工具也不是專為某一種電腦語言設計開發的工具。

加上前面所述，所有設計的視窗介面檔(XXXX.ui)，都必須透過對應的程式工具產生對應程式語言的原始程式，如本書 Python 程式碼就是透過 PyUIC5/PyUIC6 工具而產生的，而 PyUIC5 產生的 Python 程式碼又是靠 Python PyQT5 套件，PyUIC6 產生的 Python 程式碼又是靠 Python PyQT6 套件，所以 Qt Designer 視窗設計工具更不可能產生單一之 Python 語言的人機互動電腦程序 。

所以筆者發現，所有人機互動電腦程序必須在 Python 語言中攢寫程式。由於所有人機互動電腦程序必須在 Python 語言中攢寫程式，而透過 PyUIC5 產生的 Python 程式碼，本身就具備一開始就啟動視窗的能力，所以我們可以在產生後的 Python 程式碼中加 Python 語言的入機互動電腦程序，但是筆者發現，由於修改視窗元件的任何地方，都必須透過 Qt Designer 視窗設計工具，而設計、修改、變更的視窗設計檔，又必須透過 PyUIC5/PyUIC6 工具而產生的正確的新程式碼，而這些新的程式碼又會覆蓋原有的已加入加 Python 語言的入機互動電腦程序程式碼的程式檔，造成非常困擾的問題。

解決重複產生視窗程式碼的問題

接下來我們要開發必須移除 PyUIC5/PyUIC6 工具而產生的的新程式碼獨立執行的功能。

修正 PyQt5/6 於 Pycharm IDE 之獨立執行的功能

鑒於上節筆者所述，筆者一步一步帶領讀者進行設定這樣的外部工具。

首先，第一步請開啟 Pycharm IDE 工具，進到專案管理的視窗內。

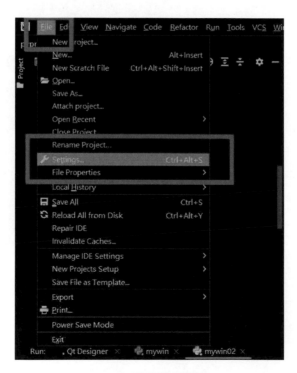

圖 353 開啟 Pycharm IDE 工具

第二步：進入 Pycharm IDE 工具設定選項。

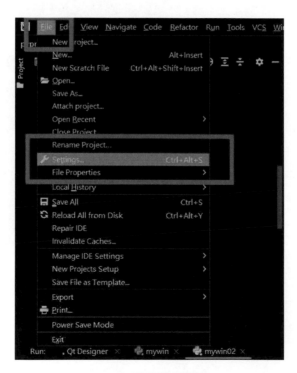

圖 354 進入設定選項

第三步：進入設定外部工具視窗

圖 355 進入設定外部工具視窗

第四步：增加外部工具(PyQT5)

圖 356 增加外部工具(PyQt5)

第五步：設定 PyQt5 外部工具

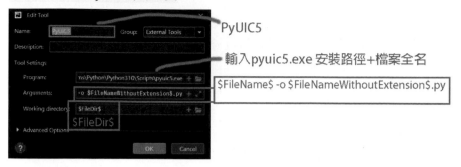

圖 357 修正設定 PyQt5 外部工具

第六步：增加外部工具(PyQt6)

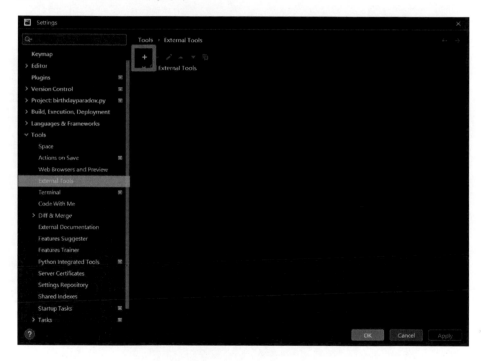

圖 358 增加外部工具(PyQt6)

第七步：設定 PyQt6 外部工具

圖 359 修正設定 PyQt6 外部工具

第八步：完成外部工具設定

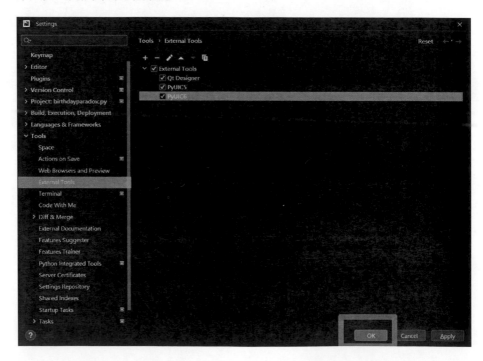

圖 360 完成外部工具設定

接下來檢核外部工具設定是否完成，如下圖所示，先點選左側專案視窗，所攥

寫專案目錄下，滑鼠點選後，按下滑鼠右鍵後，會出現選項視窗，在選擇『External

Tools』選項後，會出現下圖所示之紅框，會出現剛才安裝的外部工具：Qt Designer、PyUIC5、PyUIC6 等工具(如讀者之前或多設計其他工具，會出現更多的外部工具選項)。

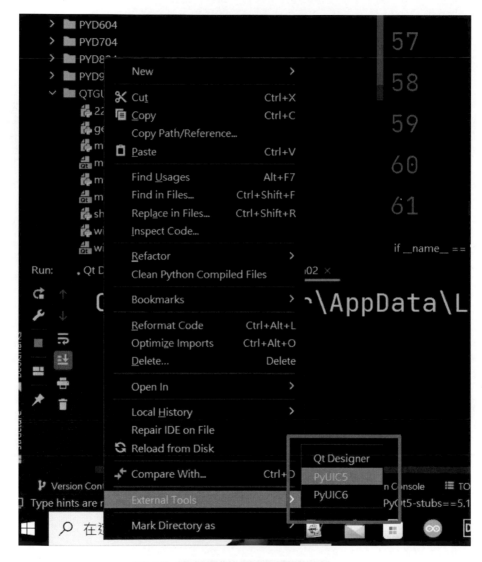

圖 361 檢測外部工具是否完成設定

到此我們可以看到，Pycharm IDE 工具完成這樣的外部工具設定。

回到 Pycharm IDE 整合環境重新產生視窗程式碼

如下圖所示，切換軟體到回到 Pycharm IDE 整合環境。

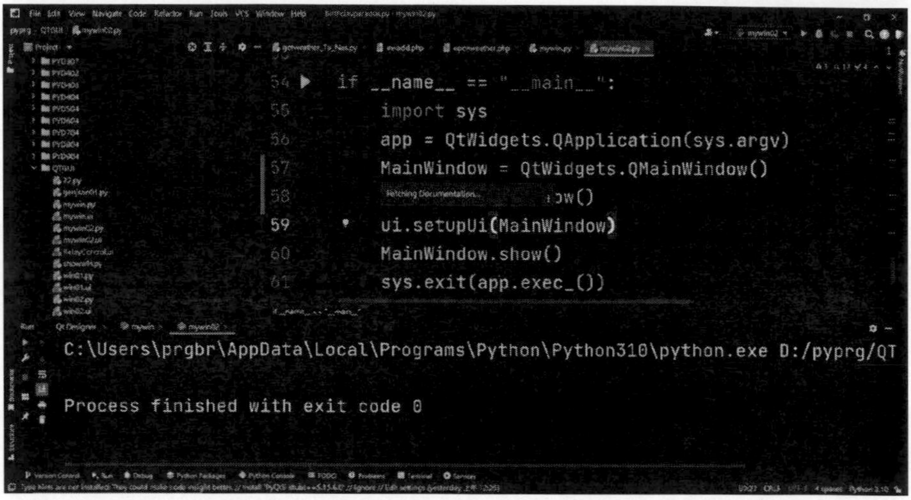

圖 362 回到 Pycharm IDE 整合環境

如下圖所示，回到 Pycharm IDE 整合環境後，點選左方的專案總管，查看剛剛存檔的目錄下(本文為：D:\pyprg\QTGUI)，是否有檔案：『RelayControl.ui』存在，如果沒有的話，可能就是剛剛在 Qt Designer 設計後有問題，或在 Qt Designer 設計時存檔的路徑或檔名有差異，致使找不到。

圖 363 檢查 RelayControl 是否存在

如下圖所示，我們點選專案目錄下的視窗設計檔：『RelayControl.ui』，按下滑鼠右鍵呼叫出快捷選單，再點選到『External Tools』，出現下一階快捷選單，可以看到之前設定的『Qt Designer』、『PyUIC5』、『PyUIC6』等外部工具之選項菜單，我們選擇『PyUIC5』，進行編譯『RelayControl.ui』視窗設計檔為 Python 程式檔。

圖 364 啟動 PyUIC5 進行轉化視窗設計檔為 Python 程式檔

如下圖所示，可以看到 Pycharm IDE 程式中，其專案管理下，於
『RelayControl.ui』檔案同路徑下，出現『RelayControl.py』之 RelayControl.py 之
Python 程式檔。

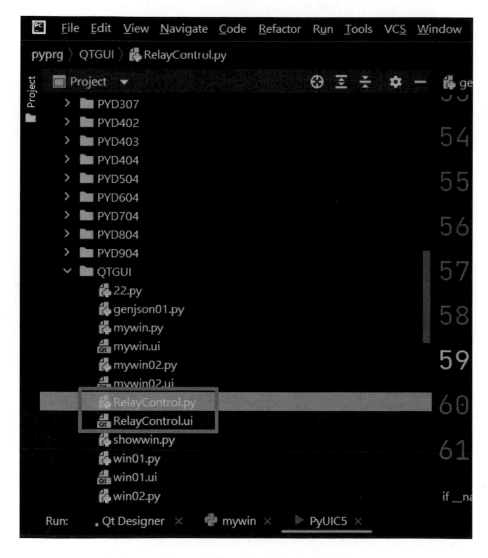

圖 365 產生 RelayControl.py 之 Python 程式檔

如下圖所示，可以 Pycharm IDE 程式已經開啟 RelayControl_py 程式檔，並在
下圖所示之大紅框中可以看到對應產生設計視窗內容的對應程式。

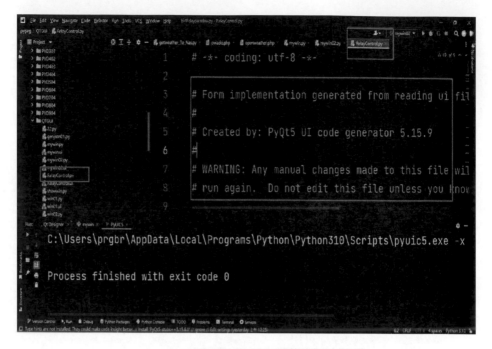

圖 366 開啟 RelayControl.py 程式內容

　　如下圖所示，我們在上圖所示的大紅框任意處或下圖所示之小紅框處，點選滑
鼠後，按下滑鼠右鍵，呼叫出快捷選單，可以在下圖所示之執行 RelayControl.py
程式中，其紅框處出現『Run RelayControl.py』的選項，請用滑鼠點選『Run
RelayControl.py』的選項，執行 RelayControl.py 程式。

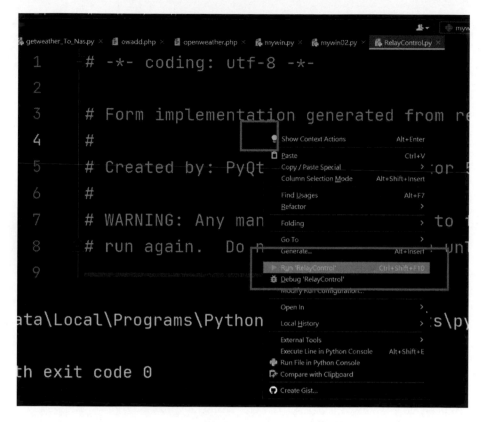

圖 367 執行 RelayControl.py 程式

如下圖所示，在原來 Combo Box 元件上方，出現出現 Editcombobox 操作視窗。

圖 368 沒有出現視窗畫面

如下圖所示，我們發現，可以獨立執行之設定參數：『-x $FileName$ -o $FileNameWithoutExtension$.py』與不可以獨立執行之設定參數：『$FileName$ -o $FileNameWithoutExtension$.py』，只有差別在前面的『-x』參數，而加入『-x』參數會使產生程式出現下圖所示之紅框處的程式。

圖 369 比對產生之程式碼

查看差異的視窗程式碼

如下表所示，可以看到使用：獨立執行之設定參數：『-x $FileName$ -o $FileNameWithoutExtension$.py』之 PyUIC5、PyUIC6 等工具，產生下表所示之程式碼，這個程式碼有點難，不過，主要的意思是：

1. 如果這支程式是主程式，就執行下列程式

表 207 差異的程式碼

```
import sys
app = QtWidgets.QApplication(sys.argv)
MainWindow = QtWidgets.QMainWindow()
ui = Ui_MainWindow()
ui.setupUi(MainWindow)
MainWindow.show()
sys.exit(app.exec_())
```

2. 匯入 sys 系統套件

3. app = QtWidgets.QApplication(sys.argv) ： 令 app 為 QtWidgets.QApplication(sys.argv)的 QT 的應用程式

4. 讓 MainWindow 等於 QtWidgets.QMainWindow()的 主視窗，就是產生一個視窗物件，並讓產生的視窗物件用『MainWindow』命名。

5. ui = Ui_MainWindow()：產生類別『class Ui_MainWindow』的實體物件，並回傳此物件到 ui 物件。

6. ui.setupUi(MainWindow)：透過 ui 物件的方法(setupUi())，將上面產生的 MainWindow 傳入，讓空物件：MainWindow 進行產生在 Qt Designer 繪出的視窗內容之所有產生對應之 Python 程式碼，如此，MainWindow 物件便具備 Qt Designer 繪出的視窗所有內容。

7. MainWindow.show()：啟動視窗：MainWindow，讓執行權回視窗：MainWindow。

8.　sys.exit(app.exec_())：此程式在 MainWindow.show()之後，所以當啟動視窗：MainWindow，所有執行權便進入視窗主體，並不會執行該行程式，但是如果離開視窗後，才會執行：sys.exit(app.exec_())。

　　所以這行：sys.exit(app.exec_())，就是結束系統。

　　綜觀上面，就是產生視窗，執行視窗等等事件與動作，但是這些真正執行:產生視窗，執行視窗的行為卻和 Qt Designer 視窗設計工具，所產生的程式合在一起，但也只有把所有的動作都寫在這裡，才能處理視窗所有的操作行為與對應的程式。

　　但是上面提到，我們可以修改這個產生的程式，加入所有的動作對應的程式，才能處理視窗所有的操作行為與對應的程式，但是如果有需要修正視窗的任何畫面、畫面物件的新增、修改、刪除等，都必須回到 Qt Designer 視窗設計工具，而要產生修正視窗的任何畫面、畫面物件的新增、修改、刪除等對應的程式，又必須要透過 PyUIC5、PyUIC6 等工具，重新產生全新程式碼，而上面我們攥寫的視窗所有的動作程式卻不包含在 Qt Designer 視窗設計工具所儲存的 UI 檔案內,在重新產生 UI 檔案時，卻又全面改寫新的視窗程式，便把之前：上面我們攥寫的視窗所有的動作程式因在同一個程式檔，所以就被覆蓋消除的一乾二淨。

　　所以只有把上面我們攥寫的視窗所有的動作程式,獨立成為真正的主程式，而由 Qt Designer 視窗設計工具，設計的視窗的任何畫面、視窗內所有的元件、屬性、所有由 Qt Designer 視窗設計工具產生的項目,獨立成為一個相同檔名的畫面檔(UI)與透過 PyUIC5、PyUIC6 等工具產生的程式檔，獨立在真正的主程式之外，透過 import 畫面產生的 Python 程式碼檔，如此一來，有任何畫面的新需求，產生修正視窗的任何畫面、畫面物件的新增、修改、刪除等對應的 UI 介面檔，雖透過 PyUIC5、PyUIC6 等工具產生的程式檔，隨然已經產生全新的畫面程式檔，但是主程式並未被破壞，而產生的新畫面程式檔，有可以被覆蓋在原有的畫面檔(注意：需要用同檔名且在同一位置)，所以修正後，對於主程式，只要重新編譯主程式，而對於畫面檔的視窗程式，由於在主程式有 import 畫面檔的視窗程式，在主程式重新編譯時，也會被重新編譯，如此一來，原有視窗介面的所有的動作、操作行為與對應的程式因在主程式內，就可以得以保存，但是新增、修改、刪除、差異的視窗、元件、動作、流程等對應的視窗介面的所有的動作、由於視窗程式有所異動，當然在主程式，就必須修正，這樣的流程，完全合乎系統的開發設計操作行為，所以這樣的想法，應改可以合乎我們的開發流程。

設計全新的視窗主程式

如下表所示，筆者寫一支標準視窗執行主程式，命名為：mainwin.py，與設計界面 UI 檔與設計界面對應產生之 Python 檔，放於同目錄下(方便使用，如讀者與筆者有差異，請自行更正)，如下表所示，mainwin.py 真正用到設計界面對應產生之 Python 檔，只有『import RelayControl as ui』該行程式。

表 208 標準視窗執行主程式(mainwin.py)

```python
# 匯入需要使用的模塊
import json
from PyQt5 import QtWidgets, QtCore, QtGui

# 匯入 UI 模組
import RelayControl as ui

# 定義合併 JSON 的函式
def combinejson():
    window.setouttext()#執行視窗 window 內的 setouttext()函式
    return

# 定義結束視窗的函式
def endwindow():
    exit()
    return
```

```python
# 定義主要的視窗類別
class Main(QtWidgets.QMainWindow, ui.Ui_MainWindow):
    def __init__(self):
        super().__init__()
        self.setupUi(self)
        self.cmd1.clicked.connect(combinejson)   # 點擊時執行
show 函式
        self.sysexit.clicked.connect(endwindow)   # 點擊時執行
show 函式
    # 定義設置輸出文字的函式
    def setouttext(self):
        self.out.clear()
        data = {'DEVICE': self.macnum.currentText(), 'SENSOR':
"RELAY", 'SET': self.relaynum.currentText(),
'OPERATION':self.getrelayop()}
        str1 = json.dumps(data, indent=4)
        self.out.setText(str1)


    # 定義取得 Relay 開關狀態的函式
    def getrelayop(self):
        if self.relayop.currentText() == "開啟":
            return "HIGH"
        else:
            return "LOW"




# 判斷是否為主程式執行
if __name__ == '__main__':
    import sys

    # 創建應用程式
    app = QtWidgets.QApplication(sys.argv)
    # 創建主要的視窗
    window = Main()
    # 顯示主要的視窗
    window.show()
    # 執行應用程式
    sys.exit(app.exec_())
```

如下表所示，因為我們使用 Qt Designer 視窗設計工具產生的視窗，在透過 PyUIC5、PyUIC6 等工具產生時，沒有使用『-x』 參數，所以並沒有產生視窗實體化與對應執行程式主體，所以我們必須要將窗實體化的，如下表所示，加入實體化的程式。

表 209 標準視窗執行主程式實體化設計之視窗程式

```
# 定義主要的視窗類別
class Main(QtWidgets.QMainWindow, ui.Ui_MainWindow):
    def __init__(self):
        super().__init__()
        self.setupUi(self)
```

接下來，因為我們使用 Qt Designer 視窗設計工具產生的視窗，在透過 PyUIC5、PyUIC6 等工具產生時，沒有使用『-x』 參數，所以並沒有產生視窗實體化與對應執行程式主體，所以我們必須要將對應執行程式主體，自行設計出來，其實跟，如下表所示，我們必須如下表所示，因為我們使用 Qt Designer 視窗設計工具產生的視窗，在透過 PyUIC5、PyUIC6 等工具產生時，沒有使用『-x』 參數，所以並沒有產生視窗實體化與對應執行程式主體，所以我們必須要將窗實體化的，如下表所示，筆者參考表 207 差異的程式碼內容後，稍許修改後，產生下面實體化的程式。

表 210 標準視窗執行主程式真正執行並產生視窗之程式

```
# 判斷是否為主程式執行
if __name__ == '__main__':
    import sys

    # 創建應用程式
    app = QtWidgets.QApplication(sys.argv)
    # 創建主要的視窗
    window = Main()
    # 顯示主要的視窗
    window.show()
```

```
# 執行應用程式
sys.exit(app.exec_())
```

接下來，如下圖所示，可以在 Pycharm IDE 開發工具內，看到 mainwin.py 的
程式內容。

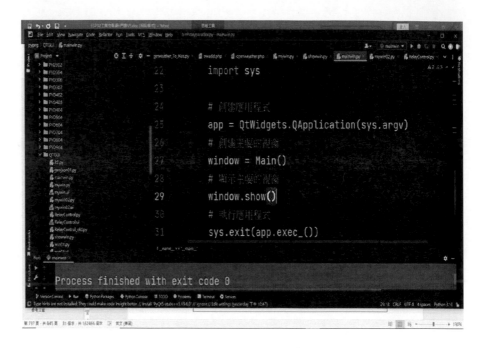

圖 370 真正視窗介面主程式

如下圖所示，可以在開 Pycharm IDE 開發工具下，按下滑鼠右鍵後，執行視窗介面主程式。

圖 371 執行真正視窗介面主程式

如下圖所示，筆者在執行真正視窗介面主程式後，發現真正視窗介面主程式被執行成功了。

圖 372 真正視窗介面主程式被執行成功

　　筆者介紹到此，我們已經可以用這樣的方法開發系統。

產生視窗操作之程式碼

　　接下來筆者要開發如下圖所示之視窗程式，主要目的，在按下視窗內『執行』按鈕，產生如下表所示之 JSON 文件碼，並顯示在如下圖所示之視窗程式之 Text Edit 元件內。

圖 373 純視窗介面之主畫面

表 211 控制繼電器開啟與關閉之 JSON 命令檔

JSON 內容	解釋	

{
"DEVICE":"E89F6DE869F8",
"SENSOR":"RELAY" ,
"SET":4 ,
"OPERATION":"HIGH"
}
	DEVICE	網路卡編號

	SENSOR	感測器類別
	SET	第幾組 1~4
	OPERATION	操作動作： HIGH/LOW

設計動作與操作內容

鑒於上節筆者所述，筆者一步一步帶領讀者進行設定這樣的外部工具。

首先，第一步請開啟 Pycharm IDE 工具，進到專案管理的視窗內。

完成動作的主程式

如下圖所示,筆者參考上面如表 208 標準視窗執行主程式(mainwin.py)之程式內容,修改為下表所示之產生繼電器開啟與關閉之 JSON 命令之程式,並命名為 showwin.py。

表 212 產生繼電器開啟與關閉之 JSON 命令之程式(showwin.py)

```python
# 匯入需要使用的模塊
import json
from PyQt5 import QtWidgets, QtCore, QtGui

# 匯入 UI 模組
import RelayControl as ui

# 定義合併 JSON 的函式
def combinejson():
    window.setouttext()#執行視窗 window 內的 setouttext()函式
    return

# 定義結束視窗的函式
def endwindow():
    exit()
    return




# 定義主要的視窗類別
class Main(QtWidgets.QMainWindow, ui.Ui_MainWindow):
    def __init__(self):
        super().__init__()
        self.setupUi(self)
        self.cmd1.clicked.connect(combinejson)    # 點擊執行函式
        self.sysexit.clicked.connect(endwindow)   # 點擊離開函式
    # 定義設置輸出文字的函式
```

```python
    def setouttext(self):
        self.out.clear()
        data = {'DEVICE': self.macnum.currentText(), 'SENSOR': "RELAY",
'SET': int(self.relaynum.currentText()),
'OPERATION':self.relayop.currentText()}
        str1 = json.dumps(data, indent=4)
        self.out.setText(str1)


    # 定義取得 Relay 開關狀態的函式
    def getrelayop(self):
        if self.relayop.currentText() == "開啟":
            return "HIGH"
        else:
            return "LOW"




# 判斷是否為主程式執行
if __name__ == '__main__':
    import sys

    # 創建應用程式
    app = QtWidgets.QApplication(sys.argv)
    # 創建主要的視窗
    window = Main()
    # 顯示主要的視窗
    window.show()
    # 執行應用程式
    sys.exit(app.exec_())
```

按下執行按鈕之動作程式

由於我們是按下按下視窗的『執行』按鈕，而『執行』按鈕名稱為『cmd1』，而『按鈕按下』的行為是按鈕『clicked』，所以筆者就加入下一行程式：

加入程式碼：self.cmd1.clicked.connect(combinejson)　# 點擊時執行 show 函
式

如下表所示，筆者將新的動作，如上一行程式，加入到畫面物件主程式最後，
產生新的動作行為➜按下視窗的『執行』按鈕➜執行『combinejson』的函式。

完成後，可以見到下表所示之程式。

表 213 加入按下視窗的『執行』按鈕

```
# 定義主要的視窗類別
class Main(QtWidgets.QMainWindow, ui.Ui_MainWindow):
    def __init__(self):
        super().__init__()
        self.setupUi(self)
        self.cmd1.clicked.connect(combinejson)　# 點擊時執行 show 函式
```

由於『combinejson』的函式是筆者自訂的函式，所以筆者在最上方 Import
區等等下方，加入『combinejson』的函式，如下表所示。

由於『combinejson』的函式會改變視窗內命名為『out』名字的 Text Edit 元
件，而對於視窗內的元件，外部不一定可以接觸到，除非要把所有的視窗元件都開
發公開，且可以接觸的權限，這對視窗設計是一大隱憂。

所以筆者建立視窗內的新方法：setouttext()，除非特殊限制，大部分視窗內
的方法、元件與屬性可以互相讀寫，這樣方便 setouttext()函式的開發。

由於由外部執行視窗的 setouttext()函式，所以外部 combinejson()必須加入
window 視窗名稱，才能執行到該視窗內的 setouttext()函式，最後把『combinejson』
的函式整理成下表所示的內容。

表 214 加入按下視窗的『執行』按鈕程式主體

```
# 定義合併 JSON 的函式
def combinejson():
    window.setouttext()#執行視窗 window 內的 setouttext()函式
    return
```

建立視窗內 **setouttext()**函式

如下表所示，由於我們增加視窗內的 **setouttext()**函式，所以要先找到視窗內物件下，新增新的視窗內的 **setouttext()**函式，所以先找到如下表所示之找到視窗物件之主程式。

表 215 找到視窗物件之主程式

```
class Main(QtWidgets.QMainWindow, ui.Ui_MainWindow):
    def __init__(self):
        super().__init__()
        self.setupUi(self)
        self.cmd1.clicked.connect(combinejson)   # 點擊時執行 show 函式
```

如上表所示，找到找到視窗物件之主程式之後，移到找到視窗物件之主程式下面，筆者由於我們增加視窗內的 setouttext()函式，如下表所示，筆者加入 setouttext 函式內容。

表 216 setouttext 函式內容

```
    # 定義設置輸出文字的函式
    def setouttext(self):
        self.out.clear()
        data = {'DEVICE': self.macnum.currentText(), 'SENSOR': "RELAY",
'SET': int(self.relaynum.currentText()),
'OPERATION':self.relayop.currentText()}
        str1 = json.dumps(data, indent=4)
        self.out.setText(str1)
```

setouttext 函式內容解釋

如上表所示，由於 setouttext 函式內容必須先行取得視窗 macnum 物件、relaynum 物件、relayop 物件的內容，方能產生下表所示的 JSON 文件。

表 217 控制繼電器開啟與關閉之 JSON 命令檔

JSON 內容	解釋	

{
"DEVICE":"E89F6DE869F8",
"SENSOR":"RELAY",
"SET":4,
"OPERATION":"HIGH"
}
	DEVICE	網路卡編號

	SENSOR	感測器類別
	SET	第幾組 1~4
	OPERATION	操作動作： HIGH/LOW

如下圖所示，由於 relayop 顯示內容為『開啟』與『開啟』關閉，而 JSON 內的內容是『HIGH』與『LOW』，所以如下圖所示，，relayop 顯示內容與 json 內容 OPERATION 不一致產生錯誤。

圖 374 relayop 顯示內容與 json 內容 OPERATION 不一致產生錯誤畫面

由於如此，筆者必須將 relayop 顯示內容與 JSON 內的內容進行轉換，所以筆者又加入一個轉換函式，所以建立了轉換函式 getrelayop()，在判斷『"開啟"』時，回傳『HIGH』，反之不是『"開啟"』時，回傳『LOW』。

如此一來，轉換函式 getrelayop()就可讓 relayop 顯示內容與 json 內容 OPERATION 一致化，如下圖所示，getrelayop(self)函釋內容如下所示。

表 218 relayop 顯示內容與 JSON 內的內容轉換函式 getrelayop()

```
# 定義取得 Relay 開關狀態的函式
def getrelayop(self):
    if self.relayop.currentText() == "開啟":
        return "HIGH"
    else:
        return "LOW"
```

參考上表所示，筆者將 setouttext 函式內容，如下表所示，修改為新的內容。

表 219 修改後 setouttext 函式內容

```
def setouttext(self):
    self.out.clear()
    data = {'DEVICE': self.macnum.currentText(), 'SENSOR': "RELAY",
'SET': int(self.relaynum.currentText()), 'OPERATION':self.getrelayop()}
    str1 = json.dumps(data, indent=4)
    self.out.setText(str1)
```

當 setouttext 函式內容，修改為如上表所示之新的內容後，重新執行後，如下圖所示，可以看到不一致的問題已經被解決。

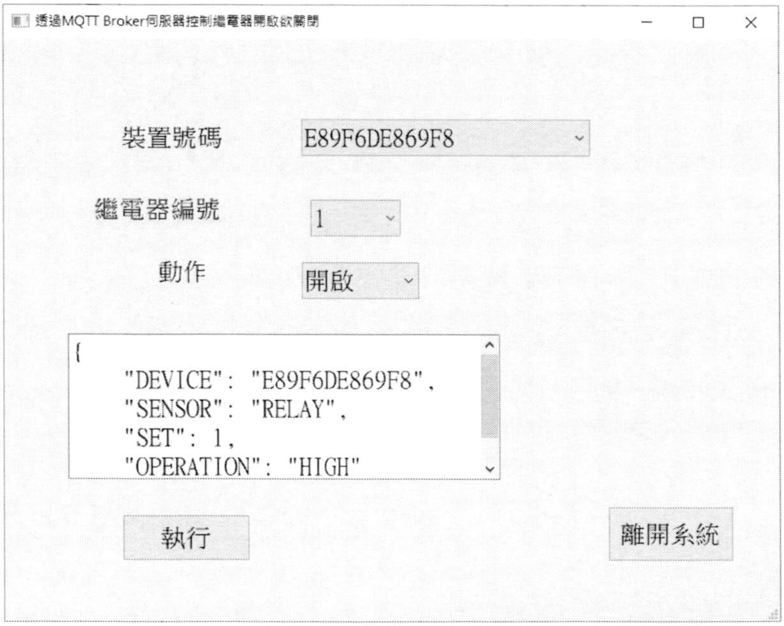

圖 375 relayop 顯示內容與 json 內容 OPERATION 一致化正確畫面

如上表與上下圖所示，筆者發現，data 的型態並非正確的 json 文件格式，所以筆者為了轉換 data 的型態為 json 型態，如下表所示，透過 json.dumps()的函式，

將 data 的型態轉換成 json 文件格式,並用縮排(indent=4)的格式,將整個 json 內容,
回傳到 str1 的變數之中。

　　接下來,筆者運用視窗物件:out 的內建.setText(改變內容)函式,如下表所式,
加入程式之後,就可以產生上圖所示的內容。

表 220 轉換 data 的型態為 json 型態並輸出

```
str1 = json.dumps(data, indent=4)
self.out.setText(str1)
```

按下離開按鈕之動作程式

　　由於我們是按下按下視窗的『離開』按鈕,而『執行』按鈕名稱為『sysexit』,
而『按鈕按下』的行為是按鈕『clicked』,所以筆者就加入下一行程式:

　　加入程式碼:self.sysexit.clicked.connect(endwindow)　# 點擊離開函式

　　如下表所示,筆者將新的動作,如上一行程式,加入到修改後的畫面物件主程
式最後,產生新的動作行為➜按下視窗的『離開』按鈕➜執行『endwindow』的函
式。

　　完成後,可以見到下表所示之程式。

表 221 加入按下視窗的『離開』按鈕

```
class Main(QtWidgets.QMainWindow, ui.Ui_MainWindow):
    def __init__(self):
        super().__init__()
        self.setupUi(self)
        self.cmd1.clicked.connect(combinejson)    # 點擊執行函式
        self.sysexit.clicked.connect(endwindow)   # 點擊離開函式
```

由於『endwindow』的函式是筆者自訂的函式，所以筆者在最上方 Import 區等加入程式後的下方，加入『endwindow』的函式，如下表所示。

表 222 加入按下視窗的『離開』按鈕程式主體

```
# 定義結束視窗的函式
def endwindow():
    exit()
    return
```

離開系統的方式非常簡單粗暴，只要一個 exit()，就可以結束系統。

到這個部分，筆者已經介紹如何透過外部 showmain.py 與 RelayControl.ui 與 RelayControl.py 如何共同運作與式窗異動時，如何正確修改與運行，一步一步展示給讀者，相信讀者看完之後，細心領會與思考後，未來自己的想法，也可以開發完成。

完成傳送 json 文件到 MQTT Broker 伺服器程式碼

筆者寫到這章節，已經到尾聲，接下來一步一步完成最後的系統。

先行攥寫傳送到 MQTT Broker 伺服器之範例程式

筆者先從前面文章中，整理一份與上節程式最後產生之 json 文件接近的文件，如下表所示，可以看到該文件具備可以透過 MQTT Broker 伺服器之指定主題 (Topic)，可以驅動第 4 號繼電器開啟的命令。

表 223　控制繼電器運作之ＪＳＯＮ文件內容

```
{
  "DEVICE":"E89F6DE869F8",
  "SENSOR":"RELAY" ,
  "SET":4 ,
  "OPERATION":"HIGH"
}
```

我們打開 Pycharm 整合開發軟體，攥寫一段程式，如下表所示之傳送到 MQTT Broker 伺服器之範例程式　(sendjsontotopic.py)，將上表所示之 json 文件內容，再透過 MQTTB Broker 伺服器(broker.emqx.io)，將這個 json 文件內容傳送到 MQTT Broker 伺服器(broker.emqx.io)的主題(/ncnu/controller)上，接下來再透過MQTT BOX 軟體監控傳送結果。

表 224 傳送到 MQTT Broker 伺服器之範例程式

攥寫傳送到 MQTT Broker 伺服器之範例程式(sendjsontotopic.py)

```python
import paho.mqtt.client as mqtt
import json

# 設定 MQTT Broker 的 IP 位址和連接埠
broker_address = "broker.emqx.io"
broker_port = 1883

# 建立 MQTT 用戶端
client = mqtt.Client()
```

```
# 連接到 MQTT Broker
client.connect(broker_address, broker_port)

# 準備要傳送的 JSON 資料
data = {
    "DEVICE": "E89F6DE869F8",
    "SENSOR": "RELAY",
    "SET": 4,
    "OPERATION": "HIGH"
}
payload = json.dumps(data)

# 傳送 MQTT 訊息
topic = "/ncnu/controller"
client.publish(topic, payload)

# 中斷 MQTT 連線
client.disconnect()
```

程式下載：https://github.com/brucetsao/ESP6Course_IIOT

如下圖所示，可以看到傳送到 MQTT Broker 伺服器之範例程式編輯畫面：

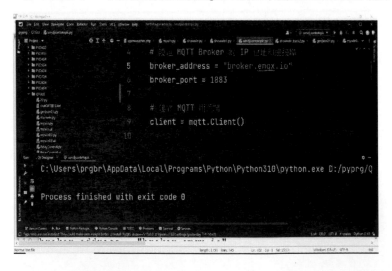

圖 376 傳送到 MQTT Broker 伺服器之範例程式之編輯畫面

如下圖所示，我們可以看到傳送到 MQTT Broker 伺服器之範例程式之結果畫面。

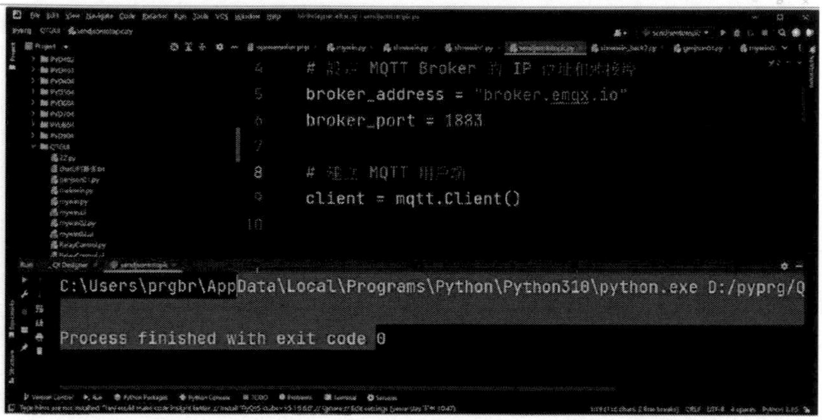

圖 377 傳送到 MQTT Broker 伺服器之範例程式執行畫面

接下來筆者使用 MQTT BOX，對於 MQTT BOX 軟體不熟的讀者，可以參閱拙作:ESP32物聯網基礎10門課:The Ten Basic Courses to IoT Programming Based on ESP32(曹永忠 et al., 2023a, 2023b)。

筆者利用 MQTT BOX，連接網址：broker.emqx.io，使用者：無、密碼：無，健行連接 MQTT Broker 伺服器，進行連接，再把上表所示之內容，傳送到 TOPIC(/ncnu/controller)主題上。

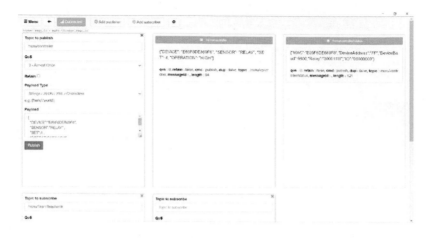

圖 378 測試傳送到 MQTT Broker 伺服器之範例程式之傳送ＪＳＯＮ文件內容

修改之前的主程式

如下圖所示，筆者參考上面如 showwin.py 之程式內容，修改為下表所示之可以傳送 JSON 命令之程式，並命名為 showwinV2.py。

表 225 產生繼電器 JSON 命令檔並傳送到 MQTT 之程式(showwinV2)

```
# 匯入需要使用的模塊
import paho.mqtt.client as mqtt
import json
from PyQt5 import QtWidgets, QtCore, QtGui

# 匯入 UI 模組
import RelayControl as ui


# 設定 MQTT Broker 的 IP 位址和連接埠
broker_address = "broker.emqx.io"
broker_port = 1883

# 建立 MQTT 用戶端
```

```python
client = mqtt.Client()




# 定義結束視窗的函式
def endwindow():
    exit()


# 定義合併 JSON 的函式
def combinejson(self):
    # window.outjson("aaaaaa")
    jstr = window.setouttext()
    # 連接到 MQTT Broker
    client.connect(broker_address, broker_port)
    payload = json.dumps(jstr)

    # 傳送 MQTT 訊息
    topic = "/ncnu/controller"
    client.publish(topic, payload)

    # 中斷 MQTT 連線
    client.disconnect()


# 定義主要的視窗類別
class Main(QtWidgets.QMainWindow, ui.Ui_MainWindow):
    def __init__(self):
        super().__init__()
        self.setupUi(self)
        self.sysexit.clicked.connect(endwindow)   # 點擊時執行 show 函式
        self.cmd1.clicked.connect(combinejson)   # 點擊時執行 show 函式


    # 定義輸出 JSON 的函式
    def outjson(self, ss):
        self.out.setText(ss)
```

```python
    # 定義取得 MAC Address 的函式
    def getmac(self):
        return self.macnum.currentText()

    # 定義取得 Relay 號碼的函式
    def getrelaynum(self):
        return self.relaynum.currentText()

    # 定義取得 Relay 開關狀態的函式
    def getrelayop(self):
        if self.relayop.currentText() == "開啟":
            return "HIGH"
        else:
            return "LOW"

    # 定義設置輸出文字的函式
    def setouttext(self):
        self.out.clear()
        data = {'DEVICE': self.getmac(), 'SENSOR': "RELAY", 'SET':
self.getrelaynum(), 'OPERATION': self.getrelayop()}
        str1 = json.dumps(data, indent=4)
        self.out.setText(str1)
        return data


# 判斷是否為主程式執行
if __name__ == '__main__':
    import sys

    # 創建應用程式
    app = QtWidgets.QApplication(sys.argv)
    # 創建主要的視窗
    window = Main()
    # 顯示主要的視窗
    window.show()
    # 執行應用程式
    sys.exit(app.exec_())
```

加入 **MQTT Broker** 運行的套件

為了可以連上 MQTT Broker 伺服器與發佈與接收訂閱的主題，我們必須讓 python 具備這樣的功能，我們必須將 MQTT Broker 的套件：『paho』含入在程式中，如下圖所示，所以把『import paho.mqtt.client as mqtt』的程式加到 程式的頂端。

表 226 程式頂端加入使用套件語法

```
import paho.mqtt.client as mqtt
```

接下來必須將連線到 MQTT Broker 伺服器的資訊加入：

● MQTT Broker 伺服器網址：broker.emqx.io

● MQTT Broker 伺服器通訊埠：1883

● 建立 MQTT 用戶端

由上面資訊得知，必須將上面資訊轉成 Python 程式碼，如下表所示之程式碼，筆者將連線到 MQTT Broker 伺服器的資訊與連線物，加到主程式上面。

表 227 加入 MQTT Broker 伺服器連線資訊與連線物件

```
# 設定 MQTT Broker 的 IP 位址和連接埠
broker_address = "broker.emqx.io"
broker_port = 1883

# 建立 MQTT 用戶端
client = mqtt.Client()
```

修正按下執行按鈕的函式

如下表所示，由於我們必須修正修正按下執行按鈕的函式：combinejson() 函式，如下表所示之 combinejson()函式修正為可以運行的內容：

表 228 修正按下執行按鈕的函式：combinejson()

```
# 定義按下執行按鈕處理的函式
def combinejson(): # 定義按下執行按鈕處理的函式
    jstr = window.setouttext()#執行視窗 window 內的 setouttext()函式
    payload = json.dumps(jstr, indent=4)
    client.connect(broker_address, broker_port)
    # 傳送 MQTT 訊息
    topic = "/ncnu/controller"
    client.publish(topic, payload)
    # 中斷 MQTT 連線
    client.disconnect()
    return
```

如上表所示，我們必須修正：

原有的函式：window.setouttext()#執行視窗 window 內的 setouttext()函式

希望在執行這個轉換 json 文件與顯示的函式：setouttext()函式，在執行轉換元件資訊為轉換 json 文件，在顯示在 out 的 Text Edit 元件內容後，可以順便將轉換 json 文件回傳，所以我們修改：

新的函式：jstr = window.setouttext()

所以『jstr』物件，用來接收修改後的 setouttext()函式，後面會針對修改後的 setouttext()函式進行說明。

接下來使用 json 套件，使用 json.dumps()函式來轉換回傳 json 內容的字串，所以筆者加入下列轉換 json 型態的程式：

payload = json.dumps(jstr, indent=4)

透過 json.dumps(jstr, indent=4)，轉換回傳 json 內容的字串，並將 json 型態的內容回傳給 payload 之 json 物件。

有了完整的 json 物件內容，我們必須先連接 MQTT Broker 伺服器，所以筆者加入連線到 MQTT Broker 伺服器的程式：

client.connect(broker_address, broker_port)

接下來連線到 MQTT Broker 伺服器之後，可以開始準備傳送 payload 之 json 物件：

topic = "/ncnu/controller"

client.publish(topic, payload)

第一行，先行設定要傳送的主題：/ncnu/controller。

第二行，就把 payload 之 json 物件傳送發布到傳送的主題：/ncnu/controller。

傳送內容後，就可以準備中斷 MQTT Broker 伺服器的連線，所以筆者又加入下列的程式：

client.disconnect()

return

第一行，中斷 MQTT Broker 伺服器的連線網路物件：client。

第二行，return，因為沒有資料需要回傳，所以就 return 之後結束本程序。

修正具有回傳能力的 setouttext 函

由於之前程式：showmain.py 內的按下按鈕之處理程序：setouttext(self)，不具回傳顯示內容的 json 文件的功能，參考表 216 setouttext 函式內容所示，如下表所示，筆者將之修改為具有回傳顯示內容的 json 文件的功能。

表 229 顯示內容的 json 文件的功能之 setouttext(self)

```
def setouttext(self):
    self.out.clear()
```

```
    data = {'DEVICE': self.macnum.currentText(), 'SENSOR': "RELAY", 'SET':
int(self.relaynum.currentText()), 'OPERATION':self.getrelayop()}
    str1 = json.dumps(data, indent=4)
    self.out.setText(str1)
    return data
```

讀者若比較參考表 216 setouttext 函式內容所示，可以發現：只有差別尾段程

式：

return data

就是把：

data = {'DEVICE': self.macnum.currentText(), 'SENSOR': "RELAY", 'SET':

int(self.relaynum.currentText()), 'OPERATION':self.getrelayop()}

上面程式產生 json 基本內容的變數：data，進行回傳而已。

完成最後版本的主程式

綜合上述內容，筆者參考上面第一代 showwinV2.py 之程式內容，修改為下表

所示之可以傳送 JSON 命令之程式，並命名為 showwinV3.py。

表 230 產生繼電器 JSON 命令檔並傳送到 MQTT 之最終版程式(showwinV3.py)

```
import paho.mqtt.client as mqtt
# 匯入需要使用的模塊
import json
from PyQt5 import QtWidgets, QtCore, QtGui

# 匯入 UI 模組
import RelayControl as ui


# 設定 MQTT Broker 的 IP 位址和連接埠
broker_address = "broker.emqx.io"
```

```python
broker_port = 1883

# 建立 MQTT 用戶端
client = mqtt.Client()


def combinejson(): # 定義按下執行按鈕處理的函式
    jstr = window.setouttext()#執行視窗 window 內的 setouttext()函式
    payload = json.dumps(jstr, indent=4)
    client.connect(broker_address, broker_port)
    # 傳送 MQTT 訊息
    topic = "/ncnu/controller"
    client.publish(topic, payload)
    # 中斷 MQTT 連線
    client.disconnect()
    return

# 定義結束視窗的函式
def endwindow():
    exit()
    return




# 定義主要的視窗類別
class Main(QtWidgets.QMainWindow, ui.Ui_MainWindow):
    def __init__(self):
        super().__init__()
        self.setupUi(self)
        self.cmd1.clicked.connect(combinejson)  # 點擊執行函式
        self.sysexit.clicked.connect(endwindow)  # 點擊離開函式
    # 定義設置輸出文字的函式
    def setouttext(self):
        self.out.clear()
        data = {'DEVICE': self.macnum.currentText(), 'SENSOR': "RELAY",
'SET': int(self.relaynum.currentText()), 'OPERATION':self.getrelayop()}
        str1 = json.dumps(data, indent=4)
        self.out.setText(str1)
```

```python
        return data

    # 定義取得 Relay 開關狀態的函式
    def getrelayop(self):
        if self.relayop.currentText() == "開啟":
            return "HIGH"
        else:
            return "LOW"




# 判斷是否為主程式執行
if __name__ == '__main__':
    import sys

    # 創建應用程式
    app = QtWidgets.QApplication(sys.argv)
    # 創建主要的視窗
    window = Main()
    # 顯示主要的視窗
    window.show()
    # 執行應用程式
    sys.exit(app.exec_())
```

如下圖所示，可以看到產生繼電器 JSON 命令檔並傳送到 MQTT 之最終版程式
(showwinV3.py)編輯畫面：

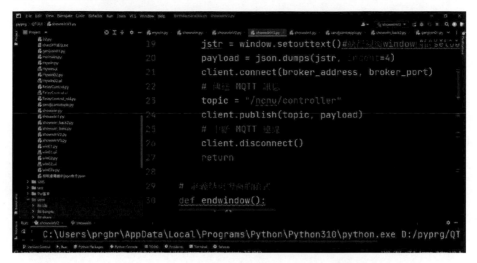

圖 379 產生繼電器 JSON 命令檔並傳送到 MQTT 之最終版程式之編輯畫面

如下圖所示，我們可以看到產生繼電器 JSON 命令檔並傳送到 MQTT 之最終
版程式之結果畫面。

圖 380 產生繼電器 JSON 命令檔並傳送到 MQTT 之最終版程式之結果畫面

接下來筆者使用 MQTT BOX，對於 MQTT BOX 軟體不熟的讀者，可以參閱拙作：ESP32 物聯網基礎 10 門課:The Ten Basic Courses to IoT Programming Based on ESP32(曹永忠 et al., 2023a, 2023b)。

筆者利用 MQTT BOX，連接網址：broker.emqx.io，使用者：無、密碼：無，健行連接 MQTT Broker 伺服器，進行連接，再把上表所示之內容，傳送到 TOPIC(/ncnu/controller)主題上。

圖 381 測試產生繼電器 JSON 命令檔並傳送到 MQTT 之最終版程式之傳送 Ｊ Ｓ Ｏ Ｎ
文件內容

小結

　　最後本文已經可以透過下圖所示之系統，進而控制下下圖與下下下圖之本書設
計之控制 Modbus RTU 四路繼電器之控制裝置，完成遠端工業裝置之控制。當然
回傳 Modbus RTU 四路繼電器之控制裝置感測器資訊，雙向溝通等機制，這些功
能的基礎程式與技術，也都已在本書揭露，最後整合與設計，就留給閱讀本書的先
進、讀者，發揮您們的創意與技術，完成創造出令人驚豔的系統。

圖 382 產生繼電器 JSON 命令檔並傳送到 MQTT 之系統

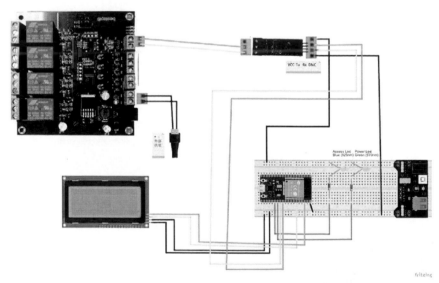

圖 383 Modbus RTU 四路繼電器整合電路圖

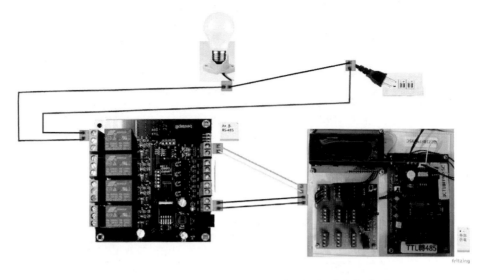

圖 384 Modbus RTU 四路繼電器整合電路實體圖

章節小結

本章主要介紹使用 Python 程式，搭配使用 Qt Designer 視窗繪圖工具，整合 Qt Designer 與 PyQt5/6 於 Pycharm IDE 開發工具上，搭配 PyUIC5/PyUIC6 工具針對 Qt Designer 視窗繪圖工具產生視窗介面檔 UI，產生具有視窗能力的 Python 程式，進而透過外部整合具有視窗能力的 Python 程式，進而設計出完整功能的系統。

加上網路套件，MQTT 套件與 json 等套件，最後完整設計輸可以透過選項，產生對應的 json 文件，並可以送到 MQTT Broker 伺服器，進而驅動 Modbus RTU 四路繼電器模組遠端控制(開啟與關閉)，透過這樣的講解，相信讀者也可以觸類旁通，設計其它感測器達到相同結果。

。

本書總結

筆者對於 ESP 32 相關的書籍,也出版許多書籍,感謝許多有心的讀者提供筆者許多寶貴的意見與建議,筆者群不勝感激,許多讀者希望筆者可以推出更多的入門書籍給更多想要進入『ESP 32』、『物聯網』、『Maker』這個未來大趨勢,所有才有這個程式設計系列的產生。

本系列叢書的特色是一步一步教導大家使用更基礎的東西,來累積各位的基礎能力,讓大家能在物聯網時代潮流中,可以拔的頭籌,所以本系列是一個永不結束的系列,只要更多的東西被製造出來,相信筆者會更衷心的希望與各位永遠在這條物聯網時代潮流中與大家同行。

作者介紹

曹永忠 (Yung-Chung Tsao) ，國立中央大學資訊管理學系博士、目前在國立暨南國際大學電機工程學系暨應用材料及光電工程學系兼任助理教授、國立高雄大學電機工程學系兼任助理教授，專注於軟體工程、軟體開發與設計、物件導向程式設計、物聯網系統開發、Arduino 開發、嵌入式系統開發。長期投入資訊系統設計與開發、企業應用系統開發、軟體工程、物聯網系統開發、軟硬體技術整合等領域，並持續發表作品及相關專業著作。

並通過台灣圖霸的專家認證。

目前也透過 Youtube 在直播平台 https://www.
youtube.com/@dr.ultima/streams，不定其分享系統設計開發的
經驗、技術與資訊工具、技術使用的經驗

Email:prgbruce@gmail.com
Line ID：dr.brucetsao
WeChat：dr_brucetsao
作者網站：http://ncnu.arduino.org.tw/brucetsao/myprofile.php
臉書社群(Arduino.Taiwan)：
https://www.facebook.com/groups/Arduino.Taiwan/
Github 網站：https://github.com/brucetsao/
原始碼網址：https://github.com/brucetsao/ESP6Course_IIOT
直播平台 https://www.youtube.com/@dr.ultima/streams：

蔡英德 (Yin-Te Tsai)，國立清華大學資訊科學系博士，目前是靜宜大學資訊傳播工程學系教授、靜宜大學資訊學院院長，主要研究為演算法設計與分析、生物資訊、軟體開發、視障輔具設計與開發。

Email:yttsai@pu.edu.tw

作者網頁：http://www.csce.pu.edu.tw/people/bio.php?PID=6#personal_writing

許智誠 (Chih-Cheng Hsu)，美國加州大學洛杉磯分校(UCLA) 資訊工程系博士，曾任職於美國 IBM 等軟體公司多年，現任教於中央大學資訊管理學系專任副教授，主要研究為軟體工程、設計流程與自動化、數位教學、雲端裝置、多層式網頁系統、系統整合、金融資料探勘、Python 建置(金融)資料探勘系統。

Email: khsu@mgt.ncu.edu.tw

作者網頁：http://www.mgt.ncu.edu.tw/~khsu/

附錄

NodeMCU 32S 腳位圖

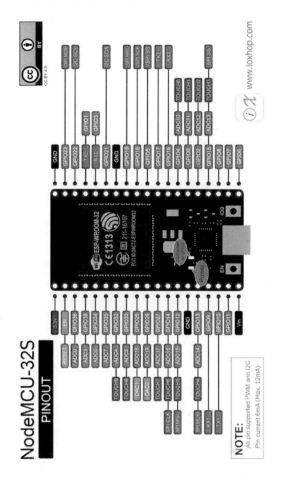

ESP32-DOIT-DEVKIT 腳位圖

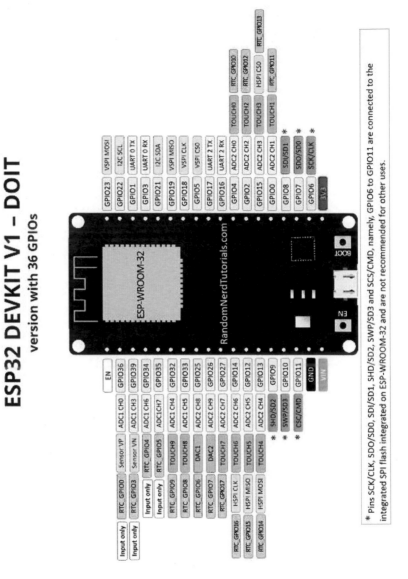

資料來源：espressif 官網：

https://www.espressif.com/sites/default/files/documentation/esp32_datasheet_en.pdf

ESP32 物聯網基礎 10 門課:The Ten Basic Courses to IoT Programming Based on ESP32

ESP32物聯網基礎10門課 The Ten Basic Courses to IoT Programming Based on ESP32
https://www.books.com.tw/products/0010946073?sloc=main

ESP32程式設計(基礎篇)
ESP32 IOT Programming (Basic Concept & Tricks)
https://www.books.com.tw/products/0010917000?sloc=main

ESP32程式設計(物聯網基礎篇)
ESP32 IOT Programming (An Introduction to Internet of Thing)
https://www.books.com.tw/products/0010916998?sloc=main

ESP32S程式教學(常用模組篇)
ESP32 IOT Programming (37 Modules)
https://www.books.com.tw/products/0010916994?sloc=main

ZQWL-IO-1CNRR8-I 使用手册 V1.4

智嵌 ZQWL-IO-1CNRR8-I 使用手册

版本号：V1.4

拟制人：智嵌物联团队

时 间：2016 年 07 月 28 日

目 录

前言

智嵌物联系列产品命名规则一览:

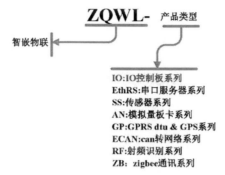

IO 控制板系列产品命名规则如下:

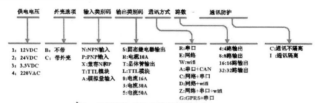

如:**ZQWL-IO-1CNRC16-I**

12V供电/带外壳/NPN输入/10A电流/网络+串口/16路输出/通讯隔离

1　产品快速入门

ZQWL-IO-1CNRR8-I(以下简称控制板)是实现 4 路开关量采集(输入)和 8 路继电器输出的 IO 控制板。控制板具有 RS232 和 RS485 通讯接口,可以通过 Modbus RTU 或自定义协议实现对该控制板的控制,也可以通过本公司开发的上位机控制软件控制。

本节是为了方便用户快速对该产品有个大致了解而编写,第一次使用该产品时建议按照这个流程操作一遍,可以检验下产品是否有质量问题。

注意,测试前请务必检查电源适配器是否与控制板型号相符合:ZQWL-IO-1CNRR8-I 为 12V 供电;ZQWL-IO-2NRR8-I 为 24V 供电。如果没有特别注明,本文档均以 ZQWL-IO-1CNRR8-I 为例说明。

所需要的测试软件可以到官网下载:

http://www.zhiqwl.com/

1.1　硬件准备

为了测试 ZQWL-IO-1CNRR8-I,需要以下硬件:

- ZQWL-IO-1CNRR4-I 一个；
- DC12V 1A 电源适配器一个；需要把圆头剪开，露出红黑两根线。
- 串口线一个（如果不测 RS232 功能，可以不用）；
- 串口（或 USB）转 RS485 接头一个（如果不测 RS485 功能，可以不用）；

图 1.1　硬件准备

1.2　使用 IO 控制软件

控制板出厂默认参数如下：

表 1.2.1　设备默认参数

项目	参数	备注
控制板地址	1	可以通过协议或控制软件
RS232/RS485 串口参数	9600，None，8，1	修改

注意 RS232 和 RS485 不能同时使用。

用串口线或(RS485)将电脑和控制板连接，并接上电源适配器(注意，"VCC"接电源正极（红线），"GND"接电源负极（黑线），如下图：

打开"智嵌物联 IO 控制板控制软件"，选择合适的串口号，波特率选择 9600，控制板地址选"控制板 1"，"通讯协议"任选一种（一共有两种：自定义模式和 Modbus 协议）。然后点击"打开串口"，打开成功后就可以和控制板通讯了：

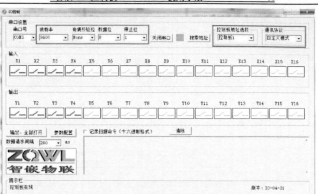

X1~X4 即为控制板的输入状态,红色表示无信号,绿色表示有信号;Y1~Y8 即为控制板的输出状态,红色表示断开,绿色表示闭合,可以通过单击来改变状态。输入输出状态的数据请求间隔可以设定,默认是 200ms。如果将"记录扫描命令"打勾,则会看到输入输出的数据请求指令发送以及控制板的返回:

调试时一般不将该选项打勾,以便手动发送的命令和返回的数据方便看到。例如,手动点"输出:全部打开":

1.3　使用串口调试助手控制

打开串口调试助手,并设置相应的串口号,波特率选择 9600,并将要发送的命令码填到发送区(一定要选中"按十六进制发送"):

~ 710 ~

有关详细控制命令请参考本文档的通讯协议部分。

1.4 使用 Modbus poll 软件控制

本控制板兼容标准的 Modbus RTU 协议，可以通过该协议来与其他 Modbus RTU 设备或软件通讯。本测试使用"Modbus poll"软件作为控制软件（该软件的安装过程这里不做介绍）。

控制板默认地址为 1，波特率为 9600。

（1）读取寄存器地址从 0x0000 到 0x000e 的 15 个寄存器的值：

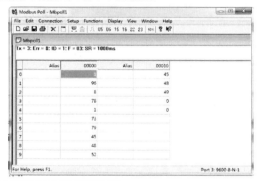

这些寄存器的含义请参考本文档的通讯协议部分。

（2）控制一个线圈

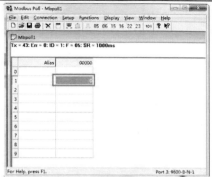

上图中红色框即为线圈的状态：0 表示断开，1 表示闭合，可以用鼠标选中该方框，再按一下空格键来改变状态：

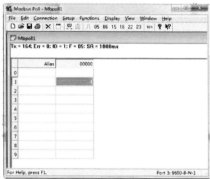

通过该软件也可以读取输入状态，这里不再列举。

2 硬件功能介绍

ZQWL-IO-1CNRR8-I 是一款4路NPN型光电输入、8路继电器输出的工业级IO控制板。他具有1路RS232/485通讯接口；控制板的CPU供电采用隔离电源，RS485/232的电源、通讯均隔离，硬件具有超强的抗干扰能力。

提供两种通讯协议：自定义协议和Modbus RTU协议。

2.1 硬件特点

表1 硬件参数

序号	名称	参数
1	型号	ZQWL-IO-1CNRR8-I
2	供电电压	11V~13V（推荐12V）
3	供电电流	小于170ma

4	CPU	32位高性能处理器
5	RS232/485	通讯带隔离，注意232/485不能同时使用
6	输入	4路NPN型光电输入
7	输出（宏发继电器：HF3FF-12V-1ZS）	8路继电器输出，每路都有常开、常闭和公共端3个端子；光电隔离
8	指示灯	电源、输入以及输出都带指示灯
9	出厂默认参数	串口：9600,8, n, 1；控制板地址：1；
10	RESET按键	小于5秒，系统复位；大于5秒，回到出厂设置
11	工作温度	工业级：-40~85℃
12	储存温度	-65~165℃
13	湿度范围	5~95%相对湿度

3 模块硬件接口

3.1 模块接口及尺寸

图 1 模块正视

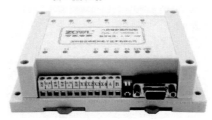

图 2 模块侧视 a

图3 模块侧视 b

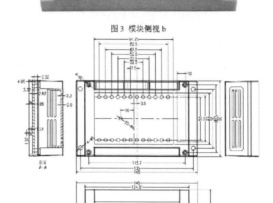

图4 尺寸

4 模块输入接线

4.1 模块电源输入

控制板通过接线端子供电，"VCC"接电源正极，"GND"接电源负极，如下图：

表 2 控制板功率测试

项目	电压（伏）	电流（毫安）	功率（瓦）
4路常闭闭合,常开断开（空载）	12	50	0.60
1路常闭断开,常开闭合	12	80	0.96
2路常闭断开,常开闭合	12	110	1.32
3路常闭断开,常开闭合	12	140	1.68
4路常闭断开,常开闭合	12	170	2.04

测试条件：温度 25°，湿度 46%。

由以上数据可以得出，控制板在满负荷时功率为 4.04 瓦，因此模块的供电电源应选择电压 12V，电流大于 340ma 即可。比如选 12V/500ma 电源给控制板供电。

4.2 模块开关量输入

本控制板为 NPN 型输入，与外部设备连接示意图如下：

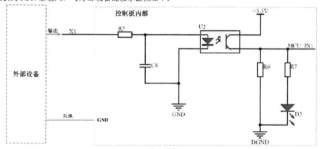

图 5 输入连接方式

由上图可知，外部设备的输出端接控制板的输入(X1~4)，并且外部设备要和控制板共地(可接到控制板的"GND"端子上)。

控制板输入电平有两种规格（2.7V~7V 规格和 6V~12V 规格），采购时需要注明。

表 3 控制板输入电平（2.7V~7V 规格）

输入（X1~4）电压	逻辑值
0~1.5V	0
1.5V~2.7V	不确定
2.7V~7V	1
大于 7V	长时间会损伤控制板

表 4 控制板输入电平（6V~12V 规格）

输入（X1~4）电压	逻辑值
0~5V	0
5V~6V	不确定
6V~12V	1
大于 12V	长时间会损伤控制板

每个输入端子都有标示（见图 2）。

5 模块输出接线

该控制板共有 8 路继电器输出,每路都有常开、常闭和公共端三个触点,采用宏发原装继电器,每路可承载负荷如下:

表 5 继电器可承载负荷

项目	参数
触点材料	Silver Alloy
触点负载	240VAC/10A
最大转换电压	250VAC/30VDC
最大转换电流	15A
最大转换功率	2770VA/240W
接触电阻	100mΩMax at 6VDC 1A
机械寿命	10,000,000 次

每路继电器的公共端触点互相独立,4 路可以分别控制不同的电压。每个端子均有标示(见图 3)。

6 模块通讯

该模块有 RS232/485 接口,使用 MCU 的同一个 UART 接口,故 RS232 和 RS485 不能同时使用。

6.1 RS485 通讯

RS485 通讯采用隔离电源供电,信号采用高速光耦隔离,接口具有 ESD 防护器,采用自动换向高性能 485 芯片,为通讯的稳定性提供了强大的硬件支持。

RS485 的终端电阻(120 欧)可以通过拨码开关选择是否接入总线。如下图:

a:120欧未接入   b:120欧接入

6.2 RS232 通讯

使用标准 DB9(母头),可以直接与 DB9 公头设备(线)对接。

7 模块复位以及固件升级

7.1 模块复位

控制板有 "RESET" 按钮,可以用此复位控制板和恢复出厂设置:

按下"RESET"按键在松开（注意下时间要小于 5 秒），控制板复位。

按住"RESET"按键并保持 5 秒以上，等到"SYS"指示灯快闪时（10Hz 左右），松开按键，此时控制板恢复出厂参数，如下：

串口参数：波特率 9600；数据位 8；不校验；1 位停止位；

控制板地址：1。

7.2 模块固件升级

控制板可以通过拨码开关来进入升级固件模式，该模式下可以通过 RS232/485 对控制板固件升级：

a:正常运行   **b:升级模式**

注意，需要升级固件时，先与厂商联系以获取新的固件。

8 模块通讯协议

该模块支持两种协议：自定义协议和 modbus rtu 协议。

注意：使用协议修改控制板参数时（波特率、地址），如果不慎操作错误而导致无法通讯时，可以按住"RESET"按键并保持 5 秒，等到"SYS"指示灯快闪时（10Hz 左右），松开按键，此时控制板恢复出厂参数，如下：

串口参数：波特率 9600；数据位 8；不校验；1 位停止位；

控制板地址：1。

8.1 自定义协议

自定义协议采用固定帧长(每帧 15 字节)，采用十六进制格式，并具有帧头帧尾标识，该协议适用于"ZQWL-IO"系列带外壳产品。该协议为"一问一答"形式，主机询问，控制板应答，只要符合该协议规范，每问必答。

该协议指令可分为两类：控制指令类和配置指令类。

控制指令只要是控制继电器状态和读取开关量输入状态。配置指令类主要是配置板子的运行参数以及复位等。

(一) 控制指令

控制类指令分为 2 种格式：一种是集中控制指令，一种是单路控制指令。

（1）　集中控制指令

此类指令帧长为 15 字节，可以实现对继电器的集中控制（一帧数据可以控制全部继电器状态）。详细指令如表8.0.1 所示：

表 8.0.1　　ZQWL-IO 集中控制指令表

指令名称	帧头		地址码	命令码	8字节数据	校验和	帧尾	
	Byte1	Byte2	Byte3	Byte4	Byte5~ Byte12	Byte13	Byte14	Byte15
写继电器状态	0X48	0X3A	Addr	0X57	DATA1~DATA8	前 12 字节和（只取低 8 位）	0X45	0X44
应答"写继电器状态"	0X48	0X3A	Addr	0X54	DATA1~DATA8	前 12 字节和（只取低 8 位）	0X45	0X44
读继电器状态	0X48	0X3A	Addr	0X53	全为 0XAA	前 12 字节和（只取低 8 位）	0X45	0X44
应答"读继电器状态"	0X48	0X3A	Addr	0X54	DATA1~DATA8	前 12 字节和（只取低 8 位）	0X45	0X44

注：表中的"8 字节数据"即对应继电器板的状态数据，0x01 表示有信号，0x00 表示无信号。

集中控制命令码举例（十六进制）：

● 读取地址为 1 的控制板开关量输入状态：

48 3a 01 52 00 00 00 00 00 00 00 00 d5 45 44

地址为 1 的控制板收到上述指令后应答：

48 3a 01 41 01 01 00 00 00 00 00 00 c6 45 44

此应答表明，控制板的 X1 和 X2 输入有信号（高电平），X3 和 X4 无信号（低电平）。

注意由于该控制板只有 4 路输入，在应答帧 8 字节数据的后 4 字节（00 00 00 00）无意义，数值为随机。

● 向地址为 1 的控制板写继电器状态：

48 3a 01 57 01 00 01 00 00 00 00 00 dc 45 44

此命令码的含义是令地址为 1 的控制板的第 1 个和第 3 继电器常开触点闭合，常闭触点断开；令第 2 和第 4 个继电器的常开触点断开，常闭触点闭合。注意继电器板只识别 0 和 1，其他数据不做任何动作，所以如果不想让其一路动作，可以将该路赋为其他值。例如只让第 1 和第 3 路动作，其他两路不动作，可以发如下指令：

48 3a 01 57 01 02 01 02 00 00 00 00 e0 45 44

只需要将第 2 和第 4 路置为 02（或其他值）即可。

控制板收到以上命令后，会返回控制板继电器状态，如：

48 3a 01 54 01 00 01 00 00 00 00 00 d9 45 44

（2）　单路控制指令

此类指令帧长为 10 字节，可以实现对单路继电器的控制（一帧数据只能控制一个继电器状态）。此类指令也可以实现继电器的延时关闭功能。

详细指令如表 8.0.2 所示：

表 8.0.2　　ZQWL-IO 单路控制指令表

指令名称	帧头		地址码	命令码	4字节数据				帧尾	
	Byte1	Byte2	Byte3	Byte4	Byte5	Byte6	Byte7	Byte8	Byte9	Byte10
写继电器状态	0X48	0X3A	Addr	0X70	继电器序号	继电器状态	时间 TH	时间 TL	0X45	0X44
应答"写继电器状态"	0X48	0X3A	Addr	0X71	继电器序号	继电器状态	时间 TH	时间 TL	0X45	0X44
读继电器状态	0X48	0X3A	Addr	0X72	继电器序号	继电器状态	时间 TH	时间 TL	0X45	0X44
应答"读继电器状态"	0X48	0X3A	Addr	0X71	继电器序号	继电器状态	时间 TH	时间 TL	0X45	0X44

上表中，Byte3 是控制板的地址，固定为 0x01；Byte5 是要操作的继电器序号，取值范围是 1 到 32（对应十六进制为 0x01 到 0x20）；Byte6 为要操作的继电器状态：0x00 为常闭触点闭合常开触点断开，0x01 为常闭触点断开常开触点闭合，其他值无意义（继电器保持原来状态）；Byte7 和 Byte8 为延时时间 T（收到 Byte6 为 0x01 时开始计

~　718　~

时，延时结束后关闭该路继电器输出），延时单位为秒，Byte7 是时间高字节 TH，Byte8 是时间低字节 TL。例如延时 10 分钟后关闭继电器，则：

时间 T=10 分钟=600 秒，换算成十六进制为 0x0258，所以 TH=0x 02，TL=0x 58。

如果 Byte7 和 Byte8 都填 0x00，则不启用延时关闭功能（即继电器闭合后不会主动关闭）。

单路命令码举例（十六进制）：

- 将地址为 1 的控制板的第 1 路继电器打开：

发送：48 3a 01 70 01 01 00 00 45 44

控制板收到以上命令后，将第 1 路的继电器常闭触点断开，常开触点闭合，并会返回控制板继电器状态：
48 3a 01 70 01 01 00 00 45 44

- 将地址为 1 的控制板的第 1 个继电器关闭：

发送：48 3a 01 70 01 00 00 00 45 44

控制板收到以上命令后，将第 1 路的继电器常闭触点闭合，常开触点断开，并会返回控制板继电器状态：
48 3A 01 71 01 00 00 00 45 44

- 将地址为 1 的控制板的第 1 路继电器打开延时 10 分钟后关闭：

发送：48 3a 01 70 01 01 02 58 45 44

控制板收到以上命令后，将第 1 路的继电器常闭触点断开，常开触点闭合，并会返回控制板继电器状态，然后开始计时，10 分钟之后将第一路的继电器常闭触点闭合，常开断开。

- 将地址为 1 的控制板的第 1 路继电器打开延时 5 秒后关闭：

发送：48 3a 01 70 01 01 00 05 45 44

控制板收到以上命令后，将第 1 路的继电器常闭触点断开，常开触点闭合，并会返回控制板继电器状态，然后开始计时，5 秒之后将第一路的继电器常闭触点闭合，常开断开。

（二）配置指令

当地址码为 0xff 时为广播地址，只有"读控制板参数"命令使用广播地址，其他都不能使用。

表 2　　ZQWL-IO 配置指令表

	帧头		地址码	命令码	8 字节数据	校验和	帧尾	
读控制板参数	0X48	0X3A	0XFF 或 Addr	0x60	任意	前 12 字节和（只取低 8 位）	0X45	0X44
应答"读控制板参数"	0X48	0X3A	Addr	0x61	参考表 3	前 12 字节和（只取低 8 位）	0X45	0X44
修改波特率	0X48	0X3A	Addr	0x62	参考表 4	前 12 字节和（只取低 8 位）	0X45	0X44
应答"修改波特率"	0X48	0X3A	Addr	0x63	全为 0X55	前 12 字节和（只取低 8 位）	0X45	0X44
修改地址码	0X48	0X3A	Addr	0x64	参考表 5	前 12 字节和（只取低 8 位）	0X45	0X44
应答"修改后地址码"	0X48	0X3A	Addr	0x65	全为 0X55	前 12 字节和（只取低 8 位）	0X45	0X44
读取版本号	0X48	0X3A	Addr	0x66	任意	前 12 字节和（只取低 8 位）	0X45	0X44
应答"读取版本号"	0X48	0X3A	Addr	0x67	参考表 6	前 12 字节和（只取低 8 位）	0X45	0X44
恢复出厂	0X48	0X3A	Addr	0x68	任意	前 12 字节和（只取低 8 位）	0X45	0X44
应答"恢复出厂"	0X48	0X3A	Addr	0x69	全为 0X55	前 12 字节和（只取低 8 位）	0X45	0X44
复位	0X48	0X3A	Addr	0x6A	任意	前 12 字节和（只取低 8 位）	0X45	0X44
应答"复位"	0X48	0X3A	Addr	0x6B	全为 0X55	前 12 字节和（只取低 8 位）	0X45	0X44

表 3　　控制板参数表

字节	DATA 1	DATA 2	DATA 3	DATA 4	DATA 5	DATA 6	DATA 7	DATA 8

	控制板地址	波特率	数据位	校验位	停止位	未用	未用	未用
含义		0x01:1200	7,8,9	'N':不校验	1:1bit			
		0x02:2400		'E':偶校验	2:1.5bit			
		0x03:4800		'D':奇校验	3:2bit			
		0x04:9600						
		0x05:14400						
		0x06:19200						
		0x07:38400						
		0x08:56000						
		0x09:57600						
		0x0A:115200						
		0x0B:128000						
		0x0C:230400						
		0x0D:256000						
		0x0E:460800						
		0x0F:921600						
		0x10:1024000						

表 4　修改波特率表

字节	1	2	3	4	5	6	7	8
含义	修改后波特率码	数据位	校验位	停止位	未用	未用	未用	未用

表 5　修改地址表

字节	1	2	3	4	5	6	7	8
含义	修改后地址	未用	未用	未用	未用	未用	未用	未用

表 6　读取版本号表

字节	1	2	3	4	5	6	7	8
含义	'I'	'O'	'-'	'0'	'4'	'-'	'0'	'0'

版本号为 ascii 字符格式，如 "IO-04-00"，IO 表示产品类型为 IO 控制板；04 表示 4 路系列；00 表示固件版本号。

8.2　Modbus rtu 指令码举例

以地址码 addr 为 0x01 为例说明。

1)　读线圈（0X01）

为方便和高效，建议一次读取 8 个线圈的状态。

外部设备请求帧：

Addr（ID）	功能码	起始地址（高字节）	起始地址（低字节）	线圈数量（高字节）	线圈数量（低字节）	CRC16（高字节）	CRC16（低字节）
0X01	0X01	0X00	0X00	0X00	0X08	计算获得	

控制板响应帧：

Addr（ID）	功能码	字节数	线圈状态	CRC16（高字节）	CRC16（低字节）
0X01	0X01	0X01	XX	计算获得	

其中线圈状态 XX 释义如下：

B7	B6	B5	B4	B3	B2	B1	B0
线圈 8	线圈 7	线圈 6	线圈 5	线圈 4	线圈 3	线圈 2	线圈 1

B0~B7 分别代表控制板 8 个继电器状态（Y1~Y8），位值为 1 代表继电器常开触点闭合，常闭触点断开；位值为 0 代表继电器常开触点断开，常闭触点闭合；位值为其他值，无意义。

2) 读离散量输入（0X02）

为方便和高效，建议一次读取 4 个输入量的状态。

外部设备请求帧：

Addr（ID）	功能码	起始地址（高字节）	起始地址（低字节）	输入数量（高字节）	输入数量（低字节）	CRC16（高字节）	CRC16（低字节）
0X01	0X02	0X00	0X00	0X00	0X04	计算获得	

控制板响应帧：

Addr（ID）	功能码	字节数	输入状态（只取低 4 位）	CRC16（高字节）	CRC16（低字节）
0X01	0X02	0X01	XX	计算获得	

其中输入状态 XX 释义如下：

B7	B6	B5	B4	B3	B2	B1	B0
高 4 个 bit 位无意义				输入 4	输入 3	输入 2	输入 1

B0~B3 分别代表控制板 4 个输入状态（X1~X4），位值为 1 代表输入高电平；位值为 0 代表输出低电平；位值为其他值，无意义。

3) 读寄存器（0X03）

寄存器地址从 0X0000 到 0X000E，一共 15 个寄存器。其含义参见表 6.2.1。

建议一次读取全部寄存器。

外部设备请求帧：

Addr（ID）	功能码	起始地址（高字节）	起始地址（低字节）	寄存器数量（高字节）	寄存器数量（低字节）	CRC16（高字节）	CRC16（低字节）
0X01	0X02	0X00	0X00	0X00	0x0F	计算获得	

控制板响应帧：

Addr（ID）	功能码	字节数	数据 1（高字节）	数据 1（低字节）	…	数据 30（高字节）	数据 30（低字节）	CRC16（高字节）	CRC16（低字节）
0X01	0X03	0X1E	XX	XX	…	XX	XX	计算获得	

4) 写单个线圈（0X05）

外部设备请求帧：

Addr（ID）	功能码	起始地址（高字节）	起始地址（低字节）	线圈状态（高字节）	线圈状态（低字节）	CRC16（高字节）	CRC16（低字节）
0X01	0X05	0X00	XX	XX	0X00	计算获得	

注意：起始地址（低字节）取值范围是 0X00~0X07 分别对应控制板的 8 个继电器（Y1~Y8）；线圈状态（高字节）为 0XFF 时，对应的继电器常开触点闭合，常闭触点断开；

线圈状态（高字节）为 0X00 时，对应的继电器常开触点断开，常闭触点闭合。

线圈状态（高字节）为其他值时，无意义。

控制板响应帧：

Addr（ID）	功能码	起始地址（高字节）	起始地址（低字节）	线圈状态（高字节）	线圈状态（低字节）	CRC16（高字节）	CRC16（低字节）
0X01	0X05	0X00	XX	XX	0X00	计算获得	

5) 写单个寄存器（0X06）

用此功能码既可以配置控制板的地址、波特率等参数，也可以复位控制板和恢复出厂设置。

注意： 使用协议修改控制板参数时（波特率、地址），如果不慎操作错误而导致无法通讯时，可以按住"RESET"按键并保持5秒，等到"SYS"指示灯快闪时（10Hz左右），松开按键，此时控制板恢复出厂参数，如下：

串口参数：波特率9600；数据位8；不校验；1位停止位；

控制板地址：1。

外部设备请求帧：

Addr (ID)	功能码	起始地址（高字节）	起始地址（低字节）	寄存器数据（高字节）	寄存器数据（低字节）	CRC16（高字节）	CRC16（低字节）
0X01	0X06	0X00	XX	XX	XX		计算获得

控制板响应帧：

Addr (ID)	功能码	起始地址（高字节）	起始地址（低字节）	寄存器数据（高字节）	寄存器数据（低字节）	CRC16（高字节）	CRC16（低字节）
0X01	0X06	0X00	XX	XX	XX		计算获得

6) 写多个线圈（0X0F）

建议一次写入8个线圈状态。

外部设备请求帧：

Addr (ID)	功能码	起始地址（高字节）	起始地址（低字节）	线圈数量（高字节）	寄存器数据（低字节）	字节数	线圈状态	CRC16（高字节）	CRC16（低字节）
0X01	0X0F	0X00	XX	0X00	0X0S	0X01	XX		计算获得

其中，线圈状态 XX 释义如下：

B7	B6	B5	B4	B3	B2	B1	B0
线圈8	线圈7	线圈6	线圈5	线圈4	线圈3	线圈2	线圈1

B0~B7 分别对应控制板的8个继电器 Y1~Y8。位值为1代表继电器常开触点闭合，常闭触点断开；位值为0代表继电器常开触点断开，常闭触点闭合；位值为其他值，无意义。

控制板响应帧：

Addr (ID)	功能码	起始地址（高字节）	起始地址（低字节）	线圈数量（高字节）	寄存器数据（低字节）	CRC16（高字节）	CRC16（低字节）
0X01	0X0F	0X00	XX	0X00	0X08		计算获得

----------------以下无正文

9 附录--智嵌物联 IO 系列产品选型表

智嵌 IO 控制板系列产品选型表（有关 IO 系列产品的命名规则请看本文档前首部分）：

系列	型号	规格
4 路	ZQWL-IO-xBNRR4-I	x = 1 为 12V 供电；x = 2 为 24V 供电；不带外壳/4 路 NPN 型光电输入/10A 电流/串口通讯/4 路继电器输出/通讯隔离
	ZQWL-IO-xCNRR4-I	x = 1 为 12V 供电；x = 2 为 24V 供电；*带外壳*4 路 NPN 型光电输入/10A 电流/串口通讯/4 路继电器输出/通讯隔离
	ZQWL-IO-xCNRC4-I	x = 1 为 12V 供电；x = 2 为 24V 供电；*带外壳*4 路 NPN 型光电输入/10A 电流/网络+RS485 通讯/4 路继电器输出/通讯隔离
	ZQWL-IO-xBx0R4-I	供电依据 x 而定/不带外壳/输入类型依据 x 而定/16A 电流/串口通讯/4 路继电器输出/通讯隔离
	ZQWL-IO-xCx0R4-I	供电依据 x 而定/带外壳/输入类型依据 x 而定/16A 电流/串口通讯/4 路继电器输出/通讯隔离
	ZQWL-IO-xCx0C4-I	供电依据 x 而定/带外壳/输入类型依据 x 而定/16A 电流/网络+串口通讯/4 路继电器输出/通讯隔离
	ZQWL-IO-xBx3R4-I	供电依据 x 而定/不带外壳/输入类型依据 x 而定/30A 电流/串口通讯/4 路继电器输出/通讯隔离
	ZQWL-IO-xCx3R4-I	供电依据 x 而定/带外壳/输入类型依据 x 而定/30A 电流/串口通讯/4 路继电器输出/通讯隔离
	ZQWL-IO-xCx3C4-I	供电依据 x 而定/带外壳/输入类型依据 x 而定/30A 电流/网络+串口通讯/4 路继电器输出/通讯隔离
	ZQWL-IO-xBx5R4-I	供电依据 x 而定/不带外壳/输入类型依据 x 而定/磁保持 50A 电流/串口通讯/4 路继电器输出/通讯隔离
	ZQWL-IO-xCx5R4-I	供电依据 x 而定/带外壳/输入类型依据 x 而定/50A 磁保持/串口通讯/4 路继电器输出/通讯隔离

9 附录--智嵌物联 IO 系列产品选型表

智嵌 IO 控制板系列产品选型表（有关 IO 系列产品的命名规则参看本文档前首部分）：

系列	型号	规格
4 路	ZQWL-IO-xBNRR4-I	x = 1 为 12V 供电；x = 2 为 24V 供电；不带外壳/4 路 NPN 型光电输入/10A 电流/串口通讯/4 路继电器输出/通讯隔离
	ZQWL-IO-xCNRR4-I	x = 1 为 12V 供电；x = 2 为 24V 供电；*带外壳*/4 路 NPN 型光电输入/10A 电流/串口通讯/4 路继电器输出/通讯隔离
	ZQWL-IO-xCNRC4-I	x = 1 为 12V 供电；x = 2 为 24V 供电；*带外壳*/4 路 NPN 型光电输入/10A 电流/网络+RS485 通讯/4 路继电器输出/通讯隔离
	ZQWL-IO-xBx0R4-I	供电依据 x 而定/不带外壳/输入类型依据 x 而定/16A 电流/串口通讯/4 路继电器输出/通讯隔离
	ZQWL-IO-xCx0R4-I	供电依据 x 而定/带外壳/输入类型依据 x 而定/16A 电流/串口通讯/4 路继电器输出/通讯隔离
	ZQWL-IO-xCx0C4-I	供电依据 x 而定/带外壳/输入类型依据 x 而定/16A 电流/网络+串口通讯/4 路继电器输出/通讯隔离
	ZQWL-IO-xBx3R4-I	供电依据 x 而定/不带外壳/输入类型依据 x 而定/30A 电流/串口通讯/4 路继电器输出/通讯隔离
	ZQWL-IO-xCx3R4-I	供电依据 x 而定/带外壳/输入类型依据 x 而定/30A 电流/串口通讯/4 路继电器输出/通讯隔离
	ZQWL-IO-xCx3C4-I	供电依据 x 而定/带外壳/输入类型依据 x 而定/30A 电流/网络+串口通讯/4 路继电器输出/通讯隔离
	ZQWL-IO-xBx5R4-I	供电依据 x 而定/不带外壳/输入类型依据 x 而定/磁保持 50A 电流/串口通讯/4 路继电器输出/通讯隔离
	ZQWL-IO-xCx5R4-I	供电依据 x 而定/带外壳/输入类型依据 x 而定/50A 磁保持/串口通讯/4 路继电器输出/通讯隔离

XY-MD02 溫溼度感測模組

A/D+
B/D-
DC 5-30V
GND

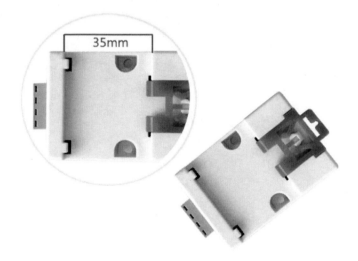

35mm

65mm

46mm

28.5mm

重量：41g

顯示 XY-MD02 溫溼度感測器實驗實體圖

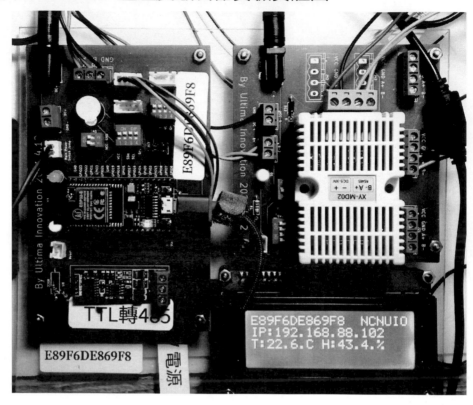

Modbus RTU 四路继电器模块

深圳市艾尔赛科技有限公司
Shenzhen LC Technology Co., Ltd.

艾尔赛四路 Modbus 继电器模块

LC-Modbus-4R-D7-2

Modbus RTU 四路继电器模块 RS485/TTL UART
4 路输入 4 路输出（瑞纳捷版本）

深圳市艾尔赛科技有限公司

2021-09

1

一、 概述

艾尔赛四路 Modbus 继电器模块搭载成熟稳定的 8 位 MCU 和 RS485 电平通讯芯片。采用标准 MODBUS RTU 格式的 RS485 通讯协议，可以实现 4 路输入信号检测、4 路继电器输出，可用于数字量检测或者功率控制场合。

二、 功能特点

1，板载成熟稳定的 8 bit MCU 和 MAX485 电平转换芯片；

2，通讯协议：支持标准 Modbus RTU 协议；

3，通讯接口：支持 RS485/TTL UART 接口；

4，通讯波特率：4800/9600/19200，默认 9600bps，支持掉电保存；

5，光耦输入信号范围：DC3.3-24V（此输入不可用于继电器控制）；

6，输出信号：继电器开关信号，支持手动、闪闭、闪断模式，闪闭/闪断的延时基数为 0.1S，最大可设闪闭/闪断时间为 0xFFFF*0.1S=6553.5S；

7，设备地址：范围 1-255，默认 255,支持掉电保存；

8，波特率、输入信号、继电器状态、设备地址可使用软件/指令进行读取；

9，板载 4 路 5V,10A/250V AC 10A/30V DC 继电器，可连续吸合 10 万次，具有二极管泻流保护，响应时间短；

11，板载继电器开关指示灯；

10，支持光耦输入控制继电器（高电平有效），发送 00 F0 01 F4 00 启用/
发送 00 F0 00 35 C0 禁用 此功能，默认禁用。支持掉电保存；

12，供电电压：DC7-24V，支持 DC 座/5.08mm 端子供电，带输入防反接保护；

2

三、 硬件介绍和说明

1，板子尺寸

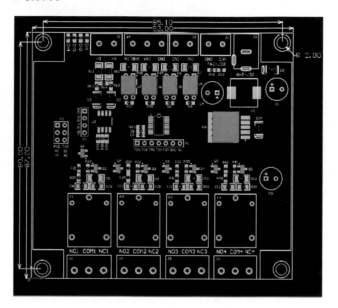

2，接口介绍

1，DC-005 插座：DC7-24V 电源输入插座；

2，VCC，GND： DC7-24V 5.08mm 电源输入端子；

3，DC3.3-24V 光耦信号输入：

　　IN1： 通道 1 正极

　　IN2： 通道 2 正极

　　IN3： 通道 3 正极

　　IN4： 通道 4 正极

　　GND_IN：公共端负极

4，A+，B-：RS485 通讯接口，A+，B-分别接外部控制端的 A+，B-；

5，GND，RXD，TXD：TTL 电平 UART 通讯接口，GND，RXD，TXD 分别接外部控制端的 GND，TXD，RXD，支持连接 3.3V/5V 外部 TTL 串口；

6，RS485 和 TTL 串口选择，当使用 RS485 通信时，DI 接 TXD、RO 接 RXD；使用 TTL 通信时 DI 和 RO 都接 NC 端。

4

7，4路独立继电器开关信号输出：

NC，：常闭端，继电器吸合前与COM短接，吸合后悬空；

COM：公共端；

NO：常开端，继电器吸合前悬空，吸合后与COM短接。

3，Modbus RTU 指令简介

　　Modbus 设备通过接收来自外部控制端（如：上位机/MCU）的 Modbus RTU 指令来执行相关操作，一帧指令一般由设备地址、功能码、寄存器地址、寄存器数据、校验码组成，帧长度和功能码有关。一般每帧数据的首字节为设备地址，可设置范围为1-255，默认255（即0xFF），最后2字节为CRC校验码。

假设设备地址为255，则常用的 Modbus RTU 指令如下：

1，打开1号继电器（手动模式）

发送：　　FF 05 00 00 FF 00 99 E4

原样返回：FF 05 00 00 FF 00 99 E4

备注：（1）发送帧的第3--4个字节代表继电器地址，继电器1--继电器8的地址分别为0x0000,0x0001,0x0002,0x0003,0x0004,0x0005,0x0006,0x0007

　　（2）发送帧的第5--6个字节代表数据，0xFF00代表打开继电器，0x0000代表关闭继电器

2，关闭1号继电器（手动模式）

发送：　　FF 05 00 00 00 00 D8 14

原样返回：FF 05 00 00 00 00 D8 14

3，打开2号继电器（手动模式）

发送：　　FF 05 00 01 FF 00 C8 24

原样返回：FF 05 00 01 FF 00 C8 24

5

4，关闭 2 号继电器（手动模式）

发送： FF 05 00 01 00 00 89 D4

原样返回：FF 05 00 01 00 00 89 D4

5，打开所有继电器

发送：FF 0F 00 00 00 08 01 FF 30 1D

返回：FF 0F 00 00 00 08 41 D3

6，关闭所有继电器

发送：FF 0F 00 00 00 08 01 00 70 5D

返回：FF 0F 00 00 00 08 41 D3

7，设置设备地址为 1

发送： 00 10 00 00 00 01 02 00 01 6A 00

原样返回：00 10 00 00 00 01 02 00 01 6A 00

备注：发送帧的第 9 个字节 0x01 为写入的设备地址

8，设置设备地址为 255

发送： 00 10 00 00 00 01 02 00 FF EB 80

原样返回：00 10 00 00 00 01 02 00 FF EB 80

备注：发送帧的第 9 个字节 0xFF 为写入的设备地址

6

深圳市艾尔赛科技有限公司
Shenzhen LC Technology Co., Ltd.

9，读取设备地址

发送：   00 03 00 00 00 01 85 DB

返回：   00 03 02 00 FF C5 C4

备注：返回帧的第 5 个字节 0xFF 为读取到的设备地址

10，读取继电器状态

发送：   FF 01 00 00 00 08 28 12

返回：   FF 01 01 01 A1 A0

备注：返回帧的第 4 个字节 0x01 的 Bit0--Bit7 分别代表继电器 1--继电器 8，0 为关闭，1 为打开

11，读取光耦输入状态

发送：   FF 02 00 00 00 08 6C 12

返回：   FF 02 01 01 51 A0

备注：返回帧的第 4 个字节 0x01 的 IN1--IN8 分别代表光耦 1--光耦 8 输入信号，0 代表低电平，1 代表高电平

12，设置波特率为 4800

发送：   FF 10 03 E9 00 01 02 00 02 4A 0C

返回：   FF 10 03 E9 00 01 C5 A7

备注：发送帧的第 9 个字节为波特率设置值，0x02,0x03,x04 分别代表 4800,9600,19200

7

13，设置波特率为 9600

发送：　　FF 10 03 E9 00 01 02 00 03 8B CC

返回：　　FF 10 03 E9 00 01 C5 A7

14，设置波特率为 19200

发送：　　FF 10 03 E9 00 01 02 00 04 CA 0E

返回：　　FF 10 03 E9 00 01 C5 A7

15，读取波特率

发送：　　FF 03 03 E8 00 01 11 A4

返回：　　FF 03 02 00 04 90 53

备注：返回帧的第 5 个字节代表读取到的波特率，0x02,0x03,x04 分别代表 4800,9600,19200

16，打开 1 号继电器（闪闭模式 2S）

发送：　　FF 10 00 03 00 02 04 00 04 00 14 C5 9F

返回：　　FF 10 00 03 00 02 A4 16

备注：（1）发送帧的第 3--4 个字节代表继电器地址，继电器 1--继电器 8 的地址分别为 0x0003,0x0008,0x000D,0x0012,0x0017,0x001C,0x0021,0x0026

（2）发送帧的第 10--11 个字节代表延时设置值，延时基数为 0.1S，故延时时间为 0x0014*0.1=20*0.1S=2S，继电器打开 2S 后自动关闭

8

![深圳市艾尔赛科技有限公司 Shenzhen LC Technology Co., Ltd.]

17，关闭1号继电器（闪断模式3S）

发送：　　　FF 10 00 03 00 02 04 00 02 00 1E A5 99

返回：　　　FF 10 00 03 00 02 A4 16

备注：（1）发送帧的第3--4个字节代表继电器地址，继电器1--继电器8的地址分别为0x0003,0x0008,0x000D,0x0012,0x0017,0x001C,0x0021,0x0026

（3）发送帧的第10--11个字节代表延时设置值，延时基数为0.1S，故延时时间为0x001E*0.1=30*0.1S=3S，继电器关闭3S后自动打开

18，禁用/启用光耦输入控制继电器功能

禁用发送：00 F0 00 35 C0

原样返回：00 F0 00 35 C0

启用发送：00 F0 01 F4 00

原样返回：00 F0 01 F4 00

备注：1，默认禁用，可用串口助手发送上指令启用/禁用该功能，支持掉电保存。

2，第18点只有2021-09以后的产品才具有此功能！

4，简单使用说明

　　Modbus 继电器模块可经由 RS485/TTL UART 接口接收来自上位机/MCU 的 Modbus RTU 指令来执行相关操作。下面以使用上位机软件通过 RS485 接口来打开继电器 1 和 2（手动模式）为例，假设设备地址为 255，波特率为 9600，则使用步骤如下：

1，DC-005 插座/5.08mm 端子的 VCC，GND 接电源；

2，A+，B-分别 USB 转 RS485 模块输出端的 A+和 B-；

3，打开上位机软件"ModbusRTU 配置工具"，选择正确的端口号，波特率选择 9600，地址设为 255，点击"打开串口"；

4，再点击"JD1 打开"即可打开继电器 1，同时继电器 1 指示灯点亮。如下图：

10

深圳市艾尔赛科技有限公司
Shenzhen LC Technology Co., Ltd.

深圳市艾尔赛科技有限公司
Shenzhen LC Technology Co., Ltd.

5，如何生成校验码

    Modbus RTU 指令通过现成的上位机软件（如：ModbusRTU 配置工具）来发送时，CRC 校验码是自动生成的，如果想使用串口调试软件（如 SSCOM）来测试 Modbus 继电器模块时就需要手动生成 CRC 校验码放在发送帧的末尾，比如打开第 1 路继电器（手动模式）：

1，打开/关闭继电器（手动模式）的发送帧组成为：

设备地址（1Byte）+功能码（1Byte）+寄存器地址（2Byte）+寄存器数据（2Byte）+CRC 校验码（2Byte）

2，假设设备地址为 0xFF，则发送帧的前 6 个字节为：

FF 05 00 00 FF 00

3，使用 CRC 校验工具对这 6 个字节求校验码：http://www.ip33.com/crc.html

CRC（循环冗余校验）在线计算

	● Hex ○ Ascii	
需要校验的数据：	FF 05 00 00 FF 00	
	输入的数据为16进制，例如：31 32 33 34	
参数模型 NAME：	CRC-16/MODBUS x16+x15+x2+1	▼
宽度 WIDTH：	16 ▼	
多项式 POLY（Hex）：	8005	例如：3D65
初始值 INIT（Hex）：	FFFF	例如：FFFF
结果异或值 XOROUT（Hex）：	0000	例如：0000
	☑ 输入数据反转（REFIN） ☑ 输出数据反转（REFOUT）	
	计算 清空	
校验计算结果（Hex）：	E499	复制
	高位在左低位在右，使用时请注意高低位顺序！！！	

4，交换校验计算结果 E499 的高低字节位置后得到 CRC 校验码 99E4，以及完整的发送帧：FF 05 00 00 FF 00 99 E4

5，将该发送帧通过串口调试软件 SSCOM V5.13.1 发送到 Modbus 继电器模块即可打开第一路继电器（手动模式），如下：

12

深圳市艾尔赛科技有限公司
Shenzhen LC Technology Co., Ltd.

更多 Modbus RTU 指令详解以及使用上位机控制 Modbus 继电器的方法请参考我们的资料，谢谢！

深圳市艾尔赛科技有限公司
Shenzhen LC Technology Co., Ltd.

广东省深圳市福田区益田路 3008 号皇都广场 C 座 1803-1804 室
Address: Room 1803-1804, Block C, Huangdu Plaza, No.3008 Yitian Road, Futian District, Shenzhen,Guangdong,China,518000

网址/Web: www.lctech-inc.com/www.chinalctech.com

13

Modbus RTU 四路繼電器模組命令一覽表

Modbus RTU 指令詳解

1，打開 1 號繼電器（手動模式）

發送：　　FF 05 00 00 FF 00 99 E4

欄位	含義	注釋
FF	設備位址	範圍 1-255，默認 255
05	功能碼	寫單個線圈
00 00	繼電器地址	0x0000--0x0007 分別代表#1 繼電器--#8 繼電器
FF 00	開/關命令	0x0000 為關，0xFF00 為開
99 E4	CRC16	CRC-16/MODBUS 校驗碼

原樣返回：FF 05 00 00 FF 00 99 E4

欄位	含義	注釋
FF	設備位址	範圍 1-255，默認 255
05	功能碼	寫單個線圈
00 00	繼電器地址	0x0000--0x0007 分別代表#1 繼電器--#8 繼電器
FF 00	開/關命令	0x0000 為關，0xFF00 為開
99 E4	CRC16	CRC-16/MODBUS 校驗碼

2，關閉 1 號繼電器（手動模式）

發送：　　FF 05 00 00 00 00 D8 14

欄位	含義	注釋
FF	設備位址	範圍 1-255，默認 255

05	功能碼	寫單個線圈
00 00	繼電器地址	0x0000--0x0007 分別代表#1 繼電器--#8 繼電器
00 00	開/關命令	0x0000 為關，0xFF00 為開
D8 14	CRC16	CRC-16/MODBUS 校驗碼

原樣返回：FF 05 00 00 00 00 D8 14

欄位	含義	注釋
FF	設備位址	範圍 1-255，默認 255
05	功能碼	寫單個線圈
00 00	繼電器地址	0x0000--0x0007 分別代表#1 繼電器--#8 繼電器
00 00	開/關命令	0x0000 為關，0xFF00 為開
D8 14	CRC16	CRC-16/MODBUS 校驗碼

3，打開所有繼電器

發送：FF 0F 00 00 00 08 01 FF 30 1D

欄位	含義	注釋
FF	設備位址	範圍 1-255，默認 255
0F	功能碼	寫多個線圈
00 00	起始位址	#1 繼電器地址
00 08	繼電器數量	要控制的繼電器總數量
01	命令字節數	控制命令字長度
FF	控制命令	0x00 為全關，0xFF 為全開
30 1D	CRC16	CRC-16/MODBUS 校驗碼

返回：FF 0F 00 00 00 08 41 D3

欄位	含義	注釋
FF	設備位址	範圍 1-255，默認 255
0F	功能碼	寫多個線圈
00 00	起始位址	#1 繼電器地址
00 08	繼電器數量	要控制的繼電器總數量
41 D3	CRC16	CRC-16/MODBUS 校驗碼

4，關閉所有繼電器

發送：FF 0F 00 00 00 08 01 00 70 5D

欄位	含義	注釋
FF	設備位址	範圍 1-255，默認 255
0F	功能碼	寫多個線圈
00 00	起始位址	#1 繼電器地址
00 08	繼電器數量	要控制的繼電器總數量
01	命令字節數	控制命令字長度
00	控制命令	0x00 為全關，0xFF 為全開
70 5D	CRC16	CRC-16/MODBUS 校驗碼

返回：FF 0F 00 00 00 08 41 D3

欄位	含義	注釋
FF	設備位址	範圍 1-255，默認 255
0F	功能碼	寫多個線圈
00 00	起始位址	#1 繼電器地址
00 08	繼電器數量	要控制的繼電器總數量
41 D3	CRC16	CRC-16/MODBUS 校驗碼

5，設置設備位址為 255

發送：　　　00 10 00 00 00 01 02 00 FF EB 80

欄位	含義	注釋
00	固定值	
10	功能碼	寫多個寄存器
00 00	起始位址	
00 01	寫寄存器個數	
02	寫寄存器位元組數	寫寄存器資料長度
00 FF	寄存器資料	寫入設備位址 0x00FF，範圍：0x0001-0x00FF
EB 80	CRC16	CRC-16/MODBUS 校驗碼

原樣返回：00 10 00 00 00 01 02 00 FF EB 80

欄位	含義	注釋
00	固定值	
10	功能碼	寫多個寄存器
00 00	起始位址	
00 01	寫寄存器個數	
02	寫寄存器位元組數	寫寄存器資料長度
00 FF	寄存器資料	即：寫入設備位址 0x00FF，範圍：0x0001-0x00FF
EB 80	CRC16	CRC-16/MODBUS 校驗碼

6，讀取設備位址 255

發送： 00 03 00 00 00 01 85 DB

欄位	含義	注釋
00	固定值	
03	功能碼	讀保持寄存器
00 00	起始位址	
00 01	寄存器數量	讀寄存器數量
85 DB	CRC16	CRC-16/MODBUS 校驗碼

返回： 00 03 02 00 FF C5 C4

欄位	含義	注釋
00	固定值	
03	功能碼	讀保持寄存器
02	資料位元組數	從寄存器讀取到的資料長度
00 FF	寄存器資料	讀取到設備位址為 0x00FF
C5 C4	CRC16	CRC-16/MODBUS 校驗碼

7，讀取繼電器狀態

發送： FF 01 00 00 00 08 28 12

欄位	含義	注釋
FF	設備位址	範圍 1-255，默認 255
01	功能碼	讀線圈狀態
00 00	起始位址	#1 繼電器地址
00 08	繼電器數量	要讀取的繼電器總數量為 0x0008

| 28 12 | CRC16 | CRC-16/MODBUS 校驗碼 |

返回：　　FF 01 01 01 A1 A0

欄位	含義	注釋
FF	設備位址	範圍 1-255，默認 255
01	功能碼	讀線圈狀態
01	資料位元組數	讀取到的數據長度
01	數據	讀取到的資料，Bit0-Bit7 分別代表#1 繼電器--#8 繼電器狀態，0 為關，1 為開
A1 A0	CRC16	CRC-16/MODBUS 校驗碼

8，讀取光耦輸入狀態

發送：　　FF 02 00 00 00 08 6C 12

欄位	含義	注釋
FF	設備位址	範圍 1-255，默認 255
02	功能碼	讀離散輸入狀態
00 00	起始位址	#1 光耦地址
00 08	光耦數量	要讀取的光耦總數量為 0x0008
6C 12	CRC16	CRC-16/MODBUS 校驗碼

返回：　　FF 02 01 01 51 A0

欄位	含義	注釋

FF	設備位址	範圍 1-255，默認 255
02	功能碼	讀離散輸入狀態
01	資料位元組數	讀取到的數據長度
01	數據	讀取到的資料，Bit0-Bit7 分別代表#1 光耦--#8 光耦輸入狀態，0 為高電平，1 為低電平
51 A0	CRC16	CRC-16/MODBUS 校驗碼

9，設置串列傳輸速率為 9600

發送：　　FF 10 03 E9 00 01 02 00 03 8B CC

欄位	含義	注釋
FF	設備位址	範圍 1-255，默認 255
10	功能碼	寫多個寄存器
03 E9	起始位址	
00 01	寫寄存器個數	
02	寫寄存器位元組數	寫寄存器資料長度
00 03	寄存器資料	串列傳輸速率寫入值，範圍：0x0002--0x0004,其中 0x0002, 0x0003, 0x0004 分別代表串列傳輸速率 4800, 9600, 19200
8B CC	CRC16	CRC-16/MODBUS 校驗碼

返回：　　FF 10 03 E9 00 01 C5 A7

欄位	含義	注釋
FF	設備位址	範圍 1-255，默認 255
10	功能碼	寫多個寄存器
03 E9	起始位址	
00 01	寫寄存器個數	
C5 Λ7	CRC16	CRC-16/MODBUS 校驗碼

10，讀取串列傳輸速率 19200

發送：　　FF 03 03 E8 00 01 11 A4

欄位	含義	注釋
FF	設備位址	範圍 1-255，默認 255
03	功能碼	讀保持寄存器
03 E8	起始位址	
00 01	寄存器數量	讀寄存器數量
11 A4	CRC16	CRC-16/MODBUS 校驗碼

返回：　　FF 03 02 00 04 90 53

欄位	含義	注釋
FF	設備位址	範圍 1-255，默認 255
03	功能碼	讀保持寄存器
02	資料位元組數	從寄存器讀取到的資料長度
00 04	寄存器資料	串列傳輸速率讀取值，範圍：0x0002--0x0004,其中 0x0002, 0x0003, 0x0004 分別代表串列傳輸速率 4800, 9600, 19200

90 53	CRC16	CRC-16/MODBUS 校驗碼

11，打開 1 號繼電器（閃閉模式 2S）

發送：　　FF 10 00 03 00 02 04 00 04 00 14 C5 9F

欄位	含義	注釋
FF	設備位址	範圍 1-255，默認 255
10	功能碼	寫多個寄存器
00 03	繼電器地址	#1 繼電器--#8 繼電器地址分別為： 0x0003,0x0008,0x000D,0x0012,0x0017,0x001C,0x0021 ,0x0026
00 02	寫寄存器個數	
04	寫寄存器位元組數	寫寄存器資料長度
00 04	寄存器 1 資料	閃閉/閃斷值，0x0004 代表閃閉，0x0002 代表閃斷
00 14	寄存器 2 資料	延時設置值，範圍：0x0001--0xFFFF。延時基數為 0.1S，故延時時間為 0x0014*0.1=20*0.1S=2S，#1 繼電 器閉合 2S 後自動斷開
C5 9F	CRC16	CRC-16/MODBUS 校驗碼

返回：　　FF 10 00 03 00 02 A4 16

欄位	含義	注釋
FF	設備位址	範圍 1-255，默認 255
10	功能碼	寫多個寄存器
00 03	繼電器地址	#1 繼電器--#8 繼電器地址分別為： 0x0003,0x0008,0x000D,0x0012,0x0017,0x001C,

		0x0021,0x0026
00 02	寫寄存器個數	
A4 16	CRC16	CRC-16/MODBUS 校驗碼

12，關閉 1 號繼電器（閃斷模式 3S）

發送：　　FF 10 00 03 00 02 04 00 02 00 1E A5 99

欄位	含義	注釋
FF	設備位址	範圍 1-255，默認 255
10	功能碼	寫多個寄存器
00 03	繼電器地址	#1 繼電器--#8 繼電器地址分別為： 0x0003,0x0008,0x000D,0x0012,0x0017,0x001C,0x0021 ,0x0026
00 02	寫寄存器個數	
04	寫寄存器位元組 數	寫寄存器資料長度
00 02	寄存器 1 資料	閃閉/閃斷值，0x0004 代表閃閉，0x0002 代表閃斷
00 1E	寄存器 2 資料	延時設置值，範圍：0x0001--0xFFFF。延時基數為 0.1S，故延時時間為 0x001E*0.1=30*0.1S=3S，#1 繼 電器斷開 3S 後自動閉合
A5 99	CRC16	CRC-16/MODBUS 校驗碼

返回：　　FF 10 00 03 00 02 A4 16

欄位	含義	注釋
FF	設備位址	範圍 1-255，默認 255
10	功能碼	寫多個寄存器

00 03	繼電器地址	#1 繼電器--#8 繼電器地址分別為： 0x0003,0x0008,0x000D,0x0012,0x0017,0x001C, 0x0021,0x0026
00 02	寫寄存器個數	
A4 16	CRC16	CRC-16/MODBUS 校驗碼

參考文獻

尤濬哲. (2019). ESP32 Arduino 開發環境架設（取代 Arduino UNO 及 ESP8266 首選）. Retrieved from https://youyouyou.pixnet.net/blog/post/119410732

航宇教育團隊. (2022). 【安裝教學】新手踏入 Python 第零步-安裝 Python3.9. Retrieved from https://www.codingspace.school/blog/2021-04-07

曹永忠. (2016a). 物聯網系列：台灣開發製造的神兵利器——UP BOARD 開發版. *智慧家庭*. Retrieved from https://vmaker.tw/archives/14485

曹永忠. (2016b). 智慧家庭：如何安裝各類感測器的函式庫. *智慧家庭*. Retrieved from https://vmaker.tw/archives/3730

曹永忠. (2017a). 工業 4.0 實戰-透過網頁控制繼電器開啟家電. *Circuit Cellar 嵌入式科技*(國際中文版 NO.7), 72-83.

曹永忠. (2017b). 如何使用 Linkit 7697 建立智慧溫度監控平台（上）. Retrieved from http://makerpro.cc/2017/07/make-a-smart-temperature-monitor-platform-by-linkit7697-part-one/

曹永忠. (2017c). 如何使用 LinkIt 7697 建立智慧溫度監控平台（下）. Retrieved from http://makerpro.cc/2017/08/make-a-smart-temperature-monitor-platform-by-linkit7697-part-two/

曹永忠. (2020a). *ESP32 程式設計(基礎篇):ESP32 IOT Programming (Basic Concept & Tricks)* (初版 ed.). 台灣、彰化: 渥瑪數位有限公司.

曹永忠. (2020b). *ESP32 程式設計(基礎篇): ESP32 IOT Programming (Basic Concept & Tricks)*. 台灣、台北: 千華駐科技.

曹永忠. (2020c). *ESP32 程式設計(基礎篇):ESP32 IOT Programming (Basic Concept & Tricks)* (初版 ed.). 台灣、彰化: 渥瑪數位有限公司.

曹永忠. (2020d). WEMOS D1 WIFI 物聯網開發板安裝 ARDUINO 整合開發環境. *物聯網*. Retrieved from http://www.techbang.com/posts/78275-wemos-d1-wifi-iot-board-installation-arduino-integrated-development-environment

曹永忠. (2020e, 2020/4/9). WEMOS D1 WIFI 物聯網開發板驅動程式安裝與設定. *物聯網*. Retrieved from http://www.techbang.com/posts/77602-wemos-d1-wifi-iot-board-driver

曹永忠. (2020f). 【物聯網系統開發】Arduino 開發的第一步：學會 IDE 安裝，跨出 Maker 第一步. *物聯網*. Retrieved from http://www.techbang.com/posts/76153-first-step-in-development-arduino-development-ide-installation

曹永忠, 吳佳駿, 許智誠, & 蔡英德. (2016a). *Ameba 程式設計(顯示介面篇):Ameba RTL8195AM IOT Programming (Display Modules)* (初版 ed.). 台灣、彰化: 渥瑪數位有限公司.

曹永忠, 吳佳駿, 許智誠, & 蔡英德. (2016b). *Ameba 程序设计(显示接口篇):Ameba RTL8195AM IOT Programming (Display Modules)* (初版 ed.). 台灣、彰化: 渥瑪數位有限公司.

曹永忠, 吳佳駿, 許智誠, & 蔡英德. (2017a). 【物聯網開發系列】雲端平台開發篇：資料庫基礎篇. *智慧家庭*. Retrieved from https://vmaker.tw/archives/18421

曹永忠, 吳佳駿, 許智誠, & 蔡英德. (2017b). 【物聯網開發系列】雲端平台開發篇：資料新增篇. *智慧家庭*. Retrieved from https://vmaker.tw/archives/19114

曹永忠, 吳佳駿, 許智誠, & 蔡英德. (2017c). 【物聯網開發系列】雲端平台開發篇：瀏覽資料篇. *智慧家庭*. Retrieved from https://vmaker.tw/archives/18909

曹永忠, 施明昌, & 張峻瑋. (2021a). *工业温度控制器网络化应用开发(表头自动化篇):Apply a Digital PID Controller:FY900 to Internet-based Automation-Control (Industry 4.0 Series)* (初版 ed.). 台灣、彰化: 渥瑪數位有限公司.

曹永忠, 施明昌, & 張峻瑋. (2021b). *工業溫度控制器網路化應用開發(錶頭自動化篇):Apply a Digital PID Controller:FY900 to Internet-based Automation-Control (Industry 4.0 Series)* (初版 ed.). 台灣、彰化: 渥瑪數位有限公司.

曹永忠, 許智誠, & 蔡英德. (2014a). *Arduino EM-RFID 门禁管制机设计:Using Arduino to Develop an Entry Access Control Device with EM-RFID Tags*. 台灣、彰化: 渥瑪數位有限公司.

曹永忠, 許智誠, & 蔡英德. (2014b). *Arduino EM-RFID 門禁管制機設計:The Design of an Entry Access Control Device based on EM-RFID Card* (初版 ed.). 台灣、彰化: 渥瑪數位有限公司.

曹永忠, 許智誠, & 蔡英德. (2014c). *Arduino RFID 门禁管制机设计: Using Arduino to Develop an Entry Access Control Device with RFID Tags*. 台灣、彰化: 渥瑪數位有限公司.

曹永忠, 許智誠, & 蔡英德. (2014d). *Arduino RFID 門禁管制機設計: The Design of an Entry Access Control Device based on RFID Technology* (初版 ed.). 台灣、彰化: 渥瑪數位有限公司.

曹永忠, 許智誠, & 蔡英德. (2015a). Maker 物聯網實作：用 DHx 溫濕度感測模組回傳天氣溫溼度. *物聯網*. Retrieved from http://www.techbang.com/posts/26208-the-internet-of-things-daily-life-how-to-know-the-temperature-and-humidity

曹永忠, 許智誠, & 蔡英德. (2015b). 『物聯網』的生活應用實作：用 DS18B20 溫度感測器偵測天氣溫度. Retrieved from http://www.techbang.com/posts/26208-the-internet-of-things-daily-life-how-to-know-the-temperature-and-humidity

曹永忠, 許智誠, & 蔡英德. (2016a). *Arduino 程式教學(溫溼度模組篇):Arduino Programming (Temperature& Humidity Modules)* (初版 ed.). 台灣、彰化: 渥瑪數位有限公司.

曹永忠, 許智誠, & 蔡英德. (2016b). *Arduino 程式教學(顯示模組篇):Arduino Programming (Display Modules)* (初版 ed.). 台灣、彰化: 渥瑪數位有限公司.

曹永忠, 許智誠, & 蔡英德. (2016c). *Arduino 程序教學(显示模块篇):Arduino Programming (Display Modules)* (初版 ed.). 台灣、彰化: 渥瑪數位有限公司.

曹永忠, 許智誠, & 蔡英德. (2016d). *Arduino 程序教學(温湿度模块篇):Arduino Programming (Temperature& Humidity Modules)* (初版 ed.). 台灣、彰化: 渥瑪數位有限公司.

曹永忠, 許智誠, & 蔡英德. (2018a). *工业基本控制程序设计(RS485 串行埠篇): An Introduction to Using RS485 to Control the Relay Device based on Internet of Thing (Industry 4.0 Series)* (初版 ed.). 台灣、彰化: 渥瑪數位有限公司.

曹永忠, 許智誠, & 蔡英德. (2018b). *工業基本控制程式設計(RS485 串列埠篇): An Introduction to Using RS485 to Control the Relay Device based on Internet of Thing (Industry 4.0 Series)* (初版 ed.). 台灣、彰化: 渥瑪數位有限公司.

曹永忠, 許智誠, & 蔡英德. (2019a). *工业基本控制程序设计(手机 APP 控制篇):An APP to Control the Relay Device based on Automatic Control (Industry 4.0 Series)* (初版 ed.). 台灣、彰化: 渥瑪數位有限公司.

曹永忠, 許智誠, & 蔡英德. (2019b). *工业基本控制程序设计(网络转串行端口篇): An Introduction to Modbus TCP to RS485 Gateway to Control the Relay Device based on Internet of Thing (Industry 4.0 Series)* (初版 ed.). 台灣、彰化: 渥瑪數位有限公司.

曹永忠, 許智誠, & 蔡英德. (2019c). *工業基本控制程式設計(手機 APP 控制篇):An APP to Control the Relay Device based on Automatic Control (Industry 4.0 Series)* (初版 ed.). 台灣、彰化: 渥瑪數位有限公司.

曹永忠, 許智誠, & 蔡英德. (2019d). *工業基本控制程式設計(網路轉串列埠篇): An Introduction to Modbus TCP to RS485 Gateway to Control the Relay Device based on Internet of Thing (Industry 4.0 Series)* (初版 ed.). 台灣、彰化: 渥瑪數位有限公司.

曹永忠, 許智誠, & 蔡英德. (2020a). *工業基本控制程式設計(RS485 串列埠篇):An Introduction to Using RS485 to Control the Relay Device based on Internet of Thing (Industry 4.0 Series)*. 台灣、台北: 千華駐科技.

曹永忠, 許智誠, & 蔡英德. (2020b). *工業基本控制程式設計(網路轉串列埠篇):An Introduction to Modbus TCP to RS485 Gateway to Control the Relay Device based on Internet of Thing (Industry 4.0 Series)*. 台灣、台北: 千華駐科技.

曹永忠, 蔡英德, & 許智誠. (2023a). *ESP32 物联网基础 10 门课:The Ten Basic Courses to IoT Programming Based on ESP32* (初版 ed.). 台湾、彰化: 渥瑪數位有限公司.

曹永忠, 蔡英德, & 許智誠. (2023b). *ESP32 物聯網基礎 10 門課:The Ten Basic Courses to IoT Programming Based on ESP32* (初版 ed.). 台湾、彰化: 渥瑪數位有限公司.

維基百科-繼電器. (2013). 繼電器. Retrieved from https://zh.wikipedia.org/wiki/%E7%BB%A7%E7%94%B5%E5%99%A8

ESP32 工業物聯網 6 門課：
The Six Basic Courses to Industry Internet of Thing Programming Based on ESP32

作　　　者：曹永忠，許智誠，蔡英德

發 行 人：黃振庭

出 版 者：崧燁文化事業有限公司

發 行 者：崧燁文化事業有限公司

E-mail：sonbookservice@gmail.com

粉 絲 頁：https://www.facebook.com/sonbookss/

網　　　址：https://sonbook.net/

地　　　址：台北市中正區重慶南路一段六十一號

　　　　　　八樓 815 室

Rm. 815, 8F., No.61, Sec. 1, Chongqing S. Rd., Zhongzheng Dist., Taipei City 100, Taiwan

電　　　話：(02)2370-3310

傳　　　真：(02)2388-1990

印　　　刷：京峯數位服務有限公司

律師顧問：廣華律師事務所 張珮琦律師

-版權聲明-

定　　　價：1200 元

發行日期：2023 年 08 月第一版

◎本書以 POD 印製

國家圖書館出版品預行編目資料

ESP32 工業物聯網 6 門課：The Six Basic Courses to Industry Internet of ThingProgramming Based on ESP32 / 曹永忠，許智誠，蔡英德 著 . -- 第一版 . -- 臺北市：崧燁文化事業有限公司，2023.08

　面；　公分

POD 版

ISBN 978-626-357-619-3(平裝)

1.CST: 物聯網 2.CST: 通訊協定 3.CST: 電腦程式設計

312.52　112013890

電子書購買

臉書

爽讀 APP